高等职业教育机电类专业“十四五”规划教材

模块化生产加工系统控制与调试

主　编◎孙福才　杜丽萍
副主编◎胡江川　石　龙
主　审◎王　强

中国铁道出版社有限公司
CHINA RAILWAY PUBLISHING HOUSE CO., LTD.

内容简介

本书是中国特色高水平高职学校机电一体化技术专业群建设项目,应项目课程改革的需要而编写的,与企业共同研究开发,以模块化生产加工系统的运行、供料单元安装调试与设计运行、检测单元安装调试与设计运行、加工单元安装调试与设计运行、操作手单元安装调试与设计运行、成品分装单元安装调试与设计运行为教学项目,展开工程实践项目训练。本书将模块化生产加工系统上所涉及的传感器技术、可编程控制技术、电机与电气控制技术、气动与液压技术、工业机械手技术、计算机通信技术等内容融合为一体,进行基于工程项目的设计与运行,突出职业能力的培养。

本书项目内容来源于生产实际,并配有项目设计过程中所需要的相关知识、工艺记录、微课视频、动画、图片等丰富的资源。

本书既可作为高职高专院校的机电一体化技术、自动化生产设备应用等专业的特色教材,也可作为相关企业的培训教材以及工程项目技术人员的参考用书。

图书在版编目(CIP)数据

模块化生产加工系统控制与调试 / 孙福才,杜丽萍主编. —北京:中国铁道出版社有限公司,2021.11
高等职业教育机电类专业“十四五”规划教材
ISBN 978-7-113-27449-8

Ⅰ.①模… Ⅱ.①孙…②杜… Ⅲ.①机电-体化-模块化-加工-高等职业教育-教材 Ⅳ.①TH-39

中国版本图书馆 CIP 数据核字(2020)第 234159 号

书　　名: 模块化生产加工系统控制与调试
作　　者: 孙福才　杜丽萍

策　　划: 祁　云　　　　**编辑部电话:** (010) 63549458
责任编辑: 祁　云
封面设计: 刘　颖
责任校对: 焦桂荣
责任印制: 樊启鹏

出版发行: 中国铁道出版社有限公司 (100054, 北京市西城区右安门西街 8 号)
网　　址: http://www.tdpress.com/51eds/
印　　刷: 河北宝昌佳彩印刷有限公司
版　　次: 2021 年 11 月第 1 版　2021 年 11 月第 1 次印刷
开　　本: 787 mm×1 092 mm 1/16　**印张:** 16.5　**字数:** 410 千
书　　号: ISBN 978-7-113-27449-8
定　　价: 45.00 元

哈尔滨职业技术学院机电一体化技术专业群教材

编审委员会

序

中国特色高水平高职学校和专业建设计划（简称“双高计划”）是我国为建设一批引领改革、支撑发展、中国特色、世界水平的高等职业学校和骨干专业（群）的重大决策建设工程。哈尔滨职业技术学院入选“双高计划”建设单位，对学院中国特色高水平学校建设进行顶层设计，编制了站位高端理念领先的建设方案和任务书，并扎实地开展了人才培养高地、特色专业群、高水平师资队伍与校企合作等项目建设；借鉴国际先进的教育教学理念，开发中国特色、国际标准的专业标准与规范；深入推动“三教改革”，组建模块化教学创新团队，实施“课程思政”，开展“课堂革命”，编写校企双元开发的活页式、工作手册式新形态教材。为适应智能时代先进教学手段应用，学校加大优质在线资源的建设，丰富教材的载体，为开发工作过程为导向的优质特色教材奠定基础。

按照教育部印发《职业院校教材管理办法》要求，教材编写总体思路是：依据学校双高建设方案中教材建设规划以及国家相关专业教学标准和专业相关职业标准及职业技能等级标准，服务学生成长成才和就业创业，以立德树人为根本任务，融入课程思政，对接相关产业发展需求，将企业应用的新技术、新工艺和新规范融入教材之中；教材编写遵循技术技能人才成长规律和学生认知特点，适应相关专业人才培养模式创新和优化课程体系的需要，注重以真实生产项目、典型工作任务、生产流程及典型工作案例等为载体开发教材内容体系，理论与实践有机融合，满足“做中学、做中教”需要。

本套教材是“哈尔滨职业技术学院中国特色高水平高职学校和专业建设计划”项目建设的重要成果之一，也是哈尔滨职业技术学院教材改革和教法改革成效的集中体现，教材体例新颖，具有以下特色：

第一，教材研发团队组建创新。按照学校教材建设统一要求，遴选教学经验丰富、课程改革成效突出的专业教师担任主编，确定了相关企业作为联合建设单位，形成了一支学校、行业、企业和教育领域高水平专业人才参与的开发团队，共同参与教材编写。

第二，教材内容整体构建创新。精准对接国家专业教学标准、职业标准、职业技能等级标准确定教材内容体系，参照行业企业标准，有机融入新技术、新工艺、新规范，构建基于职业岗位工作需要的体现真实工作任务、流程的内容体系。

第三，教材编写模式形式创新。与课程改革相配套，按照“工作过程系统化”“项目+任务式”“任务驱动式”“CDIO 式”四类课程改革需要设计四大教材编写模式，创新编写新形态、活页式或工作手册式三大编写形式。

第四，教材编写实施载体创新。依据本专业教学标准和人才培养方案要求，在深入企业调研、岗位工作任务和职业能力分析基础上，按照“做中学、做中教”的编写思路，以企业典型工作任务为载体进行教学内容设计，将企业真实工作任务、真实业务流程、真实生产过程纳入教材之中，并开发了与教学内容配套的教学资源，满足教师线上线下混合式教学的需要。教材配套资源同时在相关平台上线，可随时下载，也可以满足学生在线自主学习课程的需要。

第五，教材评价体系构建创新。从培养学生良好的职业道德和综合职业能力与创新创业能力出发，设计并构建评价体系，注重过程考核和学生、教师、企业、行业、社会参与的多元评价，在学生技能评价上借助社会评价组织的 1+X 考核评价标准和成绩认定结果进行学分认定，每部教材根据专业特点设计了综合评价标准。

为确保教材质量，学院成立了机电一体化技术（机械设计制造类）专业群教材编审委员会，教材编审委员会由职业教育专家、企业技术专家、专业核心课程教师组成。学校组织了专业与课程专题研究组，对教材持续进行培训、指导、回访等跟踪服务，有常态化质量监控机制，能够为修订完善教材提供稳定支持，确保教材的质量。

本套教材是在学校骨干院校教材开发的基础上，经过几轮修改，融入课程思政内容和课堂革命理念，既具积累之深厚，又具改革之创新，凝聚了校企合作编写团队的集体智慧。本套教材由中国铁道出版社有限公司出版，充分展示课程改革成果，为更好地推进中国特色高水平高职学校和专业建设及课程改革做出积极贡献！

哈尔滨职业技术学院

机电一体化技术专业群教材编审委员会

2021 年 9 月

前言

本书是中国特色高水平建设院校哈尔滨职业技术学院机电一体化技术专业核心课程的配套教材，引进国际先进的CDIO工程教学方法和思路，通过构思、设计、实现、运行（CDIO）四个基本环节构架教学内容，以及职业技能大赛的内容，以“以工程项目设计为导向，突出培养学生的综合应用能力”为原则编写。

本书的主要特色如下：

• 以职业能力为目标，以工作过程为中心，采用项目驱动的理实一体化教学。教学项目以MPS模块化生产线设计运行为主，培养学生综合应用气动技术、电气控制技术、传感器技术、PLC技术的能力。

• 采用项目模块化的课程框架。本课程全部在一体化教室组织授课，以学习项目作为载体，在完成项目的每一个环节中帮助学生获取经验性知识，并渗透理论知识的讲授。

• 将职业技能与素质教育贯穿整个教学过程中。在教学中融入CDIO工程教育理念，采用项目式教学模式，将机电一体化技术专业所需知识、技能、职业素养融入每一个教学项目中，同时锻炼学生与人协作、计划组织、自主学习设计能力，熟悉电气安全操作规范，养成良好的职业习惯。

本书共设计了5个项目，内容包括供料单元、检测单元、加工单元、操作手单元、成品分装单元等的安装调试和设计运行，将机电一体化系统的组装调试和西门子S7-300 PLC控制器的使用方法以及程序设计调试等内容融入每个项目中。

本书由孙福才、杜丽萍任主编，胡江川、石龙任副主编，邱志新、李文博参与编写。其中：杜丽萍编写了绪论，孙福才编写了项目一、项目二，石龙编写了项目三，胡江川、李文博、石龙共同编写了项目四，邱志新编写了项目五。全书由孙福才统稿，哈尔滨工业大学王强教授主审。哈尔滨地铁集团设备中心主任李文博在项目开发过程中提出了宝贵的建议，在此表示感谢。在本书编写过程中，得到了哈尔滨职业技术学院领导及机电工程学院领导的关心与支持，德国 FESTO 公司高鹏，哈尔滨博实自动化股份有限公司刘晓春给予了帮助并提出了好的建议，在此表示衷心的感谢！

本书建议教学学时为 80 学时，教学应在教学做一体化实训室完成。实训室应设有学习区、工作区及实训区，以提高学生的职业能力。

由于时间仓促，编者水平有限，书中难免存在疏漏和不当之处，真诚希望广大读者批评指正。

编　者

2021 年 5 月

目　录

绪论

模块化生产加工系统学前导论

笔记栏

微课

模块化生产线运行

一、MPS运行与管理

MPS（Modular Production System）是一套包含工业自动化系统中不同程度的复杂控制过程的模块化系统。该系统采用现代气动技术及计算机控制技术，对生产线进行模块化及标准化，从基础部分的简单功能及加工顺序扩展到复杂的集成控制系统。MPS模块化生产加工系统是一套采用德国先进技术、能模拟实际工业生产中大量复杂控制过程的教学培训系统。该系统具有一套开放式的设备，其各组成单元既可以各自独立成为一个机电一体化系统，又可以连接起来组成一条自动化生产线。MPS一般用可编程逻辑控制器（PLC）控制，各组成单元包括机械传动技术、气动控制技术、传感器技术、PLC控制技术、电机技术的应用等，体现了机电一体化技术的实际应用。MPS系统具有综合性、模块化、易扩充和适用性等特点，应用MPS系统可以自由选择学习及培训的项目、内容和深度；可以完成加工系统中设计、组装、调试、操作、维护和纠错等技术要求。通过MPS系统能够促进团队精神、合作精神、学习技巧、独立能力和组织能力等个人素质的发展。

MPS各单元的结构和功能如下：

①供料单元结构功能：供料单元主要为加工过程提供加工工件，按照需要将放置在料仓中的待加工工件从料仓中自动取出，并将其送到下一个工作单元，即检测单元。

②检测单元结构功能：检测单元主要用于检测加工工件的特性，对前一工作单元提供的工件进行材质、颜色、高度的检测，由传感器完成检测工作。

③加工单元结构功能：加工单元将前一工作单元提供的工件在旋转工作台上进行机械加工和检测，并将加工后的工件输送到下一工作单元。

④操作手单元结构功能：操作手单元将加工好的合格工件送入成品分装单元，不合格工件送入废料仓。

⑤成品分装单元结构功能：成品分装单元根据检测模块的检测结果，将放置在传送带上的工件分别送入不同的滑槽。

微课

供料单元认知

二、供料单元

供料单元是MPS系统中的起始单元，在整个系统中起着向系统中的其他单元提供原料的作用，相当于实际生产加工系统（自动生产线）中的自动供料系统。供料单元的结构组成如图0.1所示，其主要由送料模块、转运模块、I/O接线端子、真

笔记栏

空检测传感器、CP阀组、控制面板、气源处理组件、走线槽、铝合金板等组成。

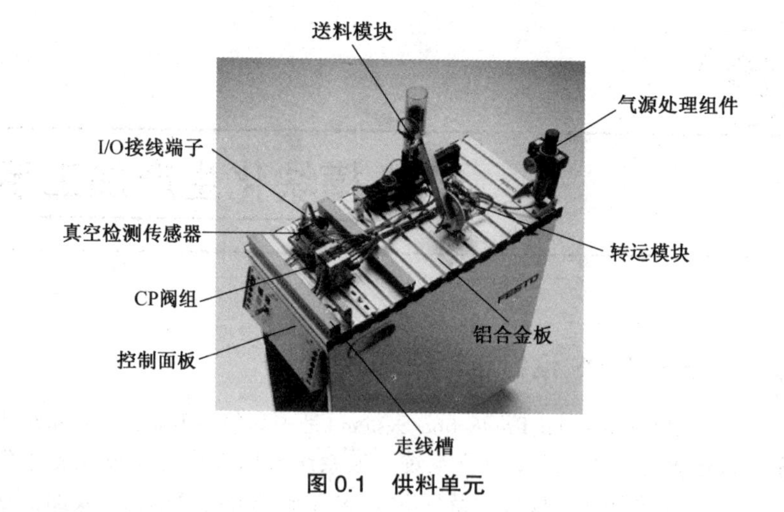

图0.1　供料单元

1. 送料模块

该模块用于储存工件原料,并在需要时将料仓中的工件分离出来,为转运模块取走一个工件做准备。送料模块如图0.2所示,主要由料仓、光电传感器、推料气缸、磁感应式接近开关、工件等组成。管装料仓中最多可存放8个工件,在送料过程中,推料气缸从料仓底部逐一推出工件,每推出一个工件传感器产生一个信号。送料模块将工件从料仓中分离,直到料仓中8个工件全部被推出为止。工件必须从料仓顶端的开口处放入。

送料模块的工作原理:工件垂直叠放在料仓中,推料杆位于料仓的底层并可从料仓的底部通过,当推料杆在退回的位置时,它与最下层的工件处于同一水平位置。当气缸驱动推料杆推出时,推料杆便将最下层的工件水平推到预定位置,从而把工件移出料仓。而当气缸驱动推料杆返回并从料仓底部抽出时,料仓中的工件在重力的作用下,就自动向下移动一个工件,为下一次的工件分离做好准备。

(1)料仓

管状料仓可存放8个工件,工件垂直叠放在料中。在重力的作用下,当移出一个工件后,上面的工件会下移到最下层。工件在放入料仓时,开口的边面必须向上。在料仓的底部安装有光电传感器,以检测料仓中是否有工件。

(2)推料气缸

推料气缸活塞杆固定有推料杆,位料仓的底层,由气缸驱动它动作,并可从料仓的底部通过,将工件从料仓底部推出。当推料杆在退回的位置时,它与最下层的工件处于同一水平位置;当气缸驱动推料杆推出时,推料杆便将最下层的工件推到预定位置,从而把工件移出料仓;而气缸驱动推料杆返回并从料仓底部抽出时,料仓中的工件在重力的作用下,自动向下移动一个工件,为下一次的工件分离做好准备。图0.2(a)为推料杆推出工件时状态,图0.2(b)为推料杆退回时状态。送料的速度由单向节流阀设置,通过调节节流阀口的大小可调节推料气缸的伸缩速度。

(3)磁感应式接近开关

如图0.2(a)所示,在推料气缸的活塞(或活塞杆)上安装磁性物质,推料气缸的两个极限位置分别装有一个磁感应式接近开关,用于标识气缸运动的两个极限位置。当气缸的活塞杆运动到端部时,端部的磁感应式接近开关就动作并发出信号。在 PLC 的自动控制中,可以利用该信号判断推料气缸的运动状态或所处的位置,从而间接判断工件是否从料仓中分离出来及是否送到预定的位置。

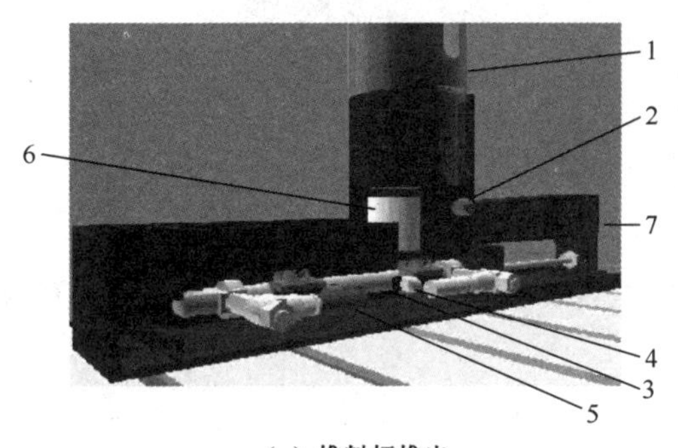

(a) 推料杆推出

(b) 推料杆退回

图 0.2 送料模块

1—料仓;2—光电传感器;3—推料气缸;4、5—磁感应式接近开关;6—工件;7—推料杆

在传感器上设置有 LED 以显示传感器的信号状态,供调试时使用。传感器动作时,输出信号“1”,LED 灯亮;传感器不动作时,输出信号“0”,LED 不亮。传感器的安装位置可根据要求来调整。

(4)光电传感器

安装在料仓底部的是对射式光电传感器,如图 0.3 所示。它的发射端和接收端相对而置。由于光电传感器在工作中其光发射端始终有光发出,当发射端与接收端之间无障碍物时(如料仓中没有工件),光线可以到达接收端,使传感器动作而输出信号“1”,LED 点亮;当发射端与接收端之间有障碍物时(如料仓中有工件),则光线被遮挡住,不能到达接收端,从而使传感器不能动作,而输出信号“0”,LED 熄灭。在光电传感器上也设置有 LED 显示,便于观察传感器的信号状态。在控制程序中,可以利用该信号的状态来判断料仓中有无存储料的情况,为实现自动控制奠定了硬件基础。

图 0.3 料仓检测光电传感器

(5)工件

加工工件如图 0.4 所示,包括 4 个黑色、4 个红色和 4 个金属色气缸缸体。

2. 转运模块

转运模块的主要功能是抓取工件,并将工件传送到下一个工作单元,如图 0.5 所示。转运模块是一个气动操作装置,从料仓推出的工件被转运模块上的真空吸盘吸起,由可旋转 180°的摆臂传送到下一个工作单元。

(1)旋转气缸

旋转气缸是摆臂的驱动装置,其转角范围为 0°~180°,如图 0.6 所示。在旋转气缸的两

笔记栏

图 0.4　加工工件

个极限位置各装有一个行程开关，以检测气缸是否旋转到极限位置。旋转气缸安装有两个挡块，用于碰压行程开关实现摆臂的定位。

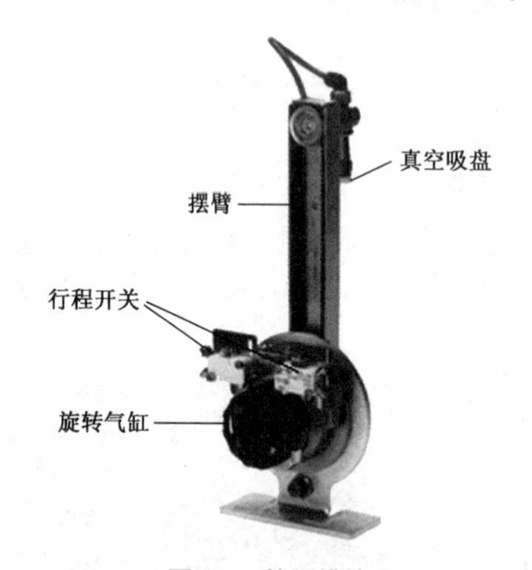

图 0.5　转运模块

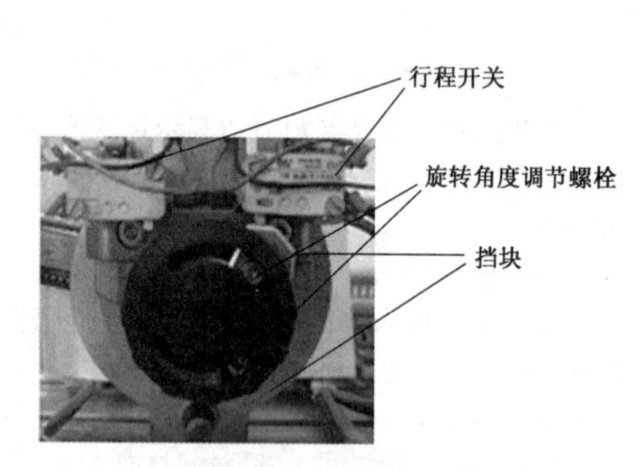

图 0.6　旋转气缸

(2)真空检测传感器

真空吸盘用于吸取加工工件，并由真空检测传感器判断是否有工件被吸住。真空检测传感器是具有开关量的压力检测装置，实物外观如图 0.7 所示。当进气口的气压小于负压时，传感器动作，输出信号“1”，同时 LED 点亮；否则输出信号“0”，LED 熄灭。

真空吸盘在摆臂转动的过程中，应始终保持垂直向下的姿态，以使被运送的工件在运送过程中不致翻转。

图 0.7　真空检测传感器

3. I/O 接线端子

I/O 接线端子通过导轨固定在铝合金板上，是工作单元与 PLC 之间进行通信的线路连接接口，工作单元所有的电信号线路都要接到该端子，再通过信号电缆连接到 PLC 上。I/O 接线端子结构如图 0.8 所示，它有 8 个输入接线端子和 8 个输出接线端子，在每一路接线端子上都有 LED 显示，用于显示对应的输入、输出信号状态，以供观察和调试使用。在每个接线端子旁还有数字标号，用于说明端子的位地址。

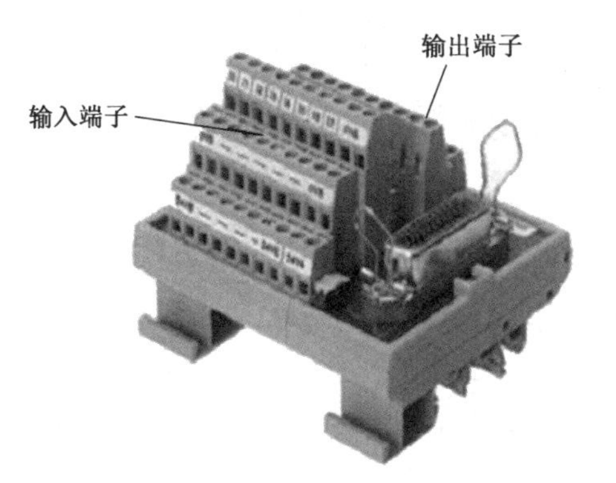

图 0.8　I/O 接线端子

4. 气源处理组件

气源处理组件是过滤和调压二联件,如图 0.9 所示,其主要功能是除去压缩空气中的杂质和水分,并调节和保持恒定的工作压力。二联件由过滤器、压力表、截止阀、快插接口和快速连接件组成。

5. CP 阀组

CP 阀组是将多个阀集中在一起构成一组阀,而每个阀的功能是彼此独立的。本单元的 CP 阀组结构如图 0.10 所示,由一个单侧电控电磁阀和两个双侧电控电磁阀组成,它们分别控制推料气缸、真空发生器和旋转气缸的气路。

图 0.9　气源处理组件

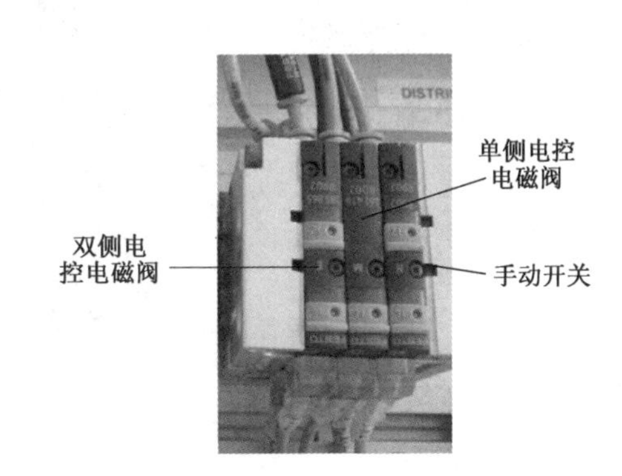

图 0.10　CP 阀组

6. 控制面板

控制面板由控制面板组件、通信面板组件、备用面板组件和 Syslink 接口支架组成,如图 0.11 所示。

控制面板组件上有 3 个覆膜按键和 1 个钥匙开关,图 0.11 中用虚线圆包围部分。左上角是启动键(绿色,常开),带 LED 显示;右边是停止键(红色,常闭);下面是复位键(黄色,常开),带 LED 显示;钥匙开关(转换开关)是自动/手动控制功能切换(常开)。面板最下面还有 2 个可任意指定的控制灯 Q1 和 Q2。

笔记栏

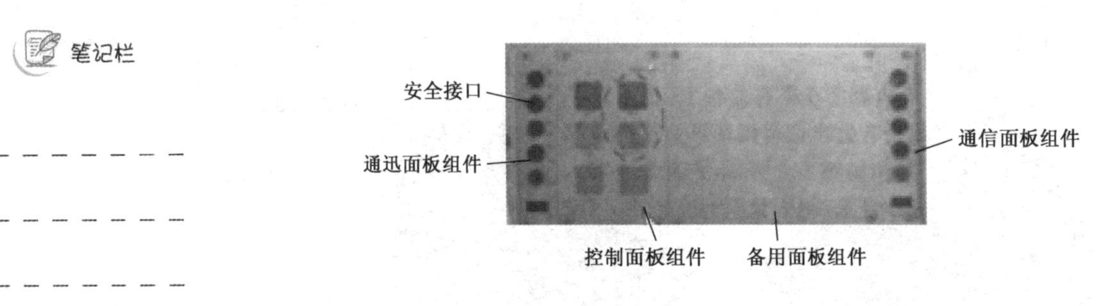

图 0.11　控制面板

通信面板组件的作用是完成 MPS 工作单元之间的通信，通过安全接口可以连接 4 个输入信号和 4 个输出信号。

三、检测单元

微课

检测单元认知

检测单元的主要作用是识别工件的颜色和检测工件的尺寸，将合格的工件毛坯送到气动滑槽的上层，并通过滑槽送到下一个工作单元。不合格的工件毛坯送至滑槽的下层，在本单元被剔除。检测单元的结构如图 0.12 所示，主要由识别模块、升降模块、测量模块、滑槽模块等组成。

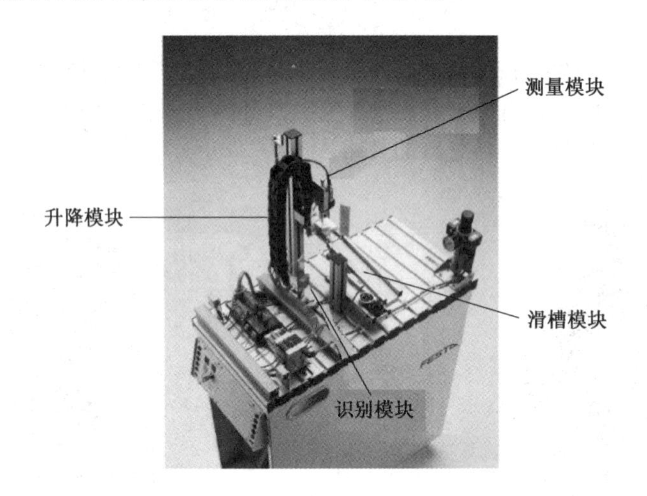

图 0.12　检测单元

1. 识别模块

识别模块用于识别工件颜色，其结构如图 0.13 所示，由电容式传感器和光电式传感器组成。电容式传感器用来检测工作台有无工件；光电式传感器用来识别工件的颜色是黑色还是非黑色。

2. 升降模块

升降模块用于将识别模块提升到测量模块，其结构如图 0.14 所示，主要由无杆气缸、单作用直线气缸、工作平台等组成。无杆气缸实现工作平台的升降，提升工件到指定位置。工作台和单作用直线气缸通过螺栓紧固在一起，再通过螺栓固定在无杆气缸的滑块上。单作用直线气缸用于将工件从工作台推出。

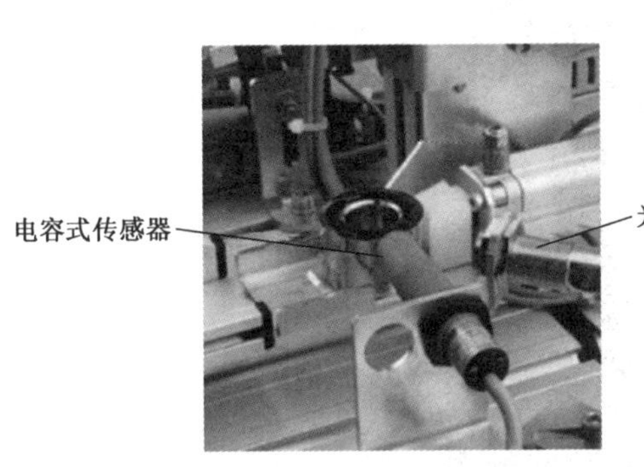

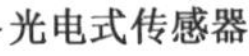

图 0.13　识别模块

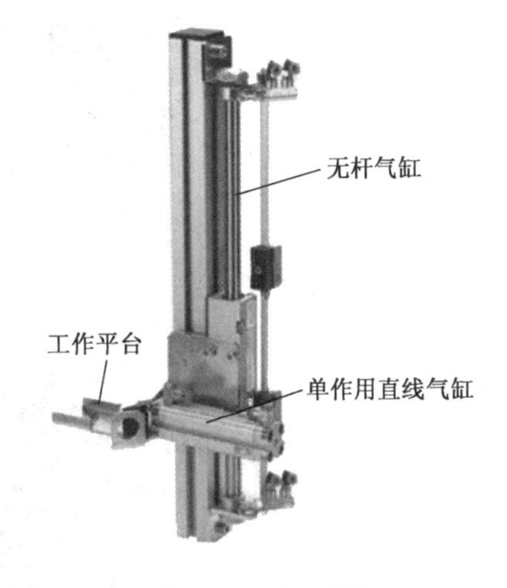

图 0.14　升降模块

笔记栏

3. 测量模块

测量模块的主要作用是检测工件的高度,结构如图 0.15 所示。它由一个模拟量（电阻式）传感器和传感器支架等组成。电阻式传感器将测量杆的位移量转变为电位器电阻值的变化,再经位置指示器转换为 0~10 V 的直流电压信号,最后通过模拟量输入模块送入 PLC。

4. 滑槽模块

滑槽模块为工件提供两个物流方向,如图 0.16 所示。上滑槽用于将工件导入下一个工作单元,下滑槽用于剔除不合格的工件。滑槽模块的倾斜角度可以随意调节。本单元的其他组成部分与供料单元的结构基本相同,在此不再重复。

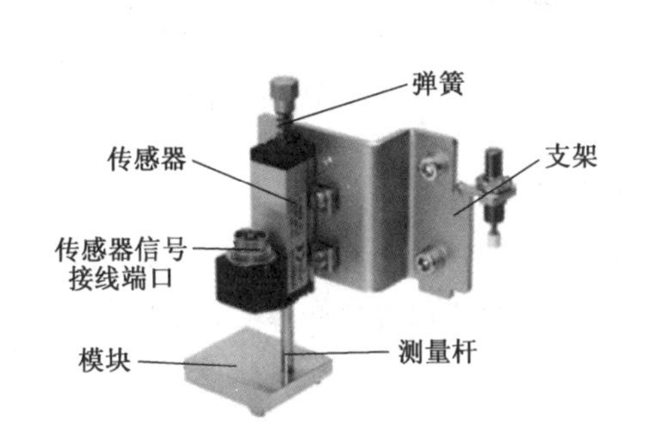

图 0.15　测量模块

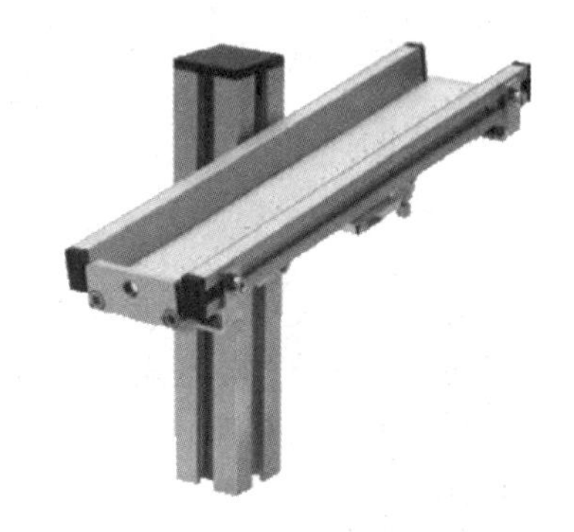

图 0.16　滑槽模块

四、加工单元

工件在加工单元的旋转平台上被检测和加工。本单元是唯一使用电气驱动器的工作单元,其结构如图 0.17 所示,主要由旋转工作台模块、钻孔模块、检测模块、电气分支、继电器等组成。

1. 旋转工作台模块

旋转工作台模块用于加工工件和物流传递,其结构如图 0.18 所示。它主要由旋转工作

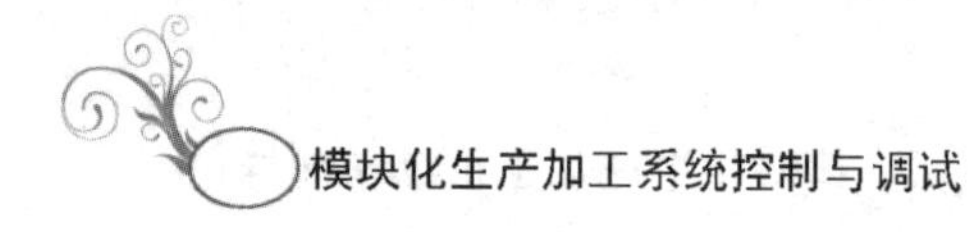

笔记栏

台、直流电动机、定位凸块、电感式接近开关、光电传感器及固定支架等组成。

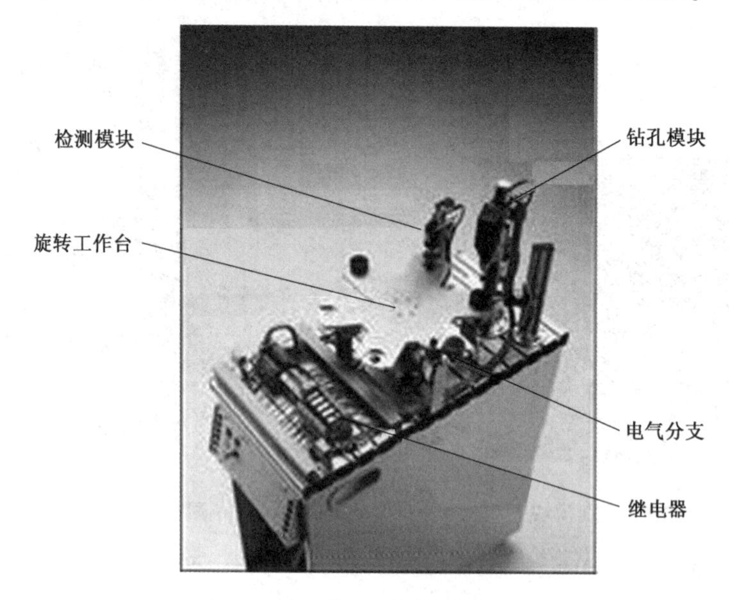

图 0.17　加工单元

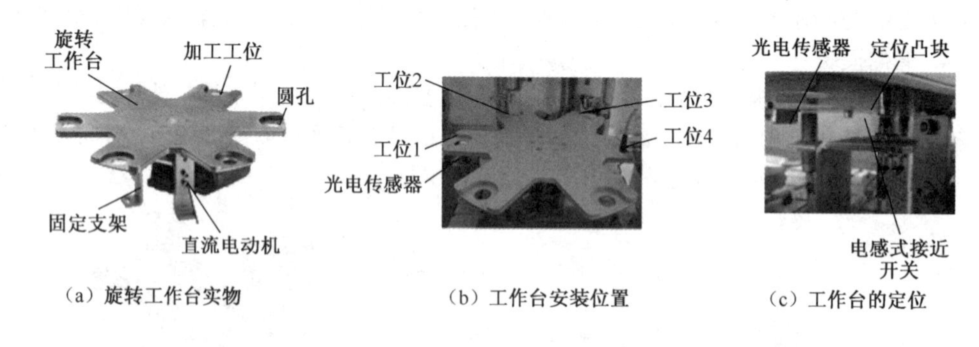

（a）旋转工作台实物　（b）工作台安装位置　（c）工作台的定位

图 0.18　旋转工作台模块

旋转工作台由直流电动机驱动,通过齿轮减速后将动力传送到工作台。工作台的定位由电感式接近开关完成。光电式传感器固定在旋转工作台的铝合金底板上,利用其信号判断是否有工件放到相应工牌上。

2. 钻孔模块

钻孔模块用于模拟在工件上钻孔的过程,其结构如图 0.19 所示,主要由钻孔电动机、升降电动机、夹紧电磁铁、支架及光电式传感器等组成。夹紧电磁铁用于夹紧工件;钻孔电动机是钻孔的执行机构;钻孔导向装置用于保证钻孔电动机沿着固定方向准确地运行;导向装置由升降电动机控制在支架上上下移动。在导向装置的两端装有磁感应式接近开关,分别用于判断两个极限位置。

3. 检测模块

检测模块用于检测工件上是否有孔以及孔的深度是否合格。检测模块的结构如图 0.20 所示,主要由检测探针、磁感应式接近开关、检测模块支架等组成。检测探针由电磁铁驱动,探针能够深入工件的孔中。如果工件上有孔且深度符合要求，探针能够运行到下端点，接近开关则发出信号。

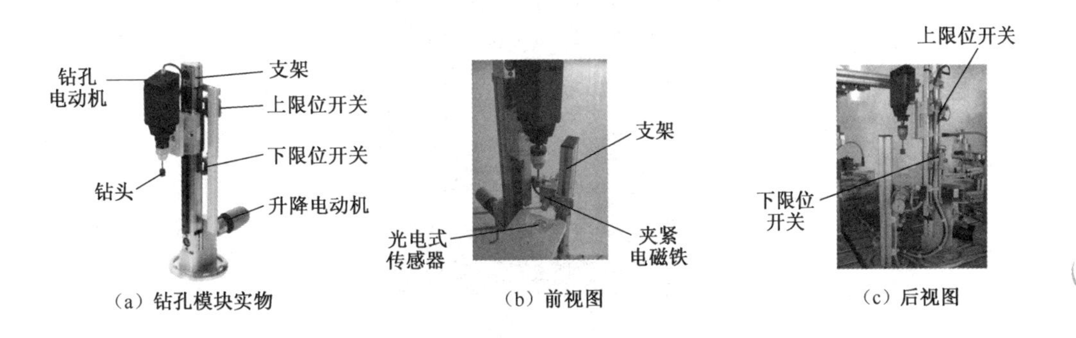

图 0.19 钻孔模块

笔记栏

4. 电气分支

电气分支在旋转工作台 4 号工位的位置，用于将完成钻孔加工的工件输送到下一工作单元，电气分支如图 0.21 所示。电气分支由直流电动机驱动，未安装传感器，只要工作台每转动一次，拨叉就在驱动电动机的驱动下拨动一次，将放置在工位 4 上的工件拨走，输出到下一工作单元。

图 0.20 检测模块

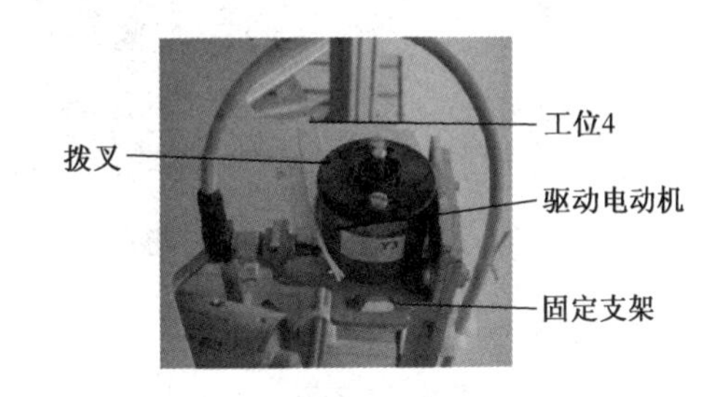

图 0.21 电气分支

微课

操作手单元认知

5. 继电器

本单元共使用了 5 个继电器，安装位置及外观如图 0.22 所示，分别用于控制钻孔电动机、钻孔导向升降电动机、工作台驱动电动机和夹紧电磁铁。

五、操作手单元

操作手单元用于模拟提取工件，并按照要求将工件进行分流的动作过程。其结构如图 0.23 所示，主要由提取装置、磁性无杆气缸、气爪手、光电式传感器主体、滑槽、支架、走线槽、PicAlfa 模块等组成。

笔记栏

图 0.22 继电器

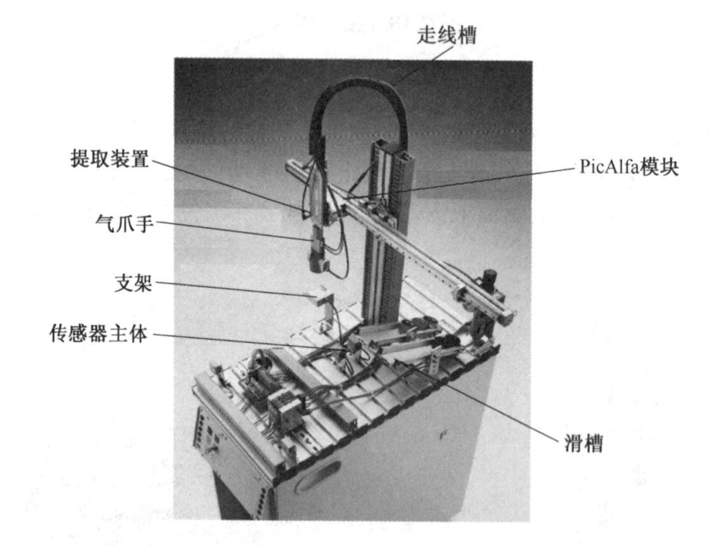

图 0.23 操作手单元

1. 提取装置

提取装置如图 0.24 所示，主要由气抓手、扁平气缸、磁性开关、光电传感器等组成。气抓手将工件从支架上提起，气抓手上装有光电式传感器，用于区分“黑色”及“非黑色”工件，并根据检测结果将工件放置在不同的滑槽中。本工作单元可以与其他工作单元组合并定义其他的分类标准，工件可被直接传输到下一个工作单元。

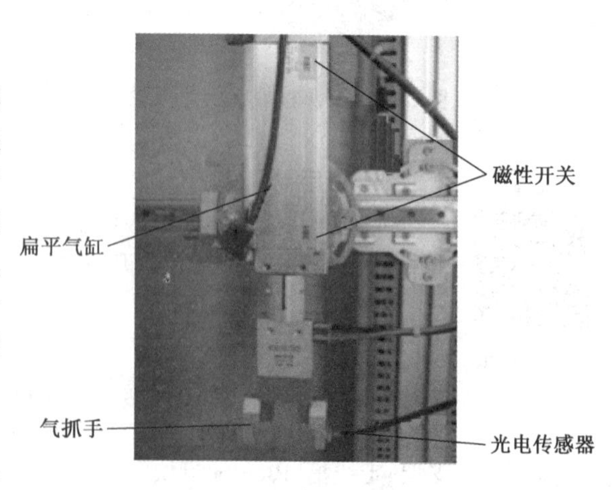

图 0.24 提取装置

2. PicAlfa 模块

PicAlfa 模块完成工件的移动传送，如图 0.25 所示。该模块配置了柔性

2——自由度操作装置,无杆气缸上装有磁感应式接近开关,实现终端位置检测,具有高度的灵活性,使其行程长短、轴的倾斜、终端位置传感器的安排及安装位置可调。

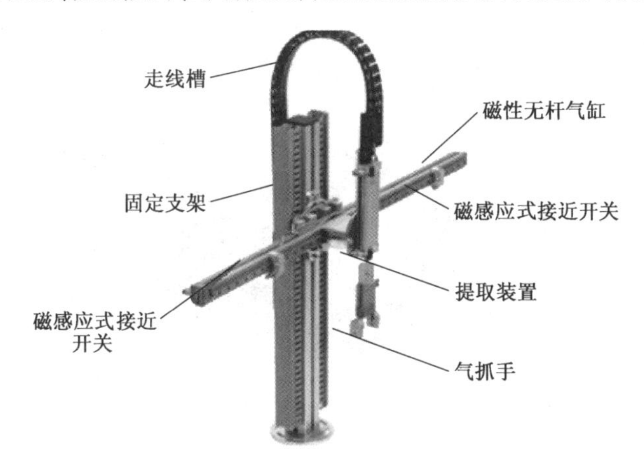

图 0.25　PicAlfa 模块

六、成品分装单元

成品分装单元认知

进入成品分装单元的加工工件,按照材质或颜色分别被放置在 3 个不同的滑槽中,其结构如图 0.26 所示,主要由工料检测模块、滑槽模块、传送带模块、气源处理组件、I/O 接线端子、CP 阀组、反射式光电传感器等组成。

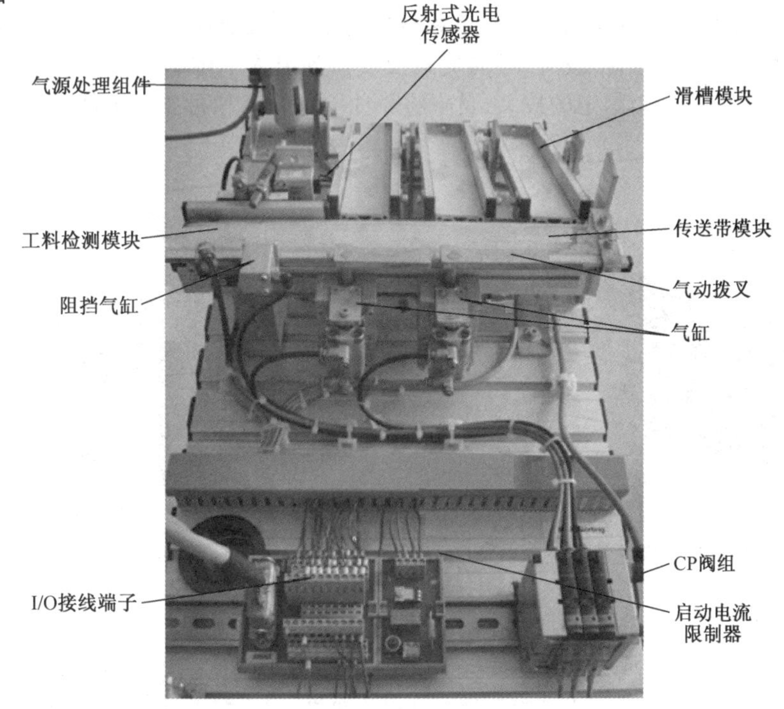

图 0.26　成品分装单元

笔记栏

笔记栏

1. 工料检测模块

工料检测模块如图 0.27 所示。当工件被放在传送带起始位置时,短行程气缸使传送带上的工件停止,电感式及光电式传感器检测工件的颜色和材质。传感器完成检测工件的特性(黑色、红色、金属色)后,将其分拣到正确的滑槽上。

图 0.27　工料检测模块

2. 传送模块

传送模块主要由传送带模块和导向模块组成。传送带由一个 24 V 直流电动机驱动,传送带的始端和终端装有两个气控的拨叉,负责将工件送入相应滑槽。

(1)传送带模块

传送带模块结构如图 0.28 所示,主要由传送带、直流电动机及蜗轮蜗杆减速器组成。24 V 直流电动机通过蜗轮蜗杆减速器减速后驱动传送带。

(2)导向模块

导向模块的作用是将被识别出颜色和材质的工件,按照需要导入相应滑槽。导向模块的结构如图 0.29 所示,由拨叉、导向气缸及气口等组成。传送带的始端和中端有两个气控的拨叉,终端有一个固定的拨叉,负责将 3 种不同颜色和材质的工件分别送入相应的滑槽中。

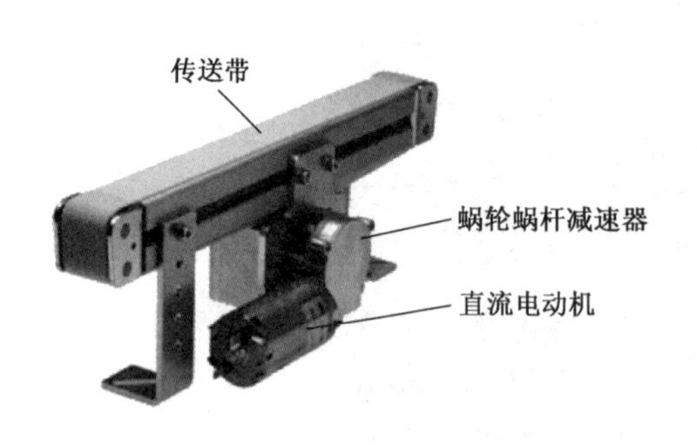

图 0.28　传送带模块

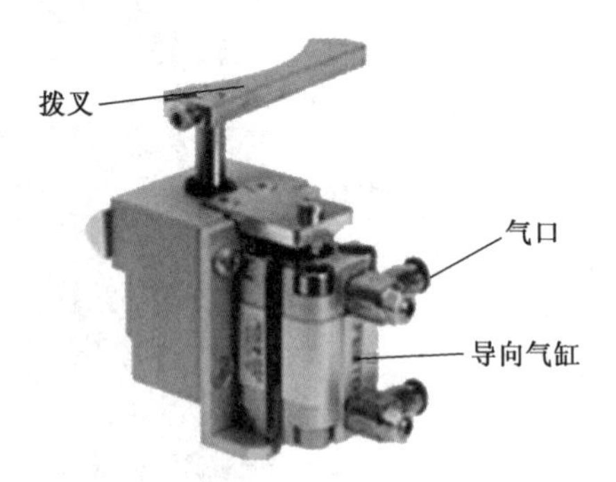

图 0.29　导向模块

3. 滑槽模块

滑槽模块完成传送和储存工件,本站有 3 个滑槽,分别存放红色、金属色和黑色工件,如图 0.30 所示。在滑槽的入口处装有反射式光电传感器,用于检测是否有工件滑入滑槽,或者判断滑槽中的工件是否已满。

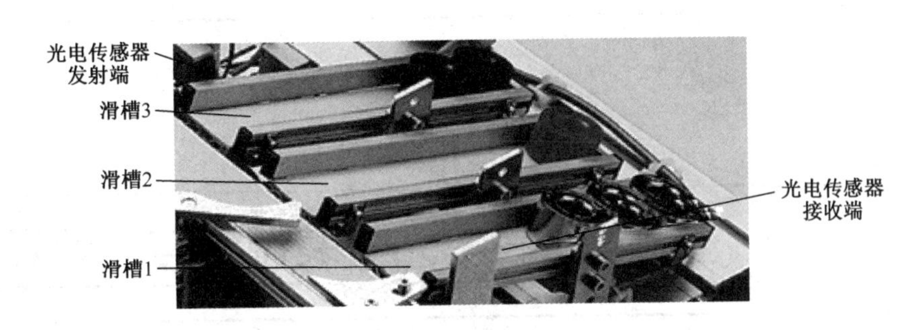

图 0.30　滑槽模块

笔记栏

决策计划：设计并绘制运行模块化生产加工系统的控制流程图。列出各单元初始工作状态。

组织实施：小组同学分别运行全线操作。

检查评估：小组同学记录运行过程，根据运行状态总结注意事项，汇报运行情况及结果。

绘制运行模块化生产加工系统的控制流程图：

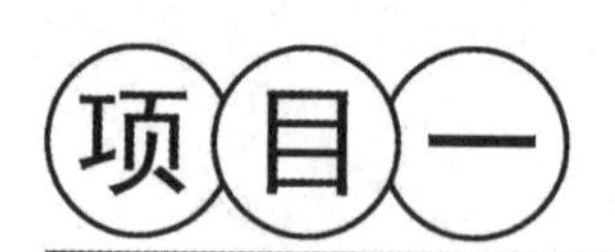

项目一 供料单元安装调试与设计运行

笔记栏

项目描述

根据电气回路图纸和气动回路图纸在考虑经济性、安全性的情况下，选择正确的元器件，制订安装调试计划，选择合适的工具和仪器，小组成员协同，进行供料单元的安装；熟悉供料单元结构和组成，制订程序编写计划，根据控制任务的要求及在考虑安全、效率、工作可靠性的基础上，选择合适的编程语言，在PC上进行供料单元PLC控制程序的编制，下载控制程序，完成控制程序的调试，并对编制的程序进行综合评价。图1.1所示为供料单元外形图。

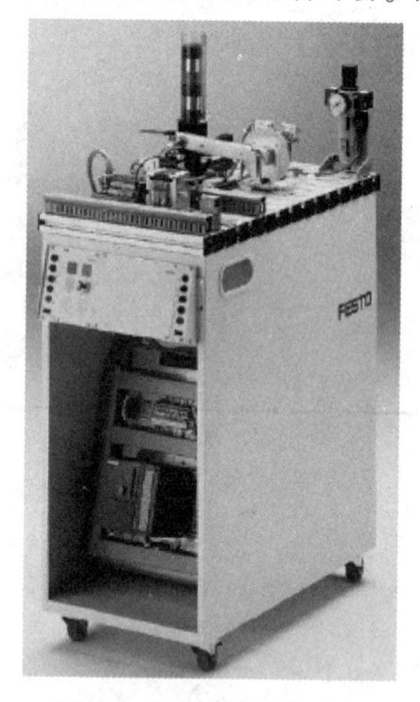

图1.1 供料单元外形图

项目名称	供料单元安装调试与设计运行	参考学时	24学时
项目导入 （C）	项目来源于某日用品生产企业，要求为灌装线改进供料机构，将外包圆柱形瓶体推到传送带上，完成供料。随着机电一体化技术的不断发展，应用到轻工业的生产线的生产效率不断提高，企业为提高灌装线的生产效率不断改进原有设备。原有供料机构由人工摆放推送物料，浪费资源，需要进一步改进。 该项目目前主要应用于装配生产线的供料机构、灌装线的包装供送等，从而能够对各类全自动生产线的供料机构进行工艺分析，完成生产线供料机构的安装与调试、维修		

续表

项目名称	供料单元安装调试与设计运行	参考学时	24学时
项目目标	通过项目的设计与实现掌握供料单元的设计与实现方法,了解供料单元的各项技术,掌握如何将机电类技术综合应用,掌握供料单元机构的故障诊断与排除方法。项目完成的过程中,实现以下目标: ①能够正确识读机械和电气工程图纸; ②能够安装调试对射式光电传感器、真空检测传感器、CP阀岛、真空发生器、摆动缸、推料气缸等组件,能正确连接气动回路和电气回路,并熟悉相关规范、标准; ③会使用万用表、电工刀、压线钳、剥线钳、尖嘴钳等常用的安装、调试工具仪器; ④能看懂一般工程图纸、组件等英文技术资料; ⑤能够制订安装调试的技术方案、工作计划和检查表; ⑥能整理、收集安装、调试交工资料; ⑦能够根据控制要求制订控制方案,编制工艺流程; ⑧能够根据控制方案,编制程序流程图; ⑨熟悉STEP7软件,能够正确设置语言、通信接口、PLC等参数; ⑩能够根据控制要求,正确编制顺序控制程序; ⑪能够正确下载控制程序,并能调试供料单元各个功能; ⑫能够通过网络、期刊、专业书籍、技术手册等获取相应信息		
项目要求	完成供料单元的设计与安装调试,项目具体要求如下: ①完成供料单元零部件结构测绘设计; ②完成供料单元气动控制回路的设计; ③完成供料单元电气控制回路的设计; ④完成供料单元PLC的程序设计; ⑤完成供料单元的安装、调试运行; ⑥针对供料单元在调试过程中出现的故障现象,正确对其进行维修		
实施思路	根据本项目的项目要求,完成项目实施思路如下: ①项目的机械结构设计及零部件测绘加工,时间4学时; ②项目的气动控制回路的设计及元件选用,时间6学时; ③项目的电气控制回路设计及传感器等元件选用,时间2学时; ④项目的可编程控制程序编制,时间8学时; ⑤项目的安装与调试,时间4学时		

笔记栏

工作过程

工作步骤	工 作 内 容
项目构思 (C)	①供料单元的功能及结构组成、主要技术参数; ②光电传感器、磁感应传感器、真空传感器及接近开关的结构和工作原理; ③摆动气缸、真空吸盘、阀岛的结构和工作原理; ④电气控制元件的接线方式; ⑤供料单元工作站的工作流程; ⑥供料单元工作站安全操作规程; ⑦供料单元的功能及结构组成; ⑧供料单元工作站的工作流程; ⑨STEP7编程软件的使用方法; ⑩STEP7的常用指令和基本编程方法与技巧; ⑪PLC控制程序调试方法

笔记栏

续表

工作步骤	工 作 内 容
项目设计 (D)	①确定光电式传感器、真空传感器、接近开关、摆动气缸、真空吸盘、阀岛等组件的类型和数量； ②确定光电式传感器、接近开关、摆动气缸、真空吸盘、阀岛等组件的安装方法； ③确定供料单元安装和调试的专业工具及结构组件； ④确定供料单元工作站安装调试工序； ⑤根据技术图纸编制安装计划； ⑥确定供料单元控制程序编制工序； ⑦制订程序编制的工作计划； ⑧填写供料单元程序编制和调试所需软件、技术资料、工具和仪器清单； ⑨选择合适的编程语言和程序结构； ⑩从可读性和技术合理性选择合理程序编制方案
项目实现 (I)	①安装前对推料缸、摆动缸、传感器、阀岛、PLC 等组件的外观、型号规格、数量、标志、技术文件资料进行检验； ②根据图纸和设计要求，正确选定安装位置，进行 PLC 控制板各部件安装和电气回路的连接； ③正确选定安装位置，进行料仓模块、摆动模块、真空发生器、对射式光电传感器、真空检测传感器、阀岛、I/O 的接线端口、气源处理组件、走线槽等安装； ④完成供料单元气动回路和电气控制回路连接； ⑤进行料仓模块、摆动模块等的调试以及整个工作站调试和试运行； ⑥根据技术图纸，熟悉供料单元 I/O 地址分配表； ⑦根据控制要求，绘制控制程序流程图； ⑧根据流程图编制控制程序； ⑨将编制的程序下载到 PLC 中，运用 Monitor 工具调试程序
项目执行 (O)	①电气元件安装位置及接线是否正确，接线端接头处理是否符合工艺标准； ②机械元件是否完好，安装位置是否正确； ③传感器安装位置及接线是否正确； ④工作站功能检测； ⑤供料单元安装调试各工序的实施情况； ⑥供料单元安装成果运行情况； ⑦程序是否能够实现供料单元控制要求； ⑧编制的程序是否合理、简洁，没有漏洞； ⑨程序是否最优，所用指令是否合理； ⑩供料单元程序编制各工序的实施情况； ⑪供料单元运行情况； ⑫安装过程总结汇报； ⑬工作反思

项目构思

一、供料单元的机械结构

供料单元的结构组成如图 1.2 所示。其主要由 I/O 接线端口、真空发生器、真空检测传感器、CP 阀组、消声器、气源处理组件、进料模块、转运模块、走线槽、铝合金板等组成。此外，设备中还有对射式光电传感器、磁感应式接近开关。

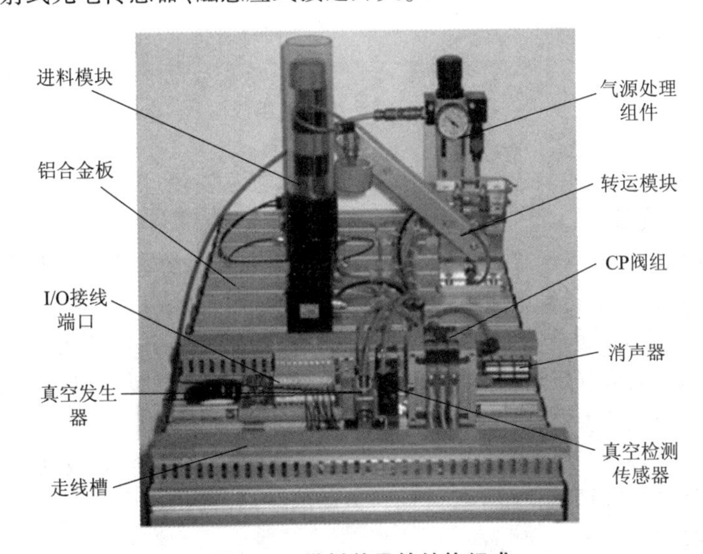

图 1.2 供料单元的结构组成

笔记栏

二、气动技术

气压传动简称气动，是指以压缩空气为工作介质来传递动力和控制信号，控制和驱动各种机械和设备，以实现生产过程机械化与自动化的一门技术。气压传动具有防火、防爆、防电磁干扰、抗振动、抗冲击、抗辐射、无污染、结构简单、工作可靠等特点。气动技术与液压、机械、电气和电子技术一起，互相补充，已发展成为实现生产过程自动化的重要手段，在机械、冶金、轻纺食品、化工、交通运输、航空航天、国防建设等各个行业已得到广泛应用。气压传动的优缺点如表 1.1 所示。

表 1.1 气压传动的优缺点

优　点	缺　点
①空气随处可取，取之不尽； ②空气通过管道传输，易于集中供气和远距离输送； ③无油润滑，用后的空气直接排入大气，对环境无污染； ④压缩空气可以储存在储气罐中； ⑤压缩空气对温度的变化不敏感，保证运行稳定； ⑥压缩空气没有爆炸及着火的危险； ⑦结构简单，制造容易，适于标准化、系列化和通用化； ⑧气动工具和执行元件超载时停止不动，无其他危害	①压缩空气需要有良好的处理，不能有灰尘和湿气； ②由于压缩空气的可压缩性，执行机构不易获得均匀恒定的运动速度； ③只有在一定的推力下，采用气动技术才比较经济； ④排气噪声较大，但可以通过噪声吸收材料及使用消声器进行改善； ⑤管路不宜过长，容易造成压力损失

笔记栏

1. 气动系统的组成

气动(气压传动)系统是一种能量转换系统,典型的气压传动系统由气源装置、执行元件、控制元件和辅助元件 4 部分组成,如图 1.3 所示。

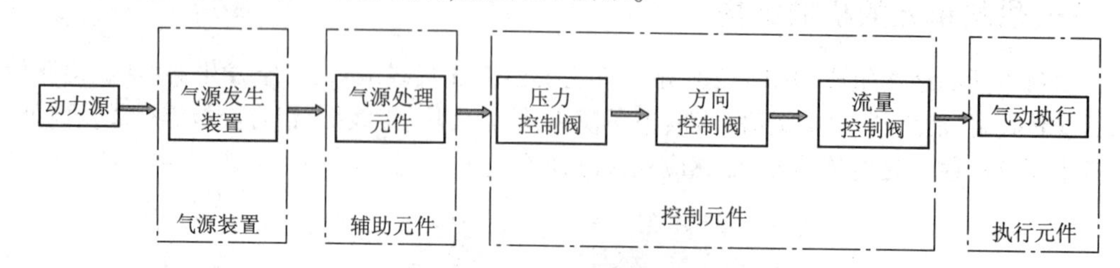

图 1.3　气动系统的组成

气压发生装置简称气源装置,是获得压缩空气的能源装置,其主体部分是空气压缩机,另外还有气源净化设备。

辅助元件是使压缩空气净化、润滑、消声以及元件间连接所需要的一些装置,如分水滤气器、油雾器、消声器以及各种管路附件等。

控制元件又称操纵、运算、检测元件,是用来控制压缩空气流的压力、流量和流动方向等,以便使执行机构完成预定运动规律的元件。它包括各种压力阀、方向阀、流量阀、逻辑元件、射流元件、行程阀、转换器和传感器等。

执行元件是将压缩空气压力能转变为机械能的能量转换装置,如做直线往复运动的气缸、做连续回转运动的气马达和做不连续回转运动的摆动马达等。

2. 气源装置

气源装置以压缩空气为工作介质,向气动系统提供压缩空气。其主体是空气压缩机,此外还包括压缩空气净化装置和传输管道。

(1)压缩空气

空气由多种气体混合而成,其主要成分是氮气和氧气,其次是氩气和少量的二氧化碳及其他气体。空气可分为干空气和湿空气两种形态,以是否含水蒸气作为区分标志。不含有水蒸气的空气称为干空气,含有水蒸气的空气称为湿空气。

(2)气动系统对压缩空气品质的要求

气源装置给系统提供足够清洁干燥且具有一定压力和流量的压缩空气,并有如下要求:压缩空气具有一定的压力和足够的流量;压缩空气具有一定的净化程度;压缩空气的压力波动不大,能稳定在一定范围内。

由空气压缩机排出的压缩空气虽然可以满足气动系统工作时的压力和流量要求,但其温度高达 170 ℃,且含有气化的润滑油、水蒸气和灰尘等污染物,这些污染物将对气动系统造成如下不利影响。

①油蒸气聚集在储气罐,有燃烧爆炸危险;同时油水分离物高温汽化后会形成一种有机酸,对金属设备有腐蚀作用。

②油、水、尘埃的混合物沉积在管道内会减小管道流通面积,增大气流阻力。

③在寒冷季节,水蒸气凝结后会使管道及附件冻结而损坏,或使气流不通畅。

④颗粒杂质会引起气缸、马达、阀等相对运动表面间的严重磨损,破坏密封,降低设备使

用寿命，可能堵塞控制元件的小孔，影响元件的工作性能，甚至使控制失灵等。

⑤气动装置要求压缩空气的含水量越小越好，压缩空气要具有一定的清洁度和干燥度，以满足气动装置对压缩空气的质量要求。因此，由空气压缩机排出的压缩空气必须经过降温、除油、除水、除尘和干燥，使其品质达到一定要求后才能使用。

(3)压力计量

①计量单位。在国际单位制中，压力的单位是帕[斯卡](Pa)。由于帕的单位太小，通常采用千帕(kPa)、兆帕(MPa)或巴(bar)表示。在气动技术中也采用大气压(atm)或千克力每平方厘米(kgf/cm^2)作为单位。它们之间的换算关系如下：

$1\ Pa=1\ N/m^2$，　$1\ kPa=1000\ Pa=0.01\ kgf/cm^2$，　$1\ MPa=1\times10^6\ Pa=10\ kgf/cm^2$

$1\ bar=1\times10^5\ Pa=1\ kgf/cm^2$，$1\ atm=1.033\ kgf/cm^2=1.0133\ bar=101\ 330\ Pa$

笔记栏

MPS 设备气源的工作压力范围是 6~8 bar。

②压力的正负。以大气压作为参考零点，大于大气压的压力为正压力；小于大气压的压力为负压力，负压也称为真空。

3. 气源装置结构

气源装置为气动设备提供满足要求的压缩空气动力源。一般气源装置的组成和布置如图 1.4 所示。

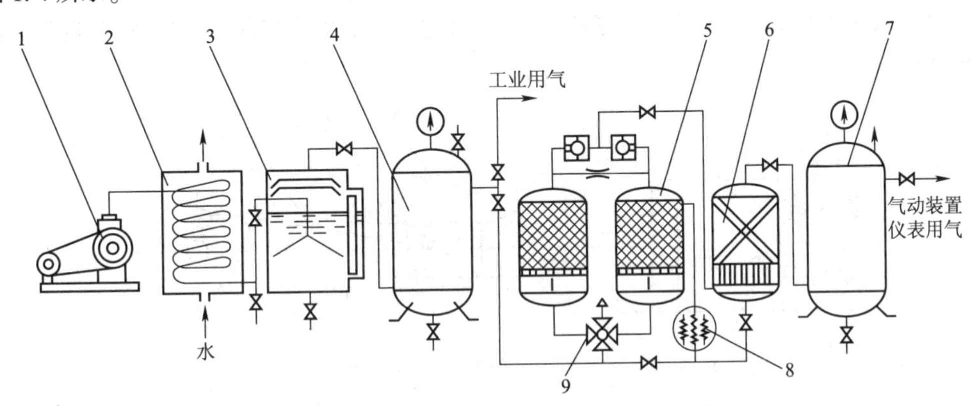

图 1.4 气源装置的组成和布置示意

1—空气压缩机；2—冷却器；3—油水分离器；4、7—储气罐；5—干燥器；6—过滤器；8—加热器；9—四通阀

(1)空气压缩机

空气压缩机简称空压机，是气源装置的核心，用以将原动机输出的机械能转化为气体的压力能。

空压机有以下几种分类方法，

①按工作原理分类如下：

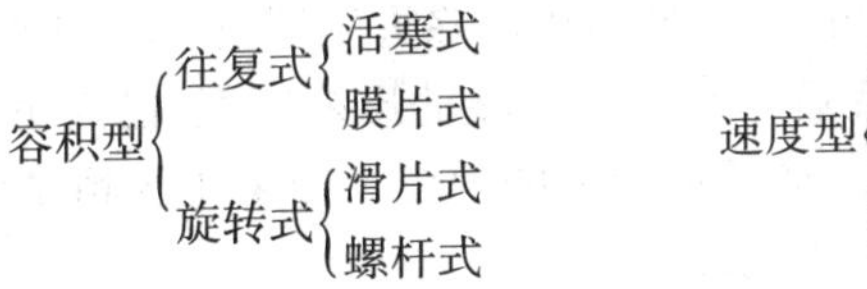

②按空压机输出压力 p 的大小分类。

· 鼓风机：$p<0.2$ MPa；

笔记栏

·低压空压机：$0.2\ MPa<p<1\ MPa$；

·中压空压机：$1\ MPa<p<10\ MPa$；

·高压空压机：$10\ MPa<p<100\ MPa$；

·超高压空压机：$p>100\ MPa$。

③按输出流量(即铭牌流量或自由流童)的大小分类。

·微型空压机：输出流量 $<1\ m^3/min$；

·小型空压机：输出流量为 $1\sim10\ m^3/min$；

·中型空压机：输出流量为 $10\sim100\ m^3/min$；

·大型空压机：输出流量大于 $100\ m^3/min$。

(2)空气压缩机的工作原理

气动系统中最常用的是往复活塞式空压机，其工作原理如图1.5所示。当活塞3向右移动时，气缸2左腔的压力低于大气压力，吸气阀9打开，空气在大气压力作用下进入气缸左腔，此过程称为"吸气过程"。当活塞3向左移动时，吸气阀9在气缸左腔内压缩气体的作用下关闭，左腔内空气被压缩，此过程称为"压缩过程"。当气缸左腔内气压增高到略大于输出管路内空气压力后，排气阀1打开，压缩空气排入输气管道，此过程称为"排气过程"。活塞3的往复运动是由电动机(或内燃机)带动曲柄8转动，通过连杆7、滑块5、活塞杆4转化成直线往复运动而产生的。图中为一个活塞、一个气缸空压机的工作情况，大多数空压机是多缸多活塞的组合。

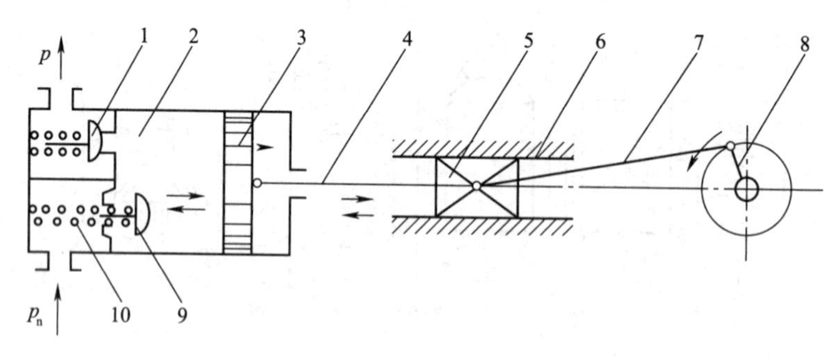

图1.5　活塞式空气压缩机工作原理图

1—排气阀；2—气缸；3—活塞；4—活塞杆；5—滑块；6—滑道；7—连杆；8—曲柄；9—吸气阀；10—弹簧

(3)净化装置

压缩空气的净化装置包括除水装置(后冷却器和干燥器)、过滤装置、调压装置及润滑装置等，用于排出压缩空气的水分、油分及粉尘杂质等，得到适当的压缩空气质量。

从空压机输出的压缩空气温度高达120~180 ℃，在此温度下，空气中的水分完全呈气态。冷却器的作用是将空压机出口的高温压缩空气冷却到40 ℃，并使其中的水蒸气和油雾冷却成水滴和油滴，以便将其清除。过滤器用以除去压缩空气中的油污、水分和灰尘等。经过冷却器、油水分离器和储气罐后得到初步净化的压缩空气，已满足一般气压传动的需要。但压缩空气中仍含一定量的油、水以及少量的粉尘。如果用于精密的气动装置、气动仪表等，上述压缩空气还必须进行干燥处理。

(4)储气罐

储气罐有以下作用：

①储存一定数量的压缩空气，以备发生故障或临时需要应急使用。

②消除由于空气压缩机断续排气而对系统引起的压力脉动，保证输出气流的连续性和平稳性。

③进一步分离压缩空气中的油、水等杂质。

储气罐的尺寸大小由空压机的输出功率决定。储气罐的容积越大，压缩机运行的时间越长。储气罐一般为圆筒状焊接结构，以立式居多。

(5)压缩空气的输送

从空压机输出的压缩空气通过管路系统被输送到各气动设备。气动系统中常用的有硬管和软管。硬管以钢管、紫铜管为主，常用于高温、高压和固定不动的部件之间的连接。软管有各种塑料管、尼龙管和橡胶管等，其特点是经济、拆装方便、密封性好，但应避免在高温、高压、有辐射的场合使用。气动系统的管路按其功能分类有以下几种：

①吸气管路：从吸入口过滤器到空压机吸入口之间的管路，此段管路管径宜大，以降低压力损失。

②排出管路：从空压机排出口到后冷却器或储气罐之间的管路，此段管路应能耐高温、耐高压与耐振动。

③送气管路：从储气罐到气动设备之间的管路。

④控制管路：连接气动执行元件和各控制阀之间的管路，此种管路大多数采用软管。

⑤排水管路：收集气动系统中的冷凝水，并将水分排出的管路。

微课

气动执行元件

4. 气动执行元件

气动元件是指利用压缩空气工作的元件。气动元件按照功能不同分为气动执行元件、气动控制元件、气动检测元件、真空元件及其他气动辅助元件。气动执行元件是一种能量转换装置，它将压缩空气的压力能转化为机械能，驱动执行机构实现直线往复运动、摆动、旋转运动或冲击动作。气动执行元件分为气缸和气马达两类。气缸用于提供直线往复运动或摆动，输出力和直线速度或摆动角位移；气马达用于提供连续回转运动，输出转矩和转速。

在气动系统中，由于气缸具有运动速度快、输出调节方便、结构简单耐用、容易安装、制造成本低、维修方便、环境适应性强等特点，因此是用最为广泛的一种执行机构。

(1)气缸的分类

根据使用条件不同，气缸的结构、形状和功能也不一样，确切地对气缸进行分类比较困难。气缸的主要分类方式有以下几种：

①按结构分类：按结构特征，气缸主要分为活塞式气缸和膜片式气缸两种。详细分类如图1.6所示。

②按尺寸分类：通常气缸按缸径分为微型气缸(2.5~6 mm)、小型气缸(8~25 mm)、中型气缸(32~320 mm)和大型气缸(大于320 mm)。

③按安装形式分类：按气缸安装形式分为固定式气缸(气缸安装在机体上固定不动，有脚座式和法兰式)和摆动式气缸(缸体围绕固定轴可作一定角度的摆动，有U形钩式和耳轴式)两种。

④按运动形式分类：按运动形式分为直线运动气缸和摆动气缸两类。

⑤按驱动形式分类：按驱动气缸时压缩空气作用在活塞端面上的方向分为单作用气缸和双作用气缸两种。

笔记栏

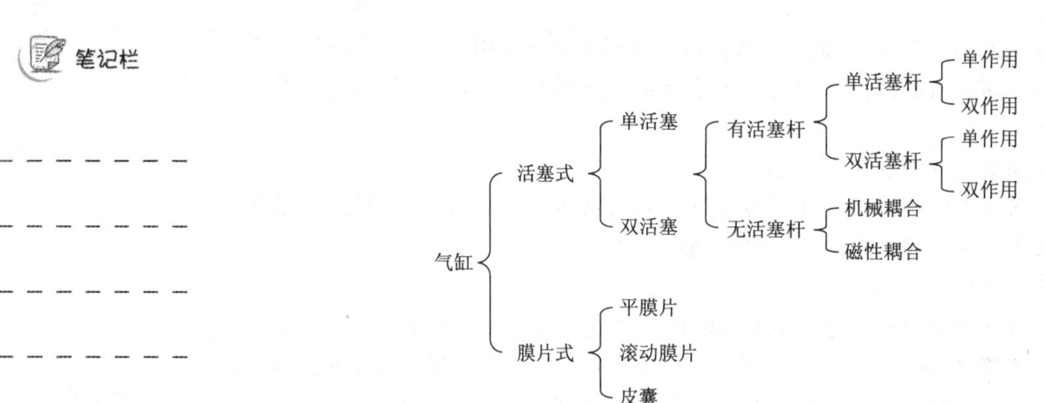

图 1.6　气缸按结构分类

⑥按润滑方式分类：按润滑方式可将气缸分为给油气缸和不给油气缸两种。

(2)普通气缸的结构和工作原理

普通气缸指缸体内只有一个活塞和一个活塞杆的气缸，有单作用气缸和双作用气缸两种。两个方向上都受气压控制的气缸称为双作用气缸，只有一个方向上受气压控制的气缸称为单作用气缸。

(3)双作用气缸的结构和工作原理

以气动系统中最常使用的单活塞杆双作用气缸为例来说明，图 1.7 所示为普通型单活塞杆双作用气缸的结构图，它由缸筒、活塞、活塞杆、前端盖、后端盖及密封件等组成。双作用气缸内部被活塞分成两个腔，有活塞杆腔称为有杆腔，无活塞杆腔称为无杆腔。

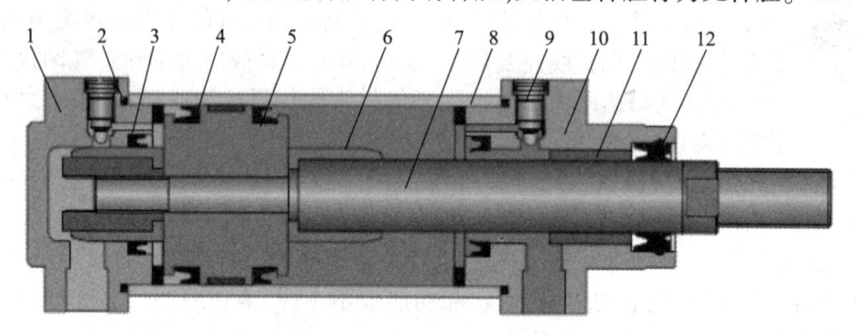

图 1.7　普通型单活塞杆双作用气缸的结构

1—后端盖；2—密封圈；3—缓冲密封圈；4—活塞密封圈；5—活塞；6—缓冲柱塞；7—活塞杆；8—缸筒；9—缓冲节流阀；10—导向套；11—前端盖；12—防尘密封圈

当压缩空气从无杆腔输入时，从有杆腔排气，在气缸的两腔形成压力差，推动活塞运动，使活塞杆伸出；当从有杆腔进气，无杆腔排气时，压力差使活塞杆缩回。若有杆腔和无杆腔交替进气和排气，活塞便可实现往复直线运动。

(4)单作用气缸的结构和工作原理

单作用气缸的结构和符号如图 1.8 所示，由气口、活塞、活塞杆和缸体组成。单作用气缸在缸盖一端的气口输入压缩空气，使活塞杆伸出(或缩回)；另一端靠弹簧力、自重或其他外力使活塞杆恢复到初始位置。单作用气缸主要用在夹紧、退料、阻挡、压入、举起和进给等操作上。

根据复位弹簧将单作用气缸分为预缩型气缸和预伸型气缸。图 1.8(a)为预缩型单作用气缸结构,复位弹簧装在气缸的活塞杆侧,在前缸盖上开有呼吸用的气口,其他结构与双作用气缸相同。当弹簧装在有杆腔内时,由于弹簧的作用力而使气缸活塞杆初始位置处于缩回位置,将这种气缸称为预缩型单作用气缸,符号如图 1.8(b)所示。当弹簧装在无杆腔内时,气缸活塞杆初始位置处于伸出位置的气缸称为预伸型单作用气缸,符号如图 1.8(c)所示。

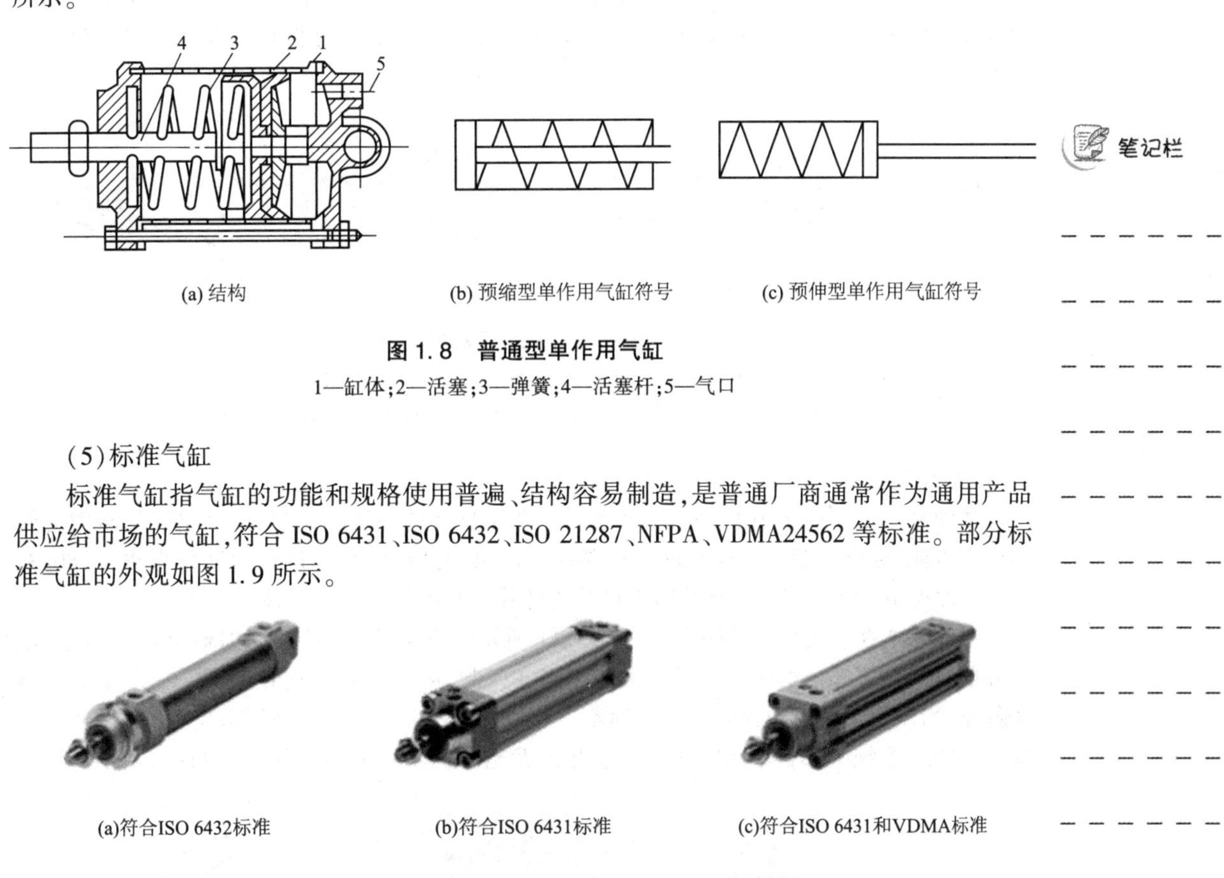

(a) 结构　　(b) 预缩型单作用气缸符号　　(c) 预伸型单作用气缸符号

图 1.8　普通型单作用气缸

1—缸体;2—活塞;3—弹簧;4—活塞杆;5—气口

(5)标准气缸

标准气缸指气缸的功能和规格使用普遍、结构容易制造,是普通厂商通常作为通用产品供应给市场的气缸,符合 ISO 6431、ISO 6432、ISO 21287、NFPA、VDMA24562 等标准。部分标准气缸的外观如图 1.9 所示。

(a)符合ISO 6432标准　　(b)符合ISO 6431标准　　(c)符合ISO 6431和VDMA标准

(d)符合NFPA标准　　(e)符合ISO 21287标准

图 1.9　标准气缸

(6)无杆气缸

无杆气缸没有普通气缸的刚性活塞杆,它利用活塞直接或间接连接外界执行机构,并使其跟随活塞实现往复运动。这种气缸的最大优点是节省安装空间,特别适用于小缸径、长行

笔记栏

程的场合，还能避免由于活塞杆及杆密封圈的损伤带来的故障；而且由于没有活塞杆，活塞两侧受压面积相等，双向行程具有同样的推力，有利于提高定位精度。

无杆气缸主要分为机械接触式和磁性耦合式两种，磁性耦合无杆气缸简称磁性气缸，其外观和结构原理如图 1.10 所示。在活塞上安装一组高强磁性的永久磁环，缸筒外则安装一组磁性相反的磁环套，二者有很强的吸力。当活塞在缸筒内被气压推动时，在磁力作用下，带动缸筒外的磁环套一起移动，使活塞通过磁力带动缸体外部的移动体做同步移动。MPS 操作手工作单元的线性驱动器为无杆气缸，它具有 600 mm 的行程长度和 3 个终端位置传感器。

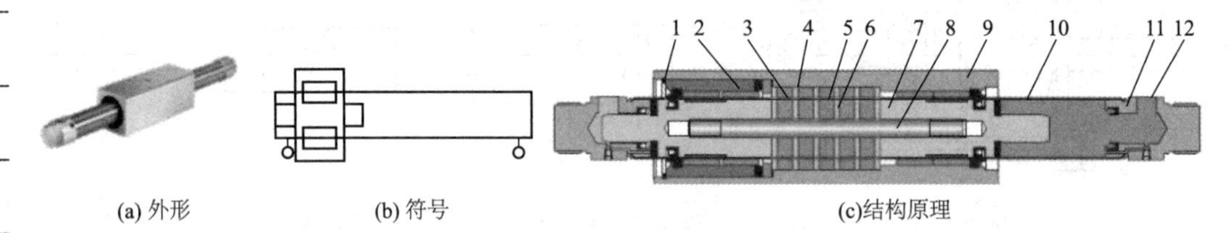

(a) 外形　(b) 符号　(c)结构原理

图 1.10　磁性无杆气缸

1—卡环；2—压盖；3—外磁环（永久磁铁）；4—外磁导板；5—内磁环（永久磁铁）；6—内磁导板；7—活塞；8—活塞轴；9—套筒（移动支架）；10—气缸筒；11—端盖；12—进、排气口

（7）摆动气缸

摆动气缸是一种在小于 360°角度范围内做往复摆动的气缸，它将压缩空气的压力能转换成机械能，输出力矩使机构实现往复摆动。常用的摆动气缸的最大角度分为 90°、180°和 270°三种规格。摆动气缸按结构特点可分为叶片式和齿轮齿条式两种。

单叶片式摆动气缸的结构原理如图 1.11 所示。它由叶片轴转子（即输出轴）、定子、缸体和前后端盖等部分组成。定子和缸体固定在一起，叶片和转子连在一起。在定子上有两条气路，当左路进气时，右路排气，压缩空气推动叶片带动转子顺时针摆动；反之，做逆时针摆动。MPS 系统中供料单元的摆臂就是由摆动气缸驱动的，其符号如图 1.11（c）所示。

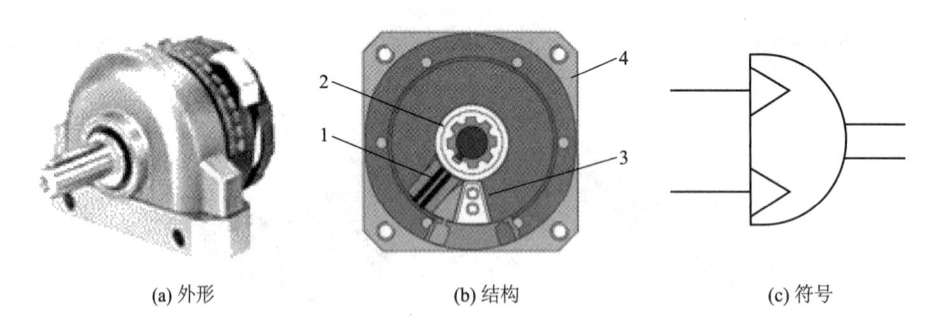

(a) 外形　(b) 结构　(c) 符号

图 1.11　单叶片式摆动气缸

1—叶片；2—转子；3—挡块；4 一缸体

（8）手指气缸（气爪）

手指气缸是一种变形气缸，也称气爪，能实现各种抓取功能，是现代机械手的关键部件。气爪的开闭一般是通过气缸活塞产生的往复直线运动带动与手爪相连的曲柄连杆、滚轮或

齿轮等机构,驱动各个手爪同步做开、闭运动。气爪一般有如下特点:

①所有的结构都是双作用的,能实现双向抓取,可自由对中,重复精度高。

②抓取力矩恒定,有多种安装和连接方式。

在气缸两侧可安装非接触式检测开关。图 1. 12(a)所示为平行开合气爪,两个气爪对心移动,输出较大的抓取力,既可用于内抓取,也可用于外抓取。MPS 系统中操作手单元抓取工件采用的就是平行开合气爪。三点气爪的 3 个气爪同时开闭,适合夹持圆柱体工件及工件的压入工作,如图 1. 12(b)所示。摆动气爪内外抓取 40°摆角,旋转气爪开度 180°,抓取力大,并确保抓取力矩恒定,如图 1. 12(c)和图 1. 12(d)所示。

笔记栏

(a) 平行开合气爪

(b) 三点气爪

(c) 摆动气爪

(d) 旋转气爪

图 1. 12 平行开合手爪

(9)其他气缸

气缸的种类还有很多,图 1. 13 所示为其他常用的几种气缸。

(a) 短形程气缸

(b) 阻挡气缸

(c) 导向气缸

(d) 双活塞杆气缸

围 1. 13 其他常用气缸

①短行程气缸:气缸杆运动的行程比较短,结构紧凑,轴向尺寸比普通气缸短,有单作用和双作用两种类型。

②阻挡气缸:阻挡气缸为阻挡工件传输而设计,是一种伸出型单作用气缸。阻挡气缸能快速、简便地安装在输送线上,外伸的活塞杆可安全平稳地阻挡传输工件。当加压时,活塞杆退回气缸内,传输工件放行,等待下一个传输工件被阻挡,如 MPS 成品分装单元的阻挡气缸。

③导向气缸:指具有导向功能的气缸。在缸筒两侧配导向用的滑动轴承(轴瓦式或滚珠式),因此导向精度高,承受横向载荷能力强。

④双活塞杆气缸:在缸体两端都有活塞杆伸出,活塞位于活塞杆的中间,往返行程的特性相同。气缸的活塞杆既可以制成实心,也可以制成空心。

笔记栏

(10)气缸的使用要求

①气缸正常的工作条件是介质、环境温度一般为20～80 ℃,工作压力一般为0.1～1.0 MPa。

②气缸安装前,应在1.5倍工作压力下进行试验,不应漏气。

③气缸安装的气源进口处需要设置油雾器,以利工作中润滑。

④气缸安装时,要注意动作方向,活塞杆不允许承受偏心负载或横向负载。

⑤负载在行程中有变化时,应使用有足够输出力的气缸,并要附加缓冲装置。

⑥不使用满行程,特别是活塞杆伸出时,不要使活塞与缸盖相碰击,否则容易引起活塞和缸盖等零件损坏。

5. 气动控制元件

在气压传动系统中,气动控制元件是控制和调节压缩空气的压力、流量和方向的重要控制阀,利用它们可组成各种气动控制回路,以保证气动执行元件(如气缸、气马达等)按设计的程序正常地进行工作。气动控制元件按功能和用途可分为流量控制阀(或称流量调节阀)、方向控制阀和压力控制阀(或称压力调节阀)三大类。

微课

气动控制元件

(1)方向控制阀

方向控制阀是气压传动系统中通过改变压缩空气的流动方向和气流的通断,来控制执行元件启动、停止及运动方向的气动元件。方向控制阀的种类较多,如图1.14所示。

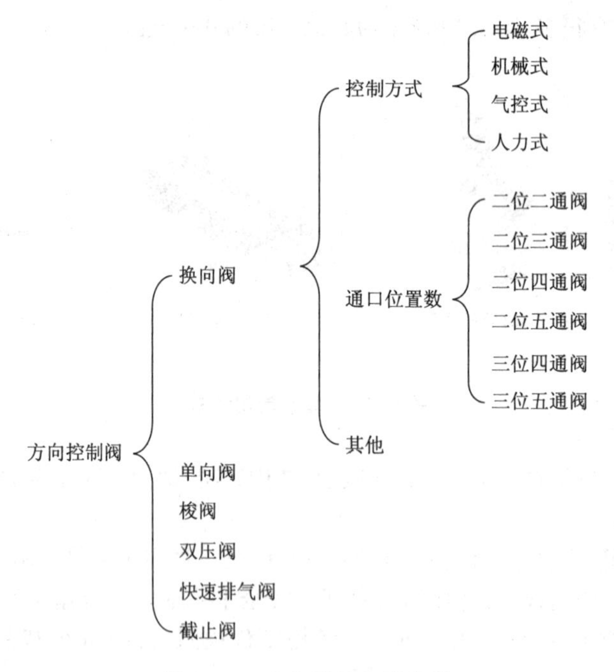

图1.14　方向控制阀的种类

根据方向控制阀的功能、控制方式、结构方式、阀内气流的方向及密封形式等,可将方向控制阀分为以下几类:

①按阀内气流的流通方向分类。按气流在阀内的流通方向分为单向型控制阀和双向型

控制阀。单向型控制阀只允许气流沿一个方向流动，如单向阀、梭阀、双压阀和快速排气阀等。双向型控制阀可以改变气流流通的方向，如电磁换向阀和气控换向阀。

②按阀的控制方式分类。表1.2所示为控制阀按控制方式的分类及符号。

表1.2 控制阀按控制方式的分类及符号

控制方式	符号
人力控制	一般手动操作　按钮式　手柄式　脚踏式
机械控制	弹簧复位式　滚轮杆式　惰轮式
气压控制	直动式　滚轮杆式
电磁控制	单电控式　双电控式　带手动开关先导式双电控

人力控制换向阀是依靠人为操作使阀切换，简称人控阀。人控阀主要分为手动阀和脚踏阀两大类。

机械控制换向阀是利用凸轮、撞块或其他机械外力操作阀杆使阀换向的，简称机控阀，这种阀常用作信号阀。

气压控制换向阀是利用气体压力操纵阀杆使阀换向，简称气控阀。气控阀按照控制方式可分为加压控制、卸压控制和延时控制等。这种阀在易燃、易爆、潮湿、粉尘大的工作环境中安全可靠。

电磁控制换向阀是利用线圈通电产生电磁吸力使阀切换，以改变气流方向的阀，简称电磁阀。电磁阀易于实现电、气联合控制，能实现远距离操作，应用广泛。MPS设备中主要使用的是电磁控制换向阀。

③按照阀的气路端口数量分类。控制阀的气路端口分为输入口(P)、输出口(A或B)和排气口(R或O)。按切换气路端口的数目分为二通阀、三通阀、四通阀和五通阀等。表1.3所示为换向阀的气路端口数和符号。

二通阀有2个口，即1个输入口(P)和1个输出口(A)。三通阀有3个口，除P、A口外，增加了1个排气口(用字母R表示)；三通阀既可以是2个输入口和1个输出口，也可以是1个输入口和2个排气口。四通阀有4个口，除P、A、R口外，还有1个输出口(用B表示)，通路为P→A、B→R或P→B、A→R。五通阀有5个口，除P、A、B外，还有2个排气口(用R、S或O1、O2表示)，通路为P→A、B→S或P→B、A→R。

笔记栏

表 1.3　换向阀的气路螨口数和符号

名　称	二　通　阀		三　通　阀		四　通　阀	五　通　阀
	常通	常断	常通	常断		
符号	A P	A P	A P R	A P R	A P R	A B R P S

二通阀和三通阀有常通型和常断型之分。常通型指阀的控制口未加控制信号(零位)时,P 口和 A 口相通。反之,常断型在零位时 P 口和 A 口相断。

控制阀的气路端口还可以用数字表示,表 2. 14 所示为数字和字母两种表示方法的比较。以用数字表示,表 1. 4 是数字和字母两种表示方法的比较。

表 1. 4　数字和字母表示方法的比较

气路端口	字母表示	数字表示	气路端口	字母表示	数字表示
输入口	P	1	排气口	R	5
输出口	B	2	输出信号清零	(Z) (Z)	(10)
排气口	S	3	控制口(1、2 口接通)	Y	12
输出口	A	4	控制口(3、4 口接通)	Z	14

④按阀芯的工作位置数分类。阀芯的切换工作位置简称“位”,阀芯有几个工作位置就称为几位阀。根据阀芯在不同的工作位置,实现气路的通或断。阀芯可切换的位置数量分为二位阀和三位阀。

有 2 个通口的二位阀称为二位二通阀,通常表示为 2/2 阀,前者表示通口数,后者表示工作位置。有 3 个通口的二位阀称为二位三通阀,表示为 3/2 阀。常用的还有二位五通阀,常表示为 5/2 阀,它可用于推动双作用气缸的回路中。

三位阀当阀芯处于中间位置时,各通口呈关断状态,则称为中位封闭式;如果出气口全部与排气口相通,则称为中位卸压式;如果输出口都与输入口相通,则称为中位加压式。

常见换向阀的符号如表 1. 5 所示,一个方块代表一个动作位置,方块内的箭头表示气流的方向(T 代表不通的口),各动作位置中进气口与出气口的总和为口数。

⑤按阀芯结构分类。按阀芯的结构分为截止式、滑柱式和同轴截止式。

⑥按阀的连接方式分类。按阀的连接方式分为管式连接、板式连接、集成式连接和法兰式连接。

(2)电磁阀

电磁控制换向阀简称电磁阀,是气动控制元件中最主要的元件,其品种繁多,种类各异,按操作方式分为直动式和先导式两类。

直动式电磁阀是利用电磁力直接驱动阀芯换向,图 1. 15 所示为直动式单电控电磁换向阀。当电磁线圈得电时,单电控二位三通阀的 1 口与 2 口接通。电磁线圈失电时,电磁阀在弹簧作用下复位,1 口关闭。

表 1.5　常见换向阀的符号

名　称	符　号	常　态	名　称	符　号	常　态
二位二通阀(2/2)		通	二位五通阀(5/2)		2 个独立排气口
二位二通阀(2/2)		常断	三位五通阀(5/3)		中位封闭
二位三通阀(3/2)		常通	三位五通阀(5/3)		中位卸压
二位三通阀(3/2)		常断	三位五通阀(5/3)		中位加压
二位四通阀(4/2)		一条通路供气 一条通路排气			

笔记栏

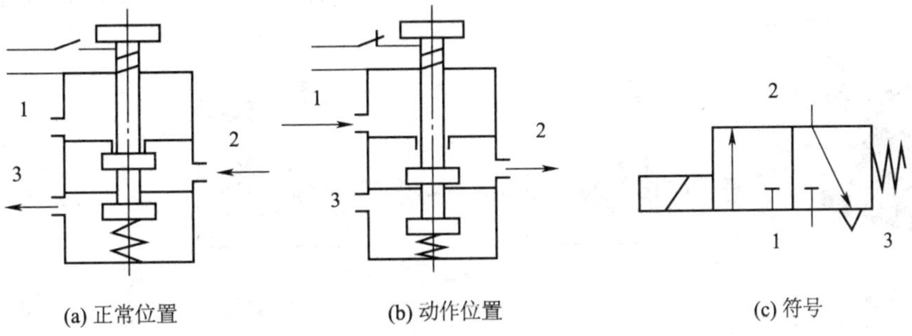

(a) 正常位置　(b) 动作位置　(c) 符号

图 1.15　直动式单电控电磁换向阀

图 1.16 所示为双电控电磁换向阀的符号。电磁线圈得电，双电控二位五通阀的 1 口与 4 口接通，且具有记忆功能，只有当另一个电磁线圈得电时，双电控二位五通阀才复位，即 1 口与 2 口接通。

直动式电磁铁只适用于小型阀，如果控制大流量空气，则阀的体积和电磁铁都必须加大，这势必带来不经济的问题，克服这些缺点可采用先导式结构。先导式电磁阀是由小型直动式和大型气控换向阀组合而成，它利用直动式电磁铁输出先导气压，此先导气压使主阀芯换向，该阀的电控部分又称电磁先导阀。

笔记栏

(3)单向型方向控制阀

单向型方向控制阀只允许气流沿着一个方向流动。它主要包括单向阀、梭阀、双压阀和快速排气阀等。

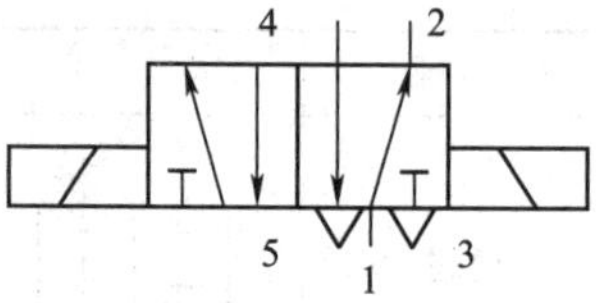

图 1.16 双电控电磁换向阀

①单向阀。单向阀是气流只能一个方向流动而不能反向流动的方向控制阀,其结构原理及符号如图 1.17 所示,利用弹簧将阀芯顶在阀座上。当压缩空气从 1 口进入时,克服弹簧力和摩擦力使单向阀阀口开启,压缩空气从 1 口流至 2 口;当 1 口无压缩空气时,在弹簧力和 2 口(腔)余气力作用下,阀口处于关闭状态,使 2 口至 1 口气流不通。

单向阀应用于不允许气流反向流动的场合,如空压机向气罐充气时,在空压机与气罐之间设置单向阀,当空压机停止工作时,可防止气罐中的压缩空气回流到空压机。单向阀还常与节流阀、顺序阀等组合成单向节流阀或单向顺序阀使用。

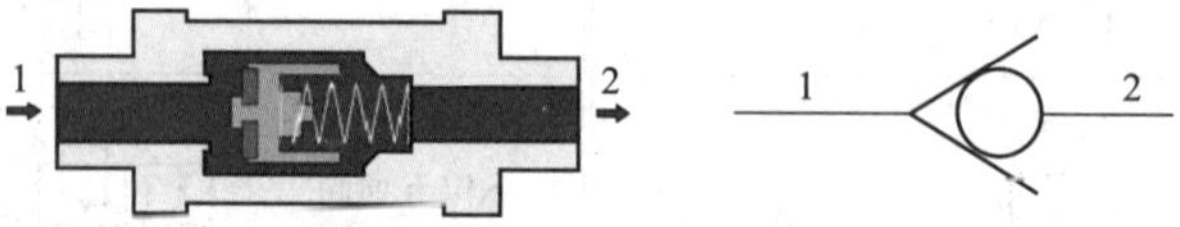

(a)结构原理图　　(b)符号

图 1.17 单向阀

②梭阀。梭阀相当于两个单向阀组合的阀,其作用相当于“或门”,如图 1.18 所示。梭阀有两个进气口 1,一个出口 2,两个进气口都可与出口相通,但两个进气口不相通。两个 1 口中的任一口有信号输入,2 口都有输出;若两个 1 口都有信号输入,则先加入侧或信号压力高侧的气信号通过 2 口输出,另一侧则被堵死;仅当二者都无信号输入时,2 口才无信号输出。

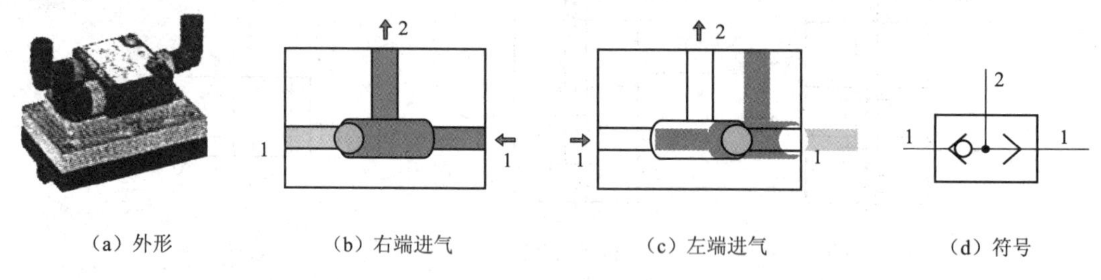

(a)外形　　(b)右端进气　　(c)左端进气　　(d)符号

图 1.18 梭阀

梭阀在气动系统中应用较广,它可将控制信号有次序地输入控制执行元件,常见的手动与自动控制的并联回路中就用到梭阀。

③双压阀。双压阀又称“与门”,其结构和符号如图 1.19 所示,它有两个输入口 1 和一个输出口 2。若只有一个输入口有气信号,输出口 2 没有信号输出。只有当两个输入口同时有气信号时,2 才有输出。当两个 1 口输入的气压不等时,气压低的通过 2 输出。双压阀在气动回路中常作“与门”元件使用。

④快速排气阀。快速排气阀可使气缸活塞运动速度加快,特别单作用气缸可以避免回程时间过长。图 1.20 所示为快速排气阀,当 1 口进气时,单向阀开启,1 与 2 接通,给执行元

件供气；当1口无压缩空气输入时，执行元件中的气体通过2使阀芯左移，堵住1、2通路，同时打开2、3通路，气体通过3快速排出。快速排气阀常装在换向阀和气缸之间，使气缸的排气不用通过换向阀而快速排出，从而加快了气缸往复运动速度，缩短了工作周期。

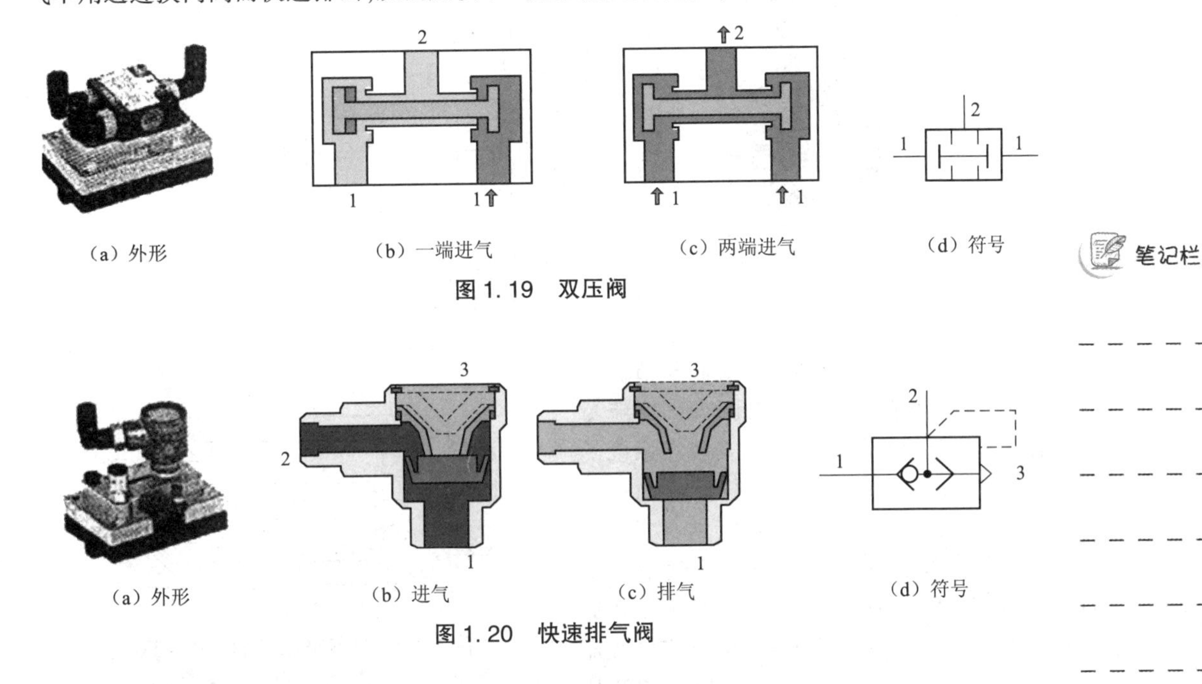

（a）外形 （b）一端进气 （c）两端进气 （d）符号

图1.19 双压阀

（a）外形 （b）进气 （c）排气 （d）符号

图1.20 快速排气阀

笔记栏

(4)流量控制阀

在气压传动系统中，有时需要控制气缸的运动速度，有时需要控制换向阀的切换时间和气动信号的传递速度，这些都需要调节压缩空气的流量来实现。这种通过改变阀的流通截面积来实现流量控制的阀称为流量控制阀，它包括节流阀、单向节流阀和排气节流阀等。

①节流阀。节流阀是将空气的流通截面缩小以增加气体的流通阻力，从而降低气体的压力和流量。图1.21所示为节流阀的结构原理和符号。阀体上有一个调节螺钉，可以调节节流阀的开口度，并可保持其开口度不变。气流经1口输入，通过节流口的节流作用后经2口输出。常用的有针型阀、三角沟槽型和圆柱斜切型等，图1.21是圆柱斜切阀芯的节流阀。由于这种节流阀的结构简单、体积小，故应用范围较广。

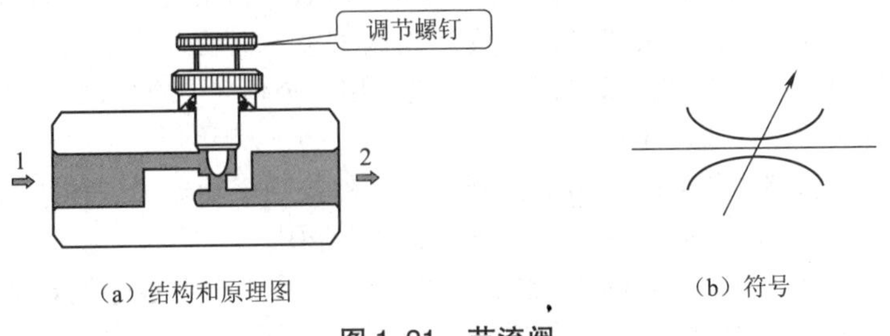

（a）结构和原理图 （b）符号

图1.21 节流阀

②单向节流阀。单向节流阀是单向阀和节流阀并联而成的组合控制阀，如图1.22所示。当气流由P口向A口流动时，经过节流阀节流；反方向流动，即由A向P流动时，单向阀打

笔记栏

开,不节流。单向节流阀常用于气缸的调速和延时回路中。

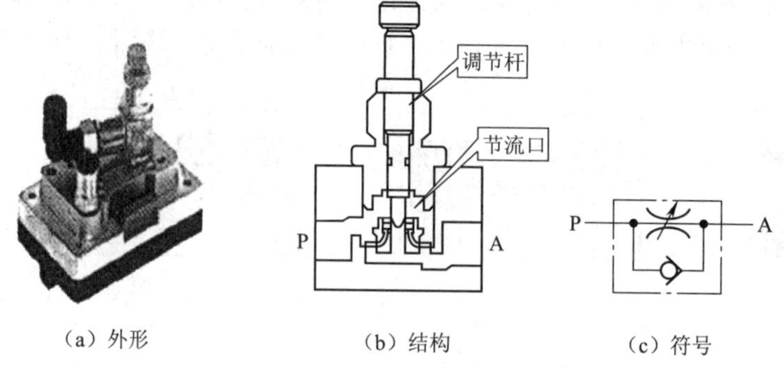

(a) 外形　(b) 结构　(c) 符号

图 1.22　单向节流阀

③排气节流阀。排气节流阀与节流阀一样,是靠调节流通面积来调节气体流量的。它与节流阀不同之处是安装在系统的排气口处,不仅能够控制执行元件的运动速度,而且因其常带消声器件,具有减少排气噪声的作用,所以常称其为排气消声节流阀。图 1.23 所示为排气节流阀的工作原理图,气流从 A 口进入阀内,由节流口节流后经消声套排出。因此,它不仅能调节执行元件的运动速度,还能起到降低排气噪声的作用。

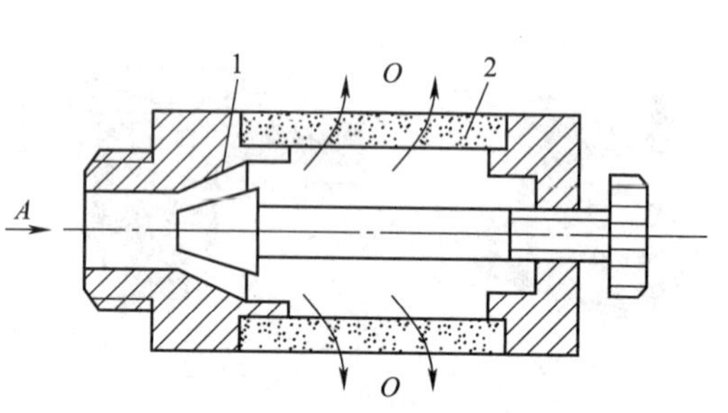

图 1.23　排气节流阀的工作原理

1—节流口;2—消声套(用消声材料制成)

(5)压力控制阀

在气动系统中,一般由空压机先将空气压缩,储存在储气罐内,然后经管路输送给各个气动装置使用。而储气罐的空气压力往往比各台设备实际所需要的压力高些,同时其压力波动值也较大。因此,需要将其压力减到每台装置所需的压力,并使减压后的压力稳定在所需压力值上。压力控制阀就是用来控制气动系统中压缩空气的压力,以满足各种压力需求或节能。压力控制阀有减压阀、安全阀(溢流阀)和顺序阀 3 种。

减压阀又称调压阀,是将供气气源压力减到每台装置所需要的压力,并保证减压后压力值稳定。减压阀按调压方式分为直动式和先导式两大类。直动式减压阀,由旋钮直接通过调节弹簧来改变其输出压力;先导式减压阀,则是利用一个预先调整好的气压来代替直动式减压阀中的调压弹簧来实现调压目的。

顺序阀是依靠气路中压力的作用来控制执行元件按顺序动作的一种压力控制阀,一般很少单独使用,往往与单向阀配合在一起,构成单向顺序阀。

安全阀又称溢流阀,在系统中起安全保护作用。当系统压力超过规定值时,安全阀打开,将系统中的一部分气体排入大气,使系统压力不超过允许值,从而保证系统不因压力过高而发生事故。图 1.24 所示为安全阀的工作原理。当系统压力小于阀的调定压力时,弹簧力使阀芯紧压在阀座上,阀处于关闭状态,如图 1.24(a)所示;当系统压力大于阀的调定压力时,阀芯开启,压缩空气从排气口排放到大气中,如图 1.24(b)所示。如果系统中的压力降到阀的调定值,阀门关闭并保持密封。

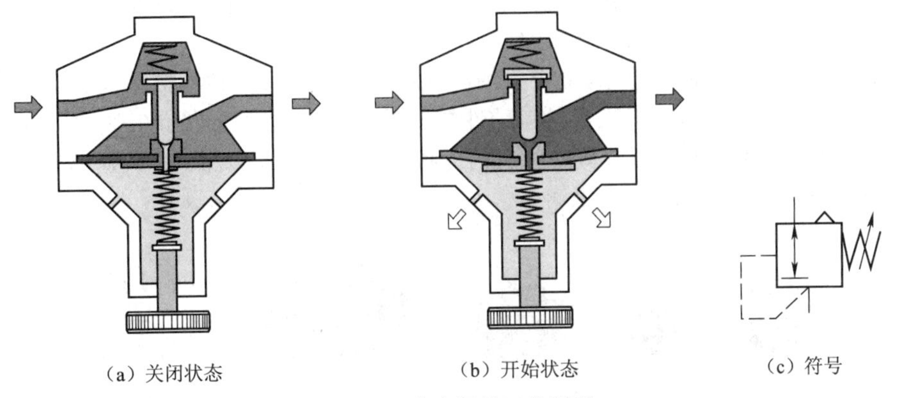

(a) 关闭状态　(b) 开始状态　(c) 符号

图 1.24　安全阀的工作原理

笔记栏

(6)真空元件

在低于大气压力下工作的元件称为真空元件,由真空元件所组成的系统称为真空系统,或称为负压系统。真空系统的真空是依靠真空发生装置产生的,真空发生装置有真空泵和真空发生器两种。下面介绍真空发生器的结构和原理。

真空吸附是利用真空发生装置产生真空压力为动力源,由真空吸盘吸附抓取物体,从而达到移动物体,为产品的加工和组装服务。对任何具有较光滑表面的物体,特别是那些不适于夹紧的物体,都可使用真空吸附来完成。真空吸附已广泛应用于电子电器生产、汽车制造、产品包装和板材输送等作业中。

①真空发生器。真空发生器是利用压缩空气的流动而形成一定真空度的气动元件,用于从事流量不大的间歇工作和表面光滑的工件。典型的真空发生器的结构原理和符号如图 1.25 所示,它由先收缩后扩张的拉瓦尔喷管、负压腔、接收管和消声器组成。当压缩空气从供气口 1 流向排气口 3 时,在真空口上产生真空,吸盘与真空口相接,靠真空压力吸起物体。如果切断供气口的压缩空气,则抽空过程就会结束。

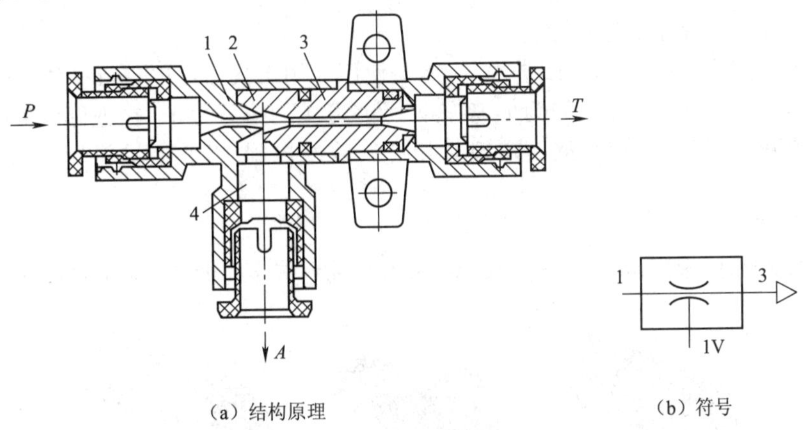

(a) 结构原理　(b) 符号

图 1.25　真空发生器的工作原理

1—拉瓦尔喷管;2—负压腔;3—接收管;4—真空腔

笔记栏

②真空吸盘。真空吸盘是利用吸盘内形成负压(真空)而把工件吸附住的元件,是真空系统中的执行元件。它适用于抓取薄片状的工件,如塑料板、矽钢片、纸张及易碎的玻璃器皿等,要求工件表面平整光滑,无孔无油。

根据吸取对象的不同需要,真空吸盘的材料由丁腈橡胶、硅橡胶、氟化橡胶和聚氨酯橡胶等与金属压制而成。除要求吸盘材料的性能要适应外,吸盘的形状和安装方式也要与吸取对象的工作要求相适应。常见真空吸盘的形状和结构有平板形、深型、风琴形等多种。图1.26所示为常用的真空吸盘外形及符号。

(a)外形

(b)符号

图1.26 几种常用的真空吸盘

(7)CP阀组(阀岛)

“阀岛”译自于德语Ventilinsel,英语译为ValveTerminal。阀岛技术由德国FESTO公司最先发明和应用。阀岛是将多个阀及相应的气控信号接口、电控信号接口甚至电子逻辑器件等集成在一起的一种集合体、一个电子气动单元,每个阀的功能是彼此独立的。CP阀岛又称紧凑型阀岛,它由紧凑型阀(CP阀)组成。CP阀的体积小、流量大、体积/流量比特别大。

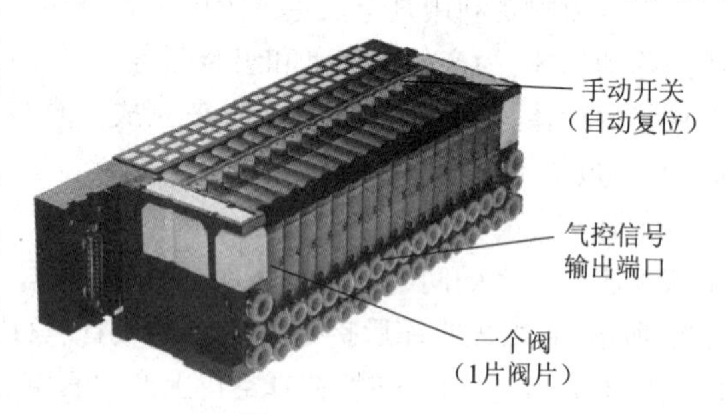

图1.27 CP阀组

CP阀组的外观如图1.27所示。该CP阀组由两位五通的带手控开关的单侧电磁先导控制阀、两位五通的带手控开关的双侧电磁先导控制阀和三位五通的带手控开关的双侧电磁先导控制阀组成。用它们分别对推料缸、真空发生器和摆动气缸的气路进行控制,以改变各自的动作状态。

CP阀组的手控开关是向下凹进去的,需要使用专用工具才可以进行操作。向下按时,信号为1,等同于该侧的电磁信号为1;常态下,手控开关的信号为0。在进行设备调试时,可以使用手控开关阀进行控制,从而实现对相应气路的控制,以改变推料杆等执行机构的状态。

(8)消声器

消声器如图1.28所示,消声器的作用是减少压缩空气在向大气排放时的噪声。

图1.28 消声器的实物图

三、传感器技术

传感器是一种检测装置,将感受到的被测量信息按一定规律变换成为电信号或其他所需形式的信息输出,以满足信息的传输、处理、存储、显示、记录和控制等要求。传感器一般处于研究对象或检测控制系统的最前端,是感知、获取与检测信息的窗口。

根据国家标准 GB/T 7665—2005 对传感器的定义,传感器指能感受规定的被测量,并按照一定的规律转换成可用信号的器件或装置,通常由敏感元件和转换元件组成。

传感器的应用领域涉及机械制造、工业过程控制、汽车电子产品、通信电子产品、消费电子产品和专用设备等方面。

笔记栏

微课

传感器基本知识

1. 传感器的基本知识

传感器的基本功能是检测信号和进行信号转换。传感器的输出量通常是电信号,它便于传输、转换、处理和显示等。电信号有多种形式,如电压、电流、电容和电阻等。

(1)传感器的组成

传感器一般由敏感元件、转换元件、信号调理与转换电路三部分组成,有时还需要外加辅助电源提供转换能量,如图 1.29 所示。

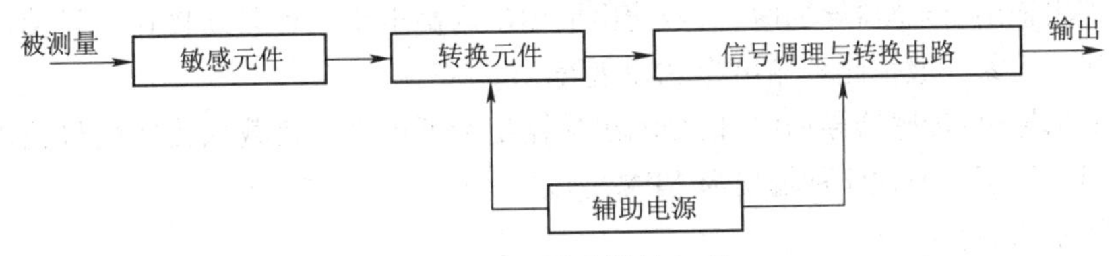

图 1.29 传感器的组成

敏感元件指传感器中能直接感受或响应被测量,并且输出与被测量成一定关系的某一物理量的元件。

转换元件是指传感器中能将敏感元件感受或响应的被测量,转换成适合于传输或测量的电信号的部分。有时敏感元件和转换元件的功能是由 2 个元件(敏感元件)实现的。

信号调理与转换电路将敏感元件或转换元件输出的电路参数转换、调理成一定形式的电量输出。由于传感器输出信号一般都很微弱,因此需要进行信号调理与转换、放大、运算与调制之后才能进行显示和参与控制。

辅助电源为无源传感器的转换电路提供电能。

(2)传感器的分类

传感器种类繁多、原理各异,从不同的角度有不同的分类方法。下面介绍几种常用的分类方法:

①按被测参数分类。被测参数即为输入量,如对温度、压力、位移、速度等被测参数进行测量,按输入量相应地分为温度传感器、压力传感器、位移传感器和速度传感器等。

②按工作原理分类。按工作原理,传感器可分为物理传感器和化学传感器两类。物理传感器应用的是物理效应,诸如压电效应、磁致伸缩现象、离化、极化、热电、光电、磁电等效应。化学传感器包括那些以化学吸附、电化学反应等现象为因果关系的传感器。

③按能量转换方式分类。按转换元件的能量转换方式,传感器分为有源型和无源型两

笔记栏

类。有源型也称能量转换型或发电型，它把非电量直接变成电压量、电流量和电荷量等，如磁电式、压电式、光电式、热电偶等。无源型也称能量控制型或参数型，它把非电量变成电阻、电容和电感等。

④按输出信号分类。按输出信号传感器分为模拟传感器、数字传感器和开关传感器。

⑤按输入、输出特性分类。按输入、输出特性传感器分为线性和非线性两类。

⑥按用途分类。按用途传感器可分为压敏和力敏传感器、位置传感器、液面传感器、能耗传感器、速度传感器、加速度传感器、射线辐射传感器、振动传感器、真空度传感器和生物传感器等。

(3)传感器的技术术语与指标

开关量传感器技术术语：

①触点：接近开关触点的概念沿用了机械开关触点的名称，在功能上与机械触点类似，即接通或断开电信号。

②常开触点：在常态下，即在没有物体接近的时候，传感器的输出呈截止状态，输出为低电平(“0”电平)。

③常闭触点：在常态下，即在没有物体接近的时候，传感器的输出呈导通状态，对于正逻辑输出型传感器输出为“1”电平，对于负逻辑型传感器则输出为“-1”电平。

④正逻辑输出：传感器导通时，信号输出端输出为高电平。负载须接在信号输出端与电源负极之间。厂家一般称此种输出为 PNP 型输出。

⑤负逻辑输出：传感器导通时，信号输出端输出为低电平。负载须接在信号输出端与电源正极之间。厂家一般称此种输出为 NPN 型输出。

主要技术指标：

①动作距离：也称为开关距离，在检测状态下，当被测物体在移向接近开关的过程中并引起接近开关动作时，测得的被测物体的检测面与接近开关的感应面之间的距离。

②复位距离：指在检测状态下被测物体逐渐远离接近开关的过程中，当接近开关由动作状态复位到常态时，测得的被测物体的检测面与接近开关的感应面之间的距离。

③额定动作距离：又称为额定开关距离，是接近开关能够稳定达到的标准动作距离，它是产品出厂时的标称值。

④设定距离：指在实际应用中，设定的接近开关的实际检测距离，一般调整为额定动作距离的 0.8 倍。

⑤回差值：指动作距离与复位距离之间的绝对值。

⑥重复定位精度：连续测量 10 次动作距离，其中最大值与最小值之差即为重复定位精度。

⑦最大开关频率：指接近开关每秒可动作的最高次数。

⑧最大开关电流：指接近开关“触点”允许通过的最大电流。

⑨工作电压：指能够保证接近开关正常工作的电压范围。

(4)接线形式

传感器的常用输出形式有 NPN 二线、NPN 三线、NPN 四线、PNP 二线、PNP 三线、PNP 四线、AC 三线、AC 五线，以及直流 NPN、PNP、常开、常闭等多种。传感器的接线形式如表 1.6 所示。

表 1.6 传感器的接线形式

名 称	符 号	说 明
二线传感器	红 —R— DC 10～30 V；蓝 — DC 0 V	直流二线
	红 —R— AC 90～250 V；蓝	交流二线
三线传感器	红/棕 — DC 10～30 V；黄/黑 —R；蓝/蓝 — DC 0 V	直流三线 NPN 输出
	红/棕 — DC 10～30 V；黄/黑 —R；蓝/蓝 — DC 0 V	直流三线 PNP 输出
四线传感器	红 — DC 10～30 V；黄；黑；蓝 — DC 0 V	直流四线 NPN 输出，所有输出信号为“低电平”
	红 — DC 10～30 V；黄；黑；蓝 — DC 0 V	直流四线 PNP 输出，所有输出信号为“高电平”
五线传感器	红 — AC 90～250 V；蓝；棕；黑；黄	红色和蓝色接交流电源，棕、黑、黄为传感器输出。棕色线为输出信号公共端，黄色为输出信号常开（ON），黑色输出为常闭（OFF）

笔记栏

微课

光电传感器

2. 光电传感器

光电传感器把光信号转变为电信号，不仅可测光的各种参量，还可把其他非电量变换为光信号以实现检测与控制。因此，光电传感器又称光敏传感器，或光电探测器，它属于无损伤、非接触测量元件，具有灵敏度高、精度高、测量范围广、响应速度快、体积小、重量轻、寿命长、可靠性高等特点。图 1.30 所示为一些光电传感器的实物外形。

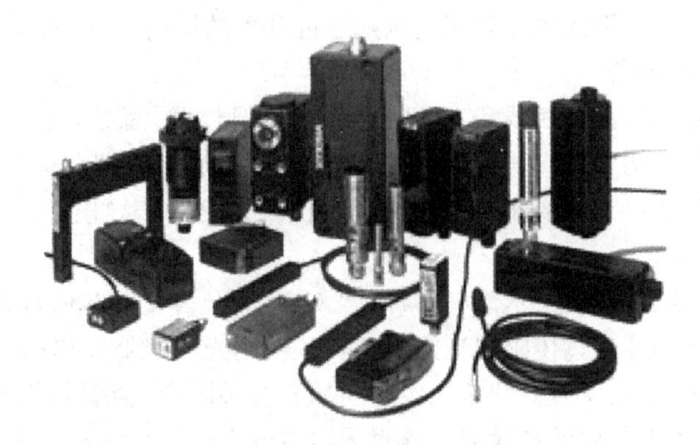

图 1.30 光电传感器实物外形

笔记栏

光电式传感器一般由光源、光学元件和光电元件三部分组成。光电式传感器的物理基础是光电效应,它可用于检测直接引起光量变化的非电量,如光强、光照度、辐射测量、气体成分分析等;也可以用于检测能转化成光量变化的其他非电量,如直径、表面粗糙度、应变位移、振动、速度、加速度,以及物体形状、工作状态的识别等。

光电传感器按照光源、被测物和光电元件三者的关系,可分为4种类型,如图1.31所示。

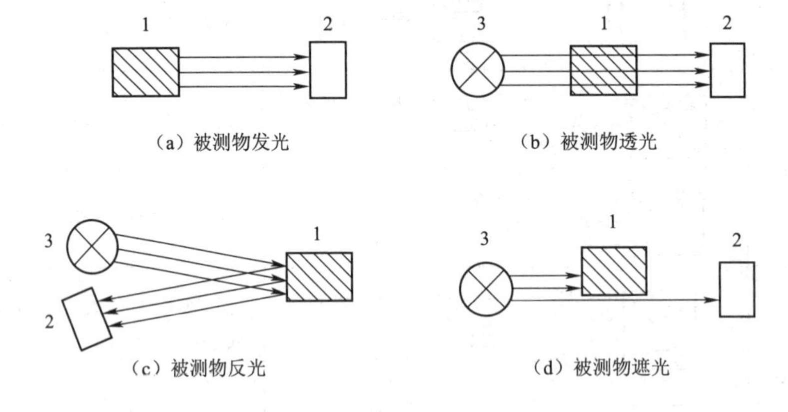

(a) 被测物发光　(b) 被测物透光

(c) 被测物反光　(d) 被测物遮光

图1.31　光电传感器的类型

1—被测物;2—光敏元件;3—恒光源

①被测物发光:被测物为光源,可检测发光物的某些物理参数。

②被测物反光:可检测被测物体表面性质参数,如光洁度计。

③被测物透光:可检测被测物与吸收光或投射光特性有关的某些参数,如浊度计和透明度计等。

④被测物遮光:可检测被测物体的机械变化,如测量物体的位移、振动、尺寸和位置等。

光电传感器按输出信号分为开关式和模拟式。模拟式光电传感器的输出量为连续变化的光电流,因此在应用中要求光电器件的光照特性呈单值线性,光源的光照要求保持均匀稳定,主要用于光电式位移计、光电比色计等。开关式光电传感器的输出信号对应于光电信号"有""无"受到光照两种状态,即输出特性是断续变化的开关信号。这种传感器又称光电式接近开关,主要用于转速测量、模拟开关和位置开关等。光电式接近开关根据检测方式可分为反射式和对射式两种。下面主要介绍光电式接近开关的结构、工作原理及应用。

(1)对射式光电传感器

对射式光电传感器的光发射器和光接收器处于相对位置,面对面安装。图1.30所示为对射式光电传感器的结构原理图,图1.32(a)为光发射与光接收器分体的结构,图1.30(b)为光发射器与光接收器一体的结构。光纤共有两根,一根用于导出光线,一根用于导入光线,其作用只是传导光。

注意:光纤在安装和使用中,不能将其折成"死弯"或使其受到其他形式的损伤。

如果没有被检测物体通过传感器光路,光路畅通,则光发射器发出的光线直接进入接收器。如果有物体通过光路,发射器和接收器之间的光线被阻断,会引起传感器输出信号发生变化。因此,对射式光电传感器是检测不透明物体最可靠的检测模式。例如,安装在MPS供料单元送料模块料仓中的对射式光电传感器,就用于检测料仓中有无工件。

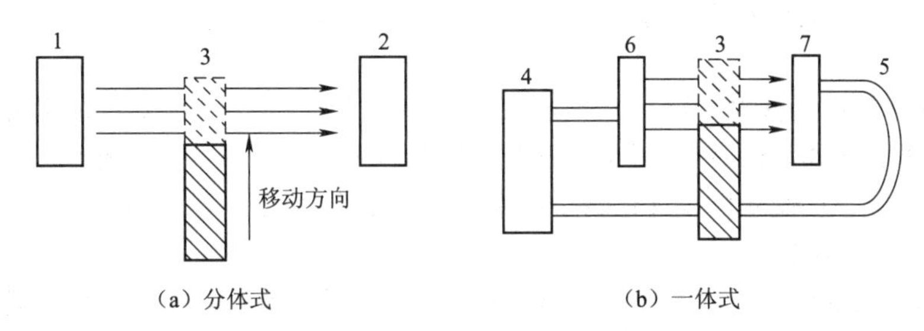

图 1.32 对射式光电传感器

1—光发射器;2—光接收器;3—被测物体;4—传感器主体;5—光纤;6—光发射端;7—光接收端

笔记栏

(2)反射式光电传感器

反射式光电传感器的发射端和接收端是做在一起的,在工业生产中用得最多的是漫反射式和镜反射式光电传感器。

①漫反射式光电传感器的发射器和接收器集于一体,如图 1.33 所示,二者处于同一侧位置,利用光照射到被测物体上后反射回来的光线而工作。由于没有反光板,正常情况下光发射器发射的光,接收器是无法接收到的,只有当被检测物经过时,将光发射器发射的光部分反射回来,使光接收器得到光信号,传感器才产生输出信号。对于表面光亮或其反射率极高的被检测物体,漫反射式光电传感器是首选的检测模式。

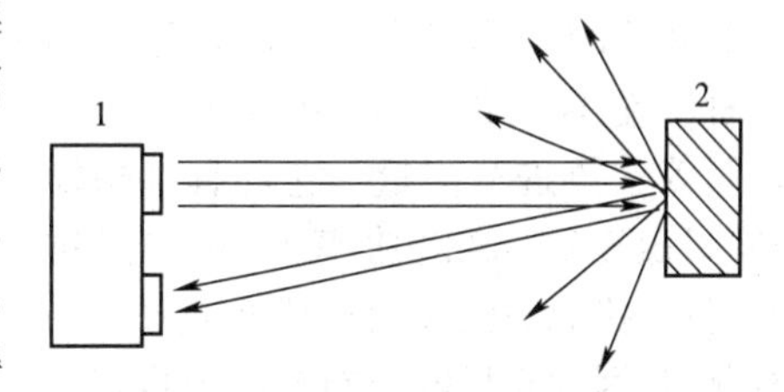

图 1.33 漫反射式光电传感器

1—传感器主体;2—被测物体

②镜反射式光电传感器也是发射器和接收器集于一体,二者处于同一侧位置,在其相对位置安置一个反光镜,如图 1.34 所示。利用光反射镜,发射器发出的光线经过反射回到光接收器。在光的传输路上如果没有被检测物体,则接收器可以接收到发射器发出的光线。如果在光的传输路上有被检测物体,则接收器接收不到光线,引起传感器输出信号的变化。

(3)光电传感器的应用

①符号:光电传感器的符号如图 1.35 所示。

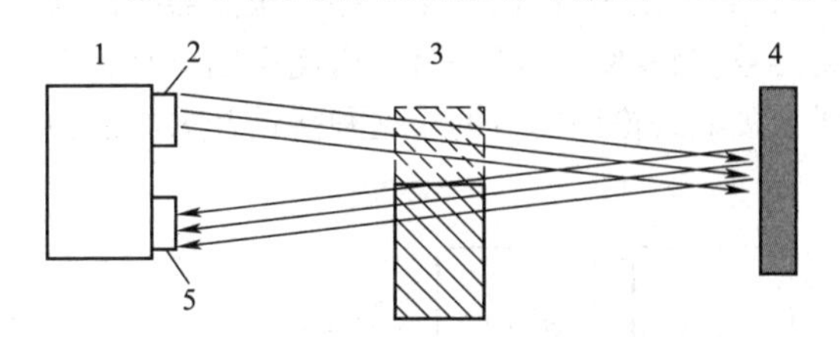

图 1.34 镜反射式光电传感器

1—传感器主体;2—发射器;3—被测物体;4—反射镜;5—接收器

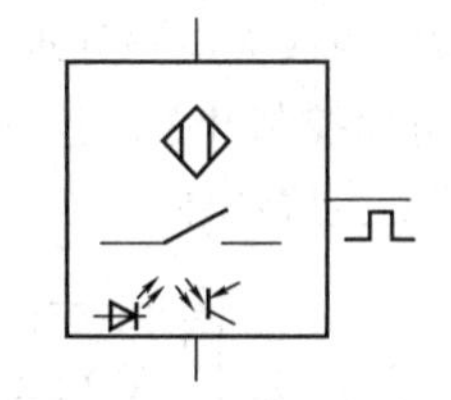

图 1.35 光电传感器的符号

②安装要求。光电传感器安装时有如下要求:

- 不能安装在水、油、灰尘多的地方。
- 回避强光及室外太阳光等直射的地方。传感器的接收端不能直接正对很强的光源

笔记栏

（如太阳光、大功率电灯或其他光源）。一般解决办法是用工件挡住强光，或将传感器旋转一定角度安装。

- 消除背景物的影响。如果被测物体是可以透光的介质，当光线穿过被测物体后，可能会被其后面的背景物反射回来，影响传感器的检测精度和测量效果。一般解决方法是在接收端的一侧安装一块遮光板，阻挡反射的光线进入传感器接收端，从而避免传感器误动作。

③ 使用注意事项：

- 对射式光电传感器并置使用时，相互间隔维持在检测距离0.4倍以上。
- 反射式光电传感器并置使用时，相互间隔维持在检测距离的1.4倍以上。

微课

电感式传感器、电容式传感器、磁感应传感器

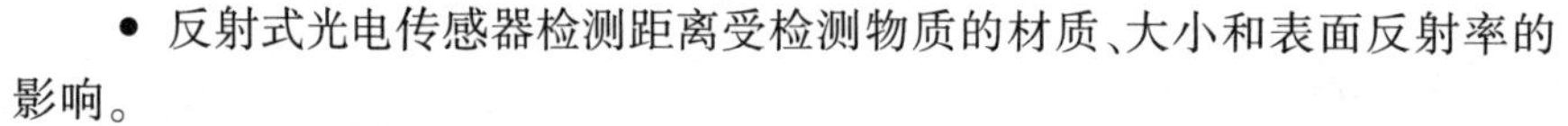

- 反射式光电传感器检测距离受检测物质的材质、大小和表面反射率的影响。

3. 电感式传感器

电感式传感器是利用线圈自感或互感系数的变化来实现非电量电测的一种装置，能对位移、压力、振动、应变、流量等参数进行测量。它具有结构简单、灵敏度高、输出功率大、输出阻抗小、抗干扰能力强及测量精度高等一系列优点，因此在机电控制系统中得到广泛应用。图1.36所示为常用的一些电感式传感器的实物。

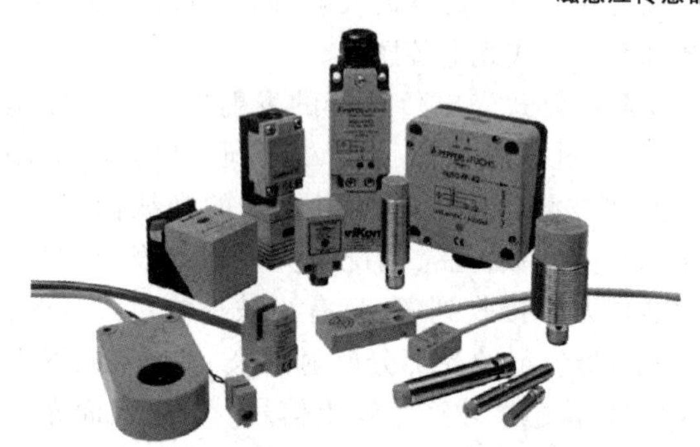

图1.36 电感式光电传感器的实物

电感式传感器种类很多，一般分为自感式和互感式两大类。习惯上讲的电感式传感器通常指自感式传感器。

电感式传感器的工作原理：

电感接近式传感器属于一种有开关量输出的位置传感器，又称电感式接近开关，主要由LC振荡器、开关器及放大输出器三部分组成，如图1.37所示。电感式传感器在接通电源且无金属工件靠近时，其头部产生自激振荡的磁场，如图1.38所示。当金属目标接近这一磁场，达到感应距离时，在金属目标内产生涡流，从而导致振荡衰减，以至停振。振荡器振荡及停振的变化被后级放大电路处理并转换成开关信号，触发驱动控制器件，由此识别出有无金属物体接近，进而控制开关的连或断，从而达到非接触式检测的目的。这种接近开关所能检测的物体必须是金属物体。

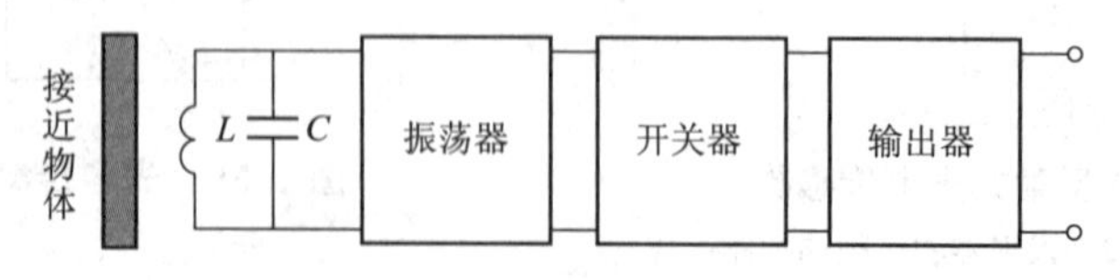

图1.37 电感式接近开关组成

①符号：电感式传感器的符号如图1.39所示。

②使用注意事项：

- 电感式接近传感器只对金属物质敏感，不能应用于非金属物质检测。

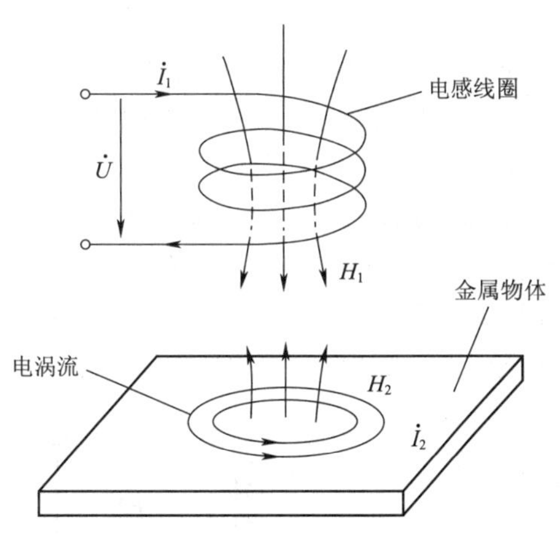

图 1.38 电感式传感器工作原理

笔记栏

• 电感式传感器的接通时间为 50 ms,当负载和传感器采用不同的电源时,务必先接通电感式传感器的电源。

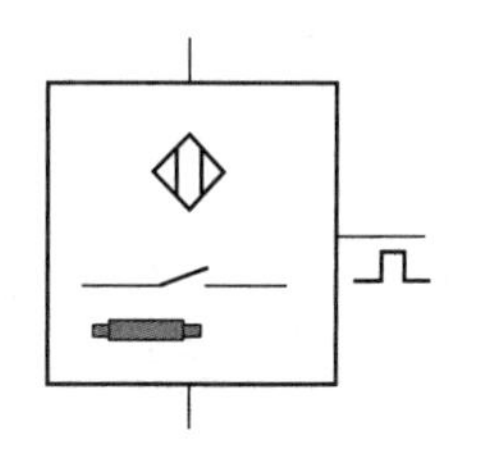

图 1.39 电感式传感器的符号

• 当使用感性负载时,其瞬态冲击电流过大,会损坏或劣化交流二线的电感式传感器,这时需要经过交流继电器作为负载来转换使用。

• 对检测正确性要求较高的场合或传感器安装周围有金属对象的情况下,需要选用屏蔽式电感性接近传感器。只有当金属对象处于传感器前端时才触发传感器状态的变化。

• 电感式接近传感器的检测距离会因被测对象的尺寸、金属材料,甚至金属材料表面镀层的种类和厚度不同而不同,使用时应查阅相关的参考手册。

• 避免电感式传感器在化学溶剂中,尤其是强酸、强碱的环境下使用。

4. 电容式传感器

电容式传感器是以各种类型的电容作为敏感元件,将被测物理量的变化转换为电容量的变化,再由转换电路(测量电路)转换为电压、电流或频率,以达到检测的目的。因此,凡是能引起电容量变化的有关非电量,均可用电容式传感器进行电测变换。图 1.40 所示为常见的电容式传感器实物。

图 1.40 电容式传感器的实物

电容式传感器不仅能测量荷重、位移、振动、角度、加速度等机械量,还能测量压力、液面、料面、成分含量等热工量,可分为变极距型、变面积型和变介电常数型 3 种。电容式传感器具有结构简单、灵敏度高、动态特性好等一系列优点,在机电控制系统中占有十分重要的地位。

笔记栏

(1)电容式传感器工作原理

电容式接近开关属于一种具有开关量输出的电容传感器,其检测物体既可以是金属导体,也可以是绝缘的液体或粉状物体。图1.41所示为电容式传感器的结构原理,它的检测面由两个同轴金属电极构成,相当于打开的电容器电极,该电极串接在RC振荡回路中。图1.41(a)中,电容式传感器在接通电源且无检测物体时,在电容 C 两端(两个极板)的电荷大小相等、极性相反,传感器表面所产生的静电场是平衡的。图1.41(b)中,当被测物体接近电容式传感器的端部时,其端部原有的平衡电场被打破,使得传感器内部的振荡器工作,再经过放大、比较,传感器输出信号变化,表明已经检测到物体。

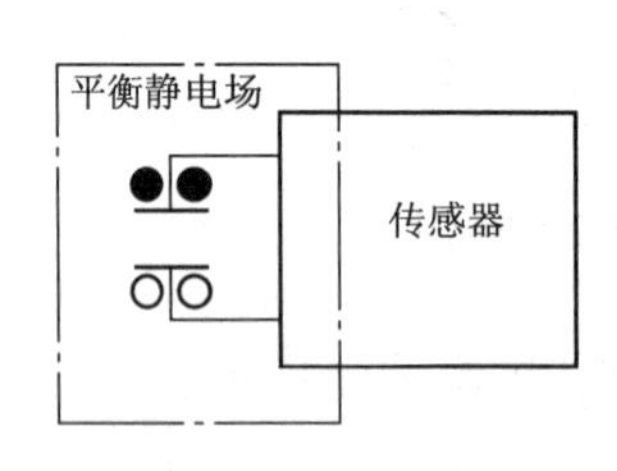

(a)被测物体未接近传感器

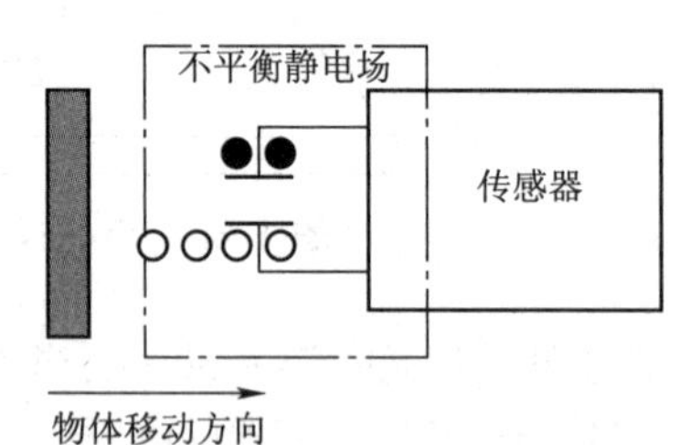

(b)被测物体接近传感器

图1.41 电容式传感器的结构原理

(2)电容式传感器的应用

①符号:电容式传感器的符号如图1.42所示。

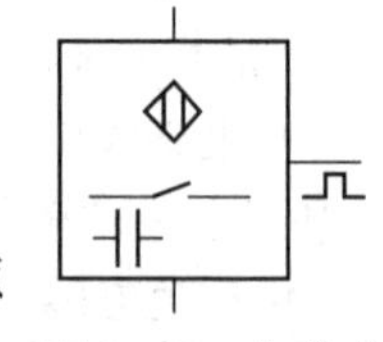

图1.42 电容式传感器的符号

②使用注意事项:

- 当检测物体为非金属时,要减小检测距离。
- 电容式传感器的接通时间为50 ms,当负载和传感器采用不同电源时,务必先接通电容式传感器的电源。
- 当使用感性负载时,其瞬态冲击电流过大,会损坏或劣化交流二线的电容传感器,这时需要经过交流继电器作为负载来转换使用。
- 勿将电容式传感器置于磁通密度大于或等于0.02 T的直流磁场环境下使用,以免造成误动作。
- 避免电容式传感器在化学溶剂,尤其是强酸、强碱的环境下使用。
- 电容式传感器极板之间的空气隙很小,存在介质被击穿的危险,通常在两极板间加云母片避免空气隙被击穿。
- 电容式传感器的电容值均很小,一般在皮法(10^{-12}F)级,连线时应采用分布电容极小的高频电缆。

5. 磁感应传感器

磁感应传感器是一种将磁信号转换为电信号的器件或装置,图1.43所示为磁感应传感器的实物图。磁感应传感器具有体积小、惯性大、动作快等优点。

(1)磁感应传感器工作原理

磁感应传感器是一种触点传感器,图1.44所示为其结构原理图。它由两片具有高导磁

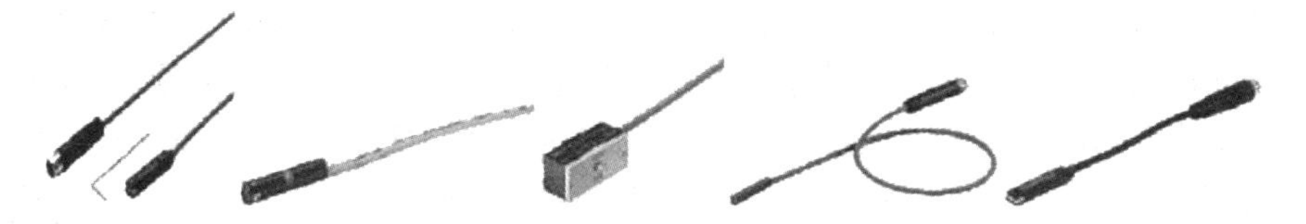

图 1.43　磁感应传想器实物图

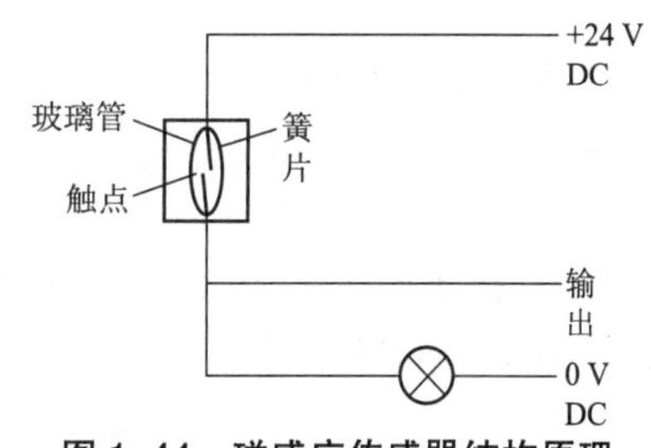

图 1.44　磁感应传感器结构原理

和低矫顽力的合金簧片组成，并密封在一个充满惰性气体的玻璃管中。两个簧片之间保持一定的重叠和适当的间隙，末端镀金作为触点，管外焊接引信。当传感器所处位置的磁感应强度足够大时，两簧片相互吸引而使触点导通；当磁场减弱到一定程度时，在簧片本身弹力的作用下而释放。

磁感应传感器用永久磁铁驱动时，多作检测之用，如作为限位开关使用，取代靠碰撞接触的行程开关，可提高系统的可靠性和使用寿命，在 PLC 控制器中常用作位置控制的通信信号。

(2)磁感应传感器的应用

①符号：磁感应传感器的符号如图 1.45 所示。输出状态分常开、常闭和锁存，输出形式有 NPN 和 PNP。与前面介绍的传感器一样，有交流、直流，2 线、3 线、4 线及 5 线等接线形式。

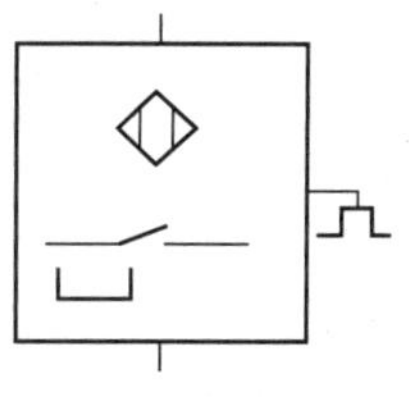

图 1.45　磁感应接近开关符号

②使用注意事项。使用磁感应传感器时应注意如下事项：直流型磁感应传感器所使用电压为 DC 3～30 V，一般应用范围为 DC 5～24 V；过高的电压会引起内部元器件升温而变得不稳定，但电压过低，容易受外界温度变化影响，从而引起误动作；使用时，必须在接通电源前检查接线是否正确，电压是否为额定值。

四、I/O 接线端口

I/O 接线端口如图 1.46 所示。它是工作单元与 PLC 之间进行通信的线路连接端口，每个 I/O 通道都配有电信号状态指示灯。

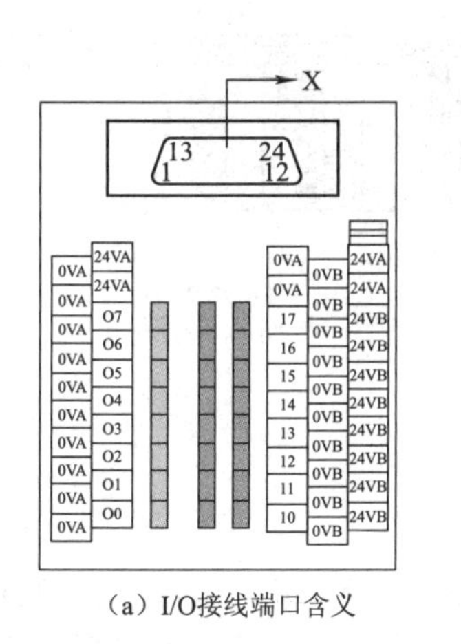

(a) I/O接线端口含义

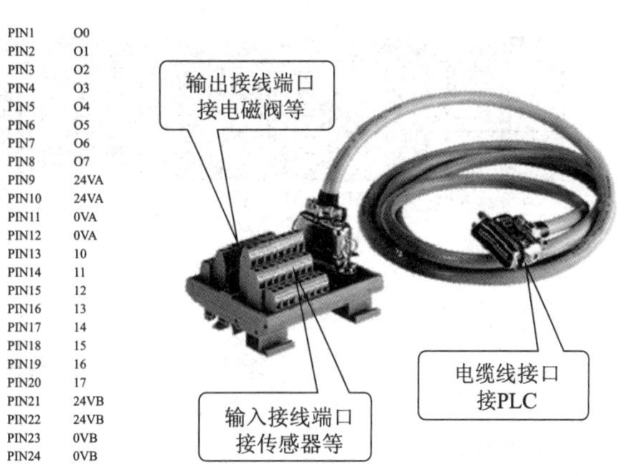

(b) I/O接线端口组成

图 1.46　I/O 接线端口

笔记栏

笔记栏

该工作单元中所有电信号(直流电源、输入、输出)线路都接到端口上,再通过信号电缆线连接到PLC上。它有8个输入接线端子和8个输出接线端子,在每一路输入、输出上都有LED显示,用于显示相应的输入、输出信号状态,供系统调试使用。并且,在每一个端子旁都有数字标号,以说明端子的位地址。接线端口通过导轨固定在铝合金板上。

微课

SIMATIC S7-300组态的基本部件和使用规范

五、西门子S7-300PLC硬件系统

1. S7-300的硬件组成

S7-300的功能强大、速度快、扩展灵活,并具有紧凑的、无槽位限制的标准化模板式结构。该系列PLC是模块式的中小型可编程控制器,它是由CPU模块、I/O模块等紧密排列安装在导轨上而组成的,各模块通过背部的U形总线相联系,其组合情况如图1.47所示。

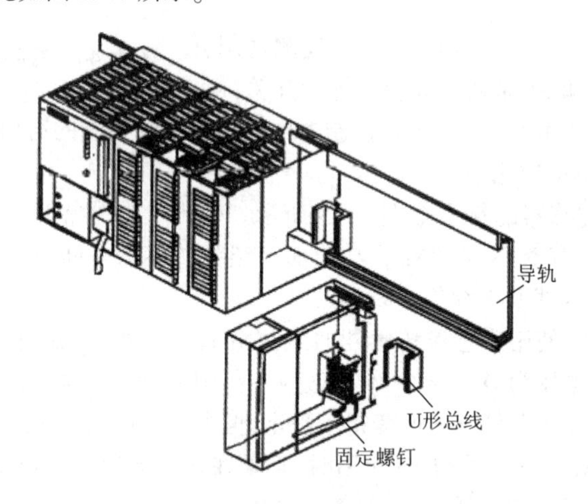

图1.47 S7-300的模板、导轨和U形总线的组合

S7-300的主要组成部分有导轨(RACK)、电源模板(PS)、中央处理单元(CPU)模板、接口模板(IM)、信号模板(SM)、功能模板(FM)等,如图1.48所示。

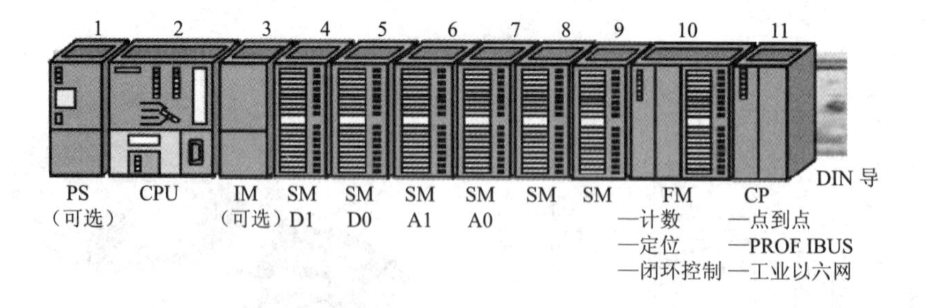

图1.48 S7-300模块

(1)导轨(RACK)

导轨是安装S7-300各类模板的机架,是特制的不锈钢异型板(DIN标准导轨),其长度有160 mm、482 mm、530 mm、830 mm、2 000 mm五种,可根据实际需要选择。安装时,只需要

简单地将模板钩在导轨上，转动到位，然后用螺栓锁紧。电源模块、CPU 及其他信号模块都可方便地安装在导轨上。S7-300 采用背板总线的方式将各模板从物理上和电气上连接起来。除 CPU 模板外，每块信号模板都带有总线连接器，安装时先将总线连接器装在 CPU 模板上并固定在导轨上，然后依次将各模板装入。

(2)电源模板(PS)

电源模板用于将 AC 220 V 电源转换为 DC 24 V 电源，供其他模块使用。它与 CPU 模板和其他信号模板之间通过电缆连接，而不是通过背板总线连接。

(3)中央处理单元(CPU)模板

中央处理单元模板有多种型号，除完成执行用户程序的主要任务外，还为 S7-300 背板总线提供 5 V 直流电源，并通过 MPI 多点接口与其他中央处理器或编程装置通信。

笔记栏

(4)接口模板(IM)

接口模块用于多机架配置时连接主机架和扩展机架。S7-300 通过分布式的主机架和 3 个扩展机架，可以操作多达 32 个模块。

(5)信号模板(SM)

信号模板使不同的过程信号电平和 S7-300 系列 PLC 的内部信号电平相匹配，主要有数字量输入模板 SM321、数字量输出模板 SM322、模拟量输入模板 SM331、模拟量输出模板 SM332。每个信号模板都配有自编码的螺紧型前连接器，外部过程信号可方便地连在信号模板的前连接器上。特别指出的是其模拟量输入模板独具特色，它可以接入热电偶、热电阻、4~20 mA电流，0~10 V 电压等 18 种不同的信号，输入量程范围很宽。

(6)功能模板(FM)

功能模板主要用于实时性强、存储计数量较大的过程信号处理任务。例如，快给进和慢给进驱动定位模板 FM351、电子凸轮控制模板 FM352、步进电动机定位模板 FM353、伺服电动机位控模板 FM354、智能位控模板 S1NUMER1KFM-NC 等。

(7)通信处理器(CP)

通信处理器是一种智能模块，用作联网接口，可作 PR0F1BUS 网、工业以太网、点对点等连接。它用于 PLC 之间、PLC 与计算机和其他智能设备间联网实现数据共享。例如，具有 RS-232C 接口的 CP340，与现场总线联网的 CP342-5DP 等。

2. S7-300 的扩展能力

S7-300 是模块化的组合结构，根据应用对象的不同，可选用不同型号和不同数量的模块，并可以将这些模块安装在同一机架(导轨)或多个机架上。除了电源模块、CPU 模块和接口模块外，一个机架上最多只能再安装 8 个信号模块或功能模块。

CPU314/315/315-2DP 最多可扩展 4 个机架，IM360/IM361 接口模块将 S7-300 背板总线从一个机架连接到下一个机架，如图 1.49 所示。

中央处理单元总是在 0 号机架的 2 号槽位上，1 号槽位安装电源模块，3 号槽位总是安装接口模块，4~11 号槽位可自由分配信号模块、功能模块和通信模块。

如果只需要扩展一个机架，可以使用价格便宜的 IM365 接口模块，两个接口模块通过 1 m 长的固定电缆连接，由于 IM365 不能给机架 1 提供通信总线，机架 1 上只能安装信号模块，不能安装通信模块和其他智能模块。扩展机架的电源由 IM365 提供，应使两个机架的 DC 5 V 电源的总电流在允许值之内。使用 IM360/361 接口模块可以扩展 3 个机架，中央机架使

笔记栏

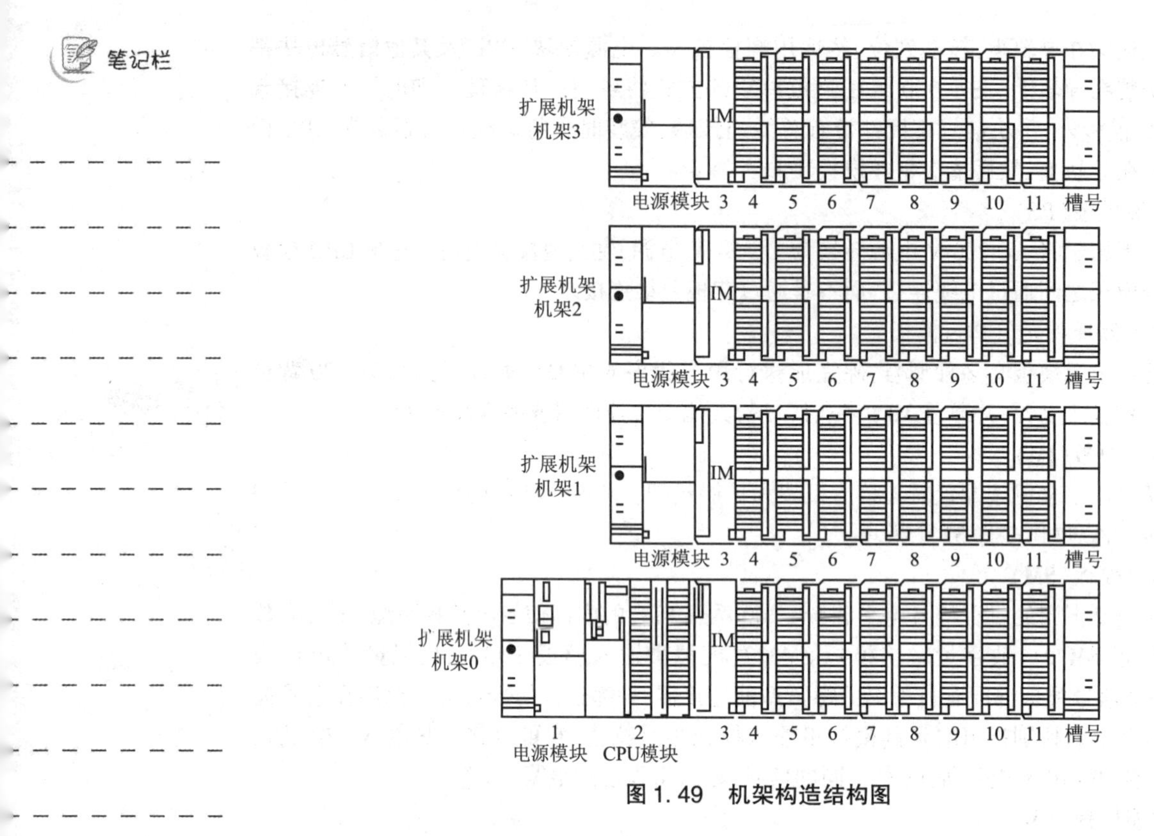

图 1.49 机架构造结构图

用 IM360,扩展机架使用 IM361,各相邻机架之间的电缆最长为 10 m。每个 IM361 需要一个外部 DC 24 V 电源,向扩展机架上的所有模块供电,可以通过电源连接器连接 PS307 负载电源。所有的模块均可安装在扩展机架上,由于没有插槽限制,在进行实际使用时,要注意灵活应用。

3. CPU 模块

S7－300 有 CPU312IFM、CPU313、CPU314、CPU3141FM、CPU315/315－2DP、CPU316－2DP、CPU318－2DP 等 8 种不同的中央处理单元可供选择。CPU312IFM、CPU314IFM 是带有集成的数字和模拟 I/O 的紧凑型 CPU,用于要求快速反应和特殊功能的装备。

CPU313、CPU314、CPU315 模块上不带集成的 I/O 端口,其存储容量、指令执行速度、可扩展的 I/O 点数、计数器/定时器数量、软件块数量等随序号的递增而增加。CPU315-2DP、CPU316-2DP、CPU318-2DP 都具有现场总线扩展功能。CPU 以梯形图 LAD、功能块 FBD 或语句表 STL 进行编程。

随着 SIMATIC 产品在不断地刷新,对于 S7-300 PLC 系列有重大的变化,尤其在 2002—2003 年间在 CPU 上的变化。

(1)旧型号的 S7-300 CPU 面板(见图 1.50)

①模式选择开关。这是一个钥匙开关,4 个位置对应 4 种工作模式。

• RUN-P 可(编程运行模式):开关在此位置时,编程器可以监控 CPU 的运行,可以命令 CPURUN/STOP 操作,可以对程序进行读/写操作。在此位置,不可以拔出钥匙。在调试

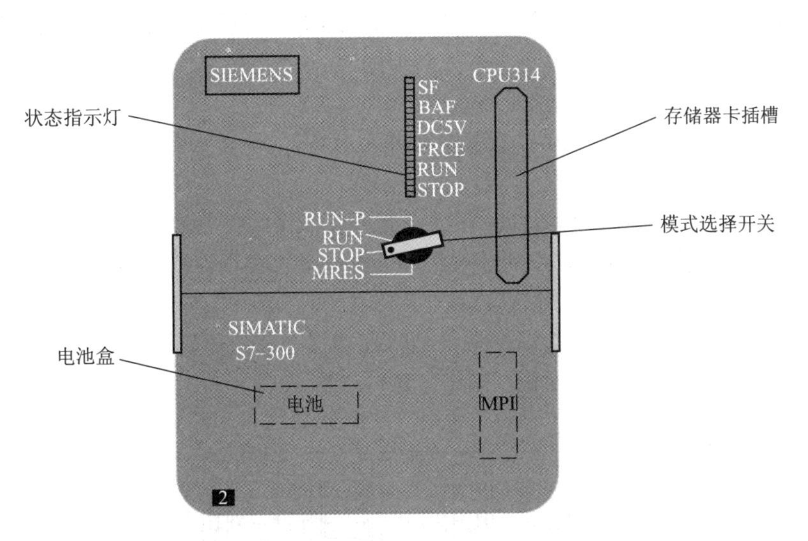

图 1.50 旧型号的 S7-300 CPU 的面板

笔记栏

程序时通常让开关放在这个位置。

- RUN(运行模式):开关在此位置时,编程器可以监控 CPU 的运行并读程序,但不可以命令 CPURUN/STOP 操作及改写程序。在此位置时,可以拔出钥匙。
- STOP(停止模式):CPU 不扫描用户程序。开关在此位置时,编程器可以读/写程序,可以拔出钥匙。
- MRES(存储器复位模式,MEMRYRESET):开关不可以自然地停留在此位置,松开时会自动地弹回 STOP 位置。若将钥匙开关从 STP 状态扳到 MRES 位置,可复位存储器,使 CPU 回到初始状态,工作存储器、RAM 装载存储器中的用户程序和地址区将被清除,全部存储器位、定时器、计数器和数据块均被删除,即复位为零,包括保持功能的数据、CPU 检测硬件、初始化硬件和系统程序的参数,系统参数、CPU 和模块的参数被恢复为默认设置,MPI(多点接口)的参数被保留。如果有快闪存储器卡,CPU 在复位后会将它里面的用户程序和系统参数复制到工作存储区。

手动复位存储器按下述顺序操作:PLC 通电后将钥匙开关从 STOP 位置扳到 MRES 位置,STOP LED 熄灭 1 s,亮 1 s,再熄灭 1 s 后保持亮。放开钥匙开关,使它回到 STOP 位置,然后又迅速回到 MRES 位置,STOPLED 以 2 Hz 的频率至少闪动 3 s 或 3 s 以上,表示正在执行复位,最后 STOPLED 一直亮,表示复位完成,可以松开模式开关。

存储器卡被取掉或插入时,CPU 发出系统复位请求,STOPLED 以 0.5 Hz 的频率闪动。此时应将模式选择开关扳到 MRES 位置,执行复位操作。

②状态指示灯。不同颜色的 LED 指示灯,表示 CPU 的各种运行状态。

- SF 红色:表示系统故障指示,如硬件或软件错误。
- BATF 红色:表示后备电池故障,没有电池或者电池电压不足时亮。
- DC5V 绿色:表示内部 5 V 工作电压正常。
- FRCE 黄色:表示强制(FORCE),至少有一个输入或输出被强制。
- RUN 绿色:在 CPU 启动(STARTUP)时闪烁,在运行时常亮。

笔记栏

● STOP 橙色:在停止模式下常亮,慢速闪烁(0.5 Hz)表示请求复位,快速闪烁(2 Hz)表示正在复位。

● SF DP 红色:表示 DP 口故障指示。

● BUSF 红色:表示 PROFIBUS 总线故障指示。

③存储器卡插槽。

可插入 FEPROM 存储器卡,用以保存程序而不必依赖后备电池。

MPI 接口(Multipoint Interface),也称编程口,可以接入编程器或其他设备。

DP 接口是 PROFIBUSDP 网络的接口。

④电池盒。可以装入锂电池,以便在停电时保存程序和部分数据。

(2)新型号的 S7-300 CPU 面板(见图 1.51)

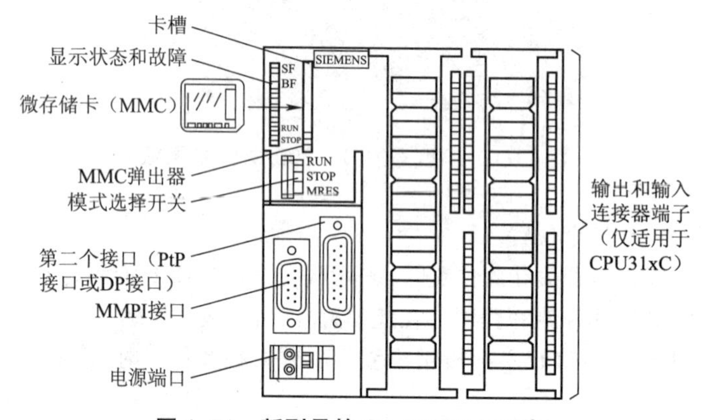

图 1.51 新型号的 S7-300CPU 面板

新、旧型号的 CPU 面板的区别如下:

①新面板的横向宽度是原来的一半。但 CPU31xC 系列的 CPU 因为集成了其他功能(类似于旧型号的 CPU31xIFM),右面附有输入/输出端子。

②新面板以 MMC 卡取代了电池和 FEPROM。旧型号的 CPU 没有 FEPROM 也可以运行,而新型号的 CPU 则必须有 MMC 卡才能运行。由于 MMC 卡的存储容量要大得多(64 KB~8 MB),因此,它不单可以存程序,甚至可以存整个项目。MMC 的寿命与环境因素有关,当环境温度最高为 60℃时,其使用寿命为 10 年,可进行删除/写操作 100 000 次。

③模式选择开关与旧面板的不同,是一个只有 3 个位置的开关。

④至于第二个接口有没有,具体是 DP 接口还是 PtP 接口,取决于 CPU 的型号。

4. 信号模块

输入/输出模块统称为信号模块(SM)按信号特性分为数字量信号模块和模拟量信号模块。

数字量信号模块用于连接数字传感器和执行元件。它们的外部接线接在插入式的前连接器的端子上,前连接器插在前盖后面的凹槽内。不需要断开前连接器上的外部接线,就可以迅速地更换模块。绿色的 LED 用来显示输入/输出端的信号状态数字量信号模块包括数字量输入模块(I)、数字量输出模块(DO)和数字量输入/输出模块(DI/DO)。

(1)数字量信号模块

S7-300 有多种型号的数字量 I/O 模块供选择。这里主要介绍数字量输入模块 SM321、数字量输出模块 SM322、数字量 I/O 模块 SM323 等模块的技术性能。

①SM321 数字量输入模块：有 4 种型号模块可供选择，即直流 16 点输入、直流 32 点输入、交流 16 点输入、交流 8 点输入模块。

数字量输入模块 SM321 接线如图 1.52 所示。

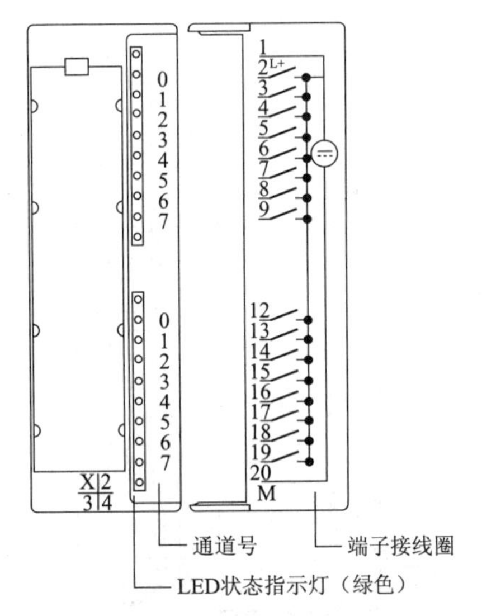

图 1.52　数字量输入模块 SM321 接线图

直流输入模块的内部及外部接线图如图 1.53 所示；交流输入模块的内部及外部接线图如图 1.54 所示。

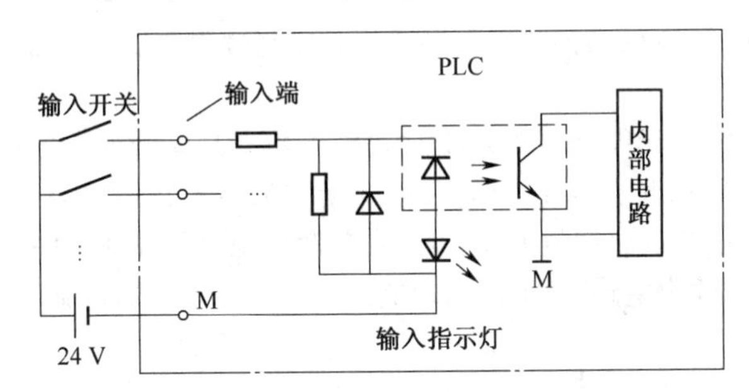

图 1.53　直流输入模块的内部及外部接线图

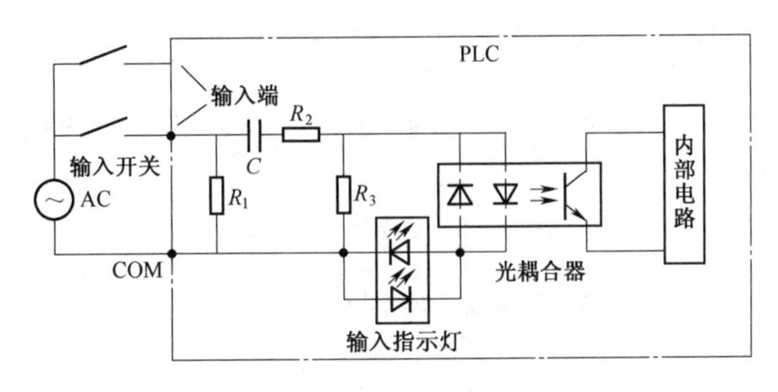

图 1.54　交流输入模块的内部及外部接线

笔记栏

笔记栏

②M322 数字量输出模块：有多种型号输出模块可供选择，常用的模块有 8 点晶体管输出、16 点晶体管输出、32 点晶体管输出、8 点晶闸管输出、16 点晶闸管输出、8 点继电器输出和 16 点继电器输出。数字量输出模块 SM322 接线图如图 1.55 所示。

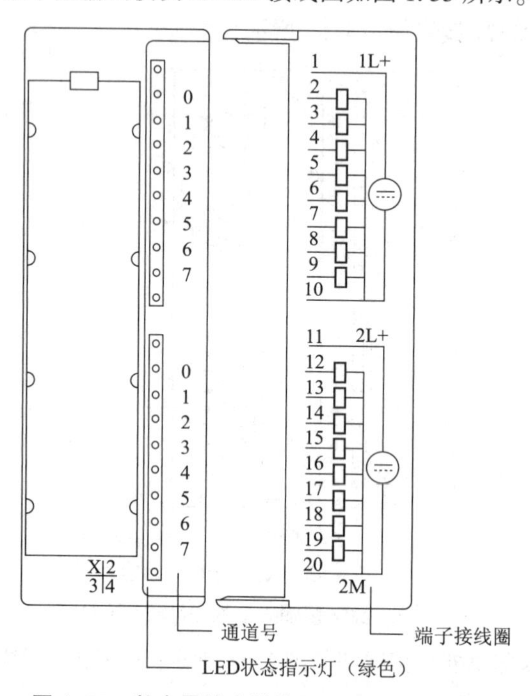

图 1.55 数字量输出模块 SM322 端子接线图

此类模块是将 S7-300 的内部信号电平转化为控制过程所需的外部信号电平，同时有隔离和功率放大的作用。

输出模块的功率放大元件有驱动直流负载的大功率晶体管或场效应晶体管、驱动交流负载的双向晶闸管或固态继电器，以及既可以驱动交流负载又可以驱动直流负载的小型继电器 3 种类型。输出电流的典型值为 0.5~2 A，负载电源由外部现场提供。

图 1.56 是继电器输出电路，既可以驱动交流负载又可以驱动直流负载。

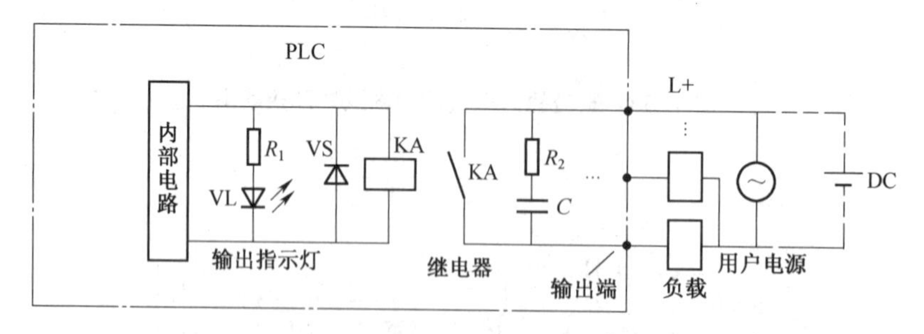

图 1.56 继电器输出电路

图 1.57 是双向晶闸管或固态继电器输出电路，只能去低昂交流负载。

图 1.58 是晶体管或场效应晶体管输出电路，只能驱动直流负载。

继电器型输出模块的负载电压范围宽，导通压降小，承受瞬时过电压和过电流的能力较

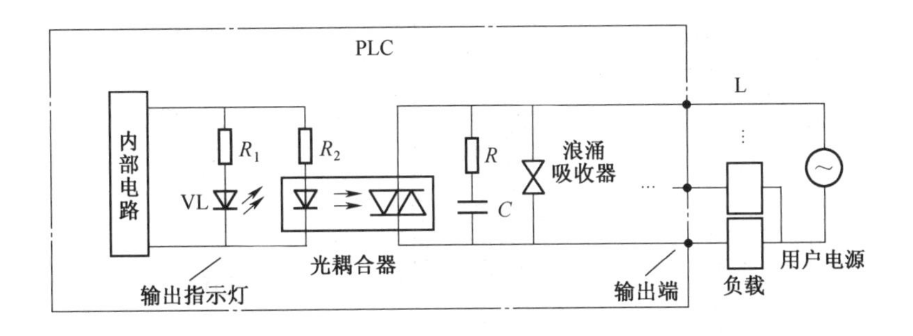

图 1.57 双向晶闸管或固态继电器输出电路

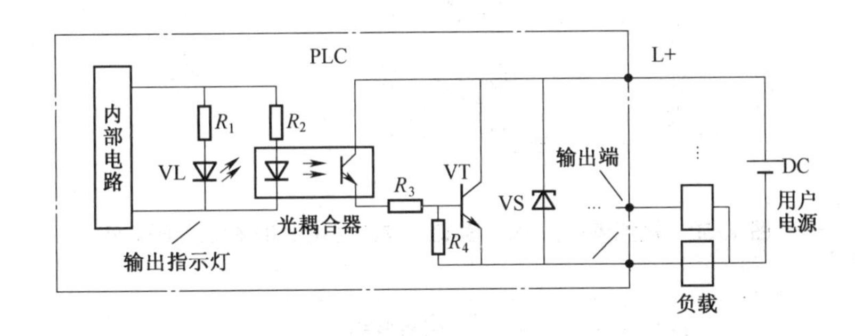

图 1.58 晶体管或场效应晶体管输出电路

强，但是动作速度较慢，寿命（动作次数）有一定的限制。正因为如此，在系统输出量的变化不是很频繁时，建议优先选用继电器型输出模块。

固态继电器型输出模块只能用于驱动交流负载，晶体管型、场效应晶体管型输出模块只能用于驱动直流负载！它们的可靠性高，响应速度快，寿命长，但是过载能力稍差。

③SM323 数字量 I/O 模块：这是一种将输入、输出端集成在一起的数字量模块。它有两种类型：一种带有 8 个共地输入端和 8 个共地输出端；另一种带有 16 个共地输入端和 16 个共地输出端，两种特性相同。输入端、输出端的端子连接及电气原理类似于 SM321、SM322。

（2）模拟量信号模块

这里主要介绍模拟量输入模块 SM331、模拟量输出模块 SM332、模拟量 I/O 模块 SM334 的原理、性能等内容，并简单介绍模拟量模块与传感器、负载或执行装置连接的方法。

①SM331 模拟量输入模块。模拟量输入（AI，简称模入）模块 SM331，目前有 3 种规格型号，即 8AIXI2 位模块、2AIX12 位模块和 8AIX16 位模块，分别为 8 通道的 12 位模拟量输入模块、2 通道的 12 位模拟量输入模块、8 通道的 16 位模拟量输入模块。其中具有 12 位的输入模块除了通道数不一样外，其工作原理、性能、参数设置等各方面都完全一样。

图 1.59 是模拟量输入模块 SM331、8X12 位的端子接线原理图。

图 1.60 是模拟量输入模块 SM331、8×12 位内部电路原理示意图。

②SM332 模拟量输出模块。SM332 模拟量输出（AO，简称模出）模块目前有 3 种规格型号，即 AO4X12 位模块、AO2X12 位模块和 AO4X16 位模块，分别为 4 通道的 12 位模拟量输出模块、2 通道的 12 位模拟量输出模块、4 通道的 16 位模拟量输出模块。其中具有 12 位的输

笔记栏

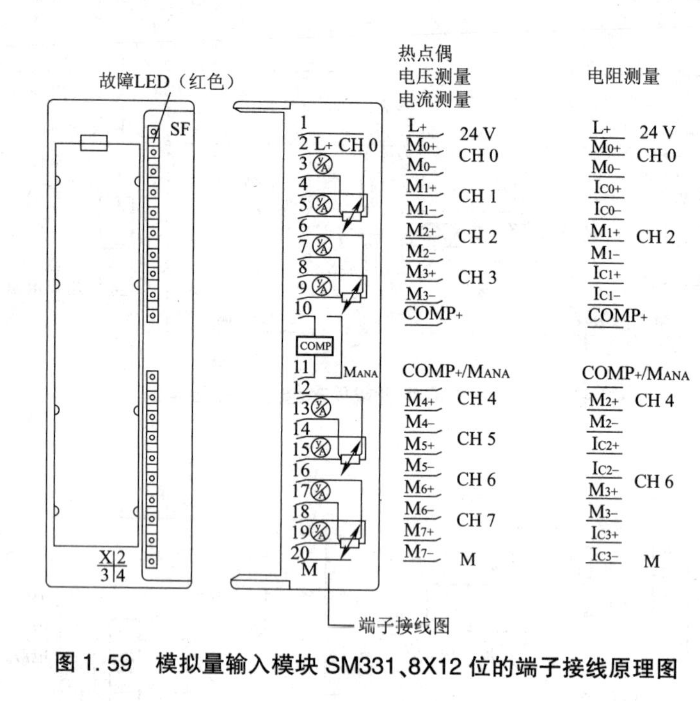

图 1.59　模拟量输入模块 SM331、8X12 位的端子接线原理图

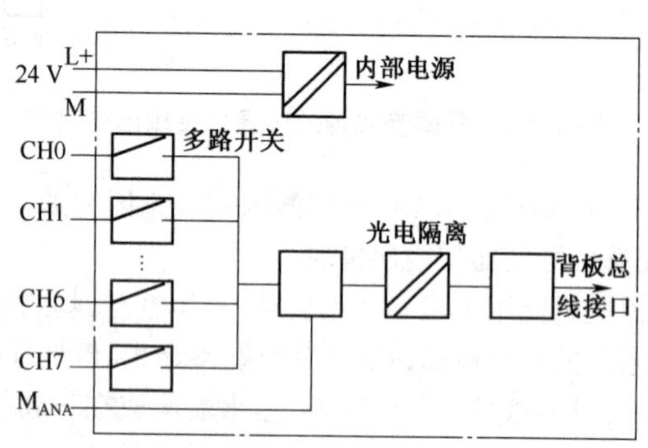

图 1.60　模拟量输入模块内部电路原理示意图

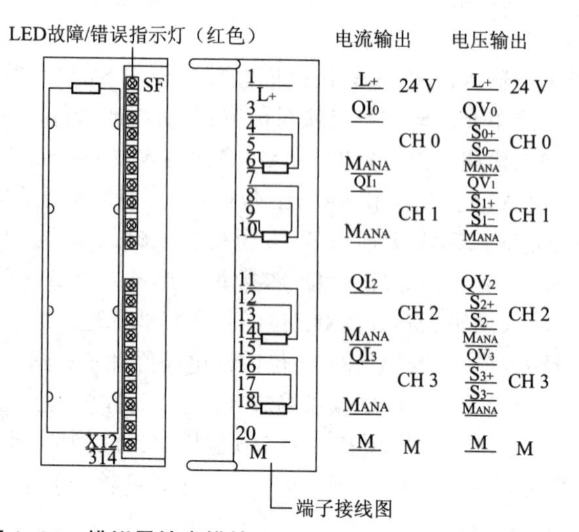

图 1.61　模拟量输出模块 SM332、4X12 位的端子接线图

出模块除通道数不一样外,其工作原理、性能、参数设置等各方面都完全一样。图 1.61 所示为模拟量输出模块 SM332、4X12 位的端子接线原理图。

图 1.62 所示为模拟量输入模块 SM332、4×12 位内部电路原理示意图。

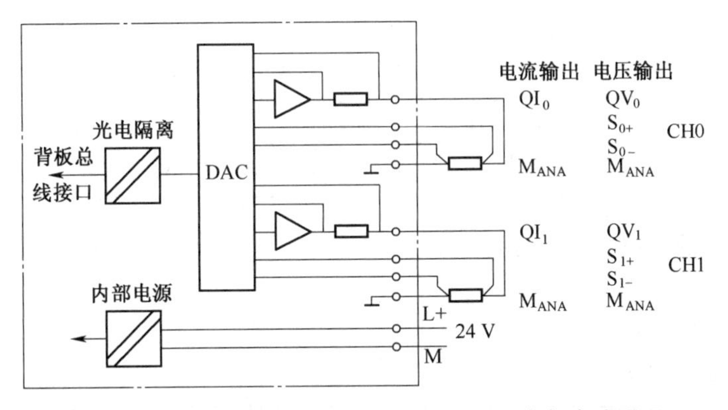

图 1.62 模拟量输入模块 SM332,4×12 位内部电路原理

笔记栏

③SM334 模拟量 I/O 模块。模拟量 I/O 模块 SM334 有两种规格,一种是 4 模入/2 模出的模拟量模块,其输入、输出精度为 8 位,另一种是 4 模入/2 模出的模拟量模块,其输入、输出精度为 12 位。

5. S7-300 的模板地址

(1)数字量模板地址

一个数字量(开关量)模板的输入、输出地址均由字节地址和位地址组成,其符号表示方法如下:

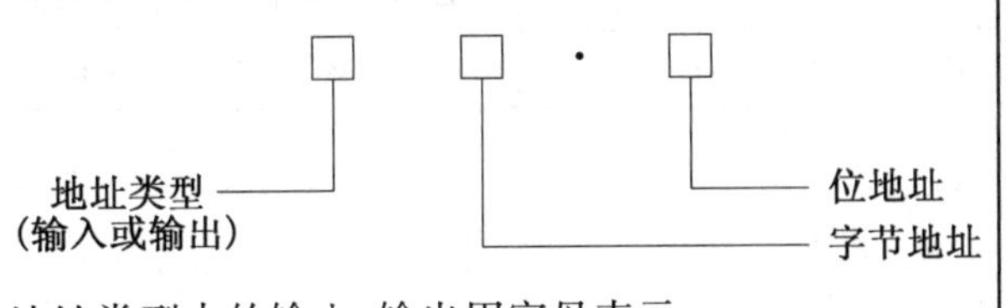

地址类型中的输入、输出用字母表示:

①英文表示法:I——输入,O——输出。

②德文表示法:E——输入,A——输出。

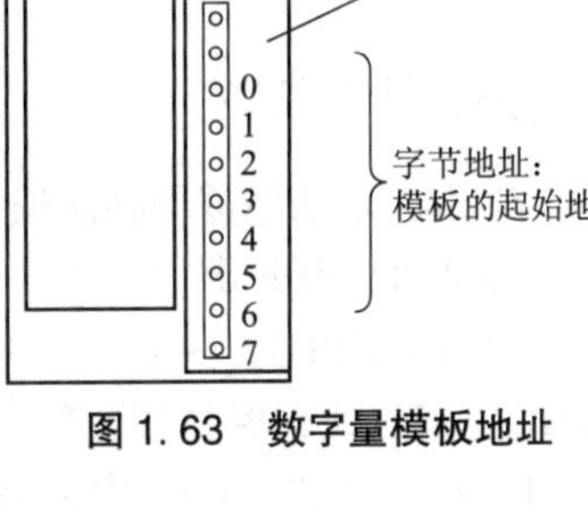

图 1.63 数字量模板地址

数字量模板的输入、输出地址与数字量模板的实际接口的对应关系如图 1.63 所示。其字节地址取决于模板的起始地址,位地址为印在模板上并与各通道相对应的数码号。

在面向槽位的寻址方式中,S7-300 PLC 给一个数字量模板预留的字节地址是 4 字节(为输入、输出地址字节的总和)。各个字节的排列顺序为:左上—左下—右上—右下。在同一块数字量模板中,若既有输入又有输出,则其输入和输出具有相同的起始地址。

在面向槽位的寻址方式中,数字量模板的起始地址与机架、槽号的对应关系如表 1.7 所示。

(2)模拟量模板地址

在面向槽位的寻址方式中,每个槽位预留的模拟量输入、输出通道总数是 8 个通道数,每个通道占两字节地址(即一个字地址)。

表 1.7　数字量模板的起始地址分配情况

机架	模板起始地址	槽号										
		1	2	3	4	5	6	7	8	9	10	11
0	数字量	PS	CPU	IM	0	4	8			20	24	28
1	数字量			IM	32	36	40	44	48	52	56	60
2	数字量			IM	64	68	72		80	84	88	92
3	数字量			IM	96	100	104	108	112	116	120	124

例如,4 号槽的模拟量模板的地址分配如下:

①通道 0:地址 256;

②通道 1:地址 258;

③通道 2:地址 260。

在面向槽位的寻址方式中,模拟量模板的起始地址与机架、槽号的对应关系如表 1.8 所示。

表 1.8　模拟量模板的起始地址与机架、槽号的对应关系

机架	模板起始地址	槽号										
		1	2	3	4	5	6			9	10	11
0	模拟量	PS	CPU	IM	256	272	288	304	320	336	352	368
1	模拟量			IM	384	400	416	432	448	464	480	496
2	模拟量			IM	512	528	544	560	576	592	608	624
3	模拟量			IM	640	656	672	688	704	720	736	752

六、STEP7 软件

1. SIMATIC 管理器界面认识

(1)SIMATIC 管理器

对于西门子 PLC S7-300 来说,无论从何开始,首先都必须安装 STEP7。STEP7 是用于 SIMATIC 可编程逻辑控制器组态和编程的标准软件包,是一个对 S7-300 PLC 或 S7-400 PLC 进行编程的应用软件。一旦安装完成 STEP7 并已重新启动计算机,SIMT1CManager(S1MT1C 管理器)的图标将显示在 Windows 桌面上。SIMATIC 管理器是一个中央窗口,在 STEP7 启动时被激活。默认设置启动 STEP7,它可以在创建项目时给予支持。项目结构用来以一定的顺序保存和排列所有数据和程序。在项目中,数据以对象形式存储。项目中的对象按树状结构组织(项目层次),如图 1.64 所示。

第一层为项目,项目代表了自动化解决方案中的所有数据和程序的整体,它位于对象体系的最上层。

第二层为站(如 S7-300 站)用于存放硬件组态和模块参数等信息,站是组态硬件的起点。S7 程序文件夹是编写程序的起点,所有 S7 系列的软件均存放在 S7 程序文件夹下,它包含程序块文件夹和源文件夹。

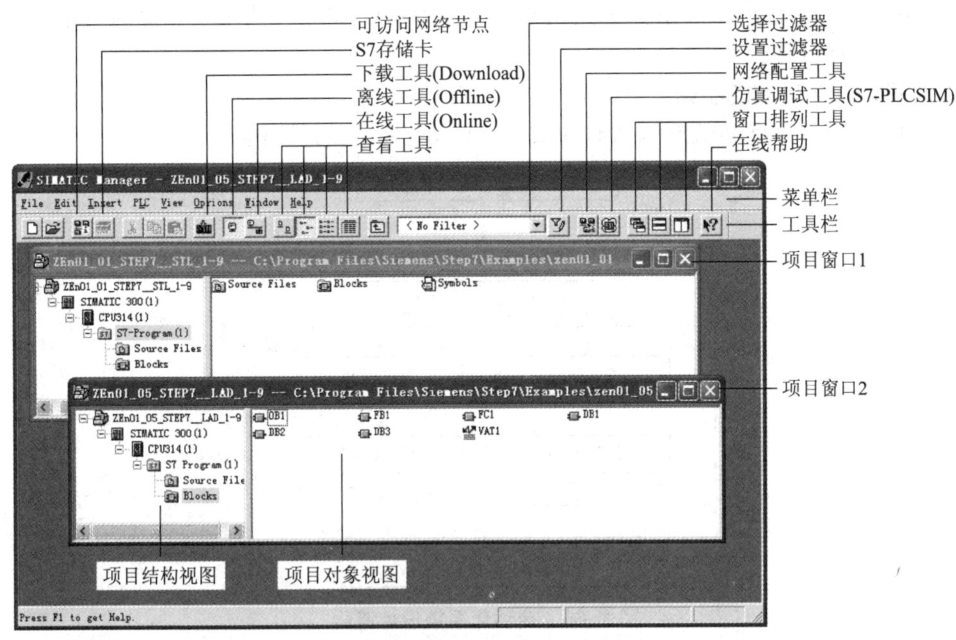

图 1.64 SIMATIC 管理器

第三层和其他层和上一层对象类型有关。

(2)符号编辑器

该工具用于创建和管理所有的全局符号。用它可以为输入输出信号(Input/Output)、位存储(Bit Memory)和块(Block)设定符号名和注释,进行符号的分类等。使用这个工具生成的符号表是全局有效的,可供其他所有工具使用。因而,一个符号的任何改变都能自动被其他工具识别。

(3)硬件组态

该工具为自动化项目的硬件进行组态和参数设置。可以对 PLC 机架上的硬件进行配置,设置各种硬件模块的参数,例如 CPU 参数和分布式 I/O 参数等。

(4)硬件诊断

通过此工具可对 PLC 站的各硬件模块进行在线状态诊断,可给出每个模板的硬件信息工作状态(正常、故障)信息,还可给出用户程序处理过程中的故障信息。

(5)编程语言

该工具集成了梯形逻辑图(Ladder Logic LAD)、语句表(Statement List,STL)和功能块图(Function Block Diagram,FBD)3 种编程语言的编辑、编译和调试功能。

(6)NetPro 网络组态

该工具用于组态通信网络连接,包括网络连接的参数设置和网络中各个通信设备的参数设置。

(7)STEP 7 帮助系统

在 STEP 7 中,有 3 种方式可以获得联机帮助:

①在 Help 菜单中选择 Contents 命令可以打开整个联机帮助文档。

②按【F1】键得到上下文相关的帮助。

笔记栏

③单击工具栏上的@按钮,使鼠标光标变成帮助图标,然后单击需要帮助的对象即可获得关于该对象的帮助。

2. 完成一个项目的步骤

图1.65所示为使用STEP 7设计完成一项自动化系统设计流程。

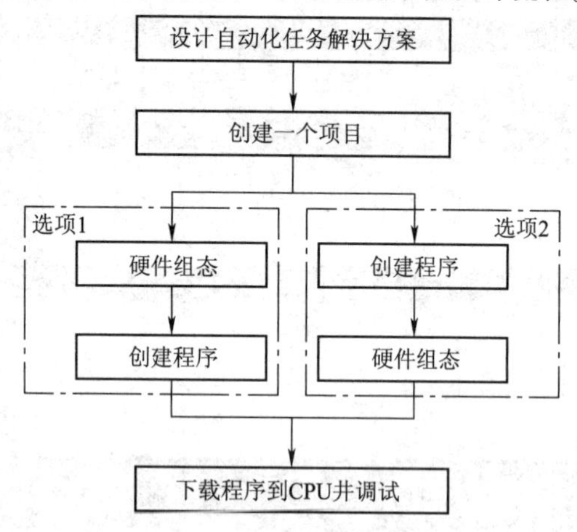

图1.65 自动化系统设计流程

第一步:要根据需求设计一个项目解决方案。

第二步:在STEP 7中创建一个项目。

第三步:在项目中,可以选择先组态硬件再编写程序,或者先编写程序再组态硬件。

第四步:硬件组态和程序设计完成后,通过编程电缆将组态信息和程序下载到硬件设备中。

第五步:进行在线调试并最终完成整个自动化项目。

在大多数情况下,建议先组态硬件再编写程序,尤其是对于I/O点数比较多、结构复杂的项目(例如有多个PLC站的项目)来说,应该先组态硬件再编写程序。这样做有以下优点:

①STEP7在硬件组态窗口中会显示所有的硬件地址,硬件组态确定后,用户编写程序时就可以直接使用这些地址,从而可以减少出错的机会。

②一个项目中包含多个PLC站点时,合理的做法是在每个站点下编写各自的程序,这样就要求先做好各站点的硬件组态,否则项目结构就会显得混乱,而且下载程序时也容易出错。

3. 创建S7项目

要使用项目管理框架构造自动化任务的解决方案,需要创建一个新的项目。项目管理器为用户提供了两种创建项目的方法:使用向导创建项目和手动创建项目。

微课

SIMATIC管理器新项目建立

(1)使用向导创建项目

创建新项目最简单的方法就是使用"新建项目"向导。创建步骤:选择File→New Project Wizard命令打开新建项目向导对话框,如图1.66所示。选中Display Wizard on starting the SIMATIC Manager复选框,则每次起动SIMATIC管理器时将自动显示新建项目向导;单击Preview<<按钮可在项目向导下方预览项目结构。

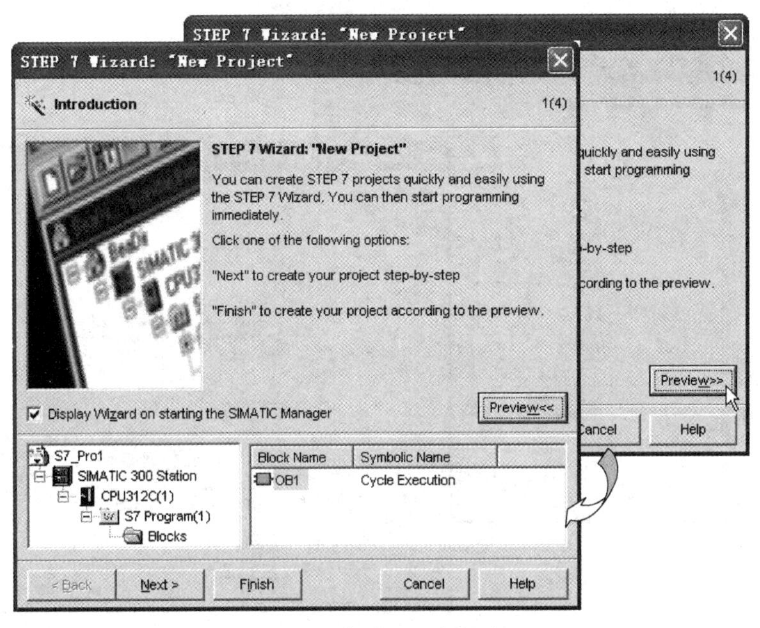

图 1.66 新建项目向导之一

在图 1.66 中单击按钮，进入 CPU 选择对话框，如图 1.67 所示。由于每个 CPU 都有自己的特性，所选择的 CPU 必须适合自动化系统的需要，并配置相应的 MPI(多点接口)地址，以便于 CPU 与编程设备(PC/PC)通信。本例选择 CPU314，设置 MPI 地址为 2，CPU 名称为 My CPU314。

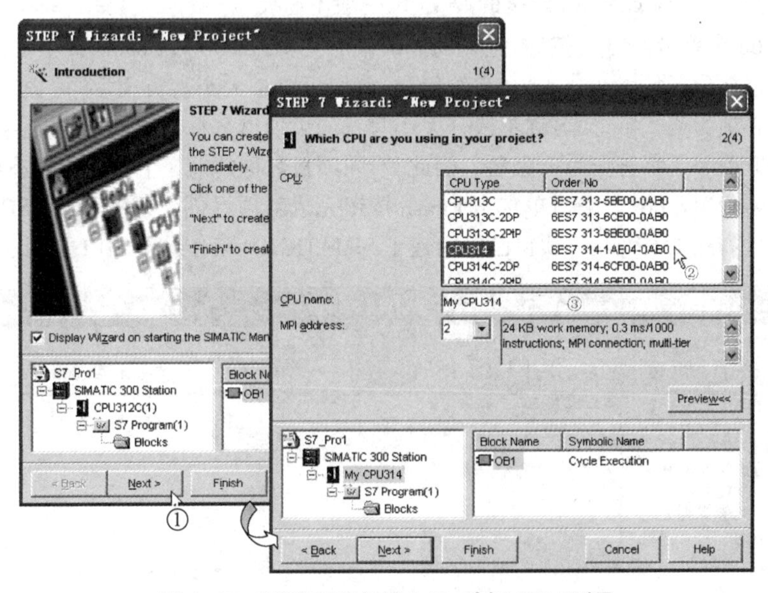

图 1.67 新建项目向导之二：选择 CPU 型号

在图 1.66 中单击 Next > 按钮，进入选择组织块(OB)和编程语言(SIL、LAD、FBD)选择

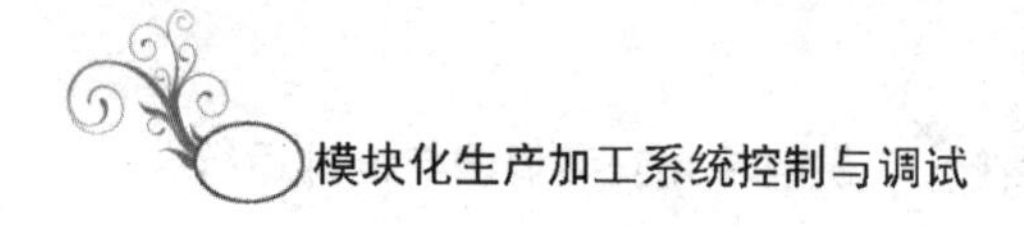

笔记栏

对话框，如图 1.68 所示。

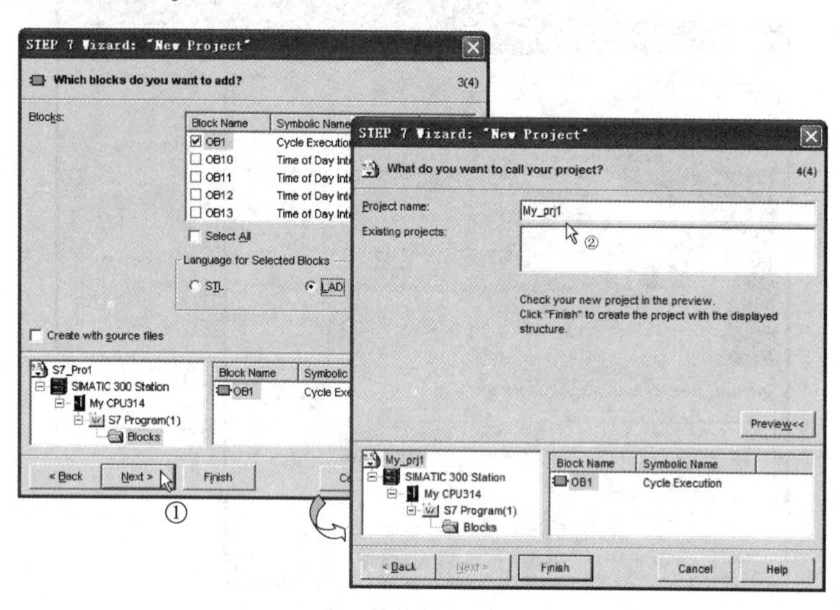

图 1.68　新建项目向导之三：选择组织块及编程语言

在 Blocks 区域列出了当前 CPU 所能支持的组织块，其中 OB1 为主循环组织块，代表最高的编程层次，并组织 S37 程序中的其他块，是 PC 项目不可缺少的组织块。本例控制逻辑比较简单，所以只需选择循环组织块 OB1；在 Language for Selected Blocks 区域列出了可供选择的程序块编程语言，本例选择梯形图语言（LAD）；Create with source files 选项用来选择是否创建如 S7 的 C 语言或 graphics 之类的源文件，一般不需要。

在图 1.68 中单击 Next > 按钮，进入向导的最后一步，在 Project name 文本框输入 PLC 项目名称。项目名称最长由 8 个 ASCI 字符组成，它们可以是大小写英文字母、数字或下画线，第一个符号必须为英文字母，名称不区分大小写。如果项目名称超出 8 个 ASC 字符的长度，系统自动截取前 8 个字符作为项目名。因此，不同项目名称的前 8 个字符必须有所不同。本例将项目命名为 My_prj1。最后单点击 Finish 按钮完成新项目创建，并返回到 SIMATIC 管理器。所建项目如图 1.69 所示，项目已经内建了 SIMATIC300 工作站及 MPI 子网。

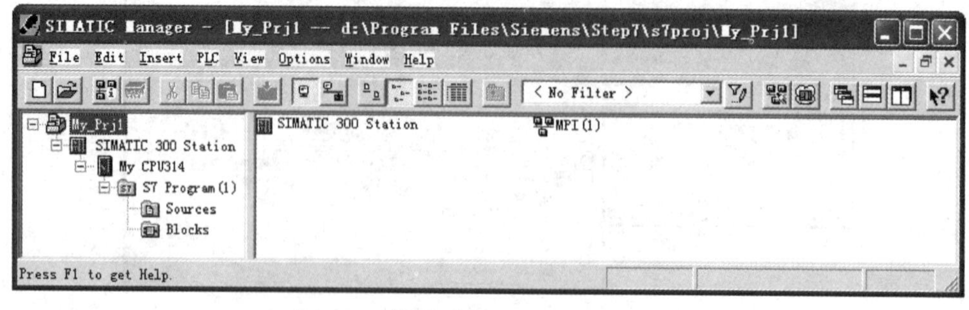

图 1.69　用新建项目导所创建的项目

在 Existing projects 区域列出了项目或多项目目录下已经存在的项目，可选择已有项目作为新建项目。

(2)手动创建项目

在 SIMATIC 管理器中选择 Fil-New 命令,打开如图 1.70 所示的新建项目窗口。

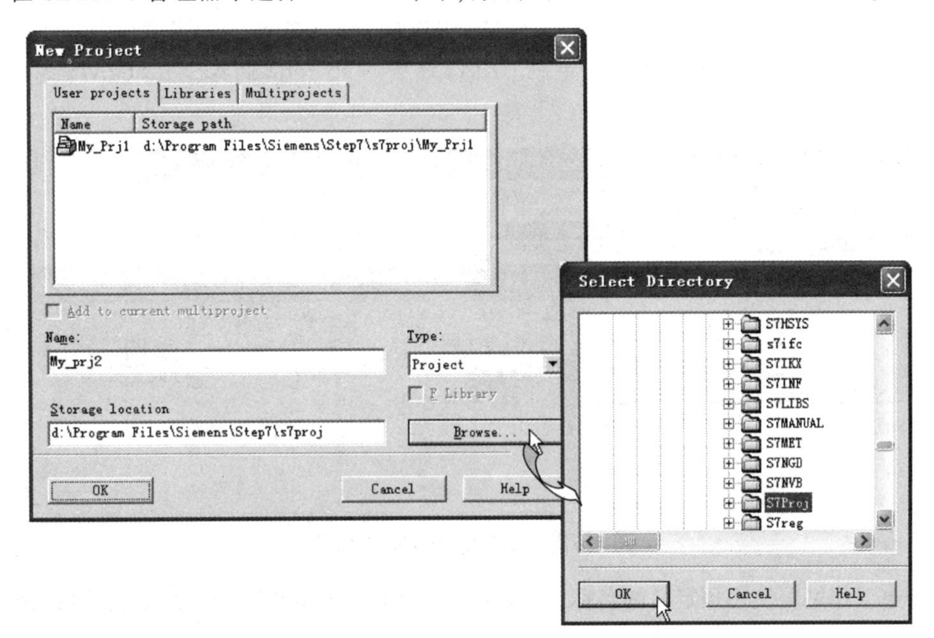

图 1.70 新建项目窗口

项目包含 User projects(用户项目)、Libraries(库)、multiprojects(多项目)3 个选项卡,一般选择 User Projeets 选项卡。在 User Projeets 选项卡的 Name 区域需要输入项目名称,也可以在上方窗口内所列出的已有项目中选择一个作为新建项目,在 Type 区域可选择项目类型(Projects、Libraries 或 Multiprojects)。本例将项目命名为 My_prj2,项目类型为 Project,在 Storage location 区域可输入项目保存的路径目录,也可以单击 Browse 按钮选择一个目录,如 d:\Program Files\Siemens\Step7\s7proj。

最后单击 OK 按钮完成新项目创建,并返回到 SIMATIC 管理器。所建项目如图 1.71 所示,项目内只有一个 MPI 子网。

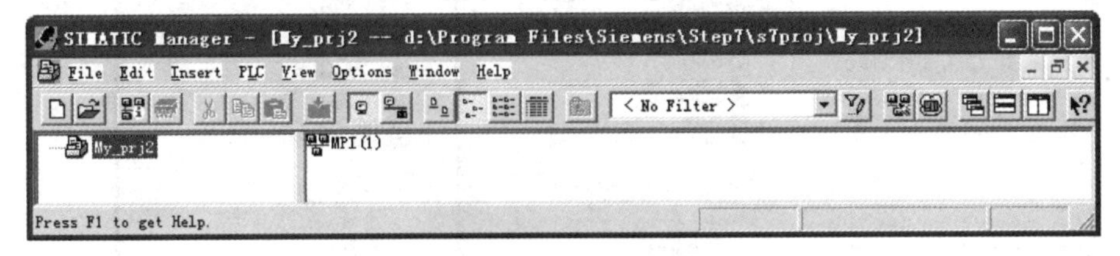

图 1.71 用 New 命令所创建的项目

4. 插入 SIMATIC 300 工作站

在项目中,工作站代表了 LC 的硬件结构,并包含有用于组态和给各个模块进行参数分配的数据。

笔记栏

使用新建项目向导创建的新项目 My_prjl 已经包含有一个站,可以跳过这一步,而对于手动创建的项目 My_prj2 则不包含任何站,对于这种情况可以使用菜单命令 Insert-Station--SIMATIC 300 Station 插入一个 SIMATIC 300 工作站。当然,也可以选择插入 SIMATIC 400 工作站、SIMATIC H 工作站、SIMATIC PC 工作站、SIMATIC S5 工作站、PC/可编程设备或其他非 SIMATIC S7/M7 和 SIMATIC S5 站。本例为图 1.64 中的 My-prj2 插入一个 SIMATIC300 工作站,如图 1.72 所示。

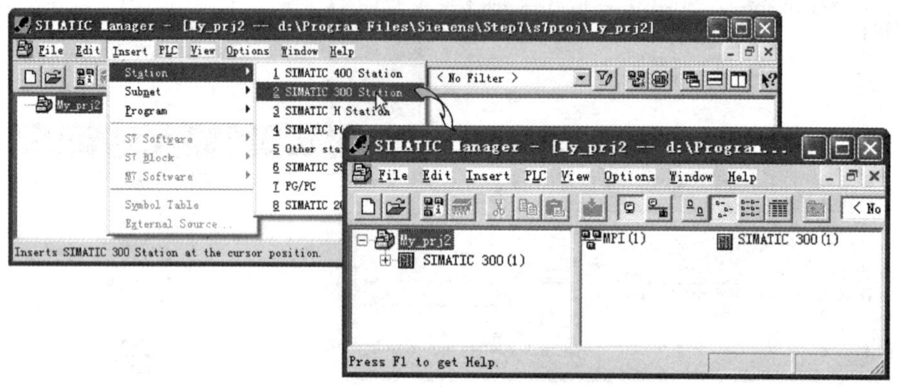

图 1.72　插入 SIMATIC 工作站

新建工作站可使用预定义的名称,如 SIMATIC300(1)、SIMATIC300(2)等,也可以使用自定义名称。

5. 硬件组态

硬件组态,就是使用 SIEP7 对 SIMATIC 工作站进行硬件配置和参数分配。所配置的数据以后可以通过"下载"传送到 PC。硬件组态的条件是必须创建一个带有 SIMATIC 工作站的项目,下面以 My_p2 为例进行硬件组态,组态步骤如下:

在图 1.72 所示项目窗口的左视图内,单击工作站图标,然后在右视图内双击硬件配置图标 Hardware,则自动打开硬件配置(HW Config)窗口,如图 1.73 所示。如果窗口右侧未

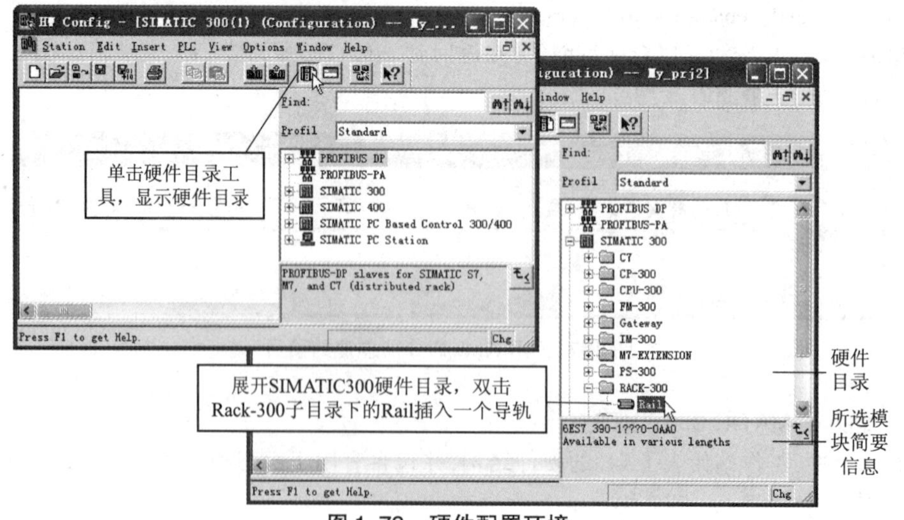

图 1.73　硬件配置环境

出现硬件目录,可单击硬件目录图标显示硬件目录。然后单击 SIMATIC300 左侧的⊞符号展开目录,并双击 RACK-300 子目录下的 Rail 选项插入一个 S7-300 的机架,如图 1.74 所示。由于本例所用模块较少,所以只扩展一个机架(导轨),且 3 号槽位不需要放置连接模块,保持空缺。

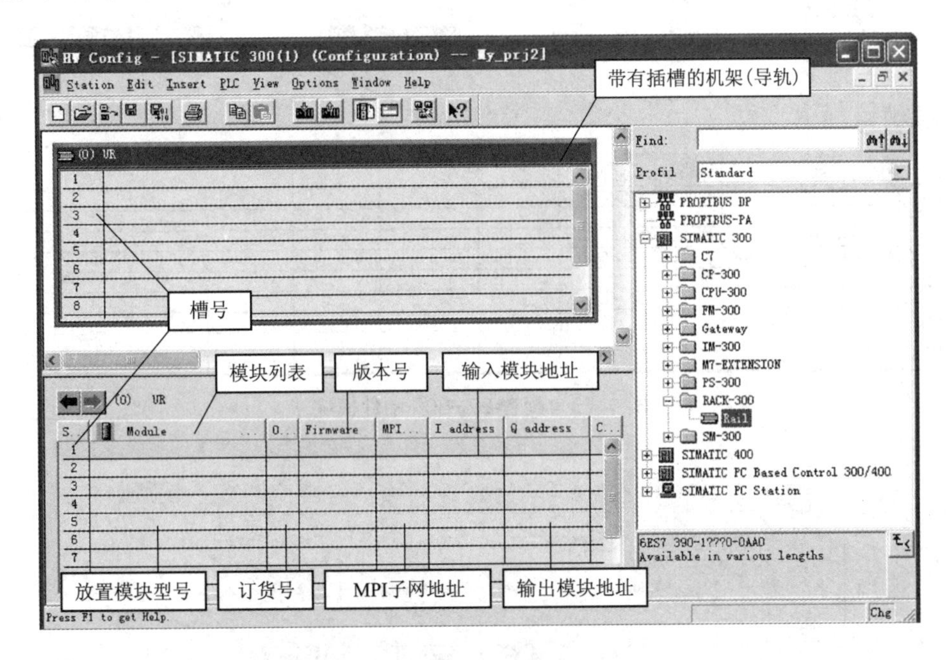

图 1.74　插入一个机架(Rail)

(1)插入电源模块

在图 1.74 中选中槽号 1,然后在硬件目录内展开 FS-300 子目录,双击 PS 307 5A 选项插入电源模块,如图 1.75 所示。

(2)插入 CPU 模块

选中槽号 2,然后在硬件目录内展开 CPU-300 子目录下的 CPU314 子目录,双击 6ES7 314-1AF10-0AB0 选项插入 V2.0 版本的 CPU 314 模块,如图 1.75 所示。2 号槽位只能放置 CPU 模块,且 CPU 的型号及订货号必须与实际所选择的 CPU 相一致,否则将无法下载程序及硬件配置。

在模块列表内双击 CPU 314 可打开 CPU 属性窗口,如图 1.76 所示。

选中 General 选项卡,在 Name 区域可输入 CPU 的名称,如 My CPU 314;在 Interface 区域单击 Properties... 按钮可打开 CPU 接口属性对话框,如图 1.77 所示。系统默认 MPI 子网名为 MPI(1),子网地址为 2,默认通信波特率为 187.5 kbit/s。

在图 1.74 中的 Address 区域可重设 MPI 子网地址,可设置的最高子网地址为 31,本例保持默认值。单击 Properties... 按钮打开 MPI 属性对话框,在参数(Parameters)选项卡的 Highest address 区域可设置 MPI 子网的最高可用地址;在 Transmission rate 区域可设置通信波特率。

笔记栏

笔记栏

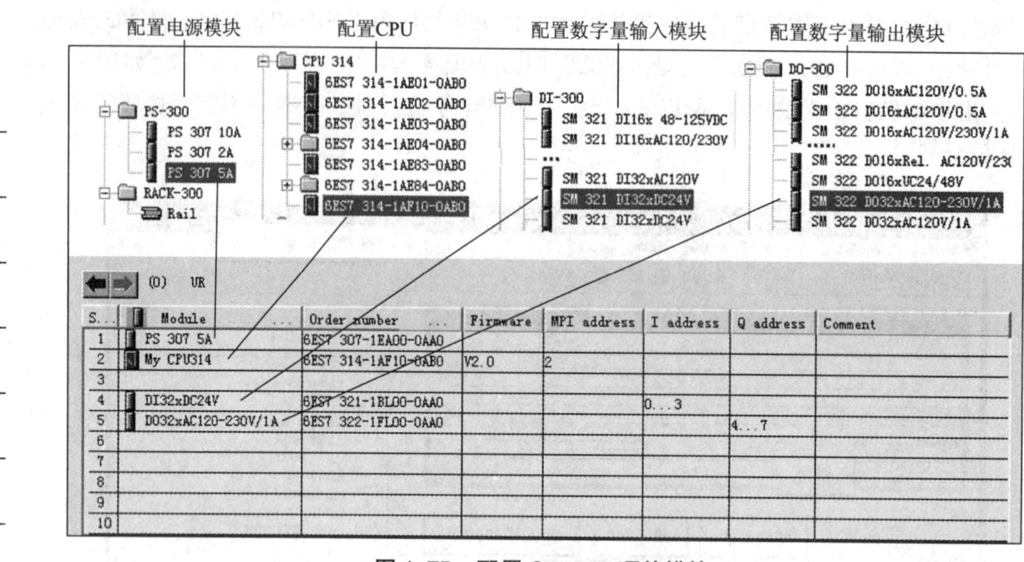

S...	Module	Order number	Firmware	MPI address	I address	Q address	Comment
1	PS 307 5A	6ES7 307-1EA00-0AA0					
2	My CPU314	6ES7 314-1AF10-0AB0	V2.0	2			
3							
4	DI32xDC24V	6ES7 321-1BL00-0AA0			0...3		
5	DO32xAC120-230V/1A	6ES7 322-1FL00-0AA0				4...7	
6							
7							
8							
9							
10							

图 1.75 配置 S7-300 硬件模块

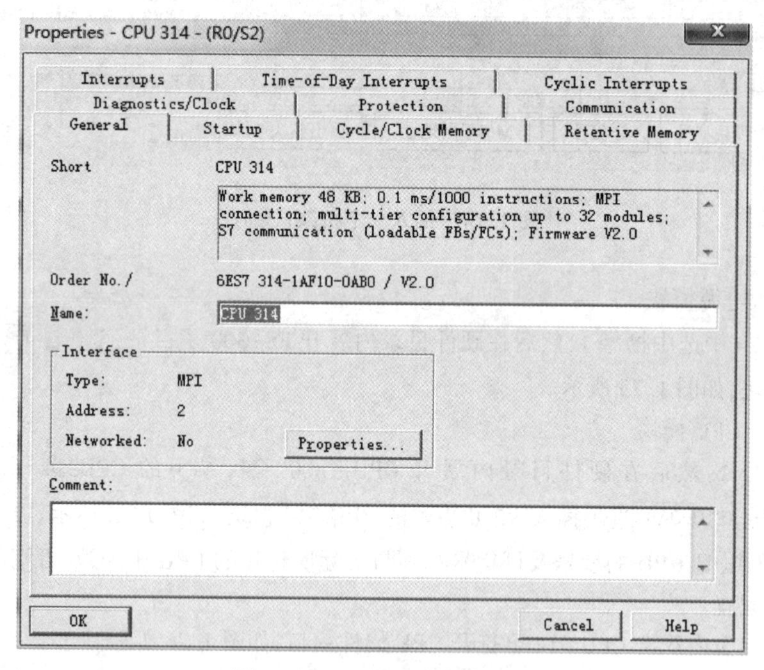

图 1.76 CPU 314 属性设置

(3)插入数字量输入模块

选中槽号 4,然后在硬件目录内展开 SM-300 子目录下的 DL-300 子目录,双击 SM 321 DI32xDC24V 选项,插入数字量输入模块(见图 1.75)。

在 4~11 号槽位可以放置数字量输入模块,也可以放置其他信号模块、通信处理器或功能模块。具体放置什么模块必须与实际模块的安装顺序一致,且所放置的模块型号及订货

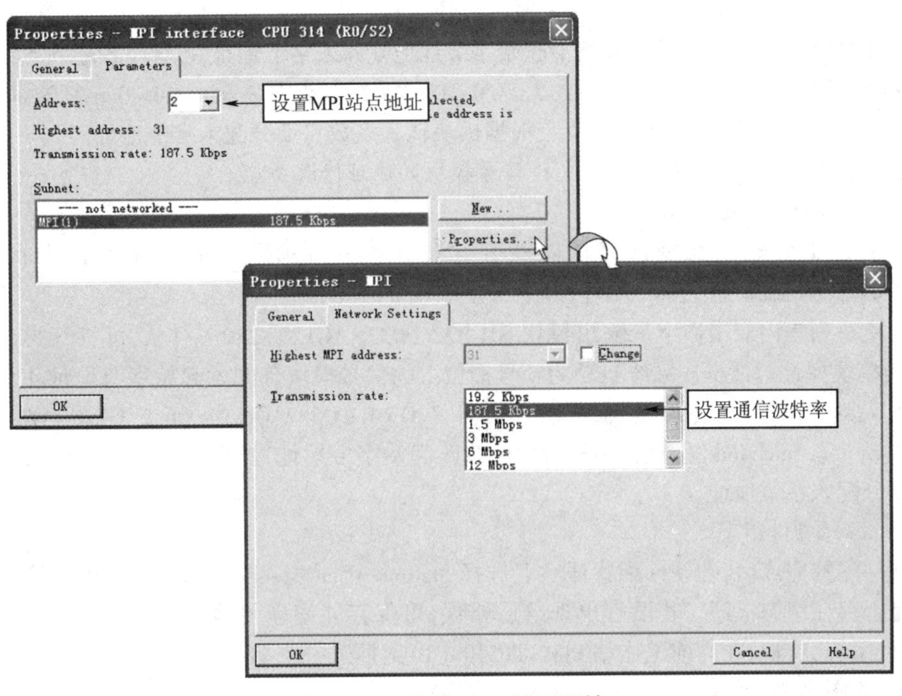

图 1.77　设置 CPU 接口属性

号必须与实际模块相同,否则同样会出现下载错误。

在模块列表内双击数字量输入模块 SM 321 DI32×DC24 V,可打开该信号模块属性对话框,如图 1.78 所示。

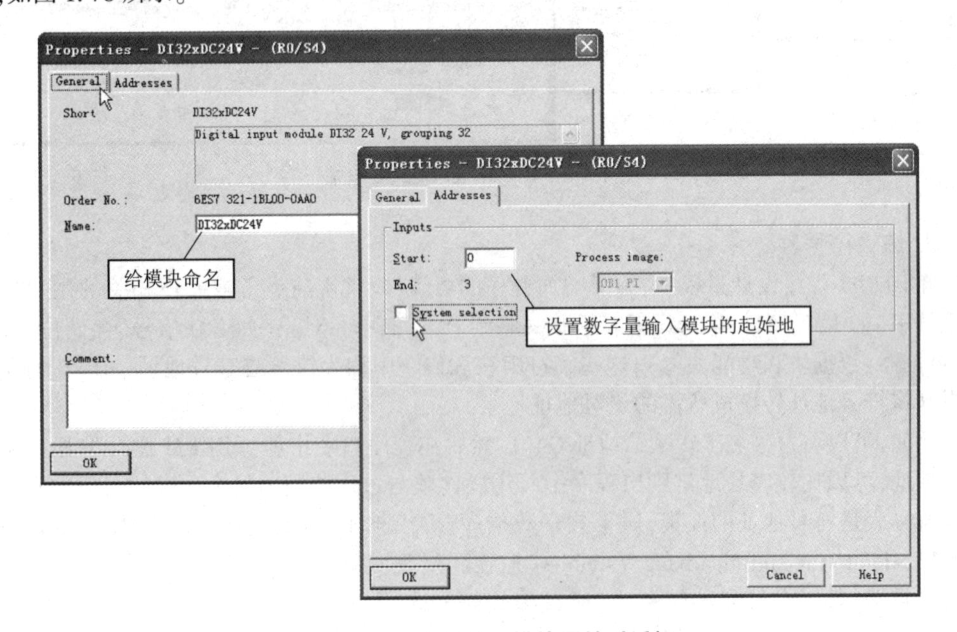

图 1.78　数字量输入模块属性对话框

笔记栏

在 General 选项卡的 Name 区域可更改模块名称；在 Address 选项卡的 Inputs 区域，系统自动为 4 号槽位上的信号模块分配了起始字节地址 0 和末字节地址 3，对应各输入点的位地址为 I0.0～I0.7、I1.0～I1.7、I2.0～I2.7、I3.0～I3.7。若不选中 System selection 复选框，用户可自由修改起始字节地址，然后系统会根据模块输入点数自动分配末字节地址。

注意：对于某些早期的 CPU 不支持信号模块的地址修改功能。

(4)插入数字量输出模块

选中槽号 5，然后在硬件目录内展开 SM－300 子目录下的 DO－300 子目录，双击 SM 322 DO32xAC120-230V/1A 选项，插入数字量输出模块(见图 1.68)。

在模块列表内双击数字量输出模块 SM 322 D032×AC120-230 V/1 A，可打开类似于图 1.71 的模块属性对话框。系统自动为 5 号槽位上的信号模块分配了起始字节地址 4 和末字节地址 7，对应各输出点的位地址为 Q4.0～Q4.7、Q5.0～Q5.7、Q6.0～Q6.7、Q7.0～Q7.7。若不选中 System selection 复选框，用户可自由修改起始字节地址，然后系统会根据模块输出点数自动分配末字节地址。

(5)编译硬件组态

硬件配置完成后，在硬件配置环境下选择 Station→Consistency Check 命令可以检查硬件配置是否存在组态错误。若没有出现组态错误，可保存并编译硬件配置结果。如果编译能够通过，系统会自动在当前工作站 SIMATIC300(1)上插入一个名称为 S7 Program(1)的程序文件夹，如图 1.79 所示。

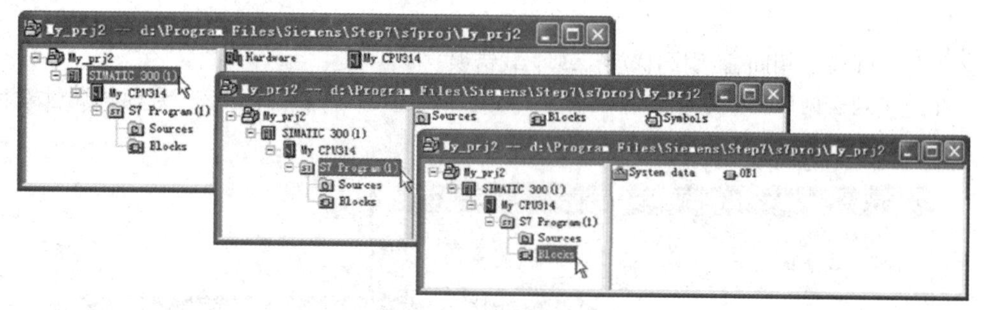

图 1.79　SIMATIC 300 工作站

6. 编辑符号表

在 STEP7 程序设计过程中，为了增加程序的可读性，常用与设备或操作相关的用户自定义字符串(如 KM、SB1、SB2 等)来表示并关联到 PMC 的单元对象(如 I/O 信号、存储位、计数器、定位器、数据块和功能块等)，这些字符串在 SIEP7 中称为符号或符号地址，SIEP7 编译时会自动将符号地址转换成所需的绝对地址。

例如，可以将符号名 KM 赋给地址 Q4.1，然后在程序指令中就可用 KM 进行编程。使用符号地址，可以比较容易地辨别出程序中所用操作数与过程控制项目中元素的对应关系。

符号表是符号地址的汇集，属于共享数据库，可以被不同的工具利用，如 LAD/SIL/FBD 编辑器、Monitoring and Modifying Variables(监视和修改变量)、Display Reference Data(显示交叉参考数据)等。在符号编辑器内，通过编辑符号表可以完成对象的符号定义，具体方法如下：

通过选择 LAD/SIL/FBD 编辑器中的 Options→Symbol Table 命令可打开符号表编辑器

(Symbol Editor),如图 1.80 所示。也可以在项目管理器的 S7 Program(1)文件夹内,双击 Symbols 选项,打开符号表编辑器,如图 1.81 所示。

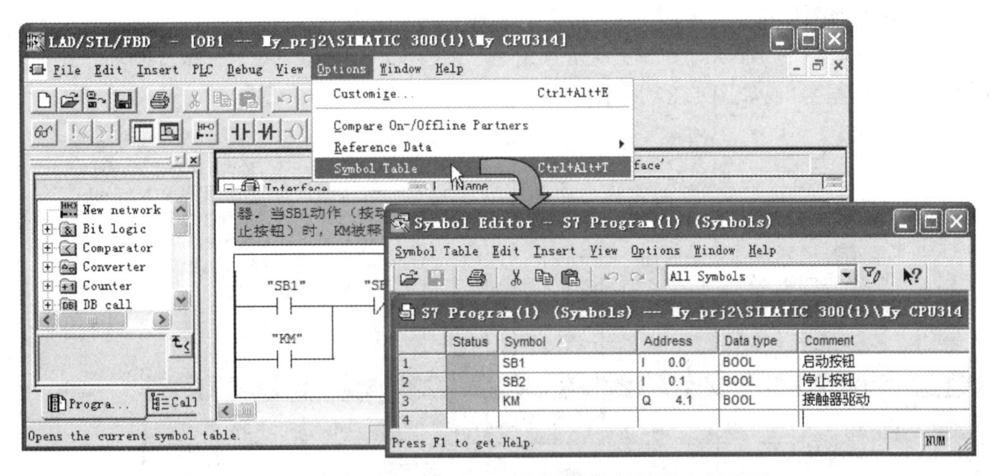

图 1.80 从 LAD/SIL/FBD 编辑器打开符号表编辑器

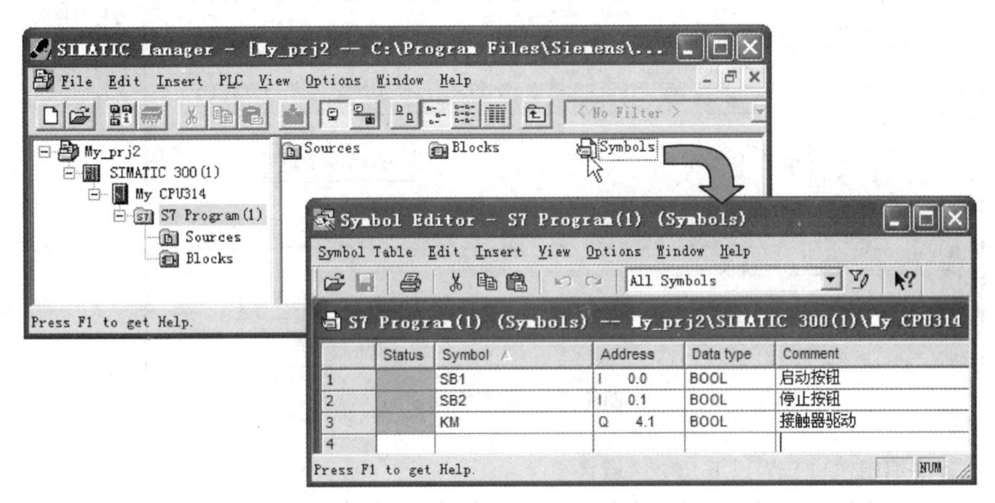

图 1.81 从 SIMATIC 管理器打开符号表

当打开符号表编辑器时,自动打开符号表。符号表包含 Status(状态)、Symbol(符号名)、Address(地址)、Data type(数据类型)和 Comment(注释)等表格栏。每个符号占用符号表的一行。当定义一个新符号时,会自动插入一个空行。

参照图 1.81 填入 Symbol(符号名称列)、Address(绝对地址列)和 Comment(注释列)。完成后单击按钮保存。

在符号表编辑器中,可通过菜单 View 实现对符号的排序、查找和替换,并可以设置过滤条件。符号表编辑器还能够导出或导入以下格式的文件:

①ASCⅡ格式(*,ASC):与 Notepad 和 Wod 兼容。

②数据交换格式(*,DIF):与 Excel 兼容。

笔记栏

笔记栏

③系统数据格式(＊.SDF):与 Access 兼容。

④符号表(＊.SEQ):STEP5 符号表。

7. 程序编辑窗口

在项目管理器的 Blocks 文件夹内,双击程序块(如 OB、FB、FC)图标,即可打开 LAD/STL/FBD 编辑器窗口,如图 1.82 所示。

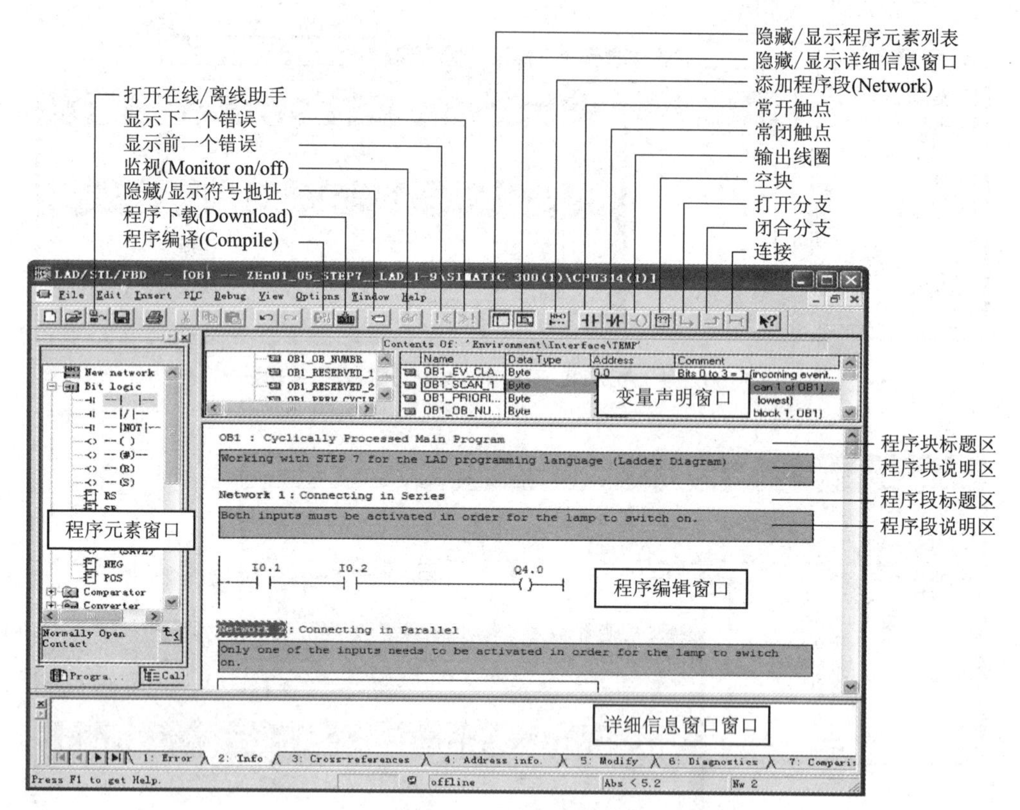

图 1.82　程序编辑窗口

程序编辑窗口分为以下几个区域:

①变量声明窗口:分为“变量表”和“变量详细视图”两部分。

②程序元素窗口:包含两个选项卡,其中程序元素(Program Elements)选项卡内显示可用程序元素列表,这些程序元素均可通过双击插入到 LAD、FBD 或 STL 程序块中。调用结构(Call Structure)选项卡用来显示当前 S7 程序中块的调用层次。

③程序编辑窗口:显示将由 PC 进行处理的程序块代码,可由一个(Network1)或多个程序段(Network 1、Network2…)组成。每个程序段均由程序段标题区、程序段说明区和程序代码区三部分组成。在程序编辑窗口的顶部为程序块(如 OB1)标题区和程序块说明区。所有标题区和说明区由用户定义,与程序执行无关。

在程序编辑窗口内可选择使用梯形图(LAD)、语句表(STL)或功能块图(FBD)等编程语言完成程序块的编写,并且可以相互转换。

8. 在 OB1 中创建程序

OB 为 CPU 的主循环组织块,如果 PC 用户程序比较简单,可以在 OB1 内编辑整个程序在项目管理器的 Blocks 文件夹内；如果是创建项目后第一次双击 OB1 图标，则打开 OB1 属性对话框，如图 1.83 所示。

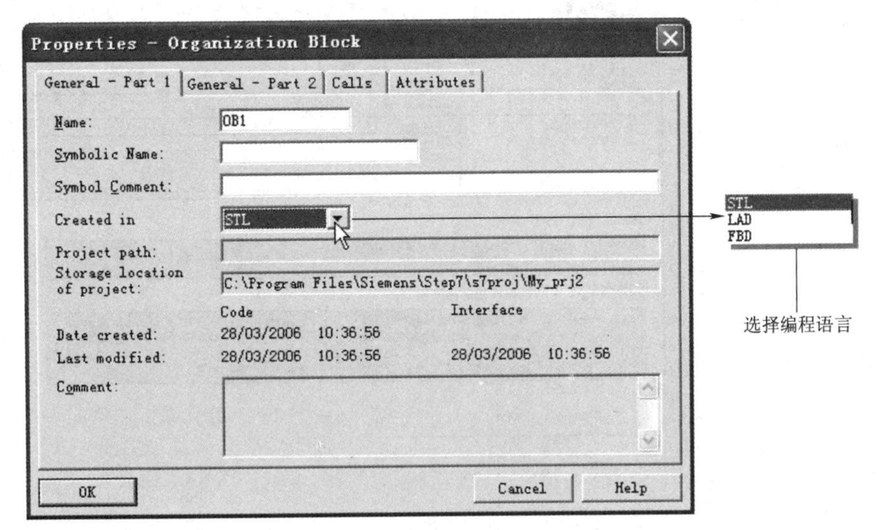

图 1.83　OB1 属性对话框

笔记栏

在 General 选项卡内的 Created in 区域，单击下拉列表可选择编程语言。然后单击 OK 按钮，自动启动程序编辑窗口，并打开 OB1。如果不是第一次双击 OB1 图标，直接起动程序编辑窗口，并打开 OBl。

下面分别用 3 种语言完成电动机的启/停控制。

(1)用梯形图对 OB1 编程

梯形图(LAD)是使用较广泛的编程语言。因与继电器电路很相似，采用触点和线圈的符号，具有直观易懂的特点，很容易被熟悉继电器控制的电气人员所掌握，特别适合于数字量逻辑控制。以图 1.84 所示的电动机启/停控制为例，对应的 LAD 程序如图 1.85 所示。

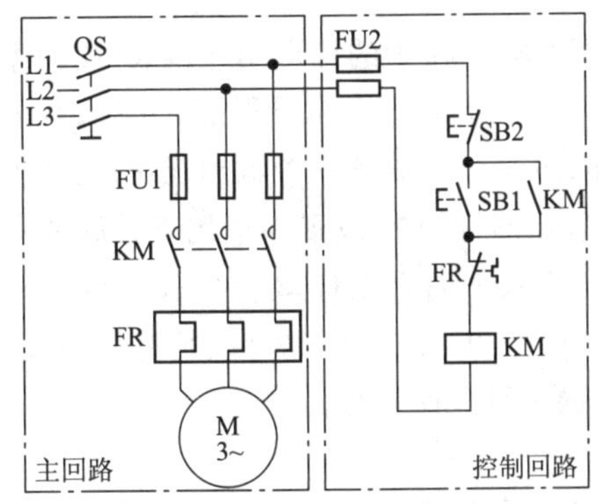

图 1.84　电动机启/停控制

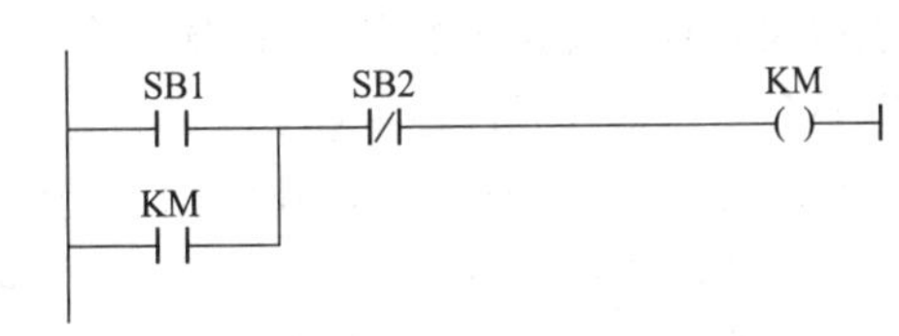

图 1.85　电动机启/停控制的梯形图

程序编辑方法及步骤如下：

①在项目管理器的 Blocks 文件夹内双击 OB1 图标打开 OB1 编辑窗口，然后选择 View→LAD 命令切换到梯形图语言环境。

笔记栏

②在 OB1 的程序块标题区输入“主循环组织块”,在 OB1 的程序块说明区输入“用梯形图(LAD)编写电动机启停控制程序”,如图 1.86 所示。

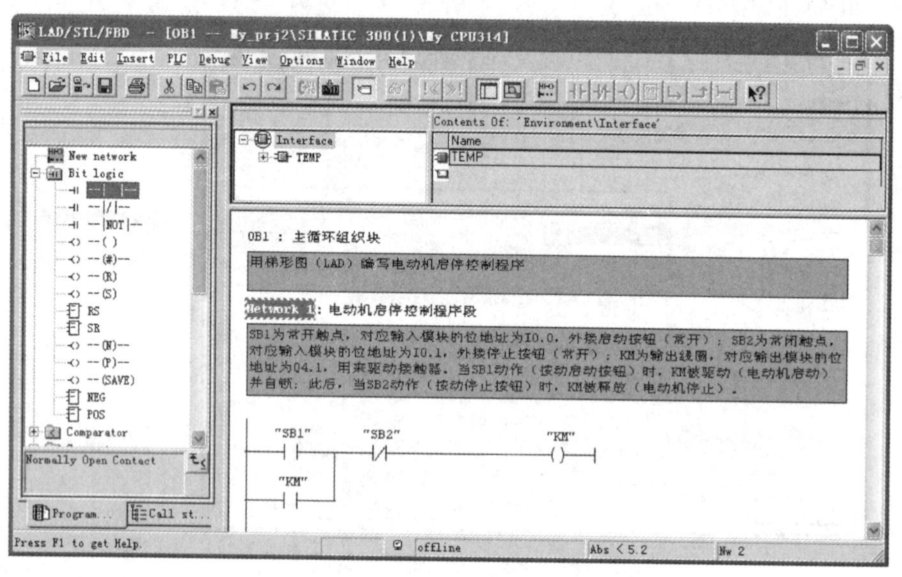

图 1.86 用梯形图(LAD)编写控制程序

③在程序段 Network 1 的标题区输入“电动机控制程序段”,在程序段 Network 1 的说明区输入“SB1 为常开触点,对应输入模块的位地址为 I0.0,外接启动按钮(常开);SB2 为常闭触点,对应输入模块的位地址为 I0.1,外接停止按钮(常开);KM 为输出线圈,对应输出模块的位地址为 Q4.1,用来驱动接触器。当 SB1 动作(按动启动按钮)时,KM 被驱动(电动机启动)并自锁;此后,当 SB2 动作(按动停止按钮)时,KM 被释放(电动机停止)。”,如图 1.79 所示。

选择 View→Display with→Comment 命令可显示或隐藏说明区的注释内容,快捷键为【Ctrl+Shift+K】。

④编辑梯形图。首先在程序编辑区先选中程序段 Network 1 的梯形图连接线,在程序元素列表内展开 BitLogic 目录,然后双击常开触点图标-| |-放置一个常开触点(SB1);双击常闭触点图标-|/|-放置一个常闭触点(SB2);双击线圈图标 --( ) 放置一个输出线圈;先选中梯形图左边线,双击并联连接图标↳,然后双击常开触点图标-| |-放置一个用于并联的常开触点(KM);拖动并联连接线的末端到并联连接点,或双击闭合图标↲;单击红色符号“??.?”,然后依次输入元件地址(可以是绝对地址,如 10.0、I0.1、Q4.1;也可以是符号地址,如 SB1、SB2、KM),完成整个梯形图的编辑。最后单击💾工具保存 OB1。

(2)用语句表对 OB1 编程

语句表(SIL)是一种类似于计算机汇编语言的文本编程语言,由多条语句组成一个程序段。语句表适合于经验丰富的程序员使用,可以实现其他编程语言不能实现的功能。以图 1.87 所示的电动机启/停控制为例,对应的 SL 程序如图 1.87 所示。

编辑方法及步骤如下:

①在项目管理器的 Blocks 文件夹内双击 OB1 图标打开 OB1 编辑窗口,然后选择 View

→STL 命令切换到语句表语言环境。

②如图 1.79 所示，在 OB1 的程序块标题区输入“主循环组织块”，在 OB1 的程序块说明区输入“用语句表(STL)编写电动机启停控制程序”。

③在程序段 Network 1 的标题区输入“电动机启停控制程序段”，在程序段 Network 1 的说明区输入“SB1 为常开触点，对应输入模块的位地址为 I0.0，外接启动按钮(常开)；SB2 为常闭触点，对应输入模块的位地址为 I0.1，外接停止按钮(常开)；KM 为输出线圈对应输出模块的位地址为 Q4.1，用来驱动接触器。当 SB1 动作(按动起动按钮)时，KM 被驱动(电动机起动)并自锁；此后，当 SB2 动作(按动停止按钮)时，KM 被释放(电动机停止)”。

```
A(
O      "SB1"
O      "KN"
)
AN     "SB2"
=      "KN"
```

图 1.87　电动机启/停控制的语句表

笔记栏

④编辑语句表。在程序段 Network1 的程序编辑区按图 1.88 所示直接按行输入即可，元件地址不需要加引号，系统自动为符号地址添加引号。最后单击保存按钮保存 OB1。

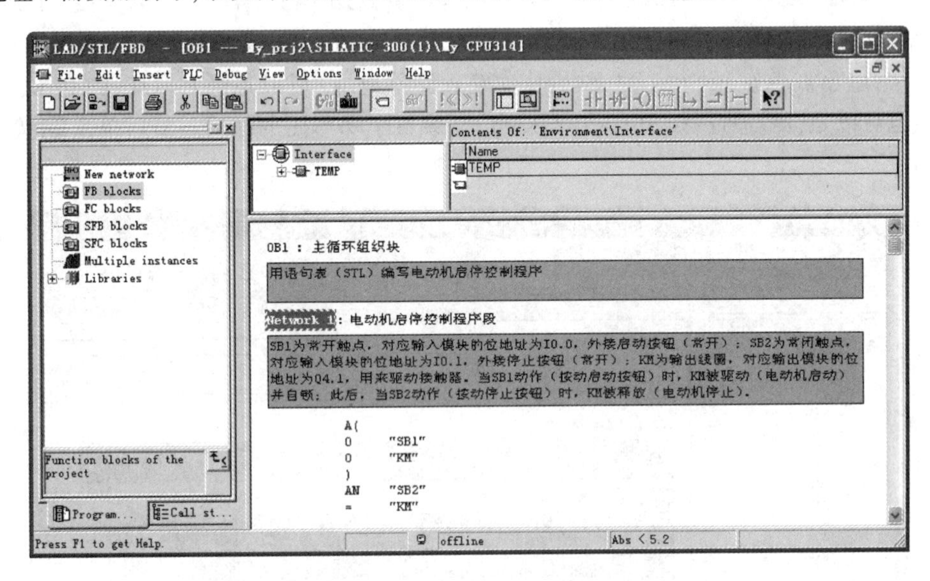

图 1.88　用语句表(STL)编写控制程序

(3)用功能块图(FBD)对 OB1 编程

FBD 使用类似于布尔代数的图形逻辑符号来表示控制逻辑，适合于有数字电路基础的编程人员使用。以图 1.87 所示的电动机启/停控制为例，对应的 FBD 程序如图 1.89 所示。

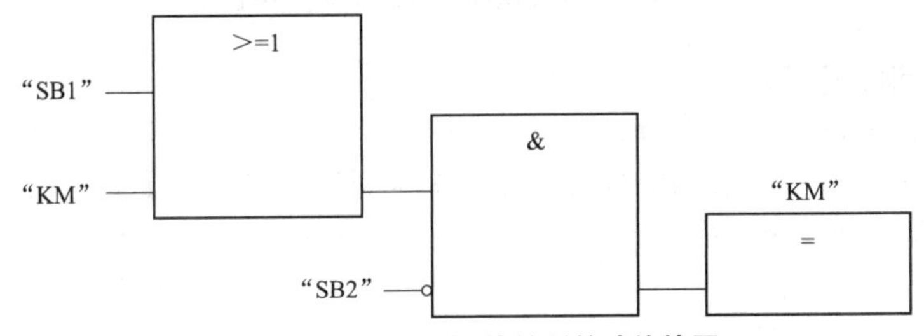

图 1.89　电动机启/停控制的功能块图

笔记栏

程序编辑方法及步骤如下：

①在项目管理器的 Blocks 文件夹中双击 OB1 图标打开 OB1 编辑窗口，然后选择 View→FBD 命令切换到功能块图语言环境。

②如图 1.90 所示，在 OB1 的程序块标题区输入“主循环组织块”，在 OB1 的程序块说明区输入“用功能块图(FBD)编写电动机启停控制程序”。

③在程序段 Network 1 的标题区输入“电动机启停控制程序段”，在程序段 Network 1 的说明区输入“SB1 为常开触点，对应输入模块的位地址为 I0.0，外接启动按钮(常开)；SB2 为常闭触点，对应输入模块的位地址为 I0.1，外接停止按钮(常开)；KM 为输出线圈，对应输出模块的位地址为 Q4.1，用来驱动接触器。当 SB1 动作(按动启动按钮)时，KM 被驱动(电动机启动)并自锁；此后，当 SB2 动作(按动停止按钮)时，KM 被释放(电动机停止)。

④编辑功能块图。首先用单击程序段 Network 1 的图形编辑区，然后在程序元素列表内展开 Bit Logic 目录，双击图标≥1放置一个“或逻辑”块；双击图标&放置一个“与逻辑”块；选中与逻辑块的一个输入引脚，然后双击图标对输入引脚取反；双击=图标放置一个“输出逻辑”块；单击红色符号“??.?”，然后依次输入元件地址(可以是绝对地址，如 I0.0、I0.1、Q4.1；也可以是符号地址，如 SBI1、SB2、KM)，完成整个梯形图的编辑。最后单击按钮保存 OB1。

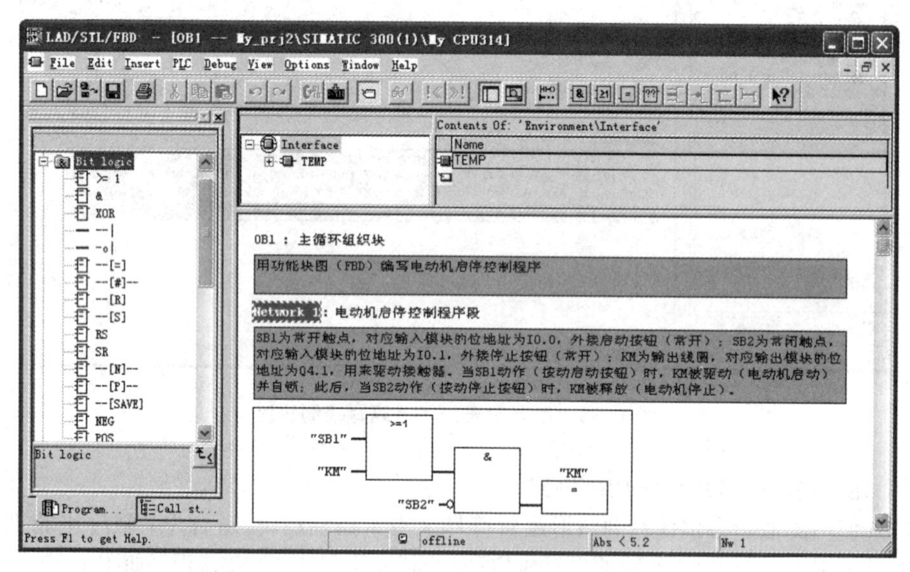

图 1.90 用功能块图(FBD)编写控制程序

9. 下载和调试程序

为了测试图 1.84 所完成的 PIC 设计项目，必须将程序和模块信息下载到 PIC 的 CPU 模块。要实现编程设备与 PC 之间的数据传送，首先应正确安装 PIC 硬件模块，然后用编程电缆(如 USB-MPI 电缆、PROFIBUS 总线电缆)将 PIC 与 PG/PC 连接起来，并打开 PS307 电源开关。

(1)下载程序及模块信息

SIEP7 可以将用户程序(OB、FC、FB 和 DB)及硬件组态信息(SDB)等下载到 PLC 的 CPU

中。但是要完成下载必须满足下列要求：

①需要下载的程序已经完成了编译，且没有任何错误。

②CPU 必须处于允许进行下载的工作模式下（STOP 或 RUN-P）。

在 SIEP7 的应用程序组件中，下载功能都可通过单击下载按钮或选择 PLC→Download 命令实现，以 My_prj2 项目为例，具体步骤如下：

①启动 SIMATIC 管理器，并打开 My_prj2 项目。

②在项目窗口内选中要下载的工作站 SIMATIC 300(1)。

③单击下载按钮（或选择 PLC→Download 命令，或右击选择 PIC→Download 命令）将整个 S7-300 站（包含用户程序和模块信息）下载到 PIC。

笔记栏

说明：如果在 LAD/STL/FBD 编程窗口中执行下载操作，则下载的对象为当前正在编辑的程序块或数据块；如果在硬件组态程序中执行下载操作，则下载的对象为当前正在编辑的硬件组态信息。下载硬件组态需要将 CPU 切换到 STOP 模式。

如果用户现在还未准备好 PIC 单片机，也可以使用 S7-PLCSIM V5.3 仿真程序模拟程序的下载过程，并且还可以进行仿真调试，具体步骤如下：

①启动 SIMATIC 管理器，并打开 My_prj2 项目。

②单击仿真工具按钮，启动 S7-PLCSIM V5.3 仿真程序，如图 1.91 所示。

③将 CPU 工作模式开关切换到 STOP 模式。

④在项目窗口内选中要下载的工作站 SIMATIC 300(1)。

⑤单击下载按钮（或选择 PLC→Download 命令，或右击选择 PC→Download 命令）将整个 S7-300 站下载到 PLC。

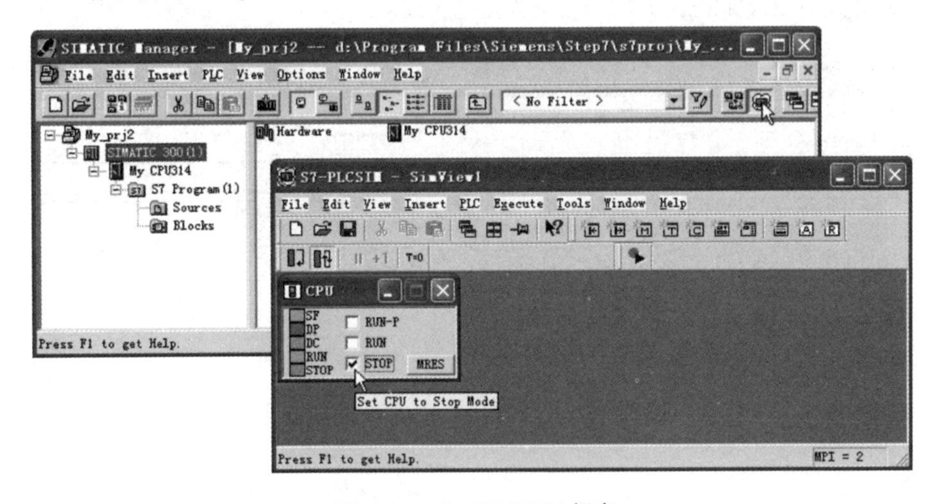

图 1.91 S7-PLCSIM 视窗

（2）用 S7-PLCSIM 调试程序

调试程序可以在在线状态下进行，也可以在仿真环境下进行。下面主要介绍如何在 S7-PLCSIM 仿真环境下完成程序的调试，具体步骤如下：

①在图 1.91 所示状态下，单击工具按钮插入地址为 0 的字节型输入变量 IB；再单击

笔记栏

工具按钮 插入字节型输出变量 QB,并修改字节地址为 4,如图 1.92 所示。

②进入监视状态:双击 My_prj2 项目下的 OB1,在程序编辑器中打开组织块 OB1。然后单击工具按钮 ,激活监视状态。在不同编程语言环境下,其监视界面略有不同,以梯形图(LAD)为例,其监视界面如图 1.86 所示。状态栏显示 CPU 当前处在 STOP 模式。

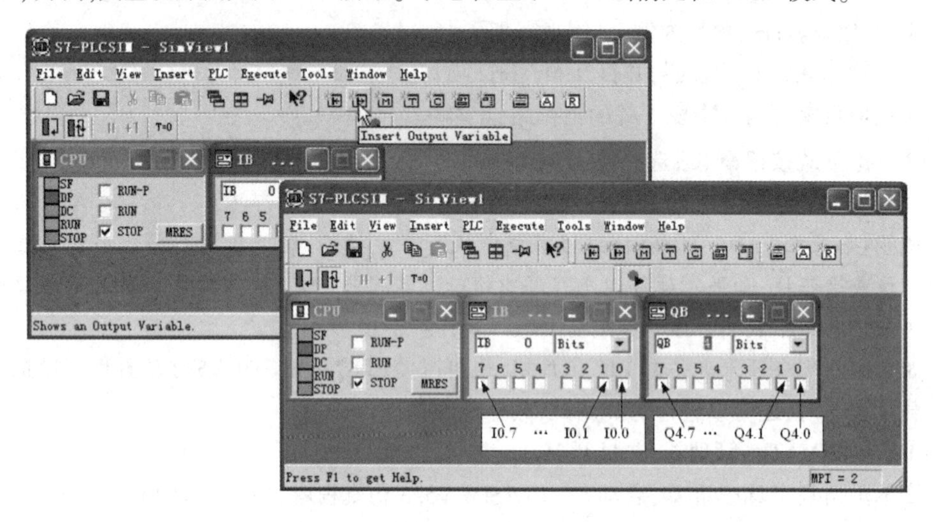

图 1.92　插入输入变量和输出变量

③在图 1.92 环境下将 CPU 模式开关转换到 RUN 模式,开始运行程序。在 LAD 程序中,监视界面下会显示信号流的状态和变量值。如图 1.93 所示,处于有效状态的元件显示为绿色高亮实线,处于无效状态的元件则显示为蓝色虚线。

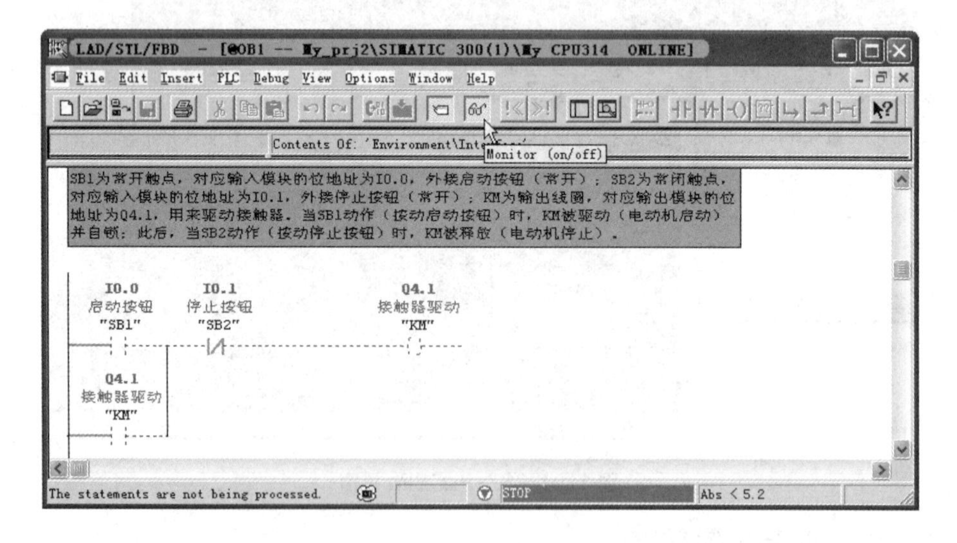

图 1.93　激活监视状态

如图 1.94 所示,若勾选 I0.0 使 SB1 常开触点闭合,在监视窗口内可看到 SB1、SB2 及 KM 高亮,Q4.1 自动勾选,这说明 KM 已被驱动;取消勾选 I0.0,然后勾选 I0.1,在监视窗口内可看到KM不再高亮,说明KM未被驱动。

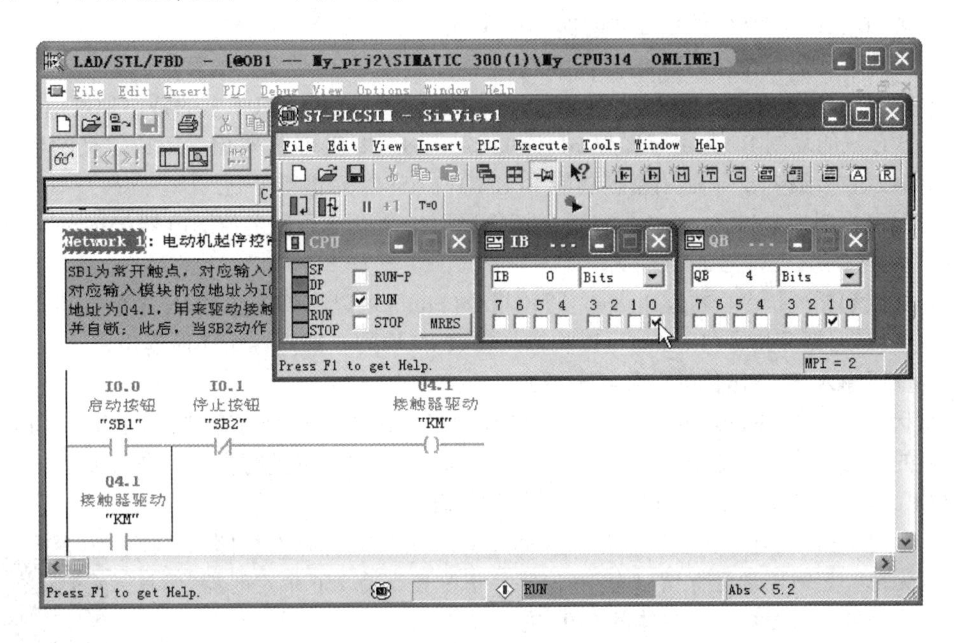

图1.94 程序的运行状态

微课

S7-300 编程语言

(3)STEP7指令系统简介

PLC程序是由基本的指令构成的,LAD、STL和FBD三种编程语言分别具有不同的指令系统。LAD和FBD都是图形化的编程语言,是“画”出来的程序,而STL是文本编程语言,是“写”出来的程序。LAD和FBD的指令系统比较相似。按照编程元素窗口中的分类,它们的指令系统包括以下几类:

①位逻辑指令(BitLogic):处理布尔值“1”和“0”。在LAD表示的接点与线圈中,“1”表示动作或通电,“0”表示未动作或未通电。

位逻辑指令扫描信号状态,并根据布尔逻辑对它们进行组合。这些组合产生结果1或0,称为逻辑运算结果(RLO)。

②比较指令:(Comparator):对两个输入IN1和IN2进行比较,比较的内容可以是相等、不等、大于、小于、大于等于和小于等于。如果比较结果为真,则RLO为“1”。比较指令有三类,分别用于整数、双整数和实数。

③转换指令(Converter):可以将参数IN的内容进行转换或更改符号,其结果可以输出到参数OUT。

④计数器指令(Counters):在CPU的存储器中,为计数器保留有存储区。该存储区为每一个计数器地址保留一个16位字。指令集支持256个计数器,而能够使用的计数器数目由具体的CPU决定。

⑤数据块调用指令(DBCall):打开数据块指令,它是一种数据块无条件调用指。数据块打开后,可以通过CPU内的数据块寄存器DB或DI直接访问数据块的内容。

⑥逻辑控制指令(Jumps):通过标签(Label)和无条件或者有条件的跳转指令,实现用户程序中的逻辑控制。

笔记栏

笔记栏

⑦整数算术运算指令(IntegerFunction):

实现16位或者32位整数之间的加、减、乘、除和取余等算术运算。

⑧浮点算术运算指令(Floating-pointFunction):实现对32位实数的算术运算。

⑨赋值指令(Move):将在输入端IN的特定值复制到输出端OUT上的特定地址中。MOVE只能复制Byte(字节)、Word(字)或Dword(双字)数据对象。用户定义的数据类型(例如数组或结构)必须使用系统功能BLKMOVE(SFC20)进行复制。

⑩程序控制指令(ProgramControl):包括块调用指令以及通过主控继电器(Master Control Relay)实现程序段使能控制的指令。

⑪移位和循环指令(Shift/Rotate):移位指令(Shift)可以将输入参数IN中的内容向左或向右逐位移动;循环指令(Rotate)可以将输入参数IN中的全部内容循环地逐位左移或右移,空出的位用输入IN移出位的信号状态填充。

⑫状态位指令(StatusBits):状态字是CPU中存储区中的一个寄存器,用于指示CPU运算结果的状态。状态位指令是位逻辑指令,针对状态字的各位进行操作。通过状态位可以判断CPU运算中溢出、异常、进位、比较结果等状态。

⑬定时器指令(Timers):在CPU的存储器中,为定时器保留有存储区。该存储区为每一定时器地址保留一个16位字。指令集支持256个定时器,而具体能够使用的定时器数目由具体的CPU决定。

⑭字逻辑指令(WordLogic):按照布尔逻辑将成对的Word(字)或Dword(双字)逐位进行逻辑运算。

微课

S7-300指令系统-位逻辑指令

10. 常用的位逻辑和输出类LAD指令

表1.9列出部分常用的位逻辑和输出类LAD指令。

表1.9 部分常用的位逻辑和输出类LAD指令

指令名称	指令符号	指令说明	举例
常开接点	〈地址〉 —| |—	地址:由地址指出需要检查的位。该位地址的信号状态影响着指令的操作结果,即RLO。如果指定地址的信号状态为1,则接点闭合,RLO值为1;如果指定地址的信号状态为0,则接点断开,RLO值为0。 当指令串联使用时,则按"与"逻辑进行运算;当指令并联使用时,则按"或"逻辑进行运算地址的数据类型:BOOL。地址可用的存储区域:I、Q、M、L、D、T、C	I0.0 I0.1 I0.2 含有常开接点的部分程序(不完整)。 指令如果满足下列条件之一,则信号流可以通过: I0.0和I0.1的信号状态同时为1。 I0.2的信号状态为1

续表

指令名称	指令符号	指 令 说 明	举 例
常闭接点	〈地址〉 —|/|—	地址:由地址指出需要检查的位。该位地址的信号状态影响着指令的操作结果,即RLO如果指定地址的信号状态为0,则接点闭合,RLO值为1;如果指定地址的信号状态1,则接点断开,RLO值为0。当指令串联使用时,则按“与”逻辑进行运算;当指令并联使用时,则按“或”逻辑行运算地址的数据类型 BOOL地址可用的存储区域:i、Q、m、l、d、t、c	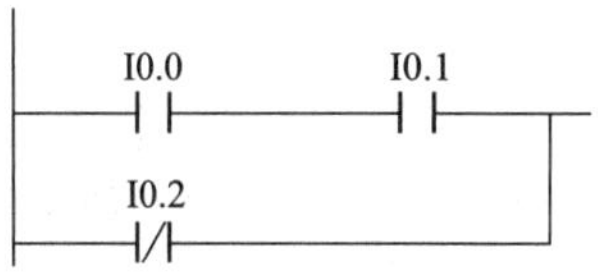 含有常闭触点的部分程序(不完整)。 指令如果满足下列条件之一,则信号流可以通过: I0.0和I0.1的信号状态同时为1 I0.2的信号状态为0
输出线圈	〈地址〉 —( )	地址:由地址指出需要赋值的位。通过该指令的操作改变该位地址的信号状态输出线圈指令类似于电路图中的继电器线圈的作用,线圈是否被接通(“通电”),依照下列原则: 如果信号流经过各个输入接点(梯形逻辑符号串)到达了线圈,即线圈之前的指令检查结果(RLO)为1,则线圈被接通。此时地址被赋值为1。 如果信号流未能通过各个输入接点(梯形逻辑符号串)到达线圈,即线圈之前的指令检查结果(RLO)为0,则线圈不能被接通。此时地址被赋值为0。 在应用输出线圈指令时,输出线圈只能放在程序段的最右端;不能将输出线圈单独放在一个空的程序段中;但在一个程序段中可以有多个输出线圈。 地址的数据类型:BOOL地址可使用的存储区域:i、Q、m、l、d	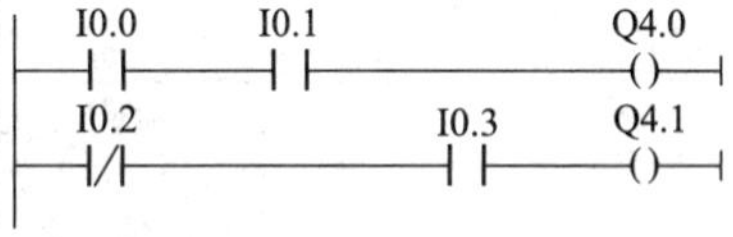 如果下列条件之一成立,则输出Q4.0的信号状态为“1”: 在输入I0.0和I0.1的信号状态为“1”或在输入I0.2的信号状态为“0”。 如果下列条件之一成立,则输出Q4.1的信号状态为“1”: 在输入I0.0和I0.1的信号状态为“1”或在输入I0.2的信号状态为“0”,并且在输入I0.3的信号状态为“0”

笔记栏

笔记栏

续表

指令名称	指令符号	指　令　说　明	举　　例
置位线圈	〈地址> —(S)	地址:由地址指出需要被置位的位。通过该指令的操作改变该位地址的信号状态。 置位线圈指令只有在其前面的指令的 RLO 值为 1 时才被执行。如果 RLO = 1,则该指令指定的地址的值将被置 1;如果 RLO = 0,则对该指令指定的地址的状态不受影响,指定地址的值保持不变。 地址的数据类型:BOOL。地址可用的存储区域为 i、q、m、l、d	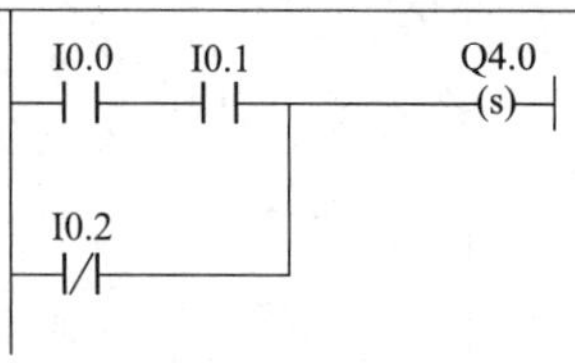 I0.0　I0.1　Q4.0 —(s)— I0.2 满足下列条件之一,输出地址 Q4.0 备置位(信号状态值为 1); 当 I0.0、I0.1 的信号状态同时为 1 时;当 I0.2 的信号状态同时为 0 时。 I0.0、I0.1、I0.2 的值为除此之外的其他情况时,输出 Q4.0 的信号状态保持不变
复位线圈	〈地址> —(R)	地址:由地址指出需要被复位的位。通过该指令的操作改变该位地址的信号状态。 复位线圈指令只有在其前面的指令的 RLO 值为 1 时才被执行。如果 RLO = 1,则该指令指定的地址的值将被复位(值为 0);如果 RLO = 0,则该指令指定的地址的状态不受影响,指定地址的值保持不变。 地址的数据类型:BOOL。地址可用的存储区域为 i、q、m、l、d、t、c	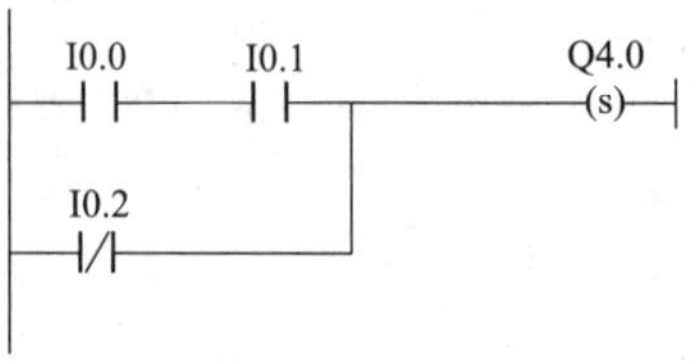 I0.0　I0.1　Q4.0 —(s)— I0.2 在程序中,满足下列条件之一,输出地址 Q4.0 被复位(信号状态值为 0): 当 I0.0、I0.1 的信号状态同时为 1 时;当 I0.2 的信号状态为 0 时。 I0.0、I0.1、I0.2 的值为除此之外的其他情况时,输出 Q4.0 的信号状态保持不变
置位复位触发器	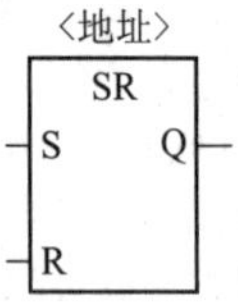 〈地址> SR S　Q R	①地址:由地址指出需要被置位或复位的位。通过该指令的操作改变该位地址的信号状态,使之被赋 1 值(置位)或赋 0 值(复位)。　地址的数据类型:BOOL。可用的存储区域:i、Q、m、l、d。 ②S 输入端:为使能置位端,只有当加在该端的 RLO 值为 1 时才有效。当 S 输入端的信号状态为 1,同时 R 输入端为 0 时,置位复位触发器(指令)被置位;当 S 输入端信号为 0 时,不改变地址的状态。 数据类型:BOOL。可用的存储区域:i、Q、m、l、d。 ③R 输入端:为使能复位端,只有当加在该端的 RLO 值为 1 时才有效。当 R 输入端的信号状态为 1 时,置位复位触发器(指令)被复位;R 输入端为 0,不改变地址的状态。 数据类型:BOOL。可用的存储区域:1、Q、M、L、D。 如果 S 输入端、R 输入端的 RLO 值同时为 1,则首先执行置位操作,然后执行复位操作,因此,指令的最终执行结果为指定地址的信号被复位。 ④Q 输出端:输出值为地址的信号状态。 数据类型:BOOL。可用的存储区域:i、Q、m、l、d	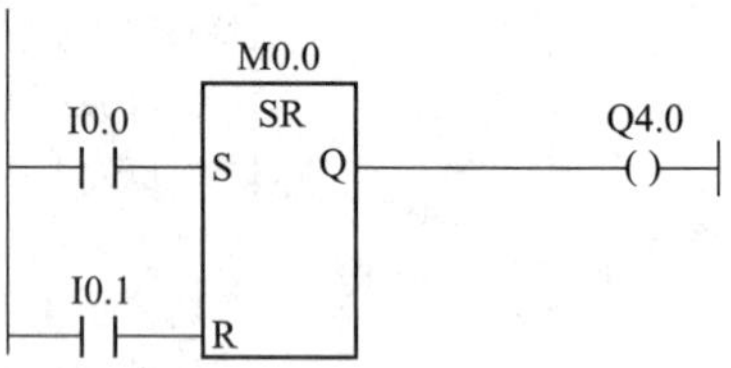 M0.0 SR I0.0　S　Q　Q4.0 —( )— I0.1　R 在程序中,如果输入 I0.0 的信号状态为 1,并且 I0.1 为 0,则存储位 M0.0 被置位,同时输出 Q4.0 为 1;如果输入 I0.0 的信号状态为 0,并且 I0.1 为 1,则存储位 M0.0 被复位,同时输出 Q4.0 为 0。 如果两个信号均为 0,则无变化。 如果两个信号均为 1,则复位优先,因此 M0.0 被复位,且输出 Q0.0 为 0

续表

指令名称	指令符号	指　令　说　明	举　　例
复位置位触发器	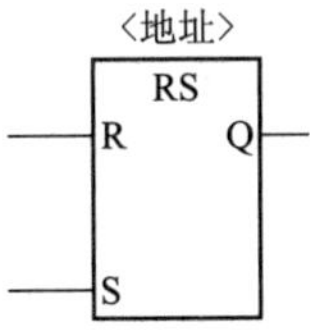 <地址> RS R　Q S	①地址：由地址指出需要被复位或置位的位。通过该指令的操作改变该位地址的信号状态，使之被赋1值（置位）或赋0值（复位）。 地址的数据类型：BOOL。可用的存储区域：i、Q、m、l、d。 ②S输入端：为使能置位端，只有当加在该端的RLO值为1时才有效。当S输入端的信号状态为1，同时R输入端为0时，复位置位触发器（指令）被置位；当S输入端信号为0时，不改变地址的状态。 数据类型：BOOL可用的存储区域：i、Q、m、l、d ③R输入端：为使能复位端，只有当加在该端的RLO值为1时才有效。当R输入端的信号状态为1时，复位置位触发器（指令）被复位；R输入端为0，不改变地址的状态。 数据类型：BOOL可用的存储区域：i、Q、m、l、d、o如果S输入端、R输入端的RLO值同时为1，则首先执行复位操作，然后执行置位操作，因此，指令的最终执行结果为指定地址的信号被置位。这是与SR触发器的重要区别 ④Q输出端：输出值为地址的信号状态数据类型：BOOL。可用的存储区域：i、q、m、l、d	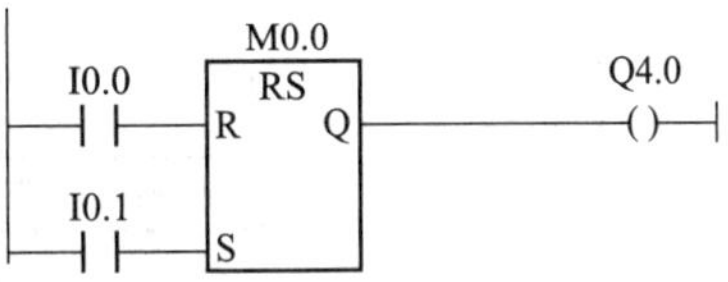 I0.0　M0.0 RS R Q　Q4.0 ( ) I0.1　S 在程序中，如果输入I0.0的信号状态为1，并且I0.1为0，则存储位M0.0被置位，同时输出Q4.0为0。 如果输入I0.0的信号状态为0，并且I0.1为1，则存储位M0.0被复位，同时输出Q4.0为1。 如果两个信号均为0，则无变化。 如果两个信号均为1，则复位优先，因此M0.0被复位，且输出Q0.0为1
MOVE 赋值	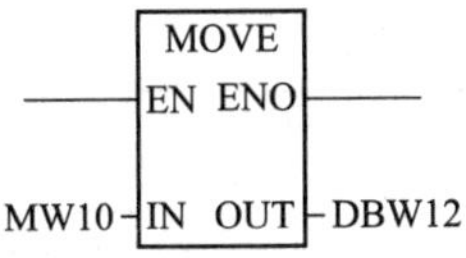 MOVE EN ENO MW10 - IN OUT - DBW12	MOVE可以由使能（EN）输入端的信号激活。将在输入端IN的特定值复制到输出端OUT上的特定地址中。ENO和EN具有相同的逻辑状态。MOVE只能复制Byte（字节）、Word（字）或Dword（双字）数据对象。用户定义的数据类型（例如数组或结构）必须使用系统功能BLK-MOVE（SFC20）进行复制	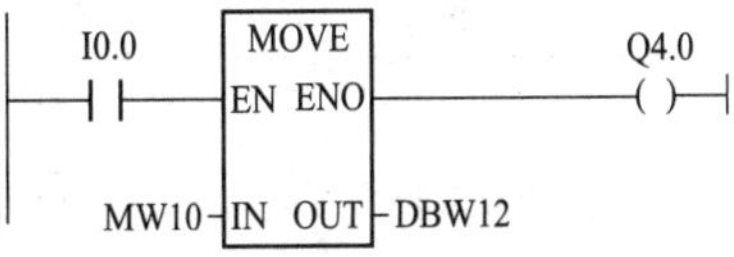 I0.0　MOVE EN ENO　Q4.0 ( ) MW10 - IN OUT - DBW12 如果I0.0=“1”，则执行指令。 MW10的内容被复制到当前打开的数据块的数据字12中。如果执行指令，则Q4.0为“1”

笔记栏

笔记栏

项目设计

确定工作组织方式，划分工作阶段，分配工作任务，讨论安装调试工艺流程和工作计划，填写工作计划表和材料工具清单。安装调试工作站工艺流程如图 1.95 所示。

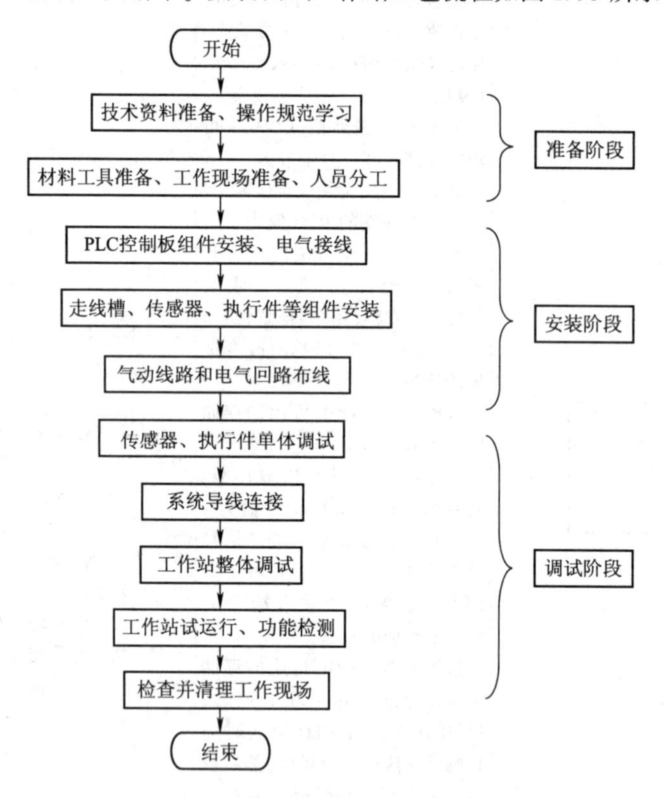

图 1.95　安装调试工作站工艺流程

一、气动控制回路

1. 常用气动图形符号

①常用控制方式图形符号如表 1.10 所示。

表 1.10　常用控制方式图形符号

名　称	符　号	名　称	符　号
直动型溢流阀		先导型溢流阀	
直动型减压阀		先导型减压阀	

续表

名　　称	符　　号	名　　称	符　　号
溢流减压阀	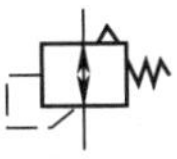	二位二通换向阀	
二位四通换向阀		三位四通换向阀	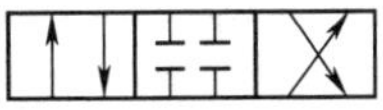
三位五通换向阀（中位加压型）	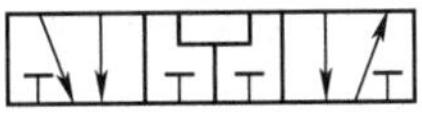	单向阀	
调速阀	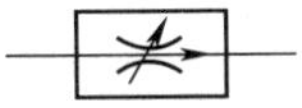	直动型顺序阀	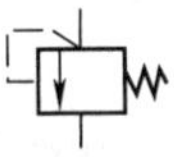
不可调节流阀		可调节流阀	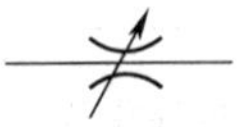
带消音器的节流阀	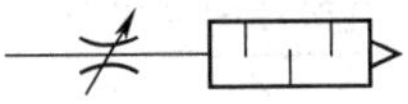	二位三通换向阀	
二位五通换向阀	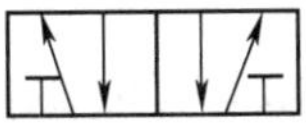	三位五通换向阀（中位封闭型）	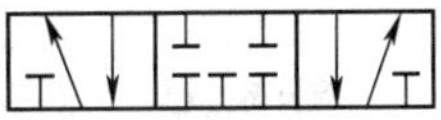
三位五通换向阀（中位卸压型）		快排阀	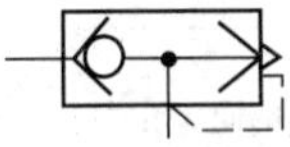

②常用辅助元件图形符号如表1.11所示。

表1.11　常用辅助元件图形符号

名　　称	符　　号	名　　称	符　　号
按钮式人力控制	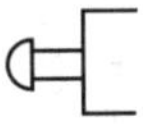	滚轮式机械控制	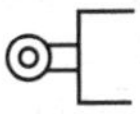
手柄式人力控制	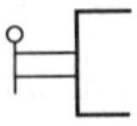	气压先导控制	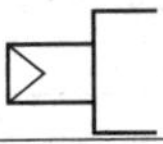
踏板式人力控制		电磁控制	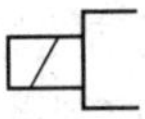
单向滚轮式机械控制	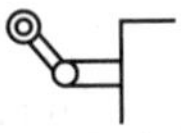	弹簧控制	
顶杆式机械控制	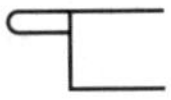	加压或泄压控制	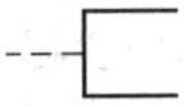
内部压力控制	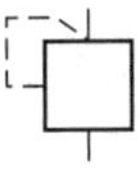	外部压力控制	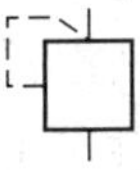

笔记栏

笔记栏

③常用气路连接及接头图形符号如表 1.12 所示。

表 1.12 常用气路连接及接头图形符号

名 称	符 号	名 称	符 号
工作管理		直接排气口	
控制管路		带连接排气口	
连接管路		带单向阀快换接头	
交叉管路		不带单向阀跨换接头	
柔性管路		单通路旋转接头	

④部分气泵、气缸、气马达图形符号如表 1.13 所示。

表 1.13 部分气泵、气缸、气马达图形符号

名 称	符 号	名 称	符 号
单向定量泵		摆动马达(气缸)	
单向定量马达		单作用外力复位气缸	P
单向变量马达		单作用弹簧复位气缸	
双向定量马达		双作用单活塞杆气缸	P_1 P_2
双向变量马达		双作用双活塞杆气缸	P_1 P_2

2. 气动控制回路工作原理

微课

供料单元气动回路的设计

气动控制系统是该工作单元的执行机构，该执行机构的控制逻辑功能是由 PLC 实现的。气动控制回路如图 1.96 所示。

图 1.96 中，1A1 为推料缸；1B1 和 1B2 为安装在推料缸的两个极限工作位置的磁感应式接近开关，用它们发出的开关量信号可以判断气缸的两个极限工作位置；2A1 为真空发生器，当其工作时实现吸取工件的动作；2B1 为真空压力检测传感器，当吸住工件后，该传感器动作，可以用该传感器的信号来判断是否吸住了工件；3A1 为摆动气缸；3S1、3S2 是用于判断摆动气缸运动的两个极限位置的行程开关；1V2、1V3、2V3、3V2、3V3 为单向可调节流阀，1V2、1V3、3V2、3V3 分别用于调节推

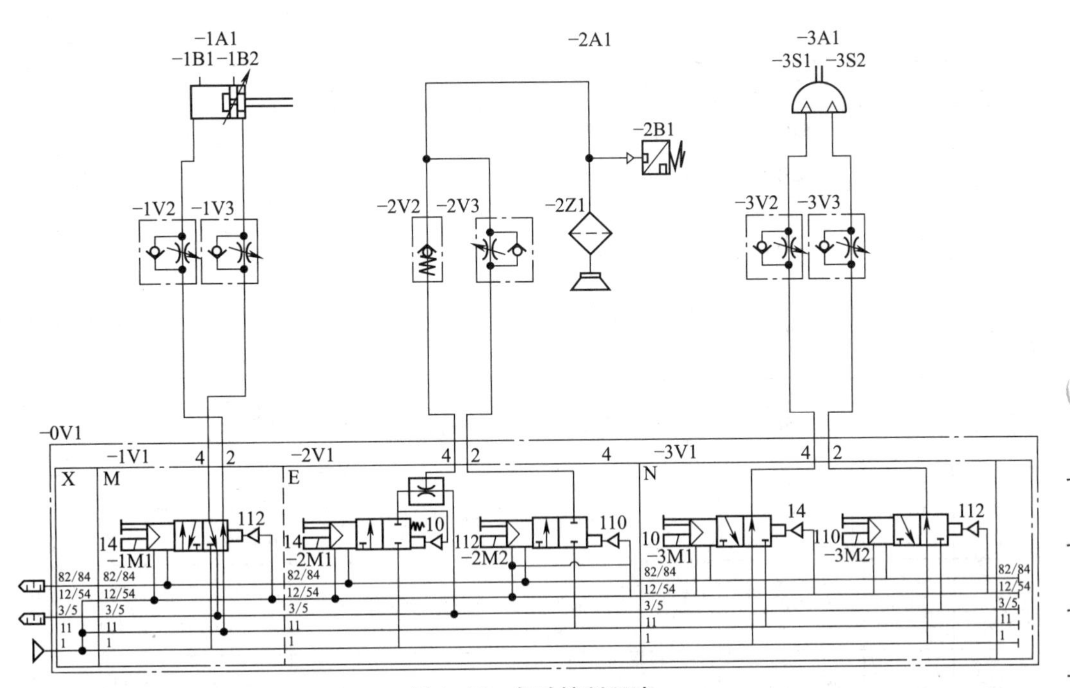

图 1.96 气动控制回路

料缸、转动气缸的运动速度,2V3 用于调节真空发生器排气量的大小;1M1 为控制推料缸的电磁阀的电磁控制端;2M1、2M2 为控制真空发生器的电磁阀的两个电磁控制端;3M1、3M2 为控制摆动气缸的电磁阀的两个电磁控制端。

注意:图 1.96 中的 3 个电磁阀是集成在 1 个 CP 阀组上的。

二、电气控制回路

1. 电气通信接口地址

MPS 中的所有单元都是用 PLC 控制的,每个单元与 PLC 之间的通信电路连接是通过上面所介绍的 I/O 接线端口实现的。在 MPS 系统中,各单元中需要与 PLC 进行通信连接的线路(包括各个传感器的线路、各个电磁阀的控制线路及电源线路)都已事先连接到了各自的 I/O 接线端口上,这样,当用通信电缆与 PLC 连接好时,这些器件在 PLC 模板上的地址就固定了。

要确定字节地址要看通信电缆所接的是哪一个模板的接口,然后根据该模板所在的槽号来确定字节地址;位地址的确定很简单,只要知道各器件是接到 I/O 接线端口的哪一位(0~7)即可,因为 I/O 接线端口的位(标号)与 PLC 模板的位(标号)是一一对应的。供料单元 PLC 的 I/O 地址分配情况如表 1.14 所示。

表 1.14 供料单元 PLC 的 I/O 地址分配情况

序号	地址	设备符号	设备名称	设备用途	信号特征
1	I1.0	START	按钮开关	启动设备	信号为 1,表示 TR 按钮被按下
2	I1.2	AUTO/MAN	转换开关	自动/手动转换	信号为 0,表示为自动模式 信号为 1,表示为手动模式

笔记栏

续表

序号	地址	设备符号	设备名称	设备用途	信号特征
3	I1.1	STOP	按钮开关	停止设备	信号为1,表示按钮被按下
4	I1.3	RESET	按钮开关	复位设备	信号为1,表示按钮被按下
5	I0.2	1B1	磁感应式接近开关(传感器)	判断推料杆的位置	信号为1,表示推料杆退回到位
6	I0.1	1B2	磁感应式接近开关(传感器)	判断推料杆的位置	信号为1,表示推料杆推出到位
7	I0.4	3S1	行程开关	判断摇臂的位置	信号为1,表示摆臂摆回到下一站位
8	I0.5	3S2	行程开关	判断摇臂的位置	信号为1,表示摆臂摆回到料仓位置
9	I0.3	2B1	真空压力传感器	判断是否吸到工作	信号为1,表示吸到了工件 信号为0,表示未吸到工件
10	I0.6	B4	对射式光电传感器	判断料仓是否工作	信号为1,表示料仓无工件 信号为0,表示料仓有工件
11	I0.7	IP-FI	光电传感器	判断下一站是否准备好	信号为1,表示下一站已准备好
12	Q0.0	1M1	电磁阀	控制推料杆的动作	信号为0,控制推料杆推出 信号为1;控制推料杆缩回
13	Q0.1	2M1	电磁阀	控制吸、放工件动作	信号为1,控制吸取工件
14	Q0.2	2M2	电磁阀	控制吸、放工件动作	信号为1,控制放下工件
15	Q0.3	3M1	电磁阀	控制摆臂动作	信号为1,控制摆臂摆回料仓位置
16	Q0.4	3M2	电磁阀	控制摆臂动作	信号为1,控制摆臂摆回下一站位置
17	Q1.0	H1	指示灯	启动指示灯	信号为1,灯亮信号为0,灯灭
18	Q1.1	H2	指示灯	复位指示灯	信号为1,灯亮信号为0,灯灭
19	Q1.2	H3	指示灯	料仓空指示灯	信号为1,灯亮信号为0,灯灭

2. 电气控制回路图

供料单元的电气控制回路如图1.79所示,共有7个输入,5个输出。

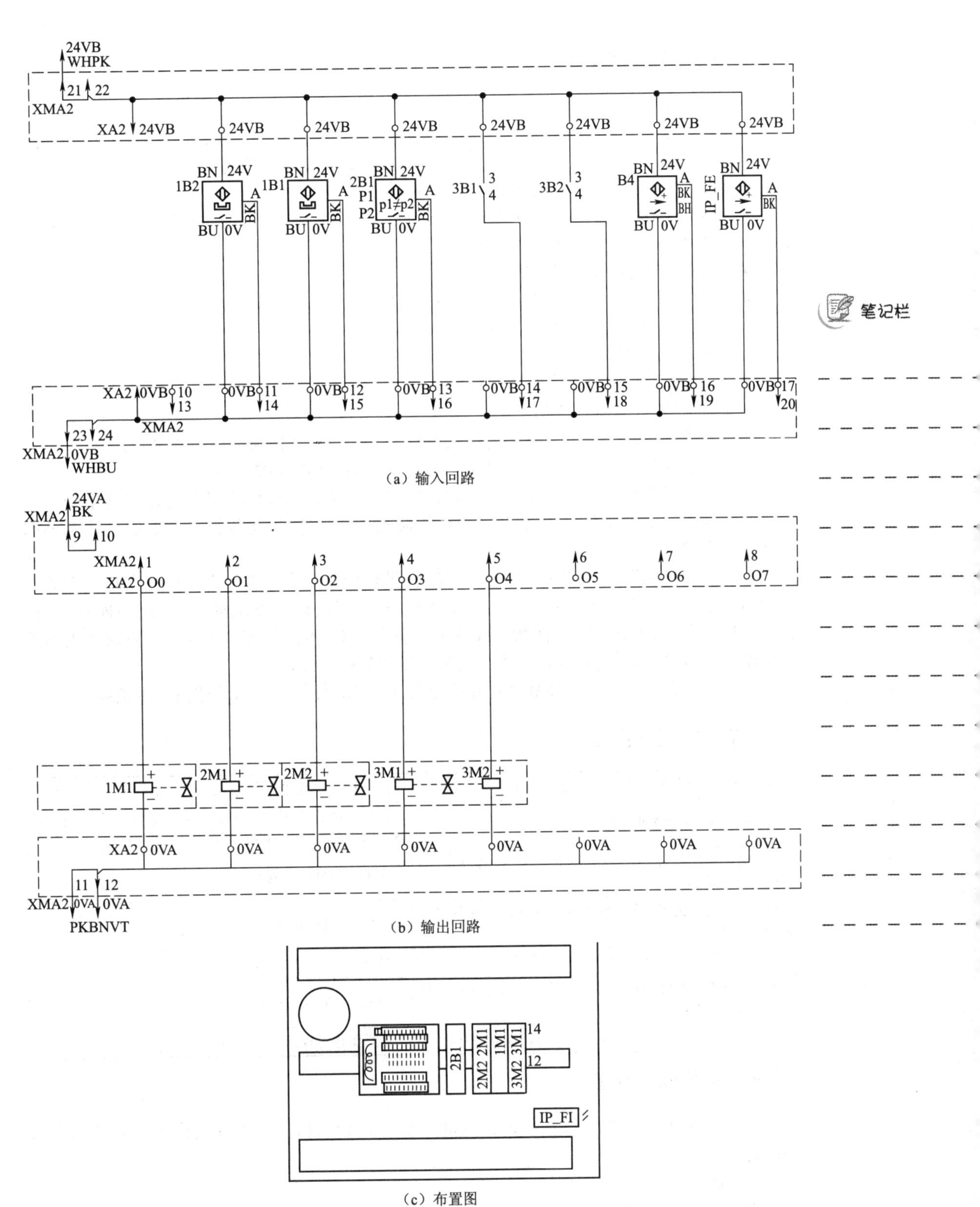

（a）输入回路

（b）输出回路

（c）布置图

图 1.97　供料单元电气控制电路

笔记栏

笔记栏

三、软件程序设计

供料单元的控制要求：

①在启动前，供料单元的执行机构若不在初始位置、料仓中若无工件，则不允许启动。其初始位置为推料缸伸出；摆动缸处于“料仓”位置；真空发生器关闭。

②按下启动按钮后，系统按如下工作顺序动作。

- 如果料仓中有工件，按下 START 按钮后，启动按钮指示灯灭，摆动缸转换到“下一站”位置。
- 推料缸缩回，工件从料仓中推出。
- 摆动缸转换到“料仓”位置。
- 真空启动，摆动模块的真空吸盘吸起工件。
- 推料缸伸出，工件落下。
- 摆动缸转换到“下一站”位置。
- 真空关闭，真空吸盘吹气，工件掉落。
- 摆动缸转换到“料仓”位置。

③按下停止按钮，复位按钮指示灯亮，供料单元在完成本次循环后停止动作。

④按下复位按钮，启动按钮指示灯亮，供料单元回到初始位置。

⑤在手动操作模式下，当按启动按钮时，供料单元的执行机构将把存放在料仓中的工件取出并送到下一个工作单元，然后各执行机构回到初始位置，即每执行一个新的工作循环都需要按一次启动按钮。

⑥在自动操作模式下，当按“启动”按钮时，供料单元的执行机构将把存放在料仓中的工件取出并送到下一个工作单元，并且只要料仓中有工件，此工作就继续，即自动连续运行。在运行过程中，当按下“停止”按钮后或者当料仓中无工件时，供料单元应该在完成了当前的工作循环之后停止运行，并且各个执行机构应该回到初始位置。

⑦如果料仓内没有工件，EMPTY 指示灯亮，补充物料后，按下启动按钮即可消除。

项目实现

安装调试过程中必须遵守哪些规定/规则	国家相应规范和政策法规、企业内部规定
安装调试前，应做哪些准备	在安装调试前，应准备好安装调试用的工具、材料和设备，并做好工作现场和技术资料的准备工作
在安装磁感应式传感器、光电式传感器、行程开关、真空检测开关时都应注意些什么	参见本教材相应内容
在安装供料单元时，选择哪些规格的导线？这些导线是否符合规程	参见本教材相应内容
在安装和调试时，应该特别注意哪些事项	参见本教材相应内容
如何进行单个组件（或模块）的调试和供料单元的整体调试，调试前的准备条件	参见本教材相应内容
在安装和调试过程中，采用何种措施减少材料的损耗？	分析工作过程，查找相关网站

一、安装调试准备

在安装调试前，应准备好安装调试用的工具、材料和设备，并做好工作现场和技术资料的准备工作。

1. 工具

安装所需工具：电工钳、圆嘴钳、斜口钳、剥线钳、压接钳、一字螺丝刀、十字螺丝刀、电工刀、管子扳手、套筒扳手、起子、内六角扳手各1把,数字万用表1块。

2. 材料

导线BV-0.75、BV-1.dVR型多股铜芯软线各若干米,尼龙扎带,线鼻子(单线、多线)、带帽垫螺栓、异形管(编码套管)各若干。

3. 设备

PLC(Siemens300S7-313C-2DP),按钮5个,熔断管1只(4 A),开关电源1个,端子排1块、I/O接线端口1个、真空发生器1个、真空检测传感器1个、对射式光电传感器1个、磁感应式接近开关2个、CP阀组1个、消声器1个、气源处理组件1个、进料模块1个、转运模块1个、走线槽若干、铝合金板1个等。

4. 工作现场

现场工作空间充足,方便进行安装调试,工具、材料等准备到位。

5. 技术资料

供料单元的电气图纸和气动图纸;相关组件的技术资料;重要组件安装调试的作业指导书;工作计划表、材料工具清单表。

笔记栏

二、安装工艺要求

①工具、材料及各元器件准备齐全。

②导线及元件选择正确、合理。选用的导线(相、中性、地)颜色应有区别,截面应根据负荷性质确定;各元件选择均应满足负载要求。

③工具使用方法正确,不损坏工具及各元器件。

④线管下料节省,固定位置合理、排列整齐并且充分利用板面,固定点距离均匀、尺寸合理,每根管至少固定1个线卡。

⑤所有的线缆应敷设在线槽内,缆线的布放应平直,不得产生扭绞、打圈等现象,导线直角拐弯不能出现硬弯。

⑥敷设多条线缆的位置应用扎线带绑扎,扎线带应保持相应间距,绑扎不能太紧,以免影响线缆的使用。

⑦导线剥削处不应损伤线芯或线芯过长,导线压头应牢固可靠,如多股导线与端子排连接时,应加装压线端子(线鼻子),再压接在端子排上。

⑧接线端子各种标志应齐全,接线端接触应良好。

⑨执行器应按图纸示意角度安装,螺钉安装应牢固,机械传动灵活,无松动或卡涩现象。

三、安装调试的安全要求

①安装前应仔细阅读数据表中每个组件的特性数据,尤其是安全规则。

②安装各元组件时,应注意底板是否平整。若底板不平,元器件下方应加垫片,以防安装时损坏元器件。

③操作时应注意工具的正确使用,不得损坏工具及元器件。注意剥线时不要削手,配线时不要让线划脸、划手。

④只有关闭电源后,才可以拆除电气连接线。系统允许的最大电压为DC 24 V。

⑤气动回路供气压力不要超过最大允许压力8 bar(800 kPa),不要在有压力的情况下拆卸连接气动回路。

⑥将所有元件连接完并检查无误后再打开气源。

⑦打开气泵时要特别小心。气缸可能会在接通气源的一瞬间伸出或缩回。

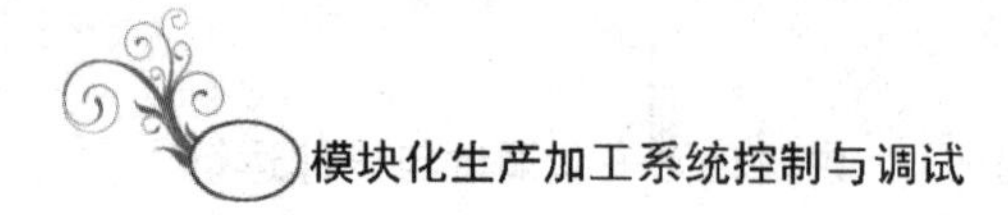

笔记栏

⑧通电试验时，操作方法应正确，确保人身及设备的安全。

⑨试运行时，元件工作时不要用手触动，发现异常现象或异味应立即停止，进行检查。

四、安装调试的步骤

根据技术图纸，分析气动回路和电气回路，明确线路连接关系。按给定的标准图纸选工具和元器件，在指定的位置安装工作平台元器件和相应模块。

1. 安装步骤

①准备好铝合金板，如图 1.98 所示。

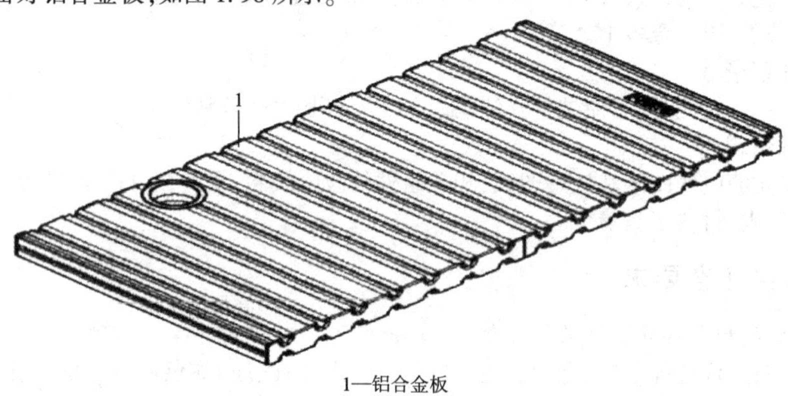

1—铝合金板

图 1.98　准备铝合金板

②安装相关组件（一），如图 1.99 所示。

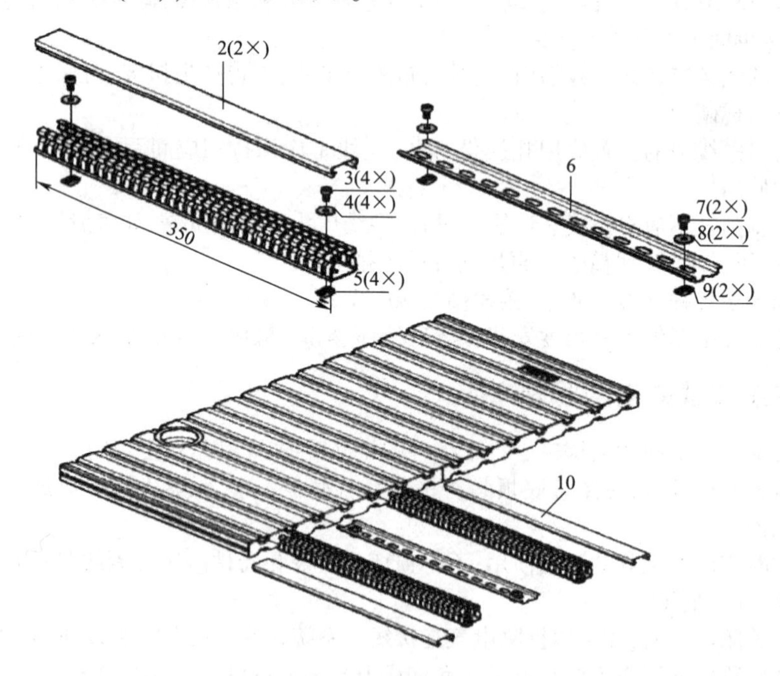

图 1.99　安装组件（一）

2—走线槽；3—内角螺钉 M5×10；4—垫片 B5.3；5—T 形头螺母 M5-32；6—导轨；7—内角螺钉 M5×10；8—垫片 B5.3；9—T 形头螺母 M5-32；10—线槽盖板

③安装相关组件(二),如图 1.100 所示。

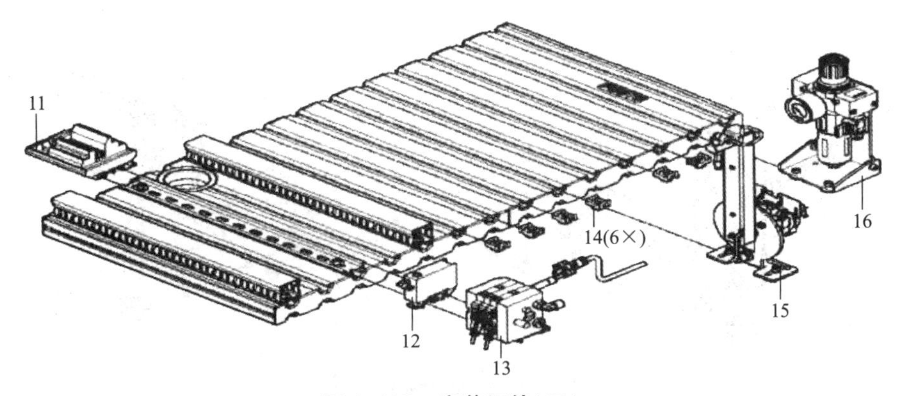

图 1.100 安装组件(二)

11—I/O 接线端口;12—真空传感器;13—CP 阀组;14—线夹;15—摆动模块;16—二联件

④调整摆动模块和线夹的位置,如图 1.101 所示。

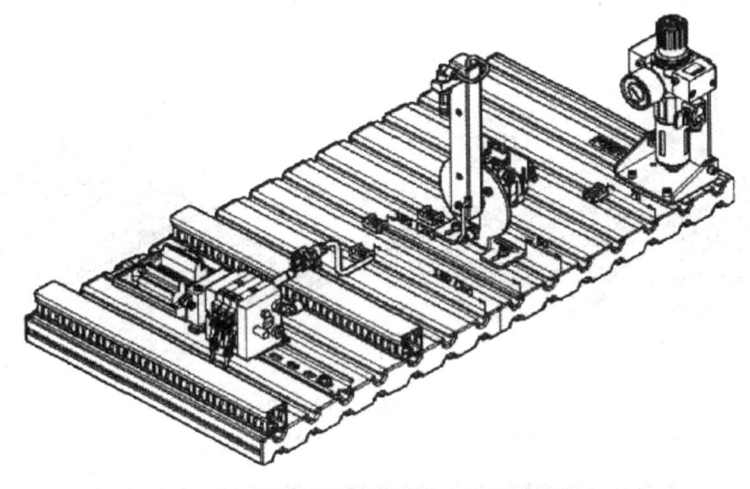

图 1.101 调整摆动模块和线夹的位置

⑤安装相关组件(三),如图 1.102 所示。

⑥安装相关组件(四),如图 1.103 所示。

2. 进行回路连接

根据线标和设计图纸要求,进行工作平台气动回路和电气控制回路连接。

3. 安装 PLC 板

①按照布局图安装导轨和走线槽。

②如图 1.104 所示,在导轨上,按照顺序安装 PE 模块、短路保护模块、固定块、端子排和急停模块等,并将 PE、24 V、0 V 等标记安装到相应组件上。

③安装 PLC 导轨和保护地:

- 用 M6 螺钉把导轨固定到安装部位。安装导轨时,应留有足够的空间用于安装模块和散热。

笔记栏

笔记栏

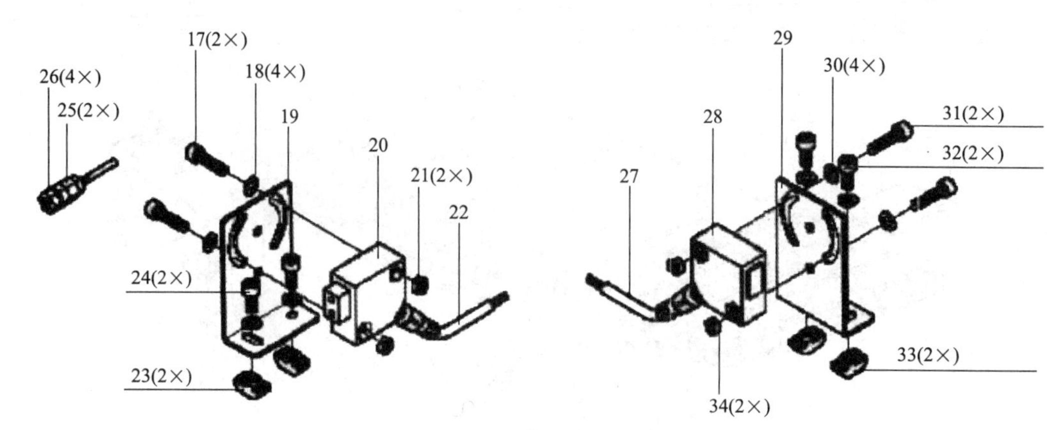

图 1.102 安装组件(三)

17—内六角头螺钉 M4×16(2×);18—垫片 B4.3(4×);19—支架;20—光电传感器;21—螺母 M4(2×);
22—电缆连接插头;23—T 形头螺母 M4-32(2×);24—内六角头螺母 M4×10(2×);25—适配器;
26—螺母 M5(4×);27—电缆连接插头;28—站间通信接收器;29—支架;30—垫片 B4.3(4×);
31—内六角螺钉 M4×16(2×);32—内六角螺钉 M4×10(2×);33—T 形头螺母 M4-32(2×);34—螺母 M4(2×)

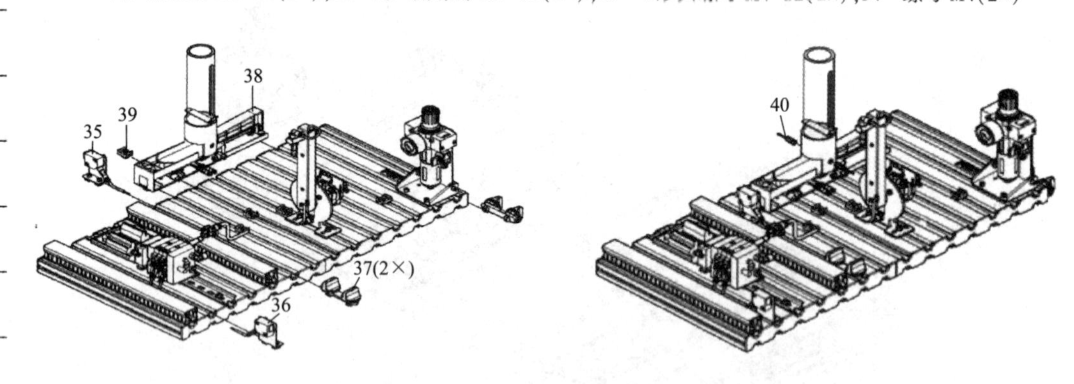

图 1.103 安装组件(四)

35—光电传感器;36—站间通信接收器;37—连接器(2×);38—进料模块;39—线夹;40—光纤探头

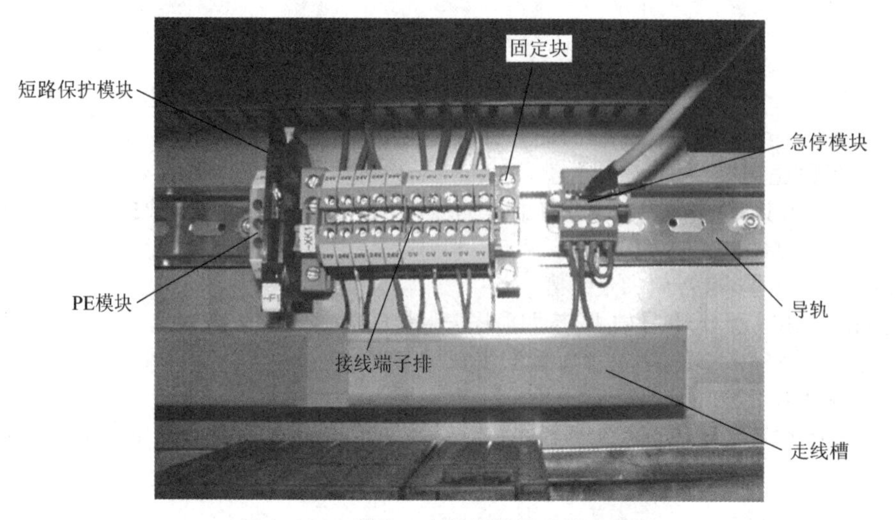

图 1.104 导轨 1 上的元器件安装布局图

- 通过保护地螺钉把保护地连到导轨上。注:导线的最小截面积为 10 mm^2。

④将 PLC 模块安装在导轨上:

- 按照模块的规定顺序,将所有模块悬挂在导轨上,将模块滑到合适的位置,然后向下安装模块。
- 使用螺钉固定模块。

⑤按工艺要求进行电气回路的敷设。

电缆接线插头 XMA2 中 24 个插针如图 1.105 所示,24 个插针与 PLC I/O 口的对应关系如表 1.15 所示。

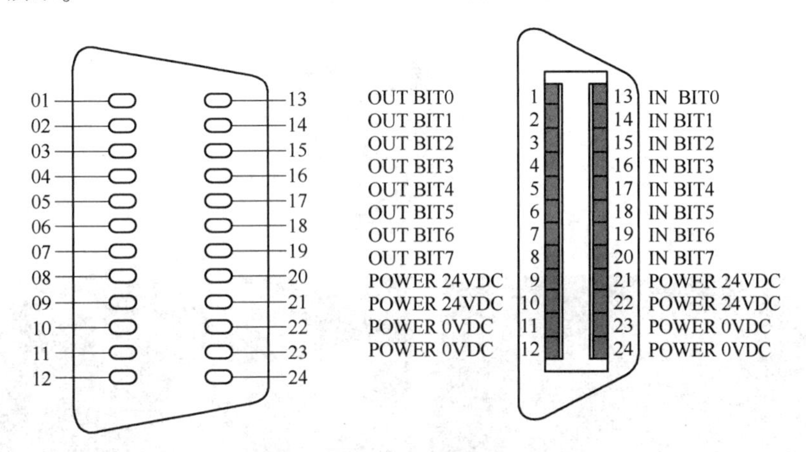

图 1.105 XMA2 中 24 个插针位置图

笔记栏

表 1.15 XMA2 中 24 个插针与 PLCI/O 口的对应关系

针 脚	信 号	导线颜色	针 脚	信 号	导线颜色
01	Bit0 输出	白	13	Bit0 输入	灰/粉
02	Bit1 输出	棕	14	Bit1 输入	红/蓝
03	Bit2 输出	绿	15	Bit2 输入	白/绿
04	Bit3 输出	黄	16	Bit3 输入	棕/绿
05	Bit4 输出	灰	17	Bit4 输入	白/黄
06	Bit5 输出	粉	18	Bit5 输入	黄/棕
07	Bit6 输出	蓝	19	Bit6 输入	白/灰
08	Bit7 输出	红	20	Bit7 输入	灰/棕
09	24 V 电源	黑	21	24 V 电源	白/粉
10	与 09 插针短接		22	与 21 插针短接	
11	0 V 电源	粉/棕	23	0 V 电源	白/蓝
12	0 V 电源	紫	24	与 23 插针短接	

4. 系统导线连接

如图 1.106 所示,从 PLC 板上将导线连接至工作站的控制面板和工作平台上,以及 PLC 板与电源和 PC 的连接。

①PLC 板—工作平台:PLC 板的 XMA2 导线插入工作站 I/O 端子的 XMA2 插座中。

②PLC 板—控制面板:PLC 板的 XMG2 导线插入控制面板的 XMG2 插座中。

笔记栏

③PLC 板—电源:4 mm 的安全插头插入电源的插座中。

④PC—PLC:将 PC 通过 RS-232 编程电缆与 PLC 连接。

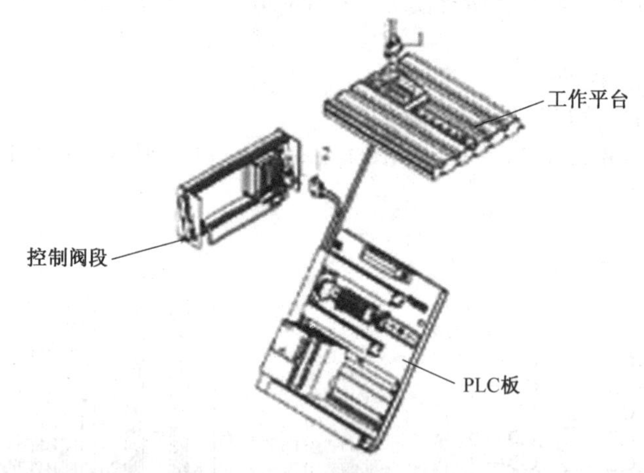

图 1.106 PLC 与控制面板和工作平台的连接

5. 按控制要求进行进料模块和摆动模块各个传感器、节流阀和阀岛的调试

(1)接近式传感器的调试(料仓、推料缸)

接近式传感器安装在推料缸的末端位置,对安装在气缸上的永久磁铁进行感应。

准备条件:

①安装料仓和接近式传感器。

②连接气缸。

③打开气源。

④连接传感器导线。

⑤打开电源。

执行步骤:

①将气缸与电磁阀连接,用电磁阀控制气缸运动。

②将传感器在气缸轴向位置移动,直到传感器被触发,触发后状态指示灯(LED)亮。

③在同一方向上轻微移动传感器,直到状态指示灯(LED)熄灭。

④将传感器安装在触发和关闭的中间位置。

微课

供料单元的
传感器应用

⑤用内六方扳手将传感器固定。

⑥启动气缸,检查传感器位置是否正确(气缸活塞杆前进/后退)。

(2)光电式传感器的调试(料仓、填充高度)

光电式传感器用于检测料仓是否有工件。从光栅上导出一根光纤导线。传感器光栅发出红色可见光。如果料仓有工件,会遮挡住红色光。

准备条件:

①安装传感器。

②连接传感器。

③接通电源。

执行步骤:

①将光纤导线探头安装在料仓上。

②将光线导线连接至光栅上。

③用六方扳手调节传感器的灵敏度,直到指示灯亮。

注意:调节螺孔最大只能旋转12圈。

④将工件放入料仓中。传感器指示灯熄灭。

(3)行程开关的调试(摆动气缸)

行程开关用于摆动气缸末端位置的检测。安装在气缸上的可调节的凸轮触发行程开关。

准备条件:

①安装摆动模块和行程开关。

②连接摆动气缸。

③打开气源。

④连接行程开关。

⑤接通电源。

执行步骤:

①将气缸与电磁阀连接,用电磁阀控制气缸运动。

②在摆动气缸的滑槽上移动行程开关凸轮,直到行程开关被触发。

③固定螺钉。

④启动摆动缸,检查行程开关是否安装在正确的位置(向左/向右移动摆动气缸)。

(4)真空检测开关的调试(摆动,真空吸盘)

真空检测开关用于检测吸盘上是否有工件。如果工件被吸起,真空检测开关就会发出一个输出信号。

准备条件:

①安装摆动模块。

②连接真空发生器、真空吸盘和真空检测开关。

③打开气源。

④连接真空检测开关的电气部分。

⑤接通电源。

执行步骤:

①打开气源。

②将工件放在吸盘处,直到被吸起。

笔记栏

笔记栏

③逆时针方向旋转真空检测开关的螺孔,直到黄色 LED 亮。

④启动真空发生器,检查工件是否被吸起;移动摆动气缸从一个末端位置到另一个末端位置,工件不能落下。

(5)调节单向节流阀

单向节流阀用于控制双作用气缸的气体流量。在相反方向上,气体通过单向阀流动。

准备条件:

①连接气缸。

②打开气源。

执行步骤:

①将单向节流阀完全拧紧,然后松开一圈。

②启动系统。

③慢慢打开单向节流阀,直到达到所需的活塞杆速度。

(6)调节阀岛

手动调节用于检查阀和阀-驱动组合单元的功能。

准备条件:

①打开气源。

②接通电源。

执行步骤:

①将气泵与二联件连接,在二联件上设置压力为 6 bar(600 kPa),打开气源。

②用细铅笔或一个旋具(最大宽度为 2.5 mm)按下手控开关。

③松开开关(开关为弹簧复位),阀回到初始位置。

④对各个阀逐一进行手控调节。

⑤在系统调试前,保证阀岛上的所有阀都处于初始位置。

(7)调试要求

调试供料单元工作站时有下列要求:

①安装并调节好供料单元工作站。

- 一个控制面板。
- 一个 PLC 板。
- 一个 DC 24 V、4.5 A 电源。
- 6bar(600 kPa)的气源,吸气容量 50 L/min。

②装有 PLC 编程软件的 PC。

外观检查:

在进行整体调试前,必须进行外观检查。检查气源、电源、电气连接、机械元件等是否损坏,连接是否正确。

下载程序:

①Siemens 控制器:S7-313C-2DP。

②编程软件:SiemensSTEP7Version5.1 或更高版本。

- 使用编程电缆将 PC 与 PLC 连接。
- 接通电源。
- 打开气源。
- 松开急停按钮。

- 将所有 PLC 内存程序复位。

系统上电后等待,直到 PLC 完成自检。将选择开关调到 MRES,保持该位置不动,直到 STOP 指示灯闪烁两次并停止闪烁(大约 3 s)。再次将开关调到 MRES,STOP 指示灯快速闪烁,CPU 进行程序复位。当 STOP 指示灯不再闪烁时,CPU 完成程序复位。

- 模式选择开关置 STOP 位置。
- 打开 PLC 编程软件。
- 下载 PLC 程序。

(8)通电、通气试运行

检测工作站的功能:

①接通电源,打开气源,检查电源电压和气源。

②松开急停按钮。

③将 CPU 上的模式选择开关调到 RUN 位置。

④将 8 个工件放入料仓中,工件要开口向上放置。

⑤按下复位按钮进行复位,工作站将运行到初始位置,START 灯亮提示到达初始位置。复位之前,RESET 指示灯亮。

注意:手动复位前将各模块运动路径上的工件拿走。

⑥选择开关 AUTO/MAN 用钥匙控制。分别选择连续循环(AUTO)或单步循环(MAN)测试系统功能。

⑦按下 START 按钮,START 指示灯灭,启动供料单元完成工作过程。

注意:如果料仓内没有工件,EMPTY 指示灯亮。放入工件后,按下 START 按钮即可。

⑧按下 STOP 按钮或急停按钮,中断供料单元系统工作。

如果在测试过程中出现问题,系统不能正常运行,则根据相应的信号显示和程序运行情况,查找原因,排除故障,重新测试系统功能。

检查并清理工作现场,确认工作现场无遗留的元器件、工具和材料等物品。

笔记栏

项目执行

确定工作组织方式,划分工作阶段,分配工作任务,讨论一个项目软件设计的工作流程和工作计划,填写工作计划表和材料工具清单。

完成供料单元软件设计工作内容包括哪些	工作内容主要包括绘制流程图、编写程序、下载调试程序、优化程序
完成供料单元软件设计的工作流程是什么?进度和时间如何安排	参见本教材相应内容
需要准备哪些技术文件和软件	供料单元控制要求,PLC 的 I/O 地址分配表,工作单元相关组件的技术资料。 SIEMENSSTEP7 编程软件
在编写设备的控制程序时应该考虑哪些基本安全问题	参见本教材相应内容
采用什么劳动组织形式?如何进行人员分工	参见本教材相应内容
控制程序采用何种结构组织?采用什么编程语言	参见本教材相应内容
如何评价控制程序设计方案的优劣	参见本教材相应内容

笔记栏

一个项目软件设计的工作流程如图 1.107 所示。

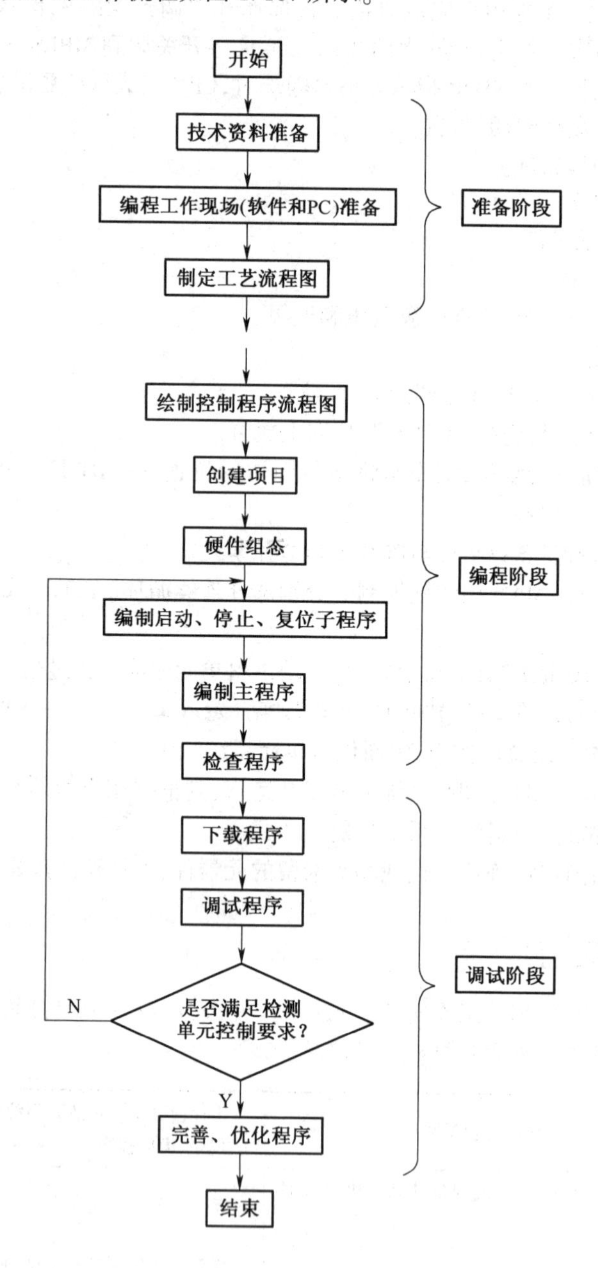

图 1.107　一个项目软件设计的工作流程图

一、编程准备

在编制控制程序前,应准备好编程所需的技术资料,并做好工作现场的准备工作。

1. 技术资料

①供料单元的电气图纸和启动图纸。

②相关组件的技术资料。

③工作计划表。

④供料单元的I/O表。

2. 工作现场

能够运行所需操作系统的编程器(PG)或者PC。

PG是专门为在工业环境中使用而设计的PC。它已预装了包括STEP7在内的,用于SIMATICPLC组态、编程所需的软件。

对PC要求其CPU的主频在600 MHz以上,RAM至少256 MB,剩余硬盘空间300~600 MB以上,显示设备为XGA。

安装调试好的供料单元,准备手控盒。

笔记栏

二、软件设计步骤

1. 分析控制要求,编制系统的工艺流程

(1)机电一体化设备的控制功能

一台用PLC控制的机电一体化的自动化设备,PLC的主要作用是用以实现输入设备与输出设备之间的逻辑关系,而这一逻辑关系又是通过存储在PLC中的用户程序建立起来的。从PLC的角度来说,就是将连接到PLC上的各个输入信号与输出信号之间建立一定的逻辑关系。复杂的设备,输入信号与输出信号相对多一些,逻辑关系也复杂一些。从生产设备的控制功能来看,一台生产设备大致可以具有以下控制功能:

①自动连续控制功能:用于实现生产设备的自动连续生产。在设备满足正常启动条件的情况下,只需按一下“启动”按钮,设备就按照预先设置好的程序运行,实现产品的批量生产。

②手动单循环控制:用于实现产品的单件生产或试生产。

③手动单步控制:用于设备调试。在对设备进行调试时,通常需要让设备的各个执行机构单独动作,以便于调试,并且每一步动作都必须要受操作者的控制。手动单步控制功能就是针对此目的而设计的。

④停止控制:用于实现生产设备在正常运行状态下,需要停止生产的情况。一般来说,使用该控制功能停止设备时,指令发出后,已经进入加工程序的工件应当继续被加工,直至加工完毕,设备才真正停止运行。

⑤急停控制:是一种安全保护控制功能。当设备在运行过程中出现某种危险情况,危及人身安全、设备安全或生产安全的时候,应当能够通过人为的干预使设备立即停止运行。这种控制功能应该是随时可以实现的。它不同于“停止”的控制功能,在“急停”指令发出后,所有的执行机构无论其运行状态、运行位置如何,都要立即停止运行,并保持不动。

⑥复位控制:当生产设备的执行机构由于某种原因不满足运行初始条件时,就需要有这样一个控制功能,即通过简单的操作(如按下“复位”按钮)就能使设备复位到能够满足运行的初始状态。造成设备不满足运行初始条件的原因可能有:调试操作后、在“急停”危险情况消除后等。

以上这些控制功能,当设备的硬件结构确定以后,都可以通过PLC的程序来实现。

笔记栏

(2)编制系统的工艺流程

根据控制任务的要求并考虑了安全、效率、工作可靠性的基础上,设计工艺流程。

要编写出满足控制要求、满足安全要求的控制程序,首先要了解清楚设备的基本结构;其次要了解清楚各个执行机构之间的准确动作关系,也就是要了解清楚生产工艺;同时还要考虑安全、节能、效率等因素;最后才是通过编程实现控制功能。

下面给出供料单元手动单循环控制模式和自动单循环控制模式的生产工艺流程,如图1.108、图1.109所示。

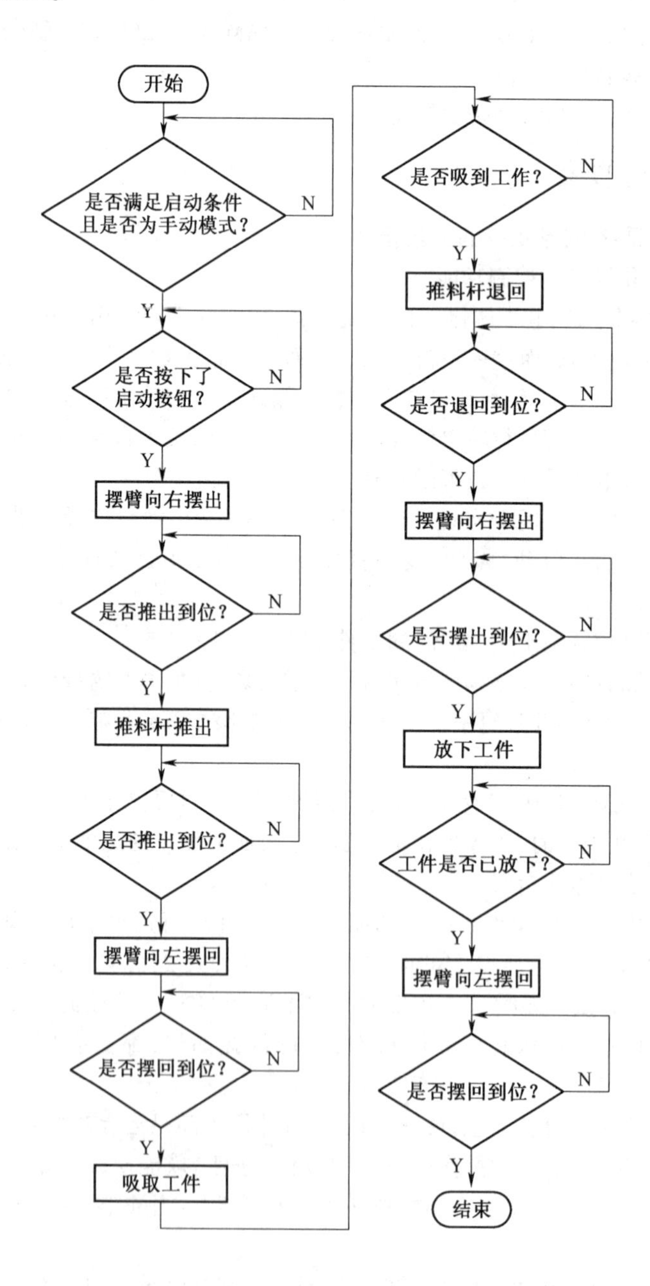

图1.108　手动单循环控制模式的生产工艺流程

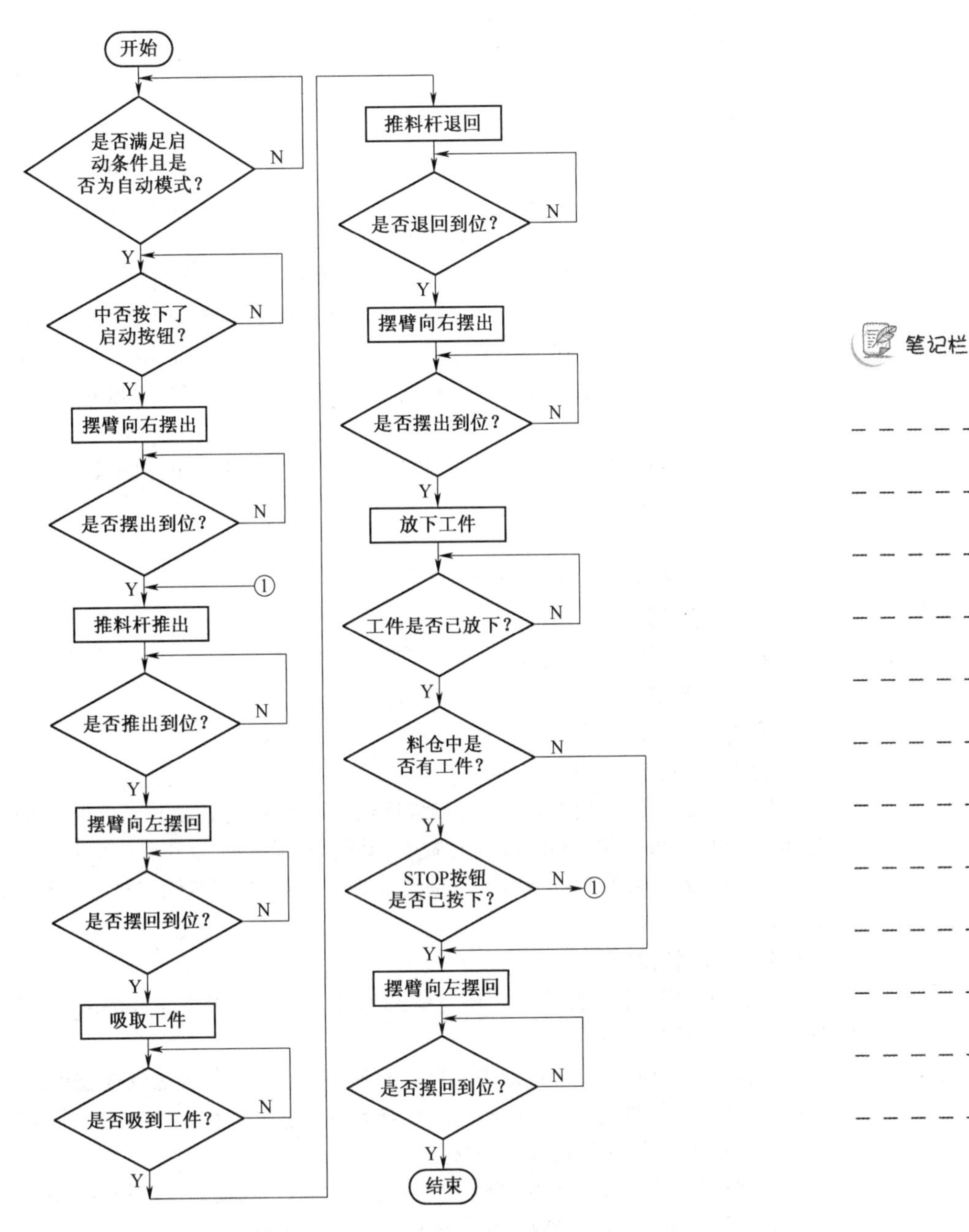

图 1.109 自动单循环控制模式的生产工艺流程

图 1.108 所示的工艺流程只是最基本的工艺流程，一些细节之处并未考虑进去。例如，放下工件的动作，在摆臂刚一摆到位时就放下工件，由于惯性的原因，可能会使工件被“甩”下去。解决办法是在摆臂摆到位时，延时适当的时间后再放下工件。除此之外还有一些细节，可能会影响控制功能的正常实现或影响工作的可靠性，这些都留给学生在学习中去思考及解决，以培养学生的能力。

笔记栏

笔记栏

2. 绘制主程序和启动、复位、停止子程序流程图

根据供料单元手动和自动运行模式工艺流程图,分别绘制程序流程图。

微课

供料单元
PLC 编程
调试

3. 编制程序

(1)编程技巧

①将手动控制程序编写在 Function(FC)或 Function Block(FB)中。

②将是否为手动模式(或者运行自动程序)的条件在主程序 OB1 中体现,作为调用手动(自动)控制程序的条件。

③在编写自动连续运行控制程序中,建议创建一个“启动/停止”的标志信号,然后通过该标志的信号去控制程序的执行状态。

④在编写程序时,注意区分使用“1”信号和“沿”信号。“1”信号对应于传感器的信号而言,代表的是某个执行机构的位置状态,而“沿”信号则对应着执行机构的动作状态。

⑤注意在程序中区分同一个执行机构在不同的阶段所做的相同动作。

(2)编写步骤

①创建一个项目。

②在新建项目下设置硬件组态。

③编写启动控制子程序。

④编写复位控制子程序。

⑤编写停止控制子程序。

⑥编写主程序

(3)编程检查

编写完程序应认真检查。在检查程序时,重点检查:各个执行机构之间是否会发生冲突,同一个执行机构在不同的阶段所做的相同动作是否区分开。如果几个程序段实现的都是同一个执行机构的同一个动作,只是实现的条件不同,则应该将这几个程序段按照或逻辑关系合并。

4. 下载调试程序

下载调试程序就是将所编程序下载到 CPU 中,进行实际运行调试,经过调试修改的过程,最终完善控制程序。

在调试程序前,需要认真检查程序。只有经过认真、全面地检查过程序,才可以上机运行程序,进行实际调试。如果在不经过检查的情况下直接在设备上运行所编写的程序,若程序存在严重的错误,极易造成设备的损坏。

在调试程序时,可以利用 STEP7 软件所带的调试工具,通过监视程序的运行状态并结合观察到的执行机构的动作特征,来分析程序存在的问题。

如果经过调试修改,程序能够实现预期的控制功能,还应多运行几次,以检查运行的可靠性,查找程序的缺陷。

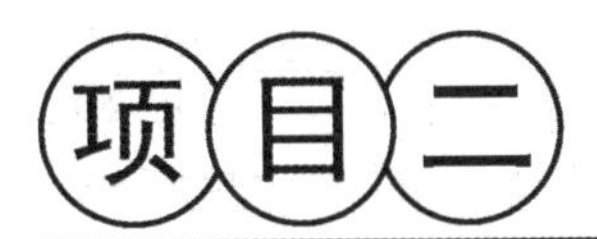

项目二 检测单元安装调试与设计运行

笔记栏

项目描述

在考虑经济性、安全性的情况下，根据电气回路图纸和气动回路图纸选择正确的元器件，制订安装调试计划，选择合适的工具和仪器，小组成员协同，进行检测单元的安装；根据控制任务，编写 PLC 控制程序，完成检测单元的运行及测试，并对调试后的系统功能进行综合评价。

图 2. 1 所示为检测单元外形图。

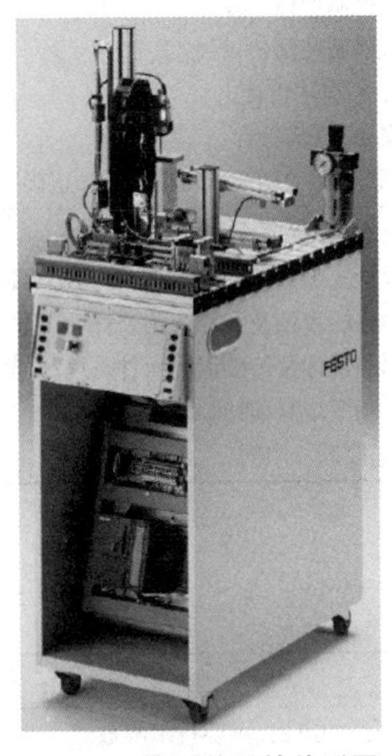

图 2. 1　检测单元的外形图

项目名称	检测单元安装调试与设计运行	参考学时	24 学时
项目导入	项目来源于某日用品生产企业，要求为灌装线改进检测机构，检测外包圆柱形瓶体的质量。随着机电一体化技术的不断发展，应用到轻工业的生产线的生产效率不断提高，企业为提高灌装线的生产效率不断改进原有设备。原有检测机构由人工检测，浪费资源，需进一步改进。 该项目目前主要应用于装配生产线的检测机构、灌装线的包装检测等，从而能够对各类全自动生产线的检测机构进行工艺分析，完成生产线检测机构的安装与调试、维修		

笔记栏

续表

项目名称	检测单元安装调试与设计运行	参考学时	24学时
项目目标	通过项目的设计与实现掌握检测单元的设计与实现方法,了解检测单元的各项技术,掌握如何将机电类技术综合应用,掌握检测单元机构的故障诊断与排除方法。项目完成的过程中,实现以下目标: ①能够正确识读机械和电气工程图纸。 ②能够安装调试磁耦合式无杆气缸、电容式传感器、漫射式光电传感器、反射式光电传感器等组件,能正确连接气动回路和电气回路,并熟悉相关规范、标准。 ③会使用万用表、电工刀、偏口钳、剥线钳、尖嘴钳等常用的安装、调试工具仪器。 ④能看懂一般工程图纸、组件等英文技术资料。 ⑤能够根据控制要求制订控制方案,编制工艺流程。 ⑥能够根据控制方案,编制程序流程图。 ⑦能够根据控制要求,正确编制分支控制程序。 ⑧能使用S7Graph语言正确编写程序。 ⑨能够正确下载控制程序,并能调试检测单元的各项功能。 ⑩能够通过网络、期刊、专业书籍、技术手册等获取相应信息		
项目要求	完成检测单元的设计与安装调试,项目具体要求如下: ①完成检测单元零部件结构测绘设计。 ②完成检测单元气动控制回路的设计。 ③完成检测单元电气控制回路的设计。 ④完成检测单元PLC的程序设计。 ⑤完成检测单元的安装、调试运行。 ⑥针对检测单元在调试过程中出现的故障现象,正确对其进行维修		
实施思路	根据本项目的项目要求,完成项目实施思路如下: ①项目的机械结构设计及零部件测绘加工,时间4学时。 ②项目的气动控制回路的设计及元件选用,时间6学时。 ③项目的电气控制回路设计及传感器等元件选用,时间2学时。 ④项目的可编程控制程序编制,时间8学时。 ⑤项目的安装与调试,时间4学时		

工作步骤	工 作 内 容
项目构思(C)	①检测单元的功能及结构组成、主要技术参数。 ②光电式传感器、磁感应传感器、电容式传感器及接近开关、线性位移量传感器等的结构和工作原理。 ③无杆气缸、位置比较器等组件的结构和工作原理,检测单元工作站的工作流程。 ④检测单元工作站的安全操作规程。 ⑤检测单元工作站的控制要求。 ⑥顺序功能图语言S7 Graph编程方法。 ⑦STEP 7编程软件的使用方法。 ⑧STEP 7分支程序编程方法与技巧。 ⑨PLC分支控制程序调试方法

续表

工作步骤	工 作 内 容
项目设计(D)	①确定反射式和漫射式光电传感器、磁感应接近开关、电容传感器、无杆气缸、推料缸、位置比较器、线性位移量传感器、阀岛等的类型、数量和安装方法。 ②确定检测单元安装和调试的仪表、专业工具及结构组件。 ③确定检测单元工作站组件安装调试的顺序
项目实现(I)	①根据技术图纸编制安装计划。 ②填写检测单元安装调试所需组件、材料和工具清单。 ③安装前对推料缸、无杆缸、传感器、阀岛、PLC等组件的外观、型号规格、数量、标志、技术文件资料进行检验。 ④根据图纸和设计要求,正确选定安装位置,进行PLC控制板各部件安装和电气回路的连接。 ⑤正确选定安装位置,进行PLC控制板各部件安装和电气回路的连接。 ⑥根据图纸,正确选定安装位置,进行识别模块、提升模块、测量模块、气动滑槽、阀岛、I/O的接线端口、气源处理组件、走线槽等的安装。 ⑦根据线标和设计图纸要求,完成检测单元气动回路和电气控制回路连接。 ⑧进行各传感器、节流阀、阀岛的调试以及整个工作站调试和运行。 ⑨确定检测单元控制程序编制工序。 ⑩制订程序编制的工作计划。 ⑪填写检测单元程序编制和调试所需软件、技术资料、工具和仪器清单
项目执行(O)	①电气元件安装位置及接线是否正确,接线端接头处理是否符合艺标准。 ②机械元件是否完好,安装位置是否正确。 ③传感器安装位置及接线是否正确。 ④工作站功能检测。 ⑤程序是否能够实现检测单元控制要求。 ⑥编制的程序是否合理、简洁,没有漏洞。 ⑦程序是否最优,所用指令是否合理。 ⑧检测单元安装调试各工序的实施情况。 ⑨检测单元安装成果运行情况。 ⑩安装过程总结汇报。 ⑪工作反思

笔记栏

一、检测单元的机械结构

在MPS中,检测单元是构成该系统的第二个环节,用于实现对第一个单元传送过来的工件的检测。当然该单元也可以作为独立设备而工作,采用PLC来控制。

检测单元的任务是对供料单元提供的工件进行材料识别和尺寸检测。合格产品通过滑槽送到下一站,不合格的工件在本单元被剔除。本单元模拟了实际生产中对材料的检测过程,检测操作之一是实现两材质(金属和非金属)和3种颜色(红色、黑色和白色)的识别;另一检测操作实现对工件高度的检测。

笔记栏

检测单元的结构组成如图 2.2 所示。其主要结构组成为 I/O 接线端子、识别模块、升降模块、滑槽模块、位置比较器、CP 阀组、消声器、气源处理组件等。

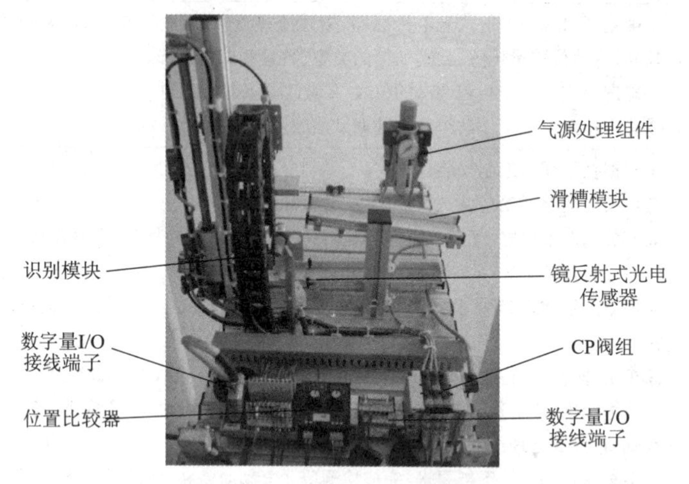

图 2.2　检测单元的结构组成

1. 识别模块

识别模块是对工件的颜色进行识别，主要由电容传感器、反射式光电传感器和一个安装支架组成，如图 2.3 所示。电容传感器属于接近开关类传感器，在任何物体接近它时都动作；当工件是红色或银色时，能将漫反射式光电式传感器发射的光线反射到接收端，所以，漫反射式光电式传感器能识别黑色和非黑色物体。识别模块的识别结果为：如果是金属或红色工件，两个传感器都动作，均有动作输出；如果是黑色工件，仅电容传感器有信号输出。识别模块的功能是对工件的颜色进行识别。

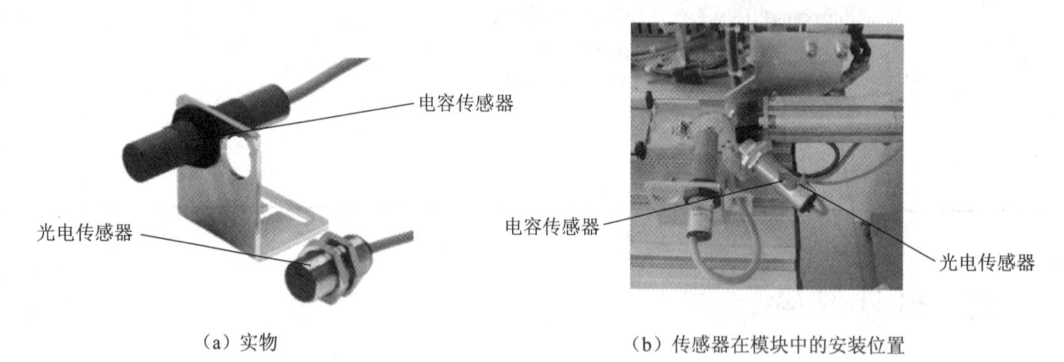

（a）实物　　（b）传感器在模块中的安装位置

图 2.3　识别模块

2. 升降模块

升降模块用于将供料单元送来的工件运送到检测模块进行工件的检测和分流。其结构如图 2.4 所示，主要由无杆气缸、单作用直线气缸、工作平台及传感器组成。

工作平台用于放置待检测的工件；直线气缸将工件从工作台上推出。工作台和直线气缸通过螺栓固定在一起，二者又通过螺栓固定在无杆气缸的滑块上由滑块带动完成升降。

无杆气缸的结构如图 2.5 所示，它的空心缸体固定在支架上，气缸内活塞为永磁物质，在外部的滑块内侧镶嵌着异性磁极的永磁物质。当活塞在气缸内移动时，外滑块在缸体外随之移动，带动工作台和直线气缸一起移动，使工件到达检测模块接受检测。另外，在无杆气缸的两端安装有磁感应接近开关，以确定滑块移动的位置，即确定工作台移动的极限位置，从而实现移动位置检测。

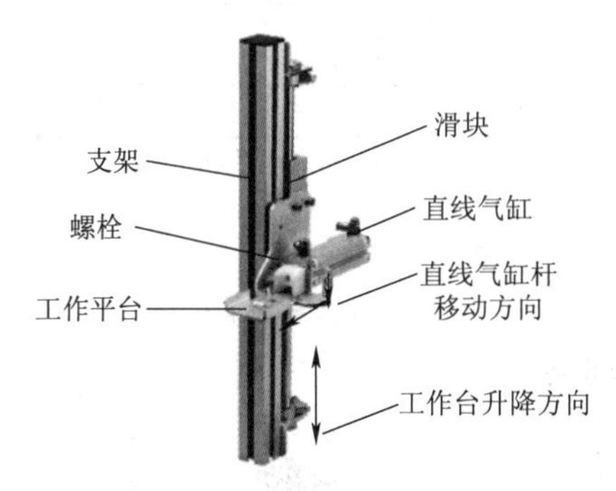

图 2.4 升降模块的结构

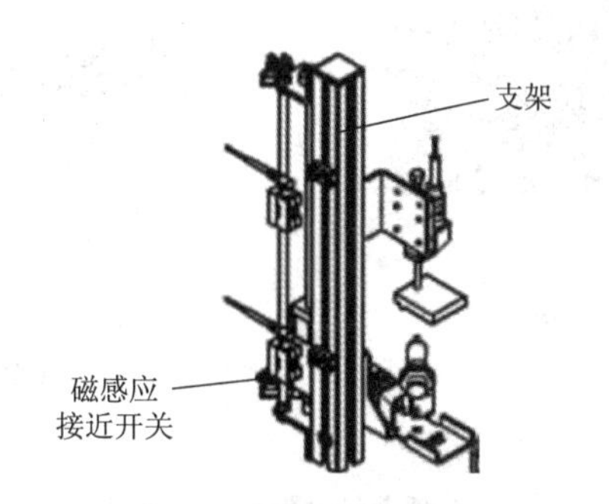

图 2.5 无杆气缸的结构

3. 测量模块

测量模块用于测量工件的高度，由模拟量传感器和支架组成，如图 2.6 所示。该模拟量传感器实际上是一个电阻式传感器，即由电位器构成的分压器。它将测量杆的位移量转变为电位器电阻值的变化，再经位置指示器转换为 0~10 V 的直流电压信号，通过模拟量输入模块送入 PLC。

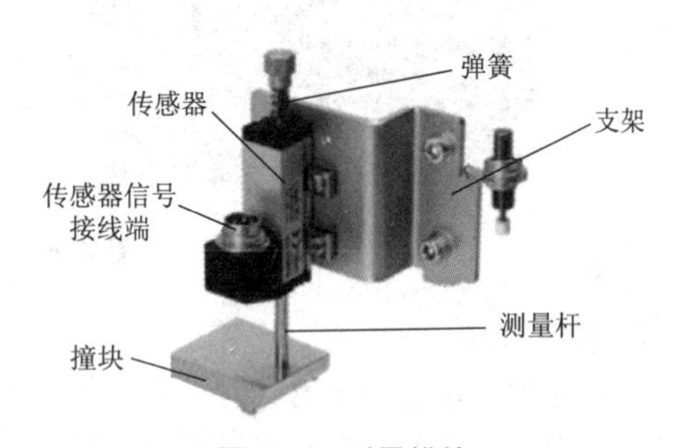

图 2.6 测量模块

位置比较器实际是一个电压比较器，将测量杆给定高度与工件顶压后杆实际高度值转变为电位器的电阻值并进行比较，根据比较结果判断工件高度是否合格。其实物外观、结构和特性曲线示意如图 2.7 所示。位置比较器的特性曲线如图 2.7(c)所示，当输入的电压小于下限设定值(Level1)时，low 输出为 1，对应指示灯亮，否则为 0；当输入的电压大于下限设定值、小于上限设定值(Level 2)时，mid 输出为 1，对应指示灯亮，否则为 0；当输入的电压大于上限设定值时，high 输出为 1，对应指示灯亮，否则为 0。

4. 滑槽模块

滑槽模块提供两个物流方向，如图 2.8 所示。上滑槽用于将合格工件分流到下一工作单元；下滑槽用于分流不合格工件，将它们从检测单元分离出去。上滑槽应倾斜安装，靠近检测单元处高度高于下一工作单元，其上有许多小孔，用于吹气时能快速将工件滑向下一单元。

5. CP 阀组

本单元的 CP 阀组由 3 个电磁阀组成，其中一个为带手控开关的双侧电磁先导控制阀，其余 2 个均为带手控开关的单侧电磁先导控制阀。

笔记栏

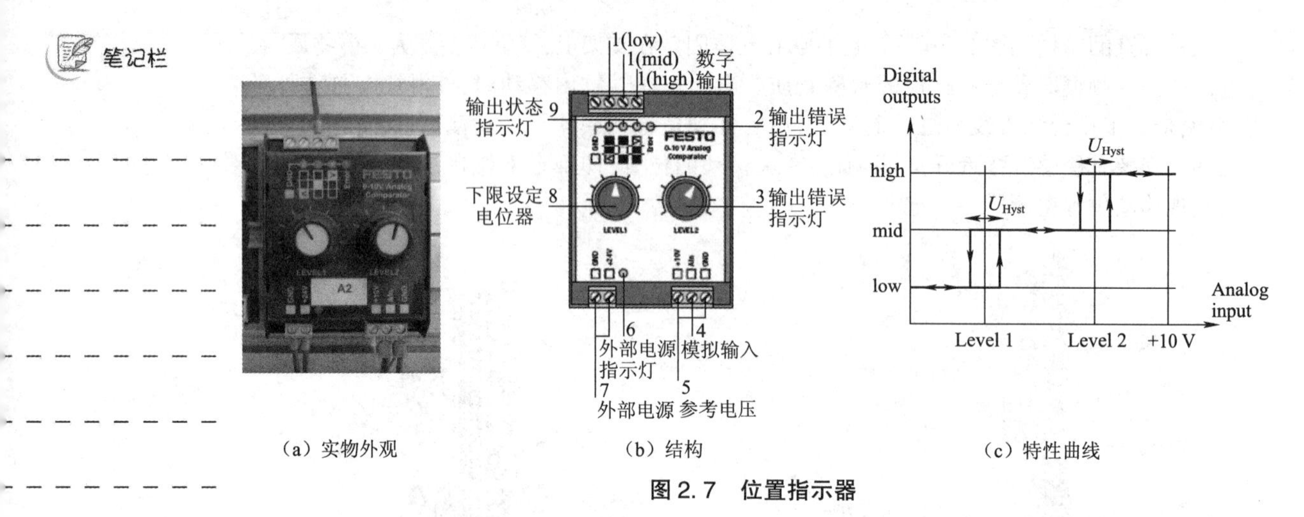

（a）实物外观　　（b）结构　　（c）特性曲线

图 2.7　位置指示器

图 2.8　滑槽模块

6. 安全模块

在检测单元还有一个镜反射式光电传感器(镜反射式电接近开关),安装在图 2.9 所示位置。当光电传感器的光栅被阻断时,说明在工作平台的上方有物体,升降模块停止升降,等待阻断物体消失后,升降模块才可工作。

反射板型反射式光电开关也是将投光器与受光器置于一体,它不同于其他模式,采用反射板将光线反射到光电接近开关,光电接近开关与反射板之间的物体虽然也会反射光线,但其效率远低于反射板,相当于切断光束,因而检测不到反射光。其原理如图 2.9 所示。

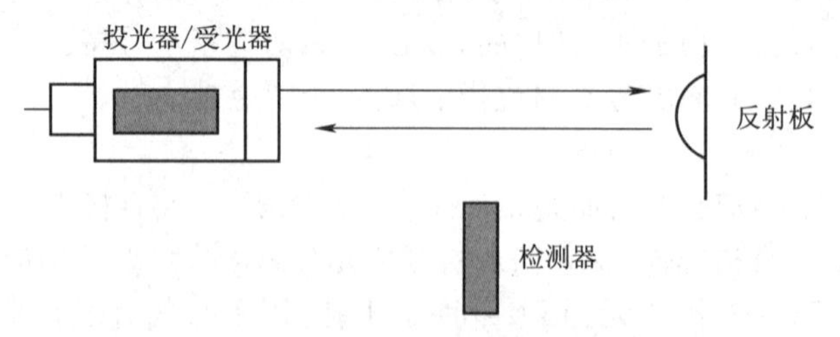

图 2.9　镜反射式光电传感器工作原理图

该反射式光电接近开关,在工作时采用的逻辑是:当传感器接收到反射光线时,传感器输出信号为 1;当传感器主体与反射板之间有不透明的物体存在时,光路被阻断,传感器不能接收到反射光线,则传感器输出信号为 0。

在五站的MPS系统中，当供料单元的旋转气缸驱动摆臂到达检测单元时，摆臂将安全光栅阻断，光电传感器输出信号发生改变，升降模块停止升降，以防止与摆臂碰撞。

二、用户程序中的块结构

PLC中的程序分为操作系统和用户程序：操作系统用来实现与特定的控制任务无关的功能，处理PLC的启动、刷新过程影像输入/输出表、调用用户程序、处理中断和错误、管理存储区和处理通信等；用户程序包含处理用户特定的自动化任务所需的所有功能。

CPU循环执行操作系统程序，在每一次循环中，操作系统程序调用一次主程序OB1，因此，OB1中的程序也是循环执行的。

笔记栏

在应用STEP7编程过程中，用户可以将程序和程序所需的数据放置在块中，使程序部件标准化。通过块与块之间的调用，使用户程序结构化，因此简化了程序组织，使程序易于修改、查错和调试。结构化的程序设计显著地增加了PLC程序组织的透明性、可理解性和易维护性。STEP7所定义的各种块及简要说明如表2.1所示。其中，OB、FB、FC、SFB和SFC都包含部分程序，统称为逻辑块。程序运行时所需的大量数据和变量存储在数据块D1和DB中。

表2.1 用户程序中的块

块名称	缩 写	描 述
组织块	OB	操作系统与用户程序的接口，决定用户程序的结构
功能块	FB	用户编写的包含经常使用的功能的子程序，有专用的存储区
功能	FC	用户编写的包含经常使用的功能的子程序，没有专用的存储区
系统功能块	SFB	集成在CPU模块中，通过SFB调用系统功能，有专用的存储区
系统功能	SFC	集成在CPU模块中，通过SFC调用系统功能，没有专用的存储区
背景数据块	IDB	用于保存FB和SFB的输入/输出变量和静态变量，其数据在编译时自动生成
共享数据块	SDB	存储用户数据的数据区域，供所有的逻辑块共享

在编程过程中，可以将控制任务划分为多级任务，分别建立与各级任务对应的逻辑块。上一级控制程序(逻辑块)可以调用下一级控制程序，后者又可以调用再下一级的子程序。在块的调用过程中，调用者可以是各种逻辑块，被调用的块是OB之外的逻辑块，如图2.10所示。调用功能块和系统功能块时需要为它们指定一个背景数据块(IDB)，即图2.10中部分块的阴影部分。背景数据块会随着块的调用而被打开，在调用结束时自动关闭。

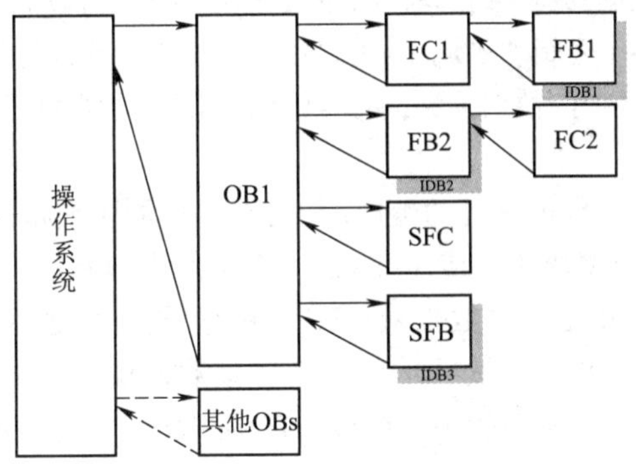

图2.10 多级程序的调用结构

笔记栏

1. 组织块(OB)

组织块是操作系统与用户程序的接口,由操作系统调用,用于控制扫描循环和中断程序的执行、PLC 的启动和错误处理等,有的 CPU 只能使用部分组织块。

组织块中 OB1 是主程序循环块,用于循环处理。其他的组织块分别用于各种中断。当有中断事件出现时,例如,时间中断(OB10～OB17)、硬件中断(OB40～OB47)或启动中断(OB100～OB102)等,当前正在执行的块在当前语句执行完后被停止执行(即被中断),操作系统将会调用一个分配给该时间的组织块。该组织块执行完后,被中断的块将从断点处继续执行。

OB 按触发事件分成多个级别,这些级别有不同的优先级,高优先级的 OB 可以中断低优先级的 OB。当 OB 启动时,它的零时局部变量提供触发它的初始化启动事件的详细信息,这些信息可以在用户程序中使用。

2. 功能(FC)

功能是用户编写的没有固定的存储区的块,其临时变量存储在局部数据堆栈中,功能执行结束后,这些数据就丢失了。可以用共享数据区来存储那些在功能执行结束后需要保存的数据,但不能为功能局部数据分配初始值。

3. 功能块(FB)

功能是用户编写的有自己的存储区(背景数据块)的块,功能块的输入、输出变量和静态变量(SATA)存放在指定的背景数据块(D1)中,临时变量存储在局部数据堆栈中。功能块执行完后,背景数据块中的数据不会丢失,但是局部数据堆栈中的数据不会被保存。

4. 系统功能(SFC)和系统功能块(SFB)

系统功能和系统功能块是集成在 S7 CPU 的操作系统中,预先编号程序的逻辑块,用户可以在程序中调用这些块,但是用户不能修改它们。它们作为操作系统的一部分,不占用户程序空间,SFB 有存储功能,其变量保存在指定给它的背景数据块中,SFC 没有存储功能。

5. 数据块

数据块(DB)是用于存放执行用户程序时所需的变量数据的数据区。与逻辑块不同,数据块没有 STEP7 的指令,STEP7 按数据生成的顺序自动地为数据块中的变量分配地址。

数据块分为共享数据块和背景数据块,其最大容量与 CPU 型号有关。

(1)共享数据块

共享数据块(SDB)存储的是全局数据,所有的功能块、功能或组织块(统称为逻辑块)都可以从共享数据块中读取数据,或将数据写入共享数据块。CPU 可以同时打开一个共享数据块和一个背景数据块。如果某个逻辑块被调用,可以使用它的临时数据与数据区(L 堆栈)。逻辑块执行结束后,其局部数据区中的数据丢失,但是共享数据块中的数据不会被删除。

(2)背景数据块

背景数据块(IDB)中的数据是自动生成的,它们是功能块变量声明表中的数据(不包括临时变量 TEMP)。背景数据块用于传递参数,功能块的实参和静态数据存储在背景数据块中,调用功能块时,应同时指定背景数据块的编号和符号,背景数据块只能被指定的功能块访问。编程时应首先生成功能块,然后生成它的背景数据块。在生成背景数据块时要指明它的类型为背景数据块,并指明功能块的编号。在调用功能块时使用不同的背景数据块,可以实现对多个同类对象的控制。

三、用户程序结构

1. 线性程序(线性编程)

所谓线性程序,就是将整个用户程序连续放置在一个循环程序块(OB1)中,块中的程序按顺序执行,CPU通过反复执行OB1来实现自动化控制任务。这种结构和PIC所代替的硬接线继电器控制类似,CPU逐条地处理指令。事实上所有的程序都可以用线性结构实现,不过线性结构一般适用于相对简单的程序编写。

2. 分部式程序(分部编程、分块编程)

所谓分部式程序,就是将整个程序按任务分成若干个部分,并分别放置在不同的功能(FC)、功能块(FB)及组织块中,在一个块中可以进一步分解成段。在组织块OB1中包含按顺序调用其他块的指令,并控制程序执行。

笔记栏

在分部程序中,既无数据交换,也不存在重复利用的程序代码。FC和功能块FB不传递也不接收参数,分部程序结构的编程效率比线性程序有所提高,程序测试也较方便,对程序员的要求也不太高。对不太复杂的控制程序可考虑采用这种程序结构。

3. 结构化程序(结构化编程或模块化编程)

所谓结构化程序,就是处理复杂自动化控制任务的过程中,为了使任务更易于控制,常把过程要求类似或相关的功能进行分类,分割为可用于几个任务的通用解决方案的小任务,这些小任务以相应的程序段表示,称为程序块。OB通过调用这些程序块来完成整个自动化控制任务。

结构化程序的特点是每个程序块在OB1中可能会被多次调用,以完成具有相同过程工艺要求的不同控制对象。这种结构可简化程序设计过程、减小代码长度、提高编程效率,比较适合于复杂自动化控制任务的设计。

四、程序设计

1. 顺序控制设计法

传统的用经验设计法设计梯形图时,没有一套固定的方法和步骤可以遵循,具有很大的试探性和随意性,编制的梯形图很难阅读,给系统的维修和改进带来了很大的困难。

顺序控制是按照生产工艺预先规定的顺序,在各个输入信号的作用下,根据内部状态和时间的顺序,在生产过程中各个执行机构自动地、有秩序地进行操作。使用顺序控制设计法时,首先根据系统的工艺过程,画出顺序功能图。STEP 7 的 S7 Graph 是一种顺序功能图语言,在 S7 Graph 中生成顺序功能图后便完成了编程工作。顺序功能图是描述控制系统的控制过程、功能和特性的一种图形,也是设计 PLC 的顺序控制程序的有力工具,它并不涉及所描述的控制功能的具体技术,它是一种通用的、直观的技术语言,可以供进一步设计和不同专业的人员之间进行技术交流之用。在 IEC 的 PLC 标准(IEC 61131)中,顺序功能图是 PLC 位居首位的编程语言。如果 PLC 没有顺序功能图语言,可以根据顺序功能图画出梯形图。

顺序控制设计法最基本的思想是将系统的一个工作周期划分为若干个顺序相连的阶段,这些阶段称为步,然后用编程元件来代表各步。使系统由当前步进入下一步的信号称为转换条件,转换条件可能是外部的输入信号,如按钮、指令开关、限位开关的接通/断开等;也可能是 PLC 内部产生的信号,如定时器、计数器的触点提供的信号;还可能是若干个信号的

笔记栏

与、或、非逻辑组合。

微课
顺序功能图的结构及类型

顺序控制设计法用转换条件控制代表各步的编程元件，让它们的状态按一定的顺序变化，然后用代表各步的编程元件去控制 PLC 的各输出位。

2. 顺序功能图

(1)概述

顺序功能图主要由步、有向连线、转换、转换条件和动作组成，如图 2.11 所示。

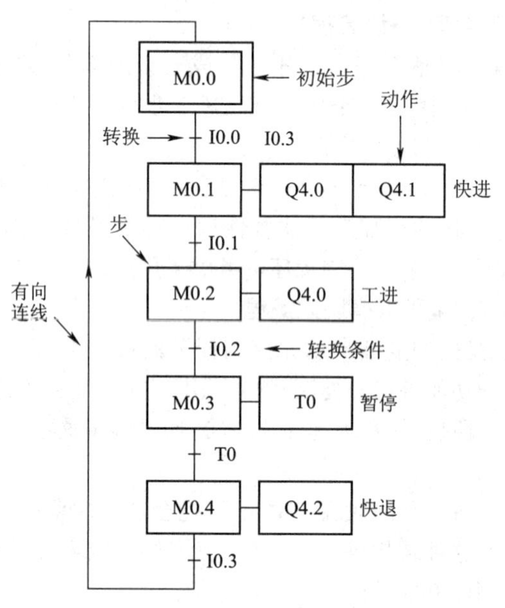

图 2.11 顺序功能图

①初始步。初始状态一般是系统等待启动命令的相对静止的状态。系统在开始进行自动控制之前，首先应进入规定的初始状态。与系统的初始状态相对应的步称为初始步，初始步用双线方框来表示，每一个顺序功能图至少应该有一个初始步。

②与步对应的动作或命令。将命令或动作统称为动作，并用矩形框中的文字或符号来表示动作，该矩形框与相应的步的方框用水平短线相连。如果某一步有几个动作，可用图 2.12 中的两种画法来表示，但是并不隐含这些动作之间的任何顺序。当系统正处于某一步所在的阶段时，该步处于活动状态，称为“活动步”。步处于活动状态时，相应的动作被执行；处于不活动状态时，相应的非存储型动作被停止执行。

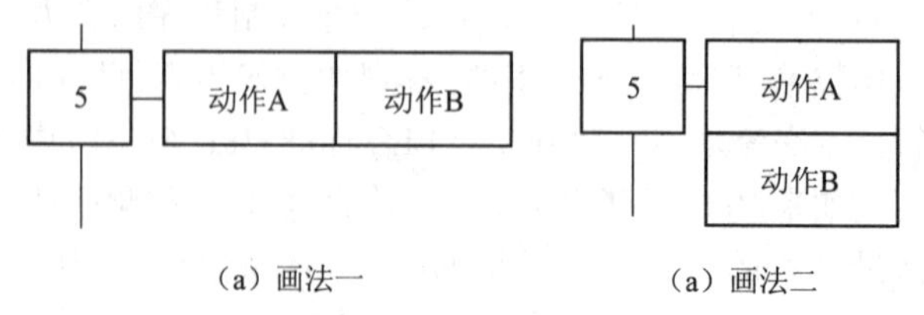

(a) 画法一　　(a) 画法二

图 2.12 动作

③有向连线。在顺序功能图中，随着时间的推移和转换条件的实现，将会发生步的活动

状态的进展,这种进展按有向连线规定的路线和方向进行。在画顺序功能图时,将代表各步的方框按它们成为活动步的先后次序顺序排列,并且用有向连线将它们连接起来。步的活动状态习惯的进展方向是从上到下或从左至右,在这两个方向有向连线上的箭头可以省略。如果不是上述的方向,应在有向连线上用箭头注明进展方向。在可以省略箭头的有向连线上,为了更易于理解也可以加箭头。

如果在画图时有向连线必须中断,例如,在复杂的图中,或者用几个图来表示一个顺序功能图,应在有向连线中断之处标明下一步的标号和所在的页数。

④转换与转换条件。转换用有向连线与有向连线垂直的短画线来表示,转换将相邻两步分隔开。步的活动状态的进展是由转换的实现来完成的,并与控制过程的发展相对应。

笔记栏

转换条件可以用文字语言来描述,也可以用表示转换的短线旁边的布尔代数表达式来表示。例如,S7 Graph 中的转换条件用梯形图或功能块图来表示。

(2)顺序功能图的基本结构

①单序列。单序列由一系列相继激活的步组成,每一步的后面仅有一个转换,每一个转换的后面只有一个步[见图 2.13(a)],单序列的特点是没有分支与合并。

②选择序列。选择序列的开始称为分支[见图 2.13(b)],转换符号只能标在水平连线之下。如果步 5 是活动步,并且转换条件 h=1,则发生由步 5~步 8 的进展。如果步 5 是活动步,并且 k=1,则发生由步 5~步 10 的进展。

选择序列的结束称为合并[见图 2.13(b)],几个选择序列合并到一个公共序列时,用需要重新组合的序列相同数量的转换符号和水平连线来表示,转换符号只允许标在水平连线之上。如果步 9 是活动步,并且转换条件 j=1,则发生由步 9~步 12 的进展。如果步 10 是活动步,并且 n=1,则发生由步 10~步 12 的进展。

允许选择序列的某一条分支上没有步,但是必须有一个转换。这种结构称为“跳步”[见图 2.13(c)]。跳步是选择序列的一种特殊情况。

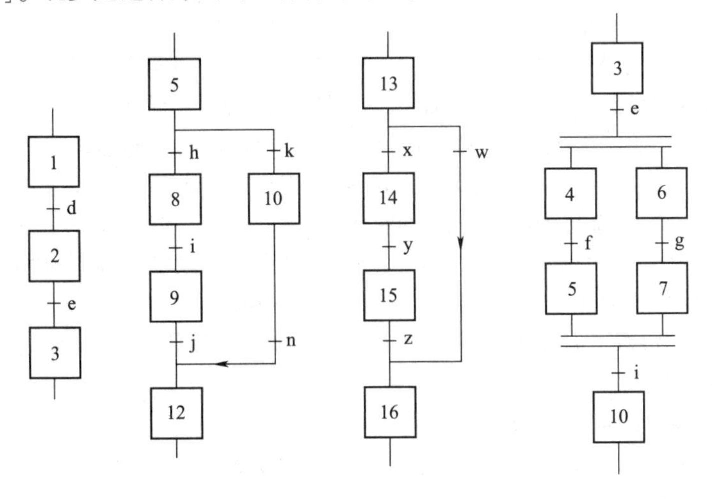

(a)单序列 (b)选择序列分支 (c)选择序列跳步 (d)并列序列分支

图 2.13 单序列、选择序列与并行序列

③并行序列。并行序列的开始称为分支[见图 2.13(d)],当转换的实现导致几个序列同时激活时,这些序列称为并行序列。当步 3 是活动的时,并且转换条件 e=1 时,4 和 6 这两步同时

笔记栏

变为活动步,同时步3变为不活动步。为了强调转换的同步实现,水平连线用双线表示。步4、6被同时激活后,每个序列中活动步的进展将是独立的。在表示同步的水平双线之上,只允许有一个转换符号。并行序列用来表示系统的几个同时工作的独立部分的工作情况。

并行序列的结束称为合并[见图2.13(d)],当直接连在双线上的所有前级步(步5、7)都处于活动状态,并且转换条件i=1时,才会发生步5、7到步10的进展,即步5、7同时变为不活动步,而步10变为活动步。在表示同步的水平双线之下,只允许有一个转换符号。

(3)顺序功能图中转换实现的基本规则

顺序功能图中,步的活动状态的进展是由转换的实现来完成的。转换的实现必须同时满足两个条件:一是该转换所有的前级步都是活动步;二是相应的转换条件得到满足。如果转换的前级步或后续步不止一个,转换的实现称为同步实现。为了强调同步实现,有向连线的水平部分用双线表示。

转换实现时应完成以下两个操作:一是使所有由有向连线与相应转换符号相连的后续步都变为活动步;二是使所有由有向连线与相应转换符号相连的前级步都变为不活动步。

(4)绘制顺序功能图的注意事项

下面是针对绘制顺序功能图时常见的错误提出的注意事项:

①两个步绝对不能直接相连,必须用一个转换将它们隔开。

②两个转换也不能直接相连,必须用一个步将它们隔开。

顺序功能图中的初始步一般对应于系统等待启动的初始状态,这一步可能没有什么输出处于1状态,因此在画顺序功能图时很容易遗漏这一步。初始步是必不可少的,一方面因为该步与它的相邻步相比,总体上输出变量的状态各不相同;另一方面如果没有该步,无法表示初始状态,系统也无法返回停止状态。

自动控制系统应能多次重复执行同一工艺过程,因此在顺序功能图中一般应有由步和有向连线组成的闭环,即在完成一次工艺过程的全部操作之后,应从最后一步返回初始步,系统停留在初始状态,在连续循环工作方式时,将从最后一步返回下一工作周期开始运行的第一步。

如果选择有断电保持功能的存储器位(M)来代表顺序功能图中的各位,在交流电源突然断电时,可以保存当时的活动步对应的存储器位的地址。系统重新上电后,可以使系统从断电瞬时的状态开始继续运行。如果用没有断电保持功能的存储器位代表各步,进入RUN工作方式时,它们均处于0状态,必须在OB100中将初始步预置为活动步,否则因为顺序功能图中没有活动步,系统将无法工作。如果系统有自动、手动两种工作方式,顺序功能图是用来描述自动工作过程的,这时还应在系统由手动工作方式进入自动工作方式时,用一个适当的信号将初始步置为活动步,并将非初始步置为不活动步。

在硬件组态时,双击CPU模块所在的行,打开CPU模块的属性对话框,选中“保持存储器”选项卡,可以设置有断电保持功能的存储器位(M)的地址范围。

3. 顺序功能图语言S7 Graph的应用

微课

Graph的应用

S7 Graph语言是S7-300 PLC用于顺序控制程序编程的顺序功能图语言,与IEC1131-3标准兼容。

(1)顺序控制程序的结构

用S7 Graph语言编写的顺序功能图程序,功能块(FB)的形式被其他逻辑块调用。顺序功能图结构如图2.14所示。

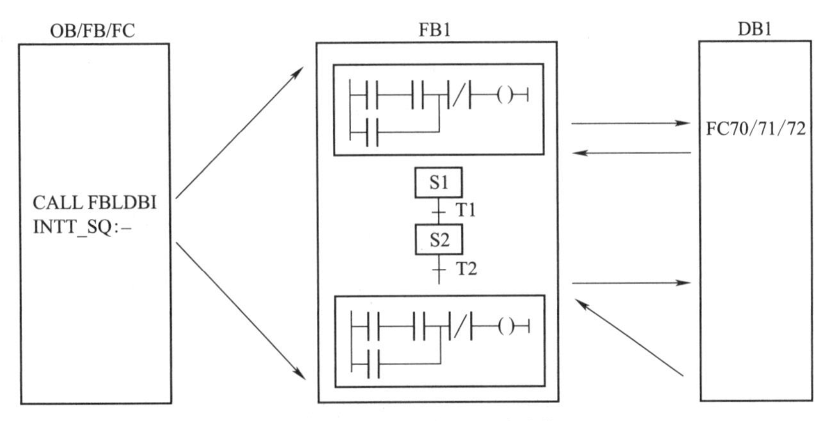

图 2.14 顺序功能图的结构

笔记栏

一个顺序控制项目至少需要如下 3 个块：

①个调用 S7 Graph FB 的块，它可以是组织块(OB)、功能块(FB)或功能(FC)。

②一个 S7 Graph FB，它由一个或多个顺序控制器(Sequencer)组成。

③一个指定给 S7 Graph FB 的背景数据块(DB)，它包含了顺序控制系统的参数。

一个 S7 Graph FB 最多可以包含 250 步和 250 个转换。一个顺序控制器最多有 256 个分支，249 个并行分支流程和 125 个选择分支流程，一般只能用 20~40 跳分支，否则执行的时间会特别长。

(2) S7 Graph 编辑器

图 2.15 所示为 S7 Graph 的编辑器窗口，右边窗口是生成和编辑程序的工作区；程序编辑区的左边窗口是浏览窗口(Overview Window)，图中显示的是浏览窗口中图形"Graphic"选项卡，表示选择显示哪一个顺序控制器。浏览窗口的左边有一列工具图标，是转换条件编译指令；编辑器窗口的下面是详细信息(Detail)窗口。

微课

Graph 编辑器

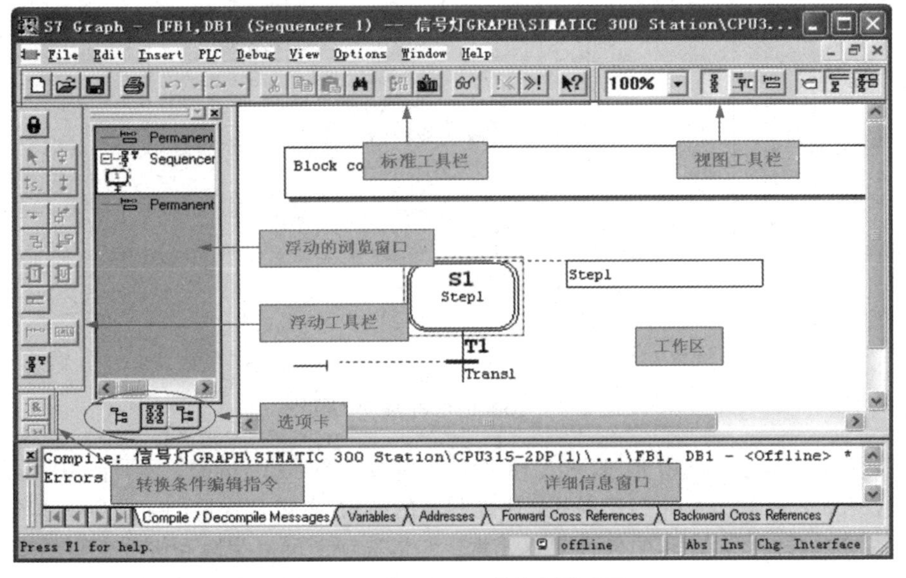

图 2.15 S7 Graph 的编辑器窗口

笔记栏

保存和编译时，在编辑器的详细信息窗口，可以获得程序编译时发现的错误和警告信息。该窗口还有变量、符号地址和交叉参考表等大量信息。

视图工具栏(View)上的各按钮的作用如图2.16所示。

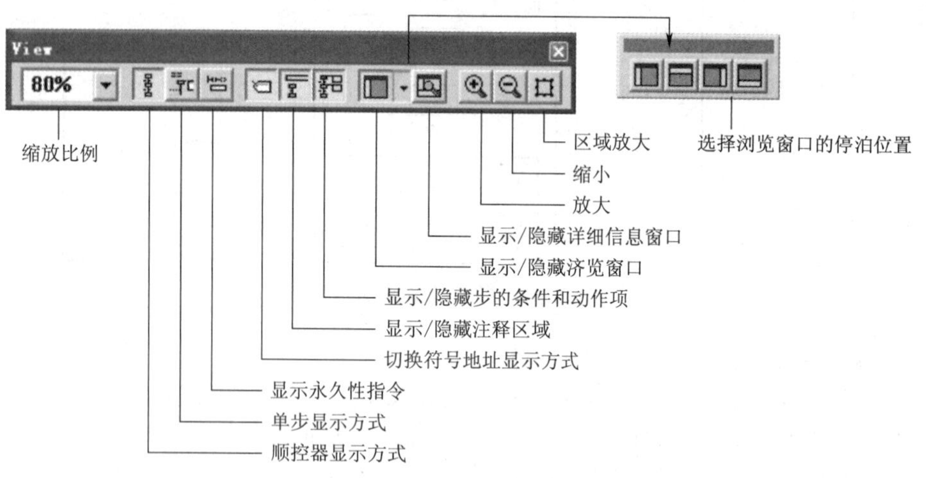

图2.16 视图工具栏

Sequencer浮动工具栏如图2.17所示，其按钮用于放置步、转移条件、跳步、选择流程等。该工具栏可以任意“拖放”在工作区窗口的其他位置，也可以放置在窗口上部的工具栏区，或垂直放在编辑器窗口的最左边。

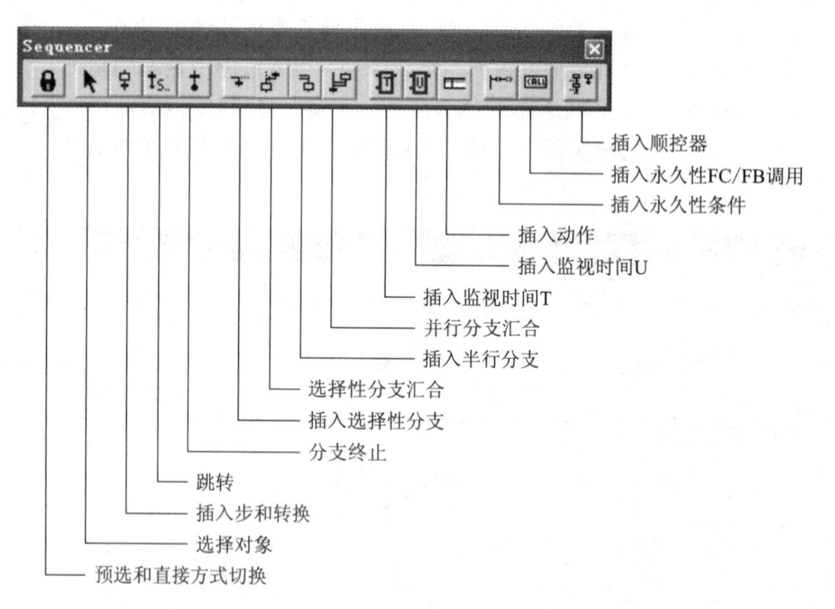

图2.17 Sequencer浮动工具栏

浏览窗口中有3个选项卡，如图2.18所示。左边是图形(Graphic)选项卡，中间是顺序控制器(Sequencers)选项卡，用于浏览顺序控制器的结构；右边是变量(Variables)选项卡，其中的变量是编程时可能用到的各种基本元素。变量选项卡可以编辑和修改现有的变量，也可以定义新的变量;可以删除但不能编辑系统变量。

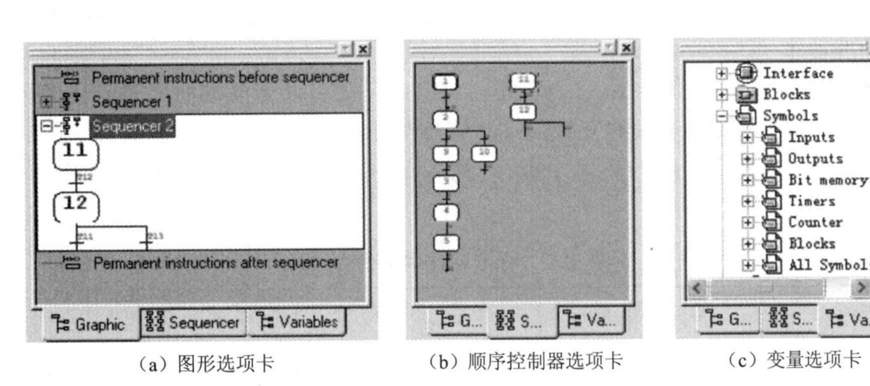

(a) 图形选项卡　(b) 顺序控制器选项卡　(c) 变量选项卡

图 2.18　浏览窗口选项卡

(3) S7 Graph 显示模式

在 S7 Graph 编辑器窗口 View 菜单中可选择显示顺序控制器(Sequencer)、单步(Single Step)和永久性(Permanent Instructions)命令。

①顺序控制器显示方式:选择 View→Display with 命令可以选择如下几项。

- Symbols:显示符号表中的符号地址。
- Comments:显示块和步的注释。
- Conditions and Actions:显示转换条件和动作。
- Symbol List:在输入地址时显示下拉式符号地址表。

②单步显示方式:只显示一个步和转换的组合,还可以显示 Supervision(监控被显示的步的条件)、Interlock(对被显示的步互锁的条件);选择 View→Display with→comments 命令显示和编辑步的注释。用[↑]或[↓]键可以显示上一个或下一个步与转换的组合。

③永久性指令显示方式

可以对顺序控制器之前或之后的永久性指令编程。每个扫描循环执行一次永久性指令,可以调用块。

4. 步与动作命令

顺序控制器的步由步序、步名、转换编号转换名、转换条件和步的动作等几部分组成,如图 2.19 所示。

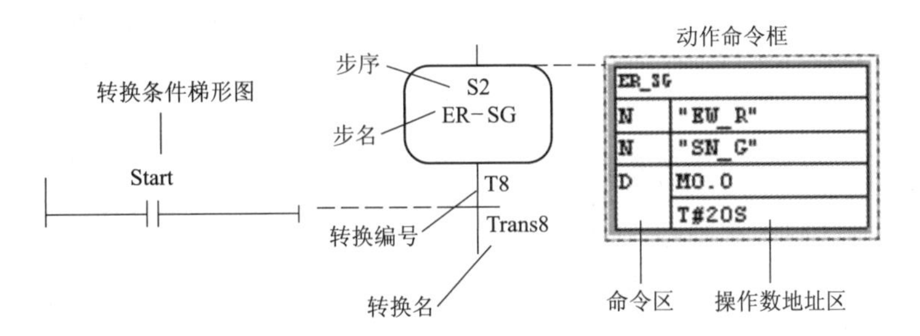

图 2.19　步的组成

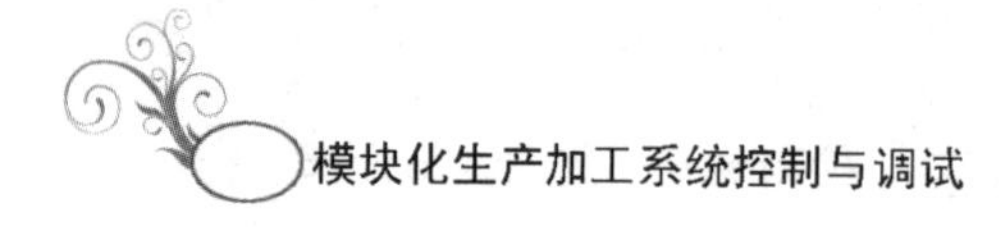

笔记栏

单击步序(S2)和步名(ER_SG)后可以修改,但不能用汉字表示。动作命令行由命令和地址组成,在方框内写入命令和操作数地址。动作分为标准动作和与事件有关的动作。

(1)标准动作

标准动作可以设置互锁(在命令的后面加"C"),仅在步处于活动状态和互锁条件满足时,有互锁的动作才被执行。没有互锁的动作在步处于活动状态时就会被执行。在"直接"模式右击动作框,在弹出快捷的菜单中选择"插入动作行"命令。常用的标准动作如表 2.2 所示。

表 2.2 标准动作中的命令

命令	地址类型	说明
N(或 NC)	Q、I、M、D	只要步为活动步(且互锁条件满足),动作对应的地址为 1 状态,无锁存功能
s(或 SC)	Q、I、M、D	置位:只要步为活动步(且互锁条件满足),该地址被置为 1 并保持为 1 状态
R(或 RC)	Q、I、M、D	复位:只要步为活动步(且互锁条件满足),该地址被置为 0 并保持为 0 状态
D(或 DC)	Q、I、M、D	延退:(如果互嵌条件满足),步变为活动步 n 秒后,如果步仍然是活动的,该地址被置为 1 状态,无锁存功能
	T#<常数>	有延迟的动作的下一行为时间常数
L(或 LC)	Q、I、M、D	脉冲限制:步为活动步(且互锁条件满足),该地址在 n 秒内为 2 状态,无锁存功能
	T#<常数>	有脉冲限制的动作的下一行为时间常数
CALL(或 CALC)	FC、FB、SFC、SFB	块调用:只要步为活动步(且互锁条件满足),指定的块被调用

(2)与事件有关的动作

动作可以与事件结合。事件指步、监控信号、互锁信号的状态变化,信息(Massage)的确认(Acknowledgment)或记录(Registation)信号被置位。命令只能在事件发生的那个循环周期执行。图 2.20 所示为控制动作的事件。

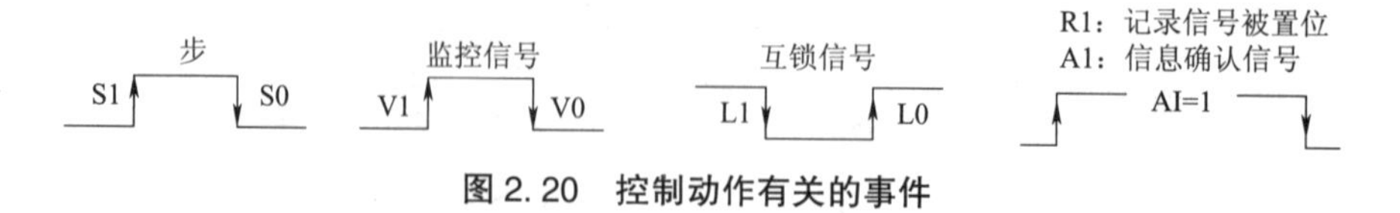

图 2.20 控制动作有关的事件

除了命令 D(延迟)、L(脉冲线制)外,其他命令都可以与事件进行逻辑组合。控制事件的动作详细说明如表 2.3 所示。

表 2.3 控制动作的事件

事 件	事件的意义	事 件	事件的意义
S1	步变为活动步	S0	步变为非活动步
V1	发生监控错误(有干扰)	V0	监控错误消失(无干扰)
L1	互锁条解除	L0	互锁条件变为 1
A1	信息被确认	R1	在输入信号的上升沿,记录信号被置位

5. 转移条件

转移条件可以用 LAD(梯形图)或 FBD(功能块图)形式表示,如图 2.21 所示在 View 菜单中用 LAD 或 FBD 命令切换。例如,用 LAD 来生成转移条件,单击转移条件中要放置元件的位置,从转移条件工具栏中选择合适的指令(如选择插入常开触点)。触点生成后,输入绝对地址或符号地址。转移条件可以是单独的一个触点控制,也可以是若干触点的逻辑组合。

笔记栏

图 2.21 转换条件编辑工具栏

6. 在 OB1 中调用 S7 Graph 功能块

完成了对 S7 Graph 程序的编程后,在 SIMATIC 管理器中生成与 FB 对应的 DB。打开 Blocks 文件夹,双击 OB1 图标,打开梯形图编辑器,选中某 Network 程序段,调用 S7 Graph 编程的功能图块,在 OB1 Network 中出现 FB 的方框,如 FB2,如图 2.22 所示。在方框中输入 FB2 的背景数据块的名称(如 DB2),然后保存 OB1。

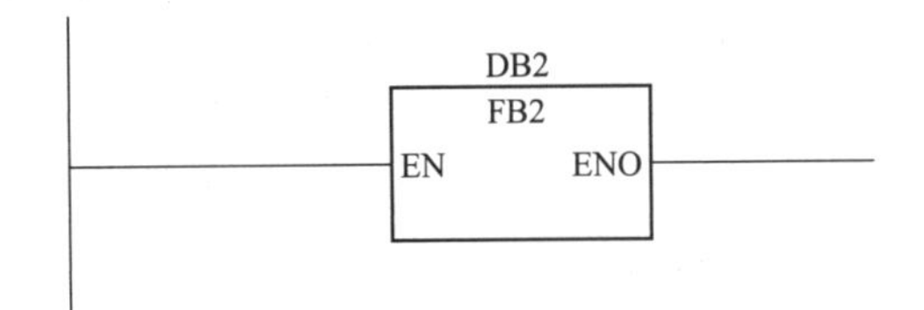

图 2.22 S7 Graph 功能块

S7 Graph 有 4 中不同的参数集。在 S7 Graph 程序编辑器中选择 Option→Block Settings 命令,在打开对话框的 Compile/Save 选项卡的 FB Parameters 区中选择需要的参数集,如表 2.4 所示。

表 2.4 FB 参数集

名 称	功 能
Minimum	最小参数集,只用于自动模式,不需要其他控制和监视功能

笔记栏

续表

名　称	功　　能
Standard	标准参数集,有多种操作模式,需要反馈信息,可选择确认报文
Maximum	最大参数集,用于 V4 及以下版本,需要更多的操作员控制和用于服务和调试分监视功能
Definable/Maximum	可定义最大参数集,需要更多的操作员控制和用于服务和调试分监视功能,它们由 V5 的块提供

7. 顺序控制器设计举例

例如,交通信号灯控制系统设计。图 2. 23 所示为双干道交通信号灯设置示意图,元件分配如表 2. 5 所示。

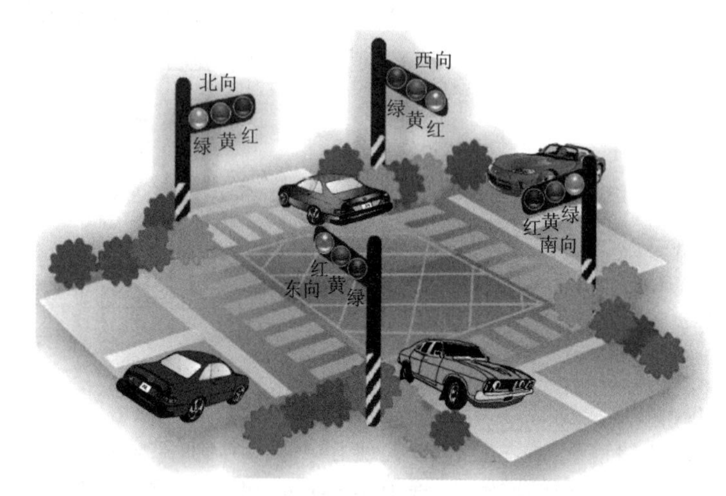

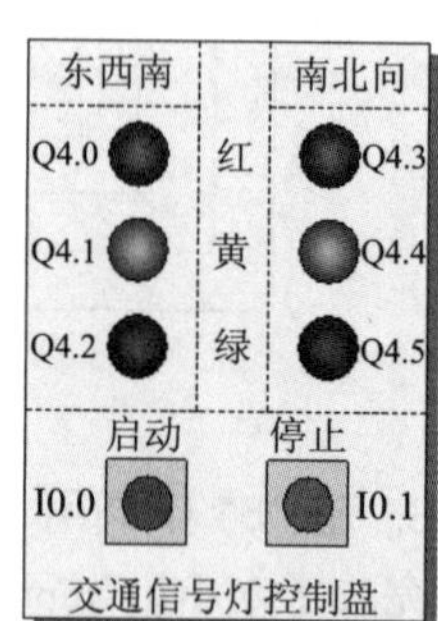

图 2. 23　双干道交通信号灯设置

表 2. 5　元件分配

编程元件	元件地址	符　　号	传感器/执行器	说　　明
数字量输入 32×24 V DC	I0. 0	Start	常开按钮	启动按钮
	I0. 1	Stop	常开按钮	停止按钮
数字量输出 32×24 V DC	Q4. 0	EW_R	信号灯	东西向红灯
	Q4. 1	EW_Y	信号灯	东西向黄灯
	Q4. 2	EW_G	信号灯	东西向绿灯
	Q4. 3	SN_R	信号灯	南北向红灯
	Q4. 4	SN_Y	信号灯	南北向黄灯
	Q4. 5	SN_G	信号灯	南北向绿灯

(1)控制说明

信号灯的动作受开关总体控制,按一下启动按钮,信号灯系统开始工作,工作流程如图 2. 24 所示。

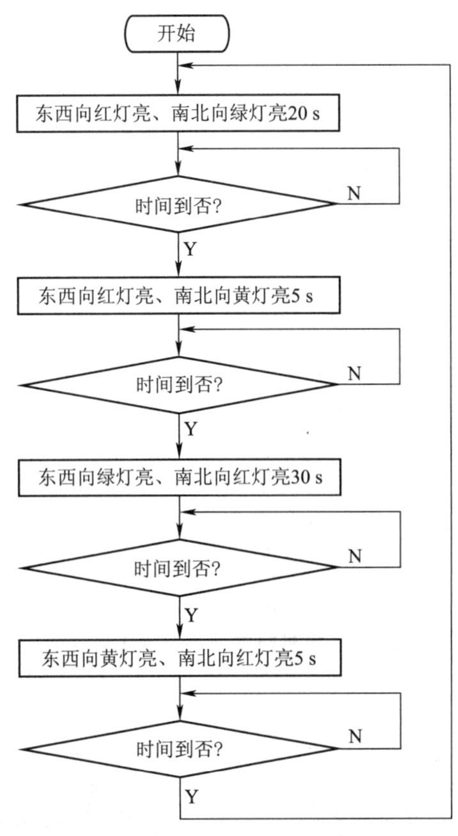

图 2.24 信号灯工作流程

笔记栏

(2)顺序功能图设计

分析信号灯的变化规律,可将工作过程分成4个依设置时间而顺序循环执行的状态:S2、S3、S4和S5,另设一个初始状态S1。由于控制比较简单,可用单流程实现,如图2.25所示。

编写程序时,可将顺序功能图放置在一个功能块(FB)中,而将停止作用的部分程序放置在另一个功能(FC)或功能块(FB)中。这样在系统启动运行期间,只要停止按钮(Stop)被按动,立即将所有状态S2~S5复位,并返回到待命状态S1。

在待命状态下,只要按动启动按钮(Start),系统即开始按顺序功能图所描述的过程循环执行。

8. 编辑S7 Graph功能块

(1)规划顺序功能图

①插入"步及步的转换"。在S7 GRAPH编辑器内,选中S1的转换(S1下面的十字),然后连续单击4次"步和转换"的插入工具图标,参照图2.25在S1的下面插入4个步及每步的转换,插入过程中系统自动为新插入的步及转换分配连续序号(S2~S5、T2~T5)。

注意:T1~T5等不是定时器的编号,而是转换Transt1~Transt5的缩写。

②插入"跳转"。选中S5的转换(S5下面的十字),然后单击步的"跳转"工具图标,此时在T5的下面出现一个向下的箭头,并显示"S编号输入栏",如图2.26所示。

笔记栏

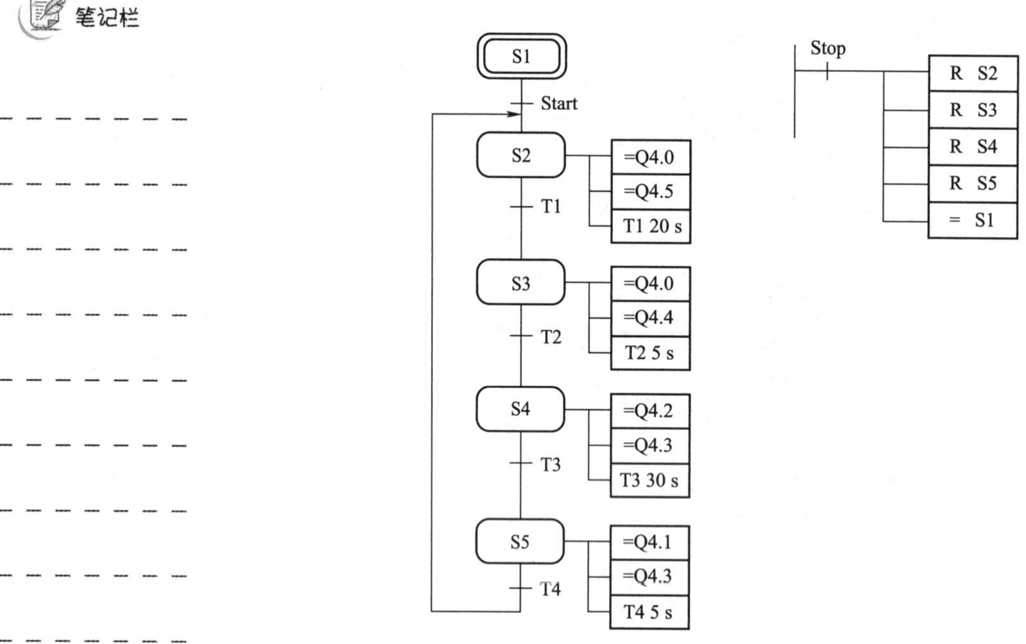

图 2.25 信号灯管理系统顺序功能图

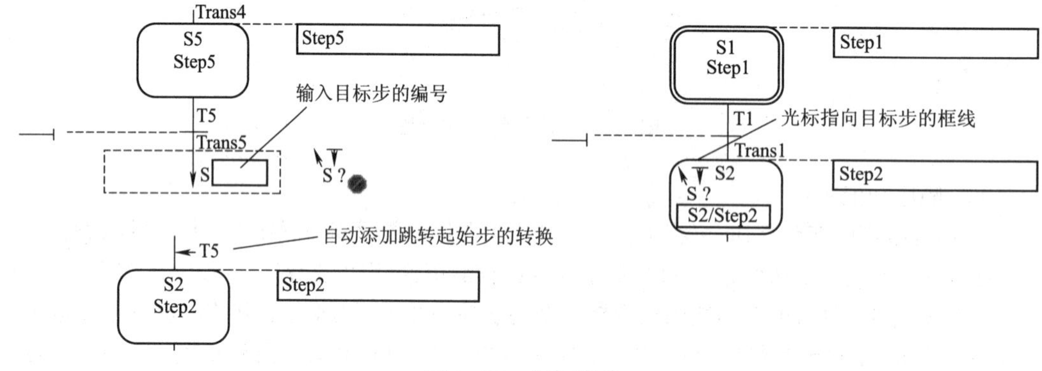

图 2.26 设置跳步

在“S 编号输入栏”内可以直接输入要跳转的目标步的编号，如要跳到 S2 步，则可输入数字“2”。也可以将鼠标直接指向目标步的框线，单击完成跳步设置。设置完成自动在目标步(本例为 S2)的上面添加一个左向箭头，箭头的尾部标有起始跳转位置的转换(本例为 T5)。这样就形成了与图 2.25 相同的循环单流程，如图 2.27 所示。

(2)编辑步的名称

表示步的方框内有步的编号(如 S1)和步的名称(如 Stepl)，单击相应项可以进行修改，不能用汉字作步和转换的名称。

参照图 2.27，将步 S1~S5 的名称依次改为 Initial(初始化)、ER_SG(东西向红灯南比向绿灯)、ER_SY(东西向红灯-南北向黄灯、EG-SR(东西向绿灯南北向红灯)、EY_SR(东西向黄灯-南北向红灯)。

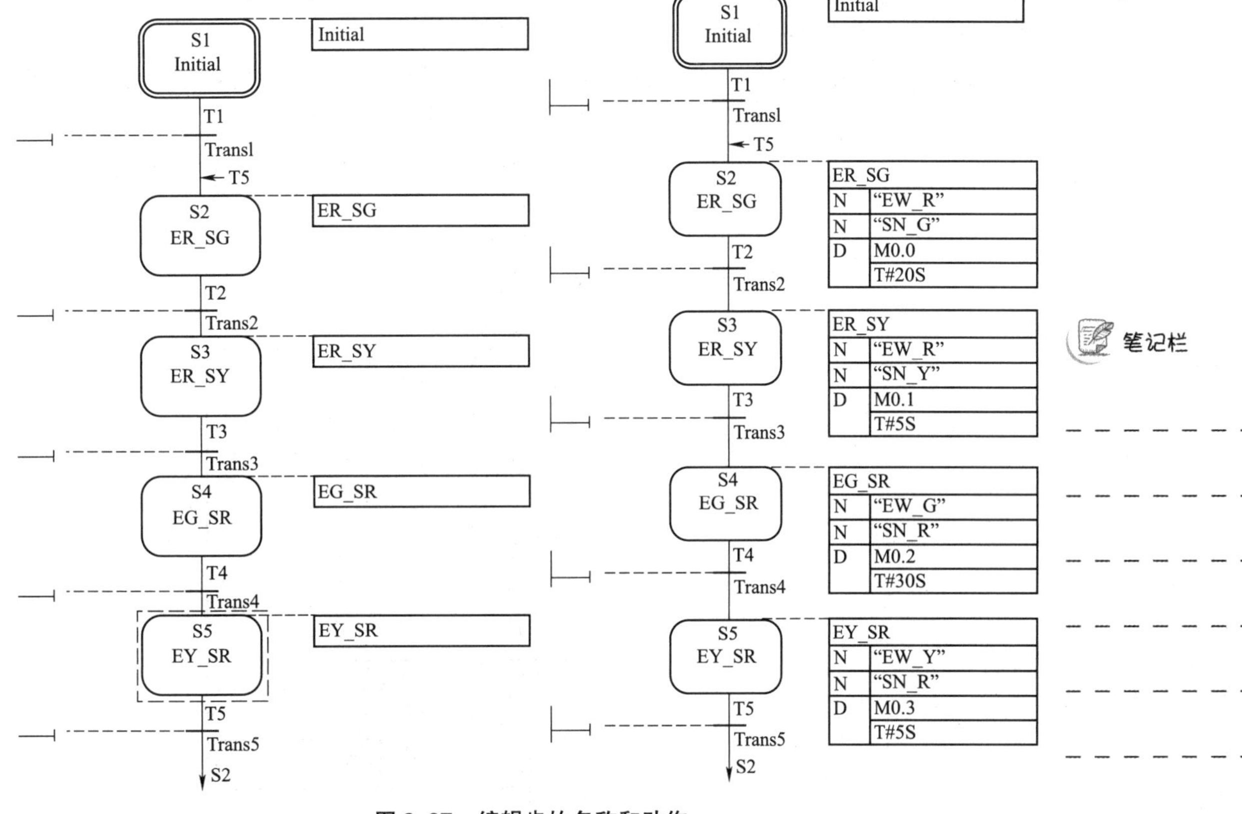

图 2.27 编辑步的名称和动作

笔记栏

(3)动作的编辑

选择 View→Display with→Conditions and Actions 命令,可以显示或隐藏各步的动作和转换条件。右击步右边的动作框线,在弹出的快捷菜单中选择 Insert New Object→Action,可插入一个空的动作行,也可以单击动作行工具,插入一个动作行。

①单击图 2.27 中 S2 的动作框线,然后单击动作行工具,插入 3 个动作行,在第一个动作行中输入命令 NQ4.0。在第二个动作行中输入命令 NQ4.5。在第三个动作行中输入命令 D 后按[Enter]键,第三行的右栏自动变为两行,在第一行内输入位地址,如 M0.0,然后按[Enter]键;在第二行内输入时间常数,如 T#20S(表示延时 20 s),然后按[Enter]键。

M0.0 是步 S2 和 S3 之间的转换条件,相当于定时器,延时时间到时,M0.0 的常开触点闭合,程序从步 S2 转换到步 S3。

②按照同样的方法,参照图 2.27 完成 S3~S5 的命令输入。

由于前面在符号表内已经对所用到的地址定义了符号名,所以当输入完绝对地址后,系统默认用符号地址显示。单击工具图标 可切换到绝对地址显示方式。

(4)编程转换条件

转换条件可以用梯形图或功能块图来编辑,用选择 View→LAD 或 View→FBD 命令可切换转换条件的编程语言,下面介绍用梯形图来编辑转换条件的方法。

单击转换名右边与虚线相连的转换条件,在窗口最左边的工具条中点击常开触点、常闭

笔记栏

触点或方框形的比较器(相当于一个触点),可对转换条件进行编程,编辑方法同梯形图与按图 2.28 所示编辑转换条件,并完成整个顺序功能图的编辑。

最后单击💾按钮保存并编译所做的编辑。如果编译能够通过,系统将自动在当前项目的 Blocks 文件夹下创建与该功能块(如 FB1)对应的背景数据块(如 DB1)。

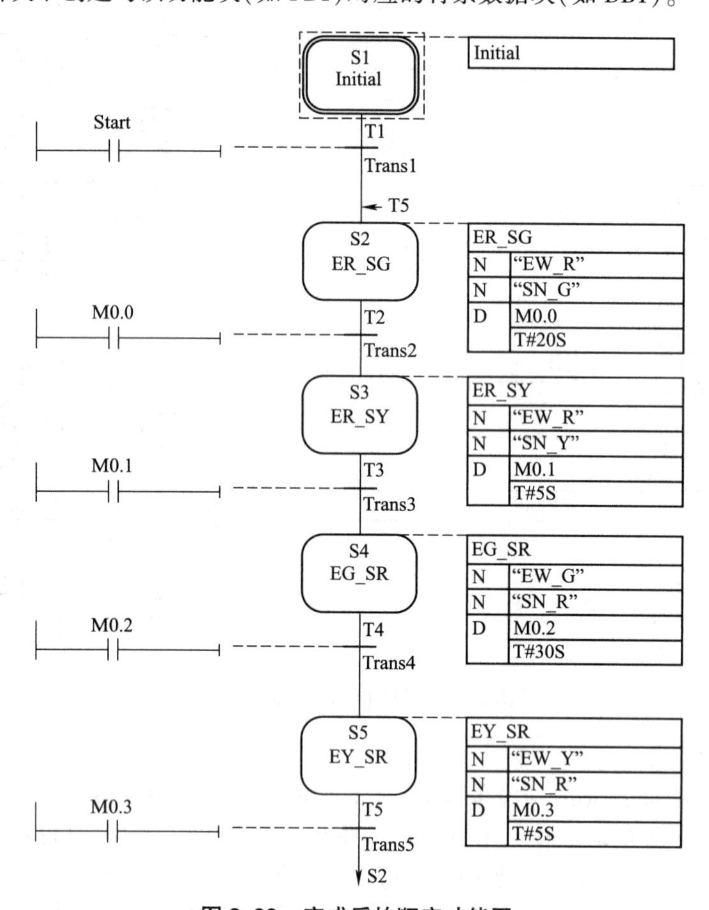

图 2.28 完成后的顺序功能图

一、气动控制回路

气动控制系统是该工作单元的执行机构,该执行机构的控制逻辑功能是由 PLC 实现的。气动控制回路的工作原理如图 2.29 所示。

图中 1A1 为提升缸,1B1 和 1B2 为安装在提升缸的两个极限工作位置的磁感应式接近开关,用它们发出的开关量信号可以判断气缸的两个极限工作位置;2A1 为推料缸,2B1 为安装在推料缸的极限工作位置的磁感应式接近开关,用它发出的开关量信号可以判断气缸的极限工作位置;3A1 为气动滑槽;1V2、1V3、2V2、3V2 为单向可调节流阀,1V2、1V3、2V2 分别用于调节提升缸、推料缸的运动速度,3V2 用于调节气动滑槽排气量的大小;1V4、1V5 为气控单向阀;1M1、1M2 为控制提升缸电磁阀的电磁控制端;2M1 为控制推料缸的电磁阀的电磁控制端;3M1 为控制气动滑槽的电磁阀的控制端。

注意:图中的 3 个电磁阀是集成在一个 CPV 阀组上的。

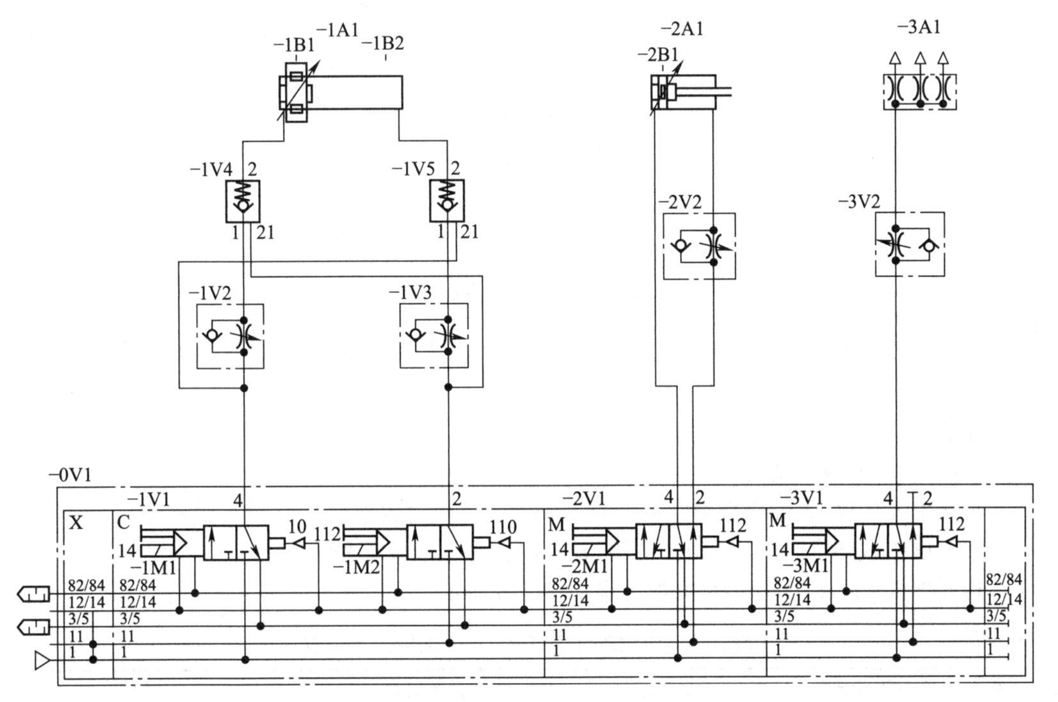

图 2.29 检测单元气动控制回路图

笔记栏

二、电气通信接口地址

MPS 所有工作单元都是通过 I/O 接线端口与 PLC 实现通信。各工作单元需要与 PLC 进行通信连接的线路(包括各个传感器的线路、各个电磁阀的控制线路及电源线路)都已事先连接到了各自的 I/O 接线端口上,这样,当通信电缆与 PLC 连接时,这些器件在 PLC 模板上的地址就固定了。

1. 数字仿真盒

数字仿真盒可以模拟 MPS 工作单元的输入信号,同时显示输出信号。它能够完成下列操作:测试 PLC 程序时,模拟输入,设定输出信号,完成 MPS 工作单元的操作。数字仿真盒如图 2.30 所示。

微课

数字仿真盒检测 PLC 的 I/O 地址

I/O 数据电缆用于连接现场的输入、输出信号,使用时可以与工作单元的 I/O 接线端子电缆接口相连,通过仿真盒的输入信号驱动工作单元的执行机构。

仿真盒的输入信号可直接驱动执行机构动作,它有两种信号类型:一种是脉冲式信号;另一种是电平式信号,通过各输入信号的钮子开关切换。

仿真盒的输出信号显示执行机构动作时相应的传感器的状态,通过指示灯可以直观观察。所以,仿真盒的输出信号就是现场的输入信号。

笔记栏

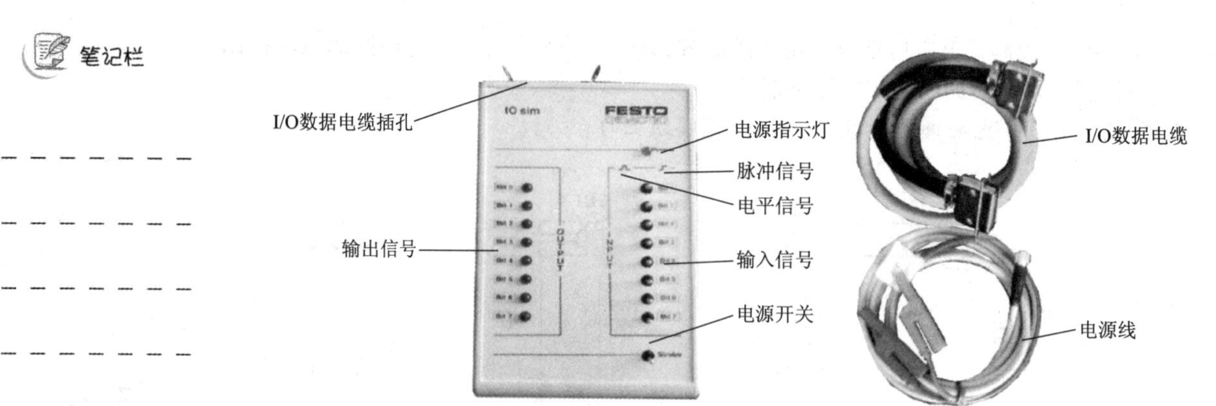

图 2.30　数字仿真盒

数字仿真盒由 24 V 直流电源供电，红色电源线接于直流稳压电源的正极，黑色端接负极。

注意：电源连接时，稳压电源应处于断电状态。

2. PLC 的 I/O 接口地址

检测单元的输入、输出信号主要是数字量信号，利用数字仿真盒模拟供料单元动作，同时观察 I/O 接线端子，可确定 PLC 的输入/输出信号地址及信号类型。

检测单元 PLC 的 I/O 地址分配情况如表 2.6 所示。

表 2.6　检测单元 PLC 的 I/O 地址分配情况

序号	地址	设备符号	设备名称	设备用途	信号特征
1	I1.0	START	按钮开关	启动设备	信号为 1，表示按钮被按下
2	I1.1	STOP	按钮开关	停止设备	信号为 1，表示按钮被按下
3	I1.2	AUTO/MAN	转换开关	自动/手动转换	信号为 0，表示为自动模式；信号为 1，表示为手动模式
4	I1.3	RESET	按钮开关	复位设备	信号为 1，表示按钮被按下
5	I0.0	Part-AV	电容式传感器	判断是否有工件	信号为 1，表示有工件；信号为 0，表示没有工件
6	I0.1	B2	漫射式光电传感器	判断工件的颜色	信号为 1，表示非黑色工件；信号为 0，表示为黑色工件
7	I0.2	B4	反射式光电传感器	工作区域是否有障碍物	信号为 1，表示工作区域无障碍物；信号为 0，表示工作区域有障碍物
8	I0.3	B5	线性位移量传感器	判断工件高度是否合格	信号为 1，表示工件高度合格；信号为 0，表示工件高度不合格

续表

序号	地址	设备符号	设备名称	设备用途	信号特征
9	10.4	1B1	磁感应式接近开关	判断提升缸的位置	信号为1,表示提升缸上升到位
10	10.5	1B2	磁感应式接近开关	判断提升缸的位置	信号为1,表示提升缸下降到位
11	10.6	2B1	磁感应式接近开关	判断推料缸的位置	信号为1,表示推料杆在缩回位置
12	10.7	IP_FI	光电传感器	判断下一站是否准备好	信号为1,表示下一站已准备好
13	Q0.0	1M1	电磁阀	控制提升缸的动作	信号为1,控制提升缸下降
14	Q0.1	1M2	电磁阀	控制提升缸的动作	信号为1,控制提升缸上升
15	Q0.2	2M1	电磁阀	控制推料缸的动作	信号为1,控制推料杆推出;信号为0,控制推料杆退回
16	Q0.3	3M1	电磁阀	控制气动导轨的动作	信号为1,气动导轨启动;信号为0,气动导轨关闭
17	Q0.7	IP_N_FO	光电式传感器	向上一站发送信号	信号为1,本站工作忙
18	Q1.0	HI	指示灯	启动指示灯	信号为1,灯亮 信号为0,灯灭
19	Q1.1	H2	指示灯	复位指示灯	信号为1,灯亮 信号为0,灯灭

笔记栏

三、软件程序设计

检测单元的控制要求如下。

①在启动前,若检测单元工作区域有障碍物或者识别工位无工件,则不允许启动。

②在设计执行机构的初始位置时,应该重点从保证功能的实现、保证安全生产的角度考虑。因此,根据检测单元的结构和功能,可以将检测单元的初始状态设计为:提升气缸(工作平台)在下端位置;推料气缸处于退回位置;气动导轨关闭。

③按下启动按钮后,系统按如下工作顺序动作。

如果识别工位有工件、工作区域无障碍物,各个执行件均在初始位置,按下START按钮后,启动按钮指示灯灭,识别模块确定工件的颜色和材料,提升缸将工作平台升至上端,对工件进行高度测量,根据测量结果对工件进行分流。如果高度在设定的范围内,工件合格,则气动导轨启动,推料缸伸出将工件推到上滑槽滑到下一站,然后推料缸

笔记栏

缩回，气动导轨关闭，提升缸回到下限位；如果高度低于设定的下限值或高于上限值，工件不合格，则提升缸回到下限位，推料缸伸出将工件推到下滑槽中，然后推料缸缩回，回到初始位置。

④按下停止按钮，复位按钮指示灯亮，检测单元在完成本次循环后停止动作。

⑤按下复位按钮，启动按钮指示灯亮，检测单元回到初始位置。其初始位置为提升缸在下限位；推料缸缩回；气动导轨关闭。

⑥在手动操作模式下，当按启动按钮时，检测单元的执行机构将工件检测并送到下一个工作单元或废品处，然后各执行机构回到初始位置，即每执行一个新的工作循环都需按一次启动按钮。

⑦在自动操作模式下，当按启动按钮时，检测单元的执行机构将工件检测并送到下一个工作单元或废品处，并且只要识别工位有工件，此工作就继续，即自动连续运行。在运行过程中，当按下停止按钮后或者当识别工位无工件时，检测单元应该在完成了当前的工作循环之后停止运行，并且各个执行机构应该回到初始位置。

项目实现

确定工作组织方式，划分工作阶段，分配工作任务，讨论安装调试工艺流程和工作计划，填写工作计划表和材料工具清单。

安装调试工作站工艺流程如图 2. 31 所示。

一、安装调试准备

在安装调试前，应准备好安装调试用的工具、材料和设备，并做好工作现场和技术资料的准备工作。

1. 工具

安装所需工具：电工钳、圆嘴钳、斜口钳、剥线钳、压接钳、一字螺丝刀、十字螺丝刀(3. 5 mm)、电工刀、管子扳 手(9×10 mm)、套筒扳手(6×7 mm，12×13 mm，22×24 mm) N 起子(3. 5 mm)、内六角扳手(5 mm)各 1 把，数字万用表 1 块。

2. 材料

导线 BV-0. 75、BV-1. 5、BVR 型多股铜芯软线各若干米，尼龙扎带，带帽垫螺栓各若干。

3. 设备

按钮 5 只、开关电源 1 个、I/O 接线端口 1 个、提升缸 1 个、推料缸 1 个、位置比较器 1 个、线性位移量传感器 1 个、电容传感器 1 个、漫射式光电传感器 1 个、反射式光电传感器 1 个、反射板 1 块、磁感应式接近开关 2 个、气动滑槽 2 个、CP 阀组 1 个、消声器 1 个、气源处理组件 1 个、走线槽若干、铝 合金板 1 个等。

4. 工作现场

现场工作空间充足，方便进行安装调试，工具、材料等准备到位。

5. 技术资料

①检测单元的电气图纸和气动图纸。

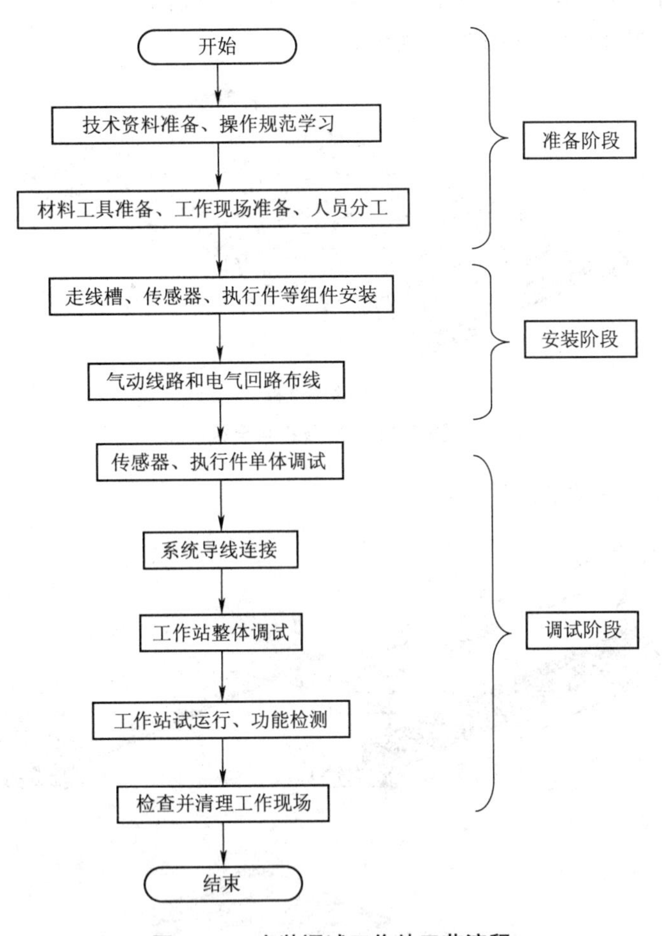

图 2.31　安装调试工作站工艺流程

笔记栏

②相关组件的技术资料。

③重要组件安装调试的作业指导书。

④工作计划表、材料工具清单表。

二、安装工艺要求

见项目一。

三、安装调试的安全要求

见项目一。

四、安装调试步骤

①根据技术图纸,分析气动回路和电气回路,明确线路连接关系。

②按给定的标准图纸选工具和元器件。

笔记栏

③在指定的位置安装元器件和相应模块。具体安装步骤如下：

步骤 1：准备铝合金板，如图 2.32 所示。

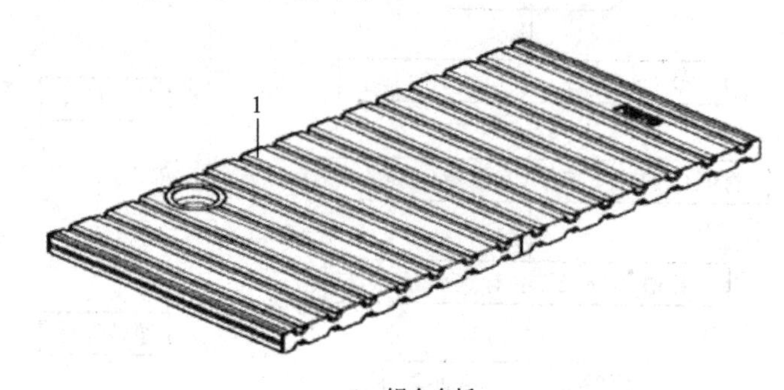

1—铝合金板

图 2.32　准备铝合金板

步骤 2：按图 2.33 安装组件。

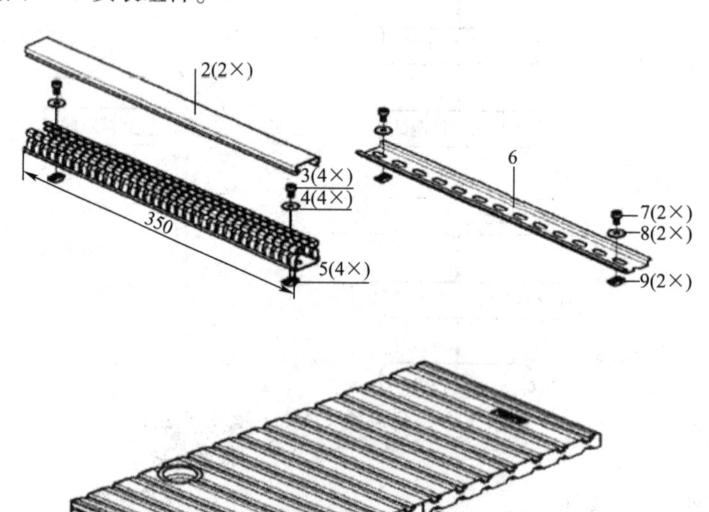

10

图 2.33　安装组件(一)

2—走线槽；3—内角螺钉 M5×10；4—垫片 B5.3；5—T 形头螺母 M5-32；6—导轨；
7—内角螺钉 M5×10；8—垫片 B5.3；9—T 形头螺母 M5-32；10—线槽盖板

步骤 3：按图 2.34 安装组件。

步骤 4：按图 2.35 调整线夹位置。

步骤 5：按图 2.36 安装组件。

步骤 6：按图 2.37 安装组件。

步骤 7：安装完好的工作单元，如图 2.38 所示。

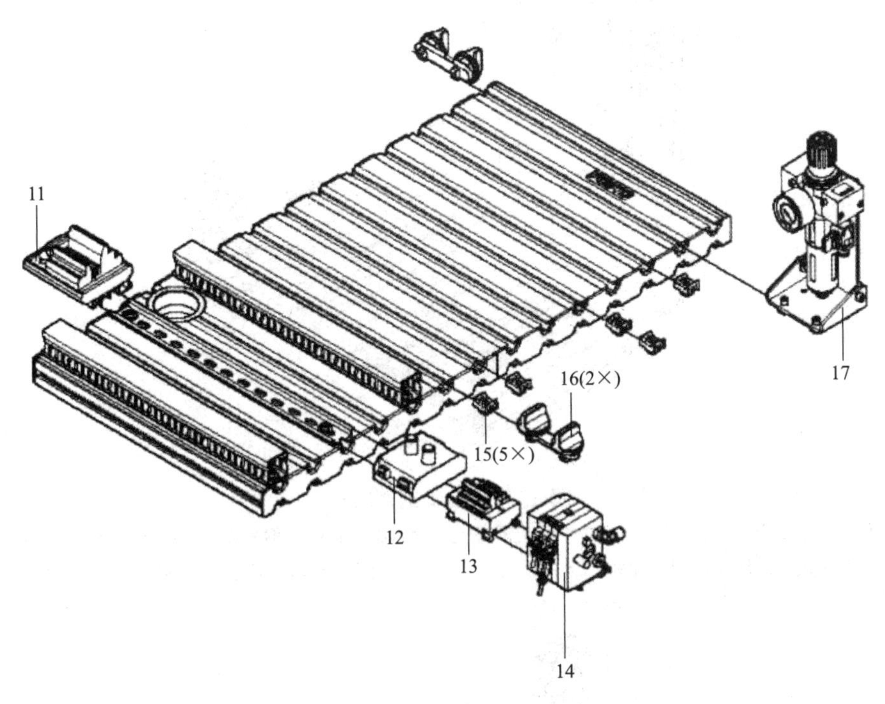

图 2.34 安装组件(二)

11—I/O 接线端口;12—位置比较器;13—接口单元;14—CP 阀组;15—线夹;16—连接器;17—二联件

笔记栏

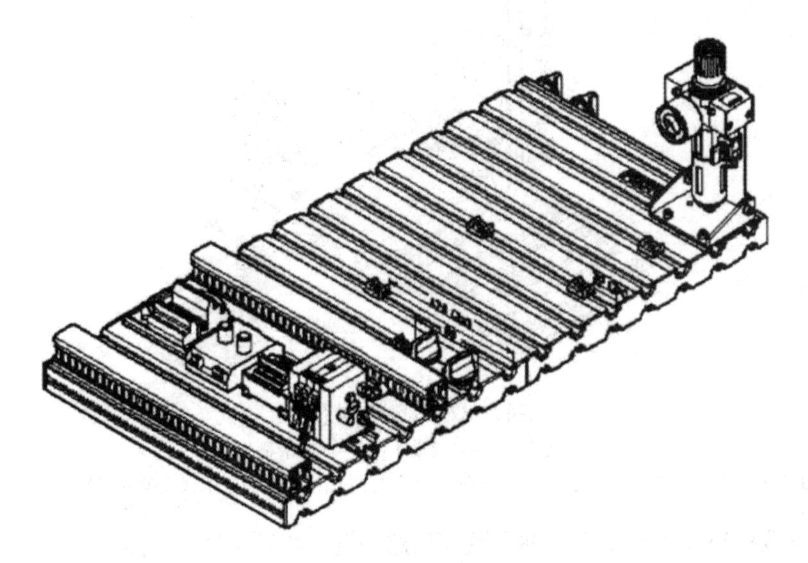

图 2.35 调整线夹位置

笔记栏

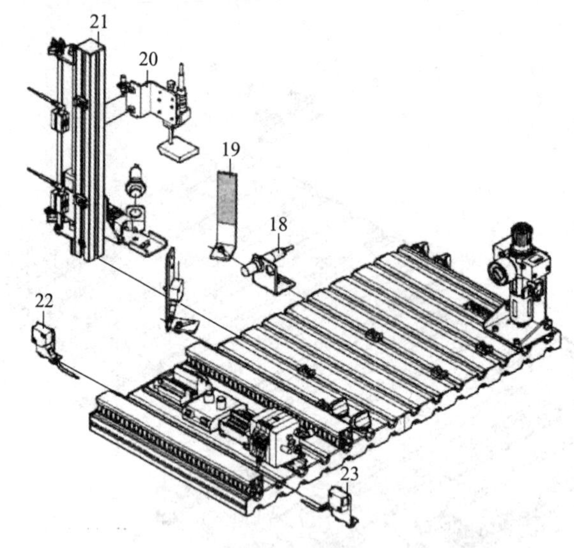

图 2.36　安装组件(三)

18—电容传感器(识别模块光电式传感器安装在提升单元的固定架);19—反射式光电式传感器(传感器和反射板);20—测量模块;21—提升模块;22—光电式传感器——发射器;23—光电式传感器——接收器

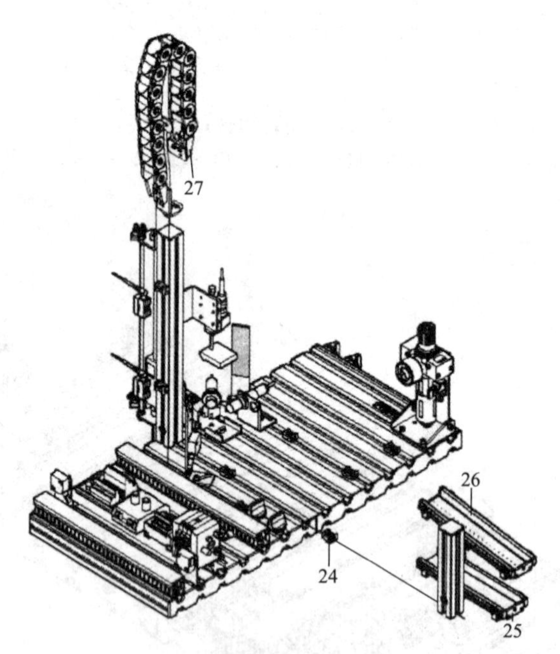

图 2.37　安装组件(四)

24—线夹;25—滑槽模块;26—气动滑槽模块;
27—拖链(用两个 M5×12 螺钉把黑色拖链固定在提升模块上,用螺钉来固定电线支架和气缸托架侧面的支架)

④根据线标和设计图纸要求,进行气动回路和电气控制回路的连接。

⑤按控制要求进行测量模块、推料模块和提升模块各个传感器、节流阀以及阀岛的调试。

a. 电容式传感器的调试(推料缸)。

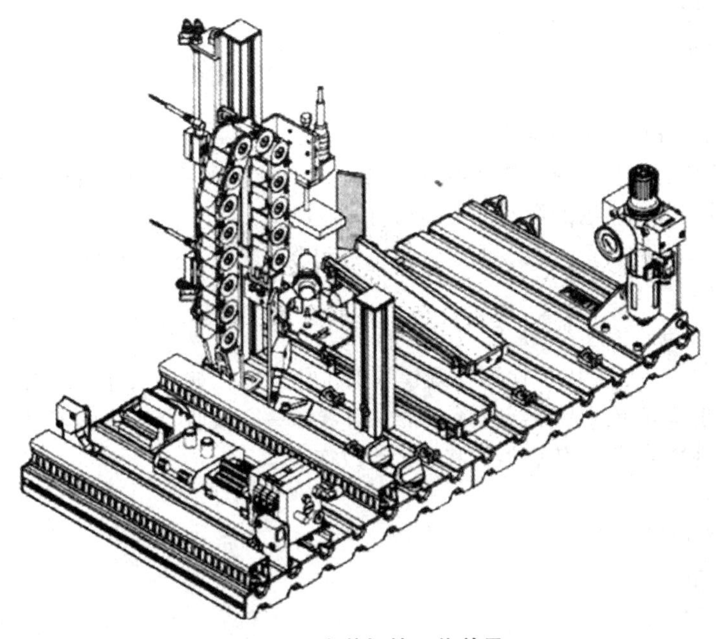

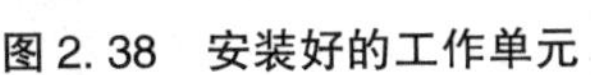

图 2.38 安装好的工作单元

笔记栏

电容式传感器用于检测工件,工件可以改变电容式传感器的电容。无论颜色和材料,电容式传感器都可以检测到工件。

准备条件:

- 安装提升缸。
- 连接气缸。
- 打开气源。
- 提升缸在下限位。
- 安装电容式传感器。
- 连接传感器 I。
- 接通电源。

执行步骤:

- 将元件放入识别工位中。
- 在安装架上安装电容式传感器,要避免传感器和其他装置接触。传感器和工件之间的距离约为 2~3 mm。
- 用旋具调节传感器的微动开关直到指示灯亮。
- 检查传感器的位置和设置(放入/取走工件)。

b. 漫射式传感器(识别,检测颜色)。

漫射式传感器用于检测颜色。漫射式传感器发出红外线可见光,检测被反射回来的光线,工件的表面颜色不同,被反射的光线亮度也不同。

准备条件:

- 安装提升模块。
- 在安装架上安装漫射式传感器。

笔记栏

- 连接传感器。
- 接通电源。

执行步骤：

- 将红色工件放入识别工位中。
- 在安装架上安装漫射式传感器，传感器和工件之间的距离约为15~20 mm。
- 用旋具调节传感器的微动开关，直到指示灯亮。
- 检查传感器的设置（放入/取走红色工件和金属工件），必须检测红色和金属工件。

注意：不能检测黑色工件。

c. 反射式光电式传感器（提升，工作空间）。

反射式光电式传感器用于检测提升模块的工作空间。如果工件空间被占用，不能进行提升运动。反射式光电式传感器包括一个发射器和一个接收器。传感器发出红色可见光，如果光线被其他物体遮挡，传感器的状态发生改变。

准备条件：

- 安装提升模块。
- 连接气缸。
- 打开气源。
- 安装反射式光电式传感器。
- 连接传感器。
- 接通电源。

执行步骤：

- 安装传感器和反光板。
- 将一个物体放在传感器和反光板之间。
- 用旋具调节传感器的微动开关，直到指示灯灭。

注意：微动开关最多可以旋转12圈。

d. 接近式传感器（提升，提升缸）。

接近式传感器用于控制气缸运动的末端位置。接近式传感器对安装在气缸活塞上的磁铁 产生感应。

准备条件：

- 安装提升模块、接近式传感器。
- 连接气缸。
- 打开气源。
- 连接接近式传感器。
- 接通电源。

执行步骤：

- 手动控制电磁阀，将气缸调整到合适的工作位置。
- 按住传感器，沿着气缸的轴向方向移动传感器，直到指示灯（LED）亮。
- 在同一方向上继续移动传感器，直到指示灯（LED）熄灭。
- 将传感器调整到接通和关闭状态的中间位置。
- 用内六方旋具 A/F1.3 将传感器固定。

- 启动系统,检查传感器是否位于正确位置(提升/降下提升气缸)。

e. 接近式传感器(提升,推料缸)。

接近式传感器用于控制气缸运动的末端位置,对安装在气缸活塞上的磁铁 产生感应。

准备条件:

- 安装提升模块,在推料缸上安装接近式传感器。
- 连接气缸。
- 打开气源。
- 连接接近式传感器。
- 接通电源。

执行步骤:

- 手动控制电磁阀,将气缸调整到合适的工作位置。
- 按住传感器,沿着气缸的轴向方向移动传感器,直到指示灯(LED)亮。
- 在同一方向上继续移动传感器,直到指示灯(LED)熄灭。
- 将传感器调整到接通和关闭状态的中间位置。
- 用内六方旋具 A/F1.3 将传感器固定。
- 启动系统,检查传感器是否位于正确位置(提升/降下提升气缸)。

f. 接近式传感器(提升,推高缸)。

接近式传感器用于控制气缸运动的末端位置。对安装在气缸活塞上的磁铁产生感应。

准备条件:

- 安装提升模块,在推料缸上安装接近式传感器。
- 连接气缸。
- 打开气源。
- 连接接近式传感器。
- 接通电源。

执行步骤:

- 手动控制电磁阀,将气缸调整到合适的工作位置。
- 按住传感器,沿着气缸的轴向方向移动传感器,直到指示灯(LED)亮。
- 在同一方向继续移动传感器,直到指示灯(LED)熄灭。
- 将传感器调整到接通和关闭状态的中间位置。
- 用内六方旋具 A/F1.3 将传感器固定。
- 启动系统,检查传感器是否位于正确位置(前进/缩回推料缸)。

g. 带比较器的线性位移量传感器(测量,工件高度)。

线性位移量传感器用于测量工件高度。线性位移量传感器的模拟量输出信号通过比较器转换为二进制信号(0/1 信号)。

准备条件:

- 安装提升模块,测量模块。
- 连接气缸,打开气源。
- 连接线性位移量传感器和比较器。

笔记栏

笔记栏

- 接通电源。

执行步骤：

- 将测量模块安装在支持架240 mm高度上。

注意：通过调节机械缓冲器（末端位置）可以使识别工位上升高度与气动滑槽高度一致。

- 将红色工件（高度250 mm）放入提升缸的识别工位上。
- 松开线性位移量传感器滑槽上的夹子。
- 提升缸运动到上限位。
- 按住线性位移量传感器，直到传感器缩回15 mm。在该位置上固定线性位移传感器。

设置比较器：

- 将黑色工件和红色工件（或银色工件）分别放入相应工位上。
- 手动控制阀岛上的阀片C，使提升缸向上运动，在上限位置停止运动。
- 设定两个电位计LEVEL1和LEVEL2，使得结果为：红色工件（或银色工件）时，输出MID（绿色）的工作状态指示灯亮；黑色工件时，输出LOW（黄色）的工作状态指示灯亮（假定黑色工件为不合格件，红色工件和银色工件为合格件）。
- 手动控制阀岛上的阀片C，使提升缸向下运动。
- 输出LOW（黄色）的工作状态指示灯亮。
- 取走工件，比较器完成设置。

h. 调节单向节流阀。

单向节流阀用于控制双作用气缸的气体流量。在相反方向，气体通过单向阀流动。

准备条件：

- 连接气缸。
- 打开气源。

执行步骤：

- 将单向节流阀完全拧紧，然后松开一圈。
- 启动系统。
- 慢慢打开单向节流阀，直到达到所需的活塞杆速度。

i. 调节阀岛。

手动调节用于检查阀和阀-驱动组合单元的功能。

准备条件：

- 打开气源。
- 接通电源。

执行步骤：

- 将气泵与二联件连接，在二联件上设定压力为6 bar（600 kPa），打开气源。
- 用细铅笔或一个旋具（最大宽度：2.5 mm）按下手控开关。
- 松开开关（开关为弹簧复位），节流阀回到初始位置。
- 对各个节流阀逐一进行手控调节。
- 在系统调试前，保证阀岛上的所有节流阀都处于初始位置。

⑥整体调试。

a. 调试要求。调试检测单元工作站时有下列要求：

- 安装并调节好检测单元工作站。
- 一个控制面板。
- 一个 PLC 板。
- 一个 24V DC、4.5 A 电源。
- 6 bar(600 kPa)的气源,吸气容量 50 L/min。
- 装有 PLC 编程软件的 PC。

b. 外观检查。在进行整体调试前,必须进行外观检查。检查气源、电源、电气连接、机械元件等是否损坏,连接是否正确。

c. 系统导线连接。从 PLC 上将导线连接至工作站的控制面板上。

- PLC 板-工作站:PLC 板的 XMA2 导线插入工作站 I/O 端子的 XMA2 插座中。
- PLC 板-控制面板:PLC 板的 XMG2 导线插入控制面板的 XMG2 插座中。
- PLC 板-电源:4 mm 的安全插头插入电源的插座中。
- PC-PLC:将 PC 通过 RS-232 编程电缆与 PLC 连接。

d. 下载程序。

Siemens 控制器:S7-313C-2DP。

编程软件:Siemens STEP7 Version 5.4 或更高版本。

- 使用编程电缆将 PC 与 PLC 连接。
- 接通电源。
- 打开气源。
- 松开急停按钮。
- 将所有 PLC 内存程序复位。

系统上电后等待,直到 PLC 完成自检。将选择开关调到 MRES,保持该位置不动,直到 STOP 指示灯闪烁两次并停止闪烁(大约 3 s)。再次将开关调到 MRES,STOP 指示灯快速闪烁,CPU 进行程序复位。当 STOP 指示灯不再闪烁时,CPU 完成程序复位。

- 模式选择开关置 STOP 位。
- 打开 PLC 编程软件。
- 下载 PLC 程序。

e. 通电、通气试运行。检测工作站的功能:

- 接通电源,打开气源,检查电源电压和气源。
- 松开急停按钮。
- 将 CPU 上的模式选择开关调到 RUN 位置。
- 将 1 个工件放入识别模块中,工件要开口向上放置。
- 按下复位按钮进行复位,工作站将运行到初始位置,START 灯亮提示到达初始位置,复位之前,RESET 指示灯亮。

注意:手动复位前将各模块运动路径上的工件拿走。

- 选择开关 AUTO/MAN 用钥匙控制。分别选择连续循环(AUTO)或单步循环(MAN)测试系统功能。
- 按下 START 按钮,START 指示灯灭,启动检测单元完成工作过程。
- 按下 STOP 按钮或急停按钮,中断检测单元系统工作。

笔记栏

笔记栏

如果在测试过程中出现问题,系统不能正常运行,则根据相应的信号显示和程序运行情况,查找原因,排除故障,重新测试系统功能。

f. 检查并清理工作现场,确认工作现场无遗留的元器件、工具和材料等物品。

项目执行

工作组织方式,划分工作阶段,分配工作任务,讨论一个项目软件设计的工作流程和工作计划,填写工作计划表和材料工具清单。

一个项目软件设计的工作流程如图 2.39 所示。

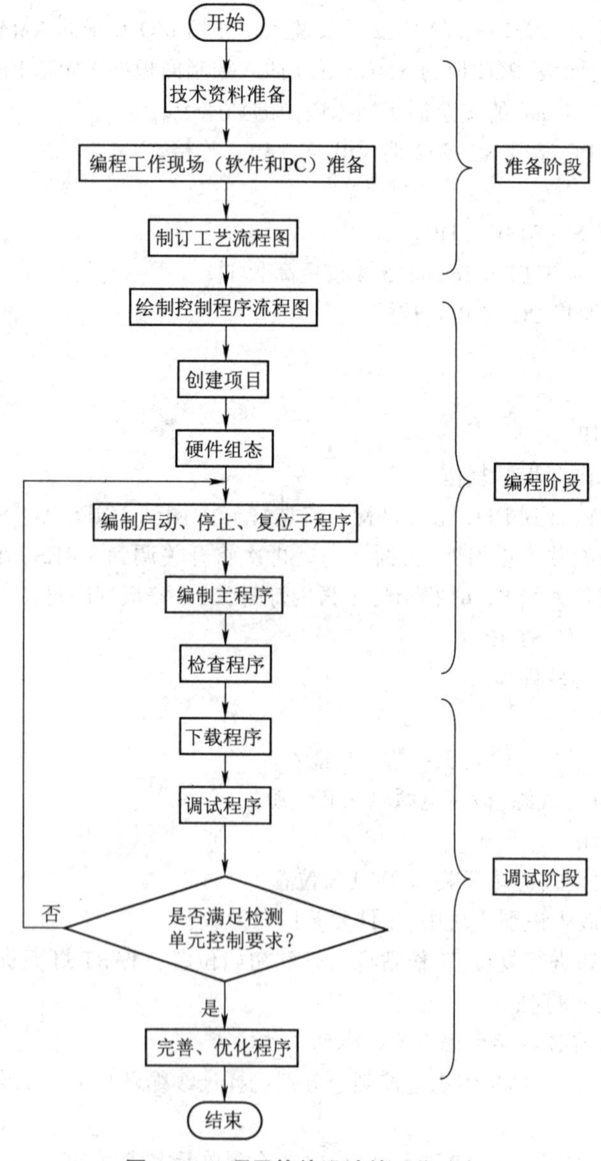

图 2.39　项目软件设计的工作流程

一、编程准备

在编制控制程序前，应准备好编程所需的技术资料，并做好工作现场的准备工作。

1. 技术资料

①检测单元的电气图纸和气动图纸。

②相关组件的技术资料。

③工作计划表。

④检测单元的 I/O 表。

2. 工作现场

能够运行所需操作系统的 PC，PC 应安装包含 S7-PLCSIM 的 STEP 7 编程软件、安装调试好的检测单元、手控盒。

笔记栏

二、软件设计步骤

1. 分析控制要求，编制系统的工艺流程

根据控制任务的要求及在考虑了安全、效率、工作可靠性的基础上，设计工艺流程。在编写工艺流程前，首先要了解清楚检测单元的基本结构，了解清楚各部分结构的作用、执行结构与控制信号的关系等，仔细分析控制任务。另外，在编写工艺流程时，在满足控制任务要求的前提下，还要考虑安全、节能、效率、工作可靠性等因素。

当设备满足启动条件时，按下启动按钮，检测单元首先对工件的颜色及材质进行识别，并将识别的结果存储起来。然后，将工作平台升至上端进行工件高度的测量，根据测量结果对工件进行分流。设定满足某一个尺寸范围的工件（合格品）从上滑槽分流出去，将不满足要求的工件（不合格品）从下滑槽分流出去。最后各执行机构都返回到初始位置。

图 2.40 所示为检测单元手动单循环控制模式的生产工艺流程，可供参考。

在自动操作模式下，在各执行机构处于初始状态的情况下，当按下启动按钮时，检测单元进入待检测状态。当有工件被放到检测工作平台上时，检测单元进入检测状态。在检测状态下，首先对工件的颜色及材质进行识别，并将识别的结果存储起来。然后，将工作平台升至上端进行工件高度的测量，此后根据测量结果对工件进行分流。如果工件满足某一个预先设定尺寸范围（合格品），则让该工件从上滑槽分流出去；若工件不满足该尺寸范围（不合格品），则将其从下滑槽分流出去。最后，各执行机构返回到初始位置，进入待检测状态，等待检测下一个工件。

在检测单元启动后（包括待检测状态和检测状态），当按下停止按钮后，若检测单元处于检测状态（正在检测工件），则在完成了当前的工作循环之后停止运行，并且各个执行机构回到初始位置；若是处于待检测状态，则直接停止。

检测单元自动连续运行控制模式的生产工艺流程图参考手动模式自行编制。

2. 绘制主程序和启动、复位、停止子程序流程图

根据检测单元工艺流程图，绘制程序流程图。

3. 编制程序

(1)编程技巧

①将启动、复位、停止控制程序编写在 FC 或 FB 中。

笔记栏

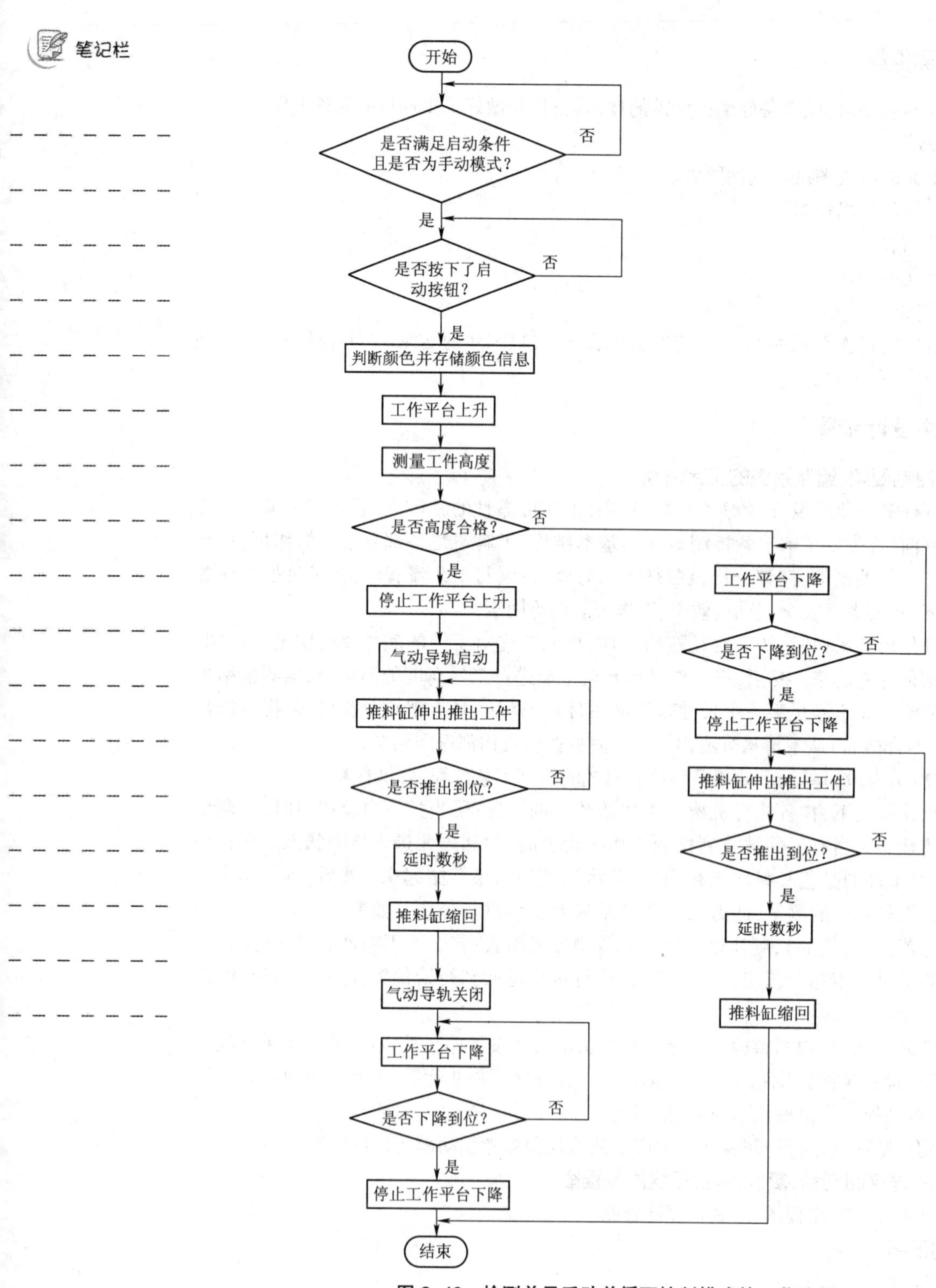

图 2.40　检测单元手动单循环控制模式的工艺流程

②将启动运行程序的条件在主程序 OB1 中体现,作为调用运行控制程序的条件。

③在自动连续运行控制程序中,建议创建一个“启动/停止”的标志信号,然后通过该标志的信号去控制程序的执行状态。

④在编写程序时,注意区分使用“1”信号和“沿”信号。“1”信号对应于传感器的信号而言,代表的是某个执行机构的位置状态,而“沿”信号则对应着执行机构的动作状态。

⑤注意在程序中区分同一个执行机构在不同阶段所做的相同动作。建议最终将这些程序段按照或逻辑合并在一起。

(2)编写步骤

首先建一个项目,进行硬件组态,然后在该项目下编写控制程序(启动控制子程序、复位控制子程序、停止控制子程序、主程序),实现对检测单元的控制。

笔记栏

(3)编程检查

编写完程序应认真检查。在检查程序时,重点检查:各个执行机构之间是否会发生冲突,同一个执行机构在不同的阶段所做的相同的动作是否区分开了。如果几个程序段实现的都是同一个执行机构的同一个动作,只是实现的条件不同,则应该将这几个程序段按照或逻辑关系合并。

4. 下载调试程序

将所编程序通过通信电缆下载到 CPU 中,进行实际运行调试,经过调试修改的过程,最终完善控制程序。

在调试程序时,可以利用 STEP 7 软件所带的调试工具,通过监视程序的运行状态并结合观察到的执行机构的动作特征,来分析程序存在的问题。

如果经过调试修改,程序能够实现预期的控制功能,则还应多运行几次,以检查运行的可靠性,查找程序的缺陷。

在工作单元运行程序时,应该时刻注意设备的运行情况,一旦发生执行结构相互冲突的事件,应及时操作保护设施,如切断设备执行机构的控制信号回路、切断气源等,以避免造成设备的损坏。

在调试过程中,应将调试中遇到的问题、解决的方法记录下来,注意总结经验。

笔记栏

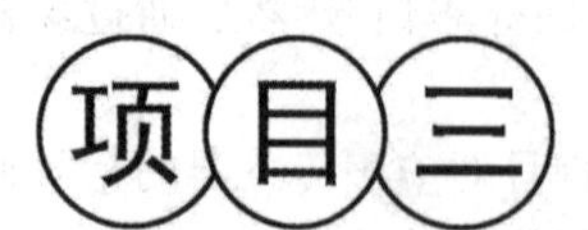

项目三 加工单元安装调试与设计运行

项目描述

根据电气回路图纸和气动回路图纸在考虑经济性、安全性的情况下,选择正确的元器件,制订安装调试计划,选择合适的工具和仪器,小组成员协同,进行加工单元的安装;根据控制任务,编写 PLC 控制程序,完成加工单元的运行及测试,并对调试后的系统功能进行综合评价。

图 3.1 所示为加工单元外形图。

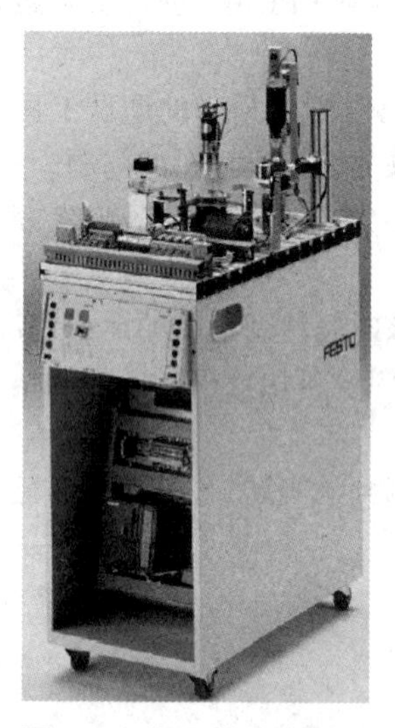

图 3.1 加工单元外形图

项目名称	加工单元安装调试与设计运行	参考学时	16 学时
项目导入	项目来源于某汽车零部件生产企业,要求对半成品的气缸进行转孔处理,并将加工完的工件通过拨块送到下一个工作单元。随着机电一体化技术的不断发展,应用到轻工业的生产线的生产效率不断提高,企业为提高生产线的生产效率不断改进原有设备。 该项目目前主要应用于生产线中对气缸的检测及转孔等,从而能够对各类全自动生产线的加工单元进行工艺分析,完成生产线加工单元的安装与调试、维修		

续表

<table>
<tr><td>项目名称</td><td>加工单元安装调试与设计运行</td><td>参考学时</td><td>16 学时</td></tr>
<tr><td>项目目标</td><td colspan="3">知识目标：
①掌握旋转工作台、夹紧装置、检测模块、钻孔模块、分支模块等组件的结构、工作原理。
②掌握电感式传感器、电容式传感器、磁感应式接近开关等组件的工作原理和安装调试方法。
③掌握分度盘定位技术和继电器控制技术应用方法。
④熟悉气动回路、电气回路和整机调试方法。
⑤了解机械、电气安装工艺规范和相应的国家标准。
⑥掌握万用表、剥线钳、压线钳、尖嘴钳等工具仪器的使用方法。
⑦熟悉加工单元工程图纸、组件等技术资料上英文单词的含义。
⑧掌握机电一体化系统的常用控制方式。
⑨进一步掌握梯形逻辑语言的常用指令及梯形逻辑语言的基本编程方法与技巧。
⑩掌握 STEP 7 并行程序结构设计方法。
⑪掌握定时器、计数器指令的使用方法。
⑫熟悉 PLC 程序下载和上载方法。
能力目标：
①能够正确识读机械和电气工程图纸。
②能够安装调试电感式传感器、电容式传感器、旋转工作台、夹紧装置、检测模块、钻孔模块等组件，能正确连接气动回路和电气回路，并熟悉相关规范、标准。
③会使用万用表、电工刀、压线钳、剥线钳、尖嘴钳等常用的安装、调试工具仪器。
④能看懂一般工程图纸、组件等英文技术资料。
⑤能够制订安装调试的技术方案、工作计划和检查表。
⑥能整理、收集安装、调试交工资料。
⑦会编写安装、调试报告。
⑧能够通过网络、期刊、专业书籍、技术手册等获取相应信息。
⑨能够根据控制要求制订控制方案，编制工艺流程。
⑩能够根据控制方案，编制程序流程图。
⑪熟悉 STEP 7 软件，能够正确设置语言、通信接口、PLC 等参数。
⑫能够根据控制要求，正确编制并行控制程序。
⑬能够正确下载控制程序，并能调试加工单元各个功能。
⑭能读懂 STEP 7 软件菜单和选项卡、对话框等出现的英文条目和说明。
⑮能够制订程序设计的工作计划和检查表。
⑯能编制程序设计技术报告。
⑰能够通过网络、期刊、专业书籍、技术手册等获取相应信息。
素质目标：
①遵守劳动安全和用电安全规程。
②培养学生具有独立思考、开拓创新和团队合作的工匠精神。
③养成良好的职业素质</td></tr>
<tr><td>项目要求</td><td colspan="3">完成加工单元的设计与安装调试，项目具体要求如下：
①完成加工单元零部件结构测绘设计。
②完成加工单元 PLC 的程序设计。
③完成加工单元的安装、调试运行。
④针对加工单元在调试过程中出现的故障现象，正确对其进行维修</td></tr>
</table>

笔记栏

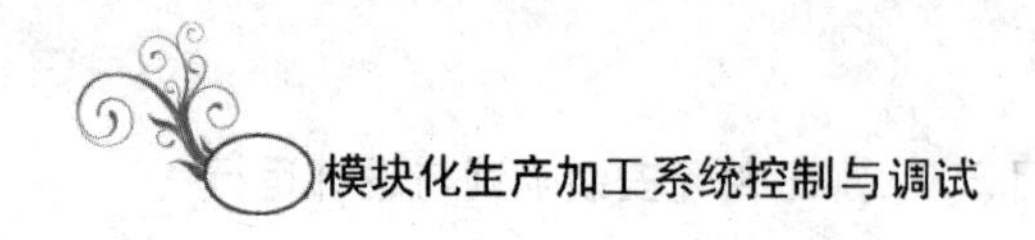

笔记栏

续表

项目名称	加工单元安装调试与设计运行	参考学时	16 学时
实施思路	根据本项目的项目要求,完成项目实施思路如下: ①项目的机械结构设计及零部件测绘加工,时间 4 学时。 ②项目的可编程控制程序编制,时间 8 学时。 ③项目的安装与调试,时间 4 学时		

工作过程

工作步骤	工 作 内 容
项目构思(C)	①加工单元的功能及结构组成、主要技术参数。 ②旋转工作台、夹紧装置、检测模块、钻孔模块的结构组成和工作原理。 ③加工单元工作站的工作流程。 ④加工单元工作站安全操作规程。 ⑤加工单元工作站的控制要求。 ⑥STEP 7 编程软件的使用方法。 ⑦STEP 7 的并行程序编程方法与技巧。 ⑧PLC 并行控制程序调试方法
项目设计(D)	①确定电感式传感器、电容式传感器、微动开关、旋转工作台、钻孔、夹紧装置、检测、阀岛的类型、数量和安装方法。 ②确定加工单元的安装和调试的专业工具及结构组件。 ③确定加工单元各组件安装调试工序。 ④选择合适的编程语言和程序结构。 ⑤从可读性和技术合理性选择合理程序编制方案
	①根据技术图纸编制安装调试计划。 ②填写供料单元安装调试所需组件、材料和工具清单。 ③确定加工单元控制程序编制工序。 ④制订程序编制的工作计划。 ⑤填写加工单元程序编制和调试所需软件、技术资料、工具和仪器清单
项目实现(I)	①安装前对钻机、直流驱动电动机、各传感器、继电器等组建的外观、型号规格、数量、标志、技术文件资料进行检验。 ②根据图纸,正确选定安装位置,进行旋转工作台模块、钻孔模块、检测模块、分支模块、I/O 的接线端口、继电器、走线槽等安装。 ③根据线标和设计图纸要求,完成加工单元电气控制回路连接。 ④进行电容式传感器、电感式传感器、限位开关等的调试以及整个工作站调试和试运行。 ⑤根据技术图纸,熟悉加工单元 I/O 地址分配表。 ⑥根据控制要求,绘制控制程序流程图。 ⑦根据流程图编制控制程序。 ⑧将编制的程序下载到 PLC 中,运用 Monitor 工具调试程序

续表

工作步骤	工 作 内 容
项目执行（O）	①电气元件安装位置及接线是否正确，接线端接头处理是否符合工艺标准。 ②机械元件是否完好，安装位置是否正确。 ③传感器安装位置及接线是否正确。 ④工作站功能检测。 ⑤程序是否能够实现加工单元控制要求。 ⑥编制的程序是否合理、简洁，没有漏洞。 ⑦程序是否最优，所用指令是否合理
	①加工单元安装调试各工序的实施情况。 ②加工单元安装成果运行情况。 ③加工单元程序编制各工序的实施情况。 ④加工单元运行情况。 ⑤工作组织、人员分工是否合理。 ⑥团队精神。 ⑦工作反思

笔记栏

一、加工单元的机械结构

1. 加工单元的功能

加工工作单元是模块化生产加工系统中唯一一个只使用电气驱动器的工作单元。在此单元中，工件在旋转平台上平行地完成检测及钻孔的加工，加工完的工件通过拨块送到下一个工作单元。

微课

加工单元认知

2. 加工单元的结构组成

加工单元的结构如图 3.2 所示。加工单元是 5 站 MPS 的第三个工作单元，可以模拟钻孔加工及钻孔质量检测的过程。加工单元是唯一没有使用气动元件的工作单元，主要由旋转工作台模块、钻孔模块、检测模块、夹紧模块、分支模块等组成。旋转工作台放置工件，由直流电动机驱动，工件在平台上平行地完成检测及钻孔的加工。工作台的定位由传感器回路完成，电感式传感器检测平台的位置由带电感式传感器的电磁执行装置来检测工件是否放置在合适的位置，在进行钻孔加工时，电磁执行件夹紧工件，加工完的工件通过电气分支送到下一个工作单元。

（1）旋转工作台模块

旋转平台模块如图 3.3 所示，由 DC 马达驱动，主要由旋转工作台、直流电动机、电容传感器动等组成。

旋转工作台被支架固定在铝合金底板上，通过直流电动机驱动旋转，实现各工位上工件的流动。工作台有 6 个加工工位，每个工位都有一个圆孔，在其中 3 个工位圆孔的下面安装有电容式开关传感器用于对工件进行识别。

笔记栏

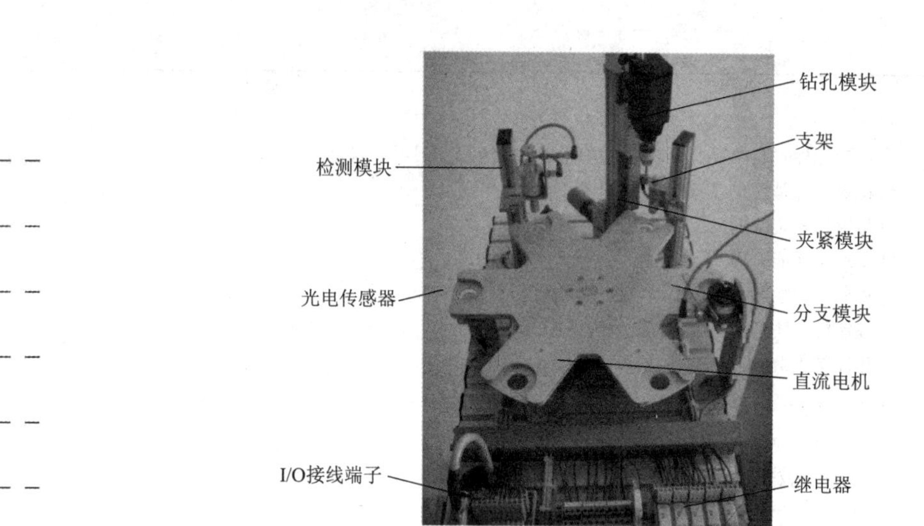

图 3.2　加工单元的结构

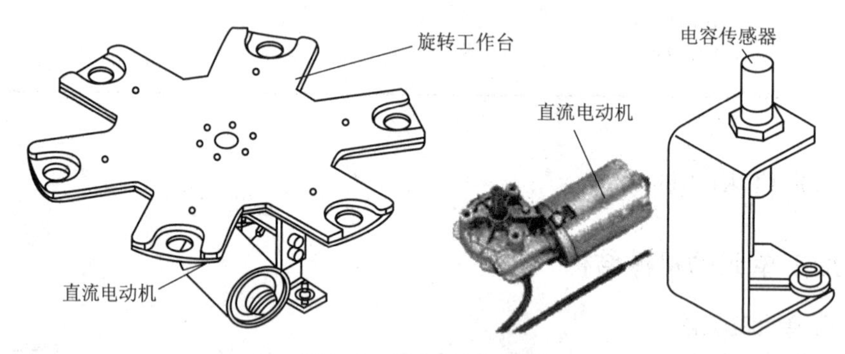

图 3.3　旋转工作台模块

在工作台定位控制时,旋转工作台每次转动60°,工作台的转动位置由电感式接近开关来确定。电感式接近开关的外形和安装图如图3.4所示。电感式接近开关俗称无触点电子接近开关,是应用电磁振荡原理,由振荡器、开关电路和放大输出电路三部分组成。振荡电

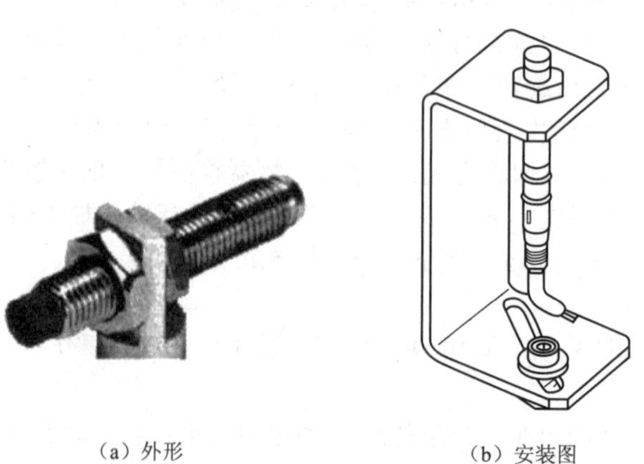

(a) 外形　　(b) 安装图

图 3.4　电感式接近开关的外形和安装图

路产生交变磁场,当金属目标接近这一磁场并达到感应距离时,金属目标内产生涡流,反过来影响振荡器振荡。振荡变化被放大电路处理并转换成开关信号,触发驱动控制器件,完成开关量输出。电感接近开关一般用于近距离的金属物体的检测,具有体积小、重复定位精确、使用寿命长、抗干扰性能好、防尘、防水、防油、耐振动等特点,广泛应用于各种机电一体化装置中。

对于工作台的6个工位,分别有6个金属凸块与之对应,各凸块与工作台相对固定。当凸块接近电感式接近开关时,就会使接近开关动作,输出“1”信号,根据该信号判断工作台是否旋转到位。

电容式传感器固定在加工单元的铝合金底板上,在第一、第二、第三个工位的下方。当工作台转到相应工位时,由于工作台在各个工位都留有圆孔,没有工件时则传感器会输出信号“0”;如果此时在该工位上放上工件,则传感器会输出信号“1”。利用电容式传感器信号的变化即可判断是否有工件放到了工位上。

笔记栏

(2)检测模块

检测模块如图3.5所示,用于检测待加工工件孔的深度,有孔深合格的工件,方可送到钻孔模块进行钻孔加工。它主要由直流电动机、电感式开关传感器、支架等组成,其主要检测该工件存放槽中的工件是否含有加工孔(工件存放槽中的工件是否处于正确的位置)。如果工件的加工孔深度足够,即开口向上,检测模块的探头可以达到下限位。当检测模块中的活塞杆缩回到下限位时,触发电感式传感器,传感器输出信号“1”。

(3)钻孔模块

钻孔模块用于模拟对工件圆孔划抛光。钻孔模块如图3.6所示,主要由钻孔进给电动机、钻孔电动机、钻孔导向装置、夹紧电磁铁、钻孔模块支架、微动开关等组成。

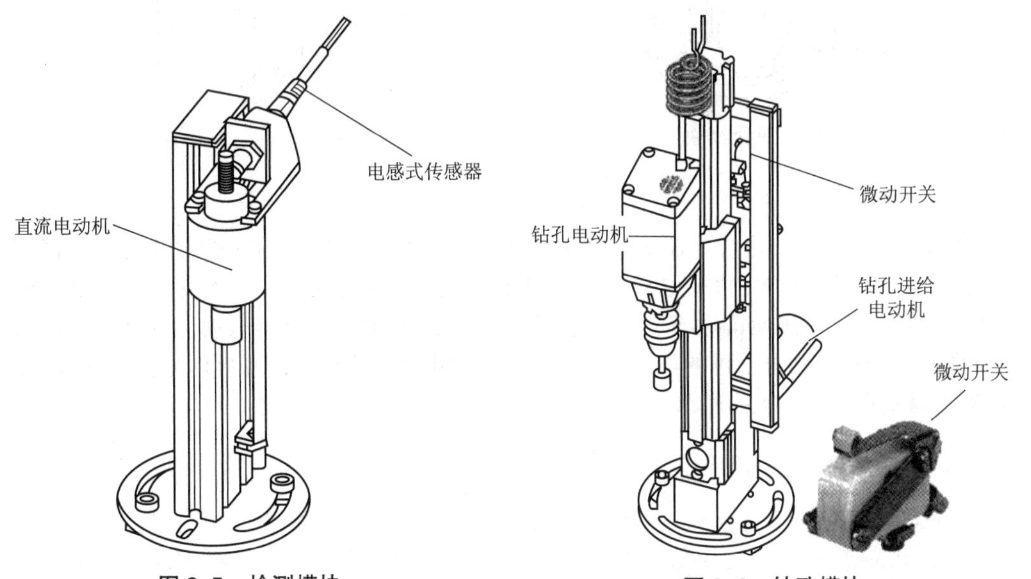

图3.5 检测模块

图3.6 钻孔模块

钻孔电动机通过24 V DC工作,速度不能调节,用于实现钻孔的动作,是钻孔的执行机构;钻机的进给和缩回由电缸带动,一个电气马达驱动电缸,一个继电器回路驱动马达;钻孔导向装置由导向柱和导向套组成,用于保证钻孔电动机沿着固定方向准确地进行;在钻孔进

笔记栏

给电动机的两端安装有微动开关，分别用于判断进给运动的两个极限位置，当钻机达到末端位置时，电缸反向运动。

(4)夹紧模块

夹紧模块如图 3.7 所示，用于对工件钻孔时夹紧工件，钻孔安全可靠。因此，工件钻孔前必须先夹紧工件，钻孔完成待钻头移走后，夹紧气缸才能松开工件。

(5)分支模块

分支模块如图 3.8 所示，用于将完成钻孔加工的工件输出到下一工作单元。电气分支由直流电动机驱动，没有安装传感器，只要工作台每转动一次拨叉就在驱动电动机的驱动下拨动一次，将放置在工位 4 上的工件拨走，输送到下一工作单元。

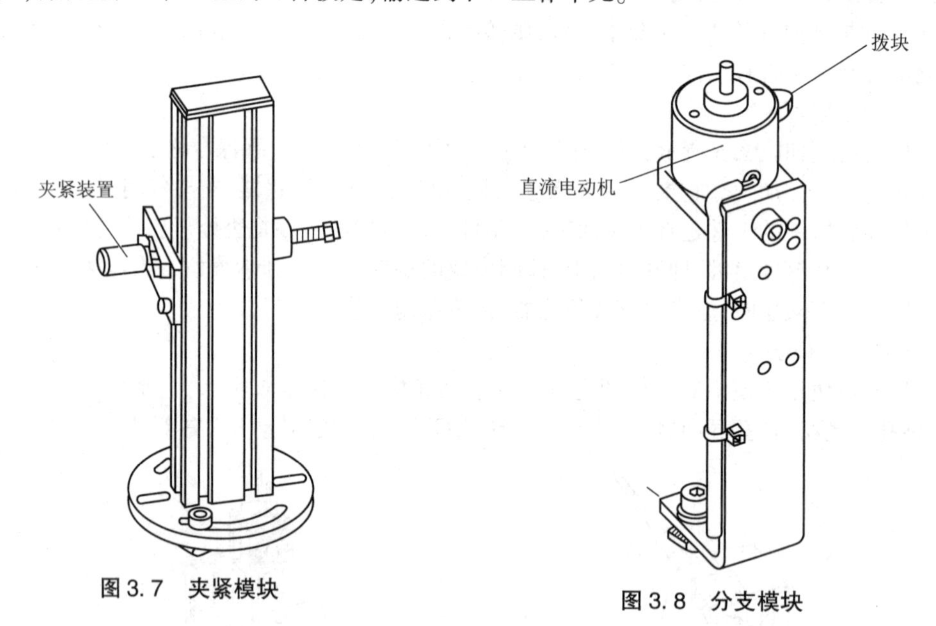

图 3.7　夹紧模块

图 3.8　分支模块

(6)继电器

本项目中共使用 5 个继电器 Kl、K2、K3、K4、K5，分别用于控制钻孔进给电动机、钻孔电动机、工作台驱动电动机、检测电动机和夹紧电磁铁。由于电动机的工作电流比较大，PLC 的数字量输出端口的驱动能力不够，因此采用由 DC 24 V 电源直接给电动机供电的方式，通过继电器的触点控制电动机的供电电路的通断，再用 PLC 的数字量输出信号控制继电器的线圈，从而实现对电动机的逻辑控制。

二、初识 PLC

1. PLC 的定义

PLC(Programmable Logic Controller，可编程控制器)是一种数字运算操作的电子系统，专为在工业环境应用而设计。它采用可编程的存储器，用来在其内部存储程序执行逻辑运算、顺序控制、定时、计数和算术运算等操作的指令，并通过数字和模拟式的输入和输出，控制各种机械或生产过程。

2. PLC 的产生

可编程控制器的起源可以追溯到 20 世纪 60 年代。20 世纪 60 年代末，由于市场的需要，工业生产开始从大批量、少品种的生产方式转变为小批量、多品种的生产方式。这种生产方式在汽车生产中得到充分的体现,而当时汽车组装生产线的控制是采用继电器控制系统的,这种控制系统体积大,耗电多,特别是改变生产程序很困难。为了改变这种状况,1968 年,美国最大的汽车公司——通用汽车公司(GM),对外公开招标,要求用新的电气控制装置取代继电器控制系统,以便适应迅速改变生产程序的要求。该公司为新的控制系统提出 10 项指标:

①编程方便,可现场修改程序。

②维修方便,采用插件式结构。

③可靠性高于继电器控制装置。

④体积小于继电器控制盘。

⑤数据可直接送入管理计算机。

⑥成本可与继电器控制盘竞争。

⑦输入可为市电。

⑧输出可为市电,容量要求在 2 A 以上,可直接驱动接触器等。

⑨扩展时原系统改变最少。

⑩用户存储器大于 4 KB。

这 10 项指标实际上就是现在可编程逻辑控制器的最基本功能。

1969 年,美国研制出世界第一台可编程控制器 PDP-14,用在 GM 公司生产线上获得成功;1971 年,日本研制出第一台可编程控制器 DCS-8;1973 年,德国研制出第一台可编程序控制器;1974 年,中国研制出第一台可编程控制器。

3. PLC 的分类

(1)按结构形式分类

按结构形式分类,PLC 可分为整体式和模块式两种。

①整体式 PLC 是将其电源、中央处理器及输入/输出部件等集中配置在一起,有的甚至全部安装在一块印制电路板上。整体式 PLC 结构紧凑,体积小,重量轻,价格低,I/O 点数固定,使用不灵活,如西门子公司的 S7-200。

②模块式 PLC 是把 PLC 的各部分以模块形式分开,如电源模板、CPU 模板、输入模板、输出模板等,把这些模板插入机架底板上,组装在一个机架内。这种结构配置灵活,装配方便,便于扩展,如西门子公司的 S7-300/400。

(2)按输入、输出点数和存储容量分类

按输入、输出点数和存储容量来分类,PLC 大致可分为大、中、小型 3 种。小型 PLC 的输入/输出点数在 256 点以下,用户程序存储容量在 2 K 字以下,如西门子公司的 S7-200。

中型 PLC 的输入、输出点数在 256~2 048 点之间,用户程序存储容量一般为(2~10)K 字,如西门子公司的 S7-300。大型 PLC 的输入、输出点数在 2 048 点以上,用户程序存储容量达 10K 字以上,如西门子公司的 S7-400。

(3)按功能分类

按功能强弱分类,PLC 可分为低档机、中档机、高档机 3 种。

低档 PLC 具有逻辑运算、定时、计数等功能。有的还增设模拟量处理、算术运算、数据传送等功能。

笔记栏

笔记栏

中档 PLC 除具有低档机的功能外，还具有较强的模拟量输入、输出、算术运算、数据传送等功能，可完成既有开关量又有模拟量控制的任务。

高档 PLC 增设有带符号算术运算及矩阵运算等，使运算能力更强。还具有模拟调节、联网通信、监视、记录和打印等功能，使 PLC 的功能更多更强。高档 PLC 能进行远程控制，构成分布式控制系统，用于整个工厂的自动化网络。

4. PLC 的特点

(1)可靠性高，抗干扰能力强

工业生产对控制设备的可靠性要求平均故障间隔时间长且故障修复时间(平均修复时间)短。

PLC 系统的软硬件抗干扰措施：

硬件方面：①隔离是抗干扰的主要手段之一。在微处理器与 I/O 电路之间，采用光电隔离措施，有效地抑制了外部干扰源对 PLC 的影响，同时还可以防止外部高电压进入 CPU 模板。②滤波是抗干扰的又一主要措施。对供电系统及输入线路采用多种形式的滤波，可消除或抑制高频干扰。用良好的导电、导磁材料屏蔽 CPU 等主要部件，可减弱空间电磁干扰。此外，对有些模板还设置了连锁保护、自诊断电路等。

软件方面：①设置故障检测与诊断程序。PLC 在每一次循环扫描过程的内部处理期间，检测系统硬件是否正常，外部环境是否正常，如掉电、欠电压等。②状态信息保护功能。当软故障条件出现时，立即把现状态重要信息存入指定存储器，软硬件配合封闭存储器，禁止对存储器进行任何不稳定的读写操作，以防存储信息被冲掉。这样，一旦外界环境正常后，便可恢复到故障发生前的状态，继续原来的程序工作。

(2)通用性强，控制程序可变，使用方便

PLC 品种齐全的各种硬件装置，可以组成能满足各种要求的控制系统，用户不必自己再设计和制作硬件装置。用户在硬件确定以后，在生产工艺流程改变或生产设备更新的情况下，不必改变 PLC 的硬件设备，只需改编程序就可以满足要求。

(3)功能强，适应面广

现代 PLC 不仅有逻辑运算、计时、计数、顺序控制等功能，还具有数字和模拟式的输入输出、功率驱动、通信、人机对话、自检、记录显示等功能。它既可控制一台生产机械，又可控制一条生产线、一个生产过程。

(4)编程简单，容易掌握

目前，梯形图编程方式既继承了传统控制线路的清晰直观，又考虑到大多数工厂企业电气技术人员的读图习惯及编程水平，所以非常容易接受和掌握。梯形图语言的编程元件符号和表达方式与继电器控制电路原理图相当接近。同时还提供了功能图、语句表等编程语言。

(5)减少了控制系统的设计及施工的工作量

由于 PLC 采用了软继电器来取代继电器控制系统中大量的中间继电器、时间继电器、计数器等器件，控制柜的设计安装接线工作量大为减少。同时，PLC 的用户程序可以在实验室模拟调试，更减少了现场的调试工作量。并且，由于 PLC 的低故障率、很强的监视功能及模块化等，使维修也极为方便。

例如：用 3 个开关 A、B、C 来控制电器 D。若控制要求：合上开关 A 或 B，且合上开关 C，则电器 D 通电运行。

实现上述控制要求,其接线及程序如图 3.9 所示。

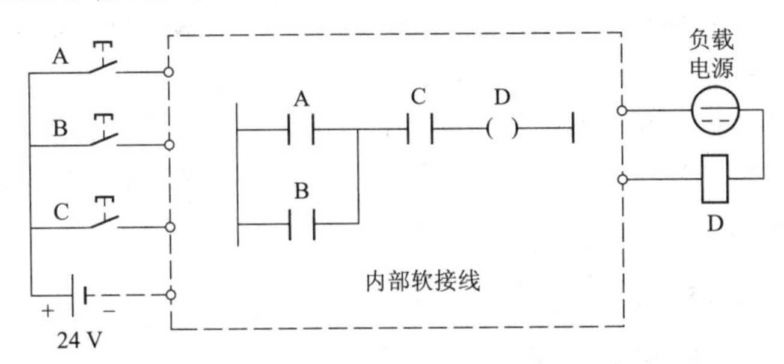

图 3.9 接线原理图

笔记栏

若控制要求改变,如必须同时合上开关 A、B、C,则电器 D 才通电运行。其外部接线不用改变,只需将内部程序中 A、B、C 常开触点的逻辑关系修改为串联方式即可。

(6)体积小、重量轻、功耗低

由于采用半导体集成电路,与传统控制系统相比较,其体积小、重量轻、功耗低。

5. PLC 的性能指标

PLC 的基本技术性能指标包括:

①输入/输出点数(I/O 点数),即 PLC 外部输入、输出端子数。

②扫描速度,一般指执行一步指令的时间,其单位为微秒/步,有时也以执行一千步指令时间计,单位为毫秒千步。

③内存容量,一般以 PLC 所能存放用户程序的多少来衡量。

④指令条数,PLC 具有的指令种类越多,说明它的软件功能越强。指令条数的多少,是衡量 PLC 软件功能强弱的主要指标。

⑤内部寄存器,PLC 内部有许多寄存器用以存放变量状态、中间结果和数据等。还有许多辅助寄存器给用户提供特殊功能,以简化整个系统设计。

⑥高功能模块,PLC 除了主控模块外,还可配接各种高功能模块。主控模块可以实现基本控制功能,高功能模块的配置可以实现一些特殊的专门功能。

6. PLC 的应用及发展趋势

随着 PLC 技术的发展,PLC 的应用领域已经从最初的单机、逻辑控制,发展成为能够联网的、功能丰富的控制与管理设备。

(1)逻辑控制

这是 PLC 最初能完成的应用,能实现许多种逻辑组合的控制任务。

(2)数字量控制

PLC 配上相应的数字控制模块能够实现机械加工中的计算机数控技术(NC)。

(3)模拟量控制

在连续型生产过程中(如化工行业),常要对某些模拟量(如电流、电压、温度、压力等)进行控制,这些量的大小是连续变化的。PLC 进行模拟量控制,要配置有模拟量与数字量相互转换的 A/D、D/A 单元。

(4)工业控制网络分级系统

PLC 能与计算机、PLC 及其他智能装置联成网络,使设备级的控制、生产线的控制、工厂

笔记栏

管理层的控制连成一个整体,形成控制自动化与管理自动化的有机集成,从而创造更高的企业效益。例如,在西门子提出的全集成自动化(Tota11y IntegratedAutomation,T1A)理念中,PLC 是最重要的一种组件。

为适应大中小型企业的不同需要,进一步扩大 PLC 在工业自动化领域的应用范围。使 PLC 向着网络化、多功能、高可靠性、兼容性、小型化,以及编程语言向高层次发展的方向前进。

微课

PLC 的基本组成

三、PLC 的组成与原理

1. 系统硬件组成

PLC 的结构分为整体式和模块式两类。对于整体式 PLC,所有部件都装在同一机壳内,其组成框图如图 3.10 所示;对于模块式 PLC,各部件独立封装成模块,各模块通过总线连接,安装在机架或导轨上,其组成框图如图 3.11 所示。无论是哪种结构类型的 PLC,都可根据用户需要进行配置与组合。尽管整体式与模块式 PLC 的结构不太一样,但各部分的功能作用是相同的。

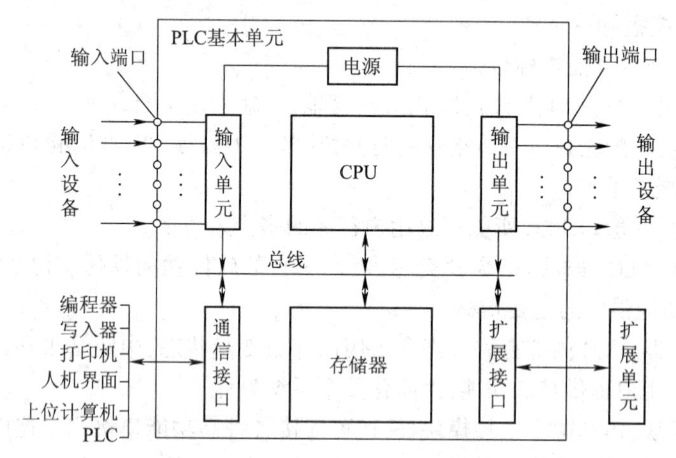

图 3.10　整体式 PLC 组成框图

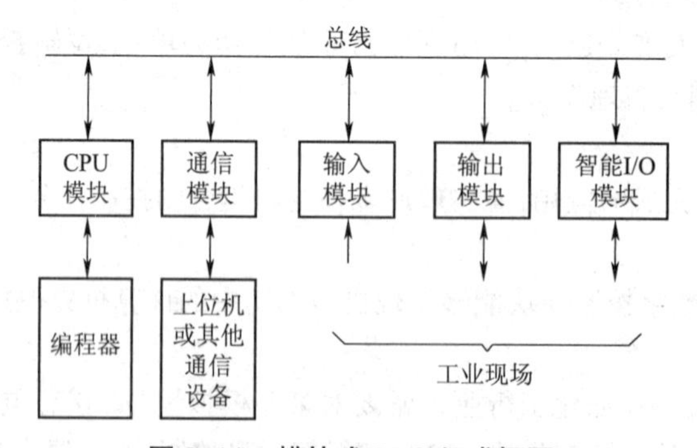

图 3.11　模块式 PLC 组成框图

(1)中央处理器(Centra1 Processing Unit,CPU)

CPU 是 PLC 的核心部分,是 PLC 的运算控制中心,由它实现逻辑运算,协调控制系统内部各部分的工作，它的运行是按照系统程序所赋予的任务进行的。

CPU 的具体作用如下：

①接收、存储用户程序。

②按扫描方式接收来自输入单元的数据和各状态信息并存入相应的数据存储区。

③执行监控程序和用户程序，完成数据和信息的逻辑处理，产生相应的内部控制信号，完成用户指令规定的各种操作。

④响应外围设备的请求。

(2)存储器

存储器是 PLC 存放系统程序、用户程序和运行数据的单元。PLC 中使用两种类型的存储器即只读存储器(ROM)和随机存储器(RAM)。其中，ROM 为存储系统程序，RAM 为存储用户程序。

笔记栏

(3)输入/输出模块单元

PLC 的对外功能主要是通过各类接口模块的外接线，实现对工业设备和生产过程的检测与控制。通过各种输入/输出接口模块，PLC 既可检测到所需的过程信息，又可将运算处理结果传送给外部，驱动各种执行机构，来实现对工业生产过程的控制。

为适应工业过程现场不同输入/输出信号的匹配要求，PLC 配置了各种类型的输入/输出模块单元。其中常用的有以下几种类型：

①开关量输入单元：其作用是把现场各种开关信号变成 PLC 内部处理的标准信号。按照输入端的电源类型不同可将开关量输入单元分为直流输入单元和交流输入单元。

②开关量输出单元：其作用是把 PLC 的内部信号转换成现场执行机构的各种开关信号。按照现场执行机构使用的电源类型不同，可将开关量输出单元分为直流输出单元和交流输出单元。

③模拟量输入单元：其作用是把模拟量输入信号转换成微处理器能接收的数字信号。模拟量输入电平大多是从传感器通过变换后得到的，模拟量的输入信号为 4~20 mA 的电流信号或 1~5 V、-10~10 V、0~10 V 的直流电压信号。输入模块接收到这种模拟信号之后，把它转换成二进制数字信号后，送中央处理器进行处理，因此模拟量输入模块又称 A/D 转换输入模块。

④模拟量输出单元：其作用是把 CPU 运算处理后的数字量信号转换成相应的模拟量信号输出，以满足生产过程现场连续信号的控制要求。模拟量输出单元一般由光电耦合器隔离、DJA 转换器和信号转换等环节组成。

⑤智能输入/输出单元：为了满足 PLC 在复杂工业生产过程中的应用，PLC 除了提供上述基本的开关量和模拟量输入/输出单元外，还要提供智能输入/输出单元，来适应生产过程控制的要求。智能输入/输出单元是一个独立的自治系统，它具有与 PLC 主机相似的硬件系统，有中央处理器、存储器、输入/输出单元和外围设备接口单元等部分，通过内部系统总线连接组成。在其自身的系统程序管理下，对工业生产过程现场的信号进行检测、处理和控制，并通过外围设备接口与 PLC 主机的输入/输出扩展接口的连接来实现与主机的通信。

PLC 主机在其运行的每个扫描周期中与智能输入/输出单元进行一次信息交换，以便能对现场信号进行综合处理。智能输入/输出单元不依赖主机的运行方式而独立运行，这一方面使 PLC 能够通过智能输入/输出单元来处理快速变化的现场信号，另一方面也使 PLC 能够

笔记栏

处理更多的任务。

(4)输入/输出扩展接口

输入/输出扩展接口是PLC主机为了扩展输入/输出点数和类型的部件,输入/输出扩展单元、远程输入/输出扩展单元、智能输入/输出单元等都是通过它与主机相连。输入/输出扩展接口有并行接口、串行接口等多种形式。

(5)外围设备接口

外围设备接口是PLC主机实现人机对话,机机对话的通道。

(6)电源单元

电源单元是PLC的电源供给部分,其作用是把外部供应的电源变换成系统内部各单元所需的电源。有的电源单元还向外提供直流电源,给予开关量输入单元连接的现场电源开关使用。电源单元还包括掉电保护电路和后备电池电源,以保持RAM在外部电源断电后存储的内容不丢失。

(7)PLC的外围设备

PLC的外围设备主要是编程器、彩色图形显示器、打印机等。

微课

PLC的工作原理

2. 工作原理

当PLC运行时,是通过执行反映控制要求的用户程序来完成控制任务的,需要执行众多的操作,但CPU不可能同时去执行多个操作,它只能按分时操作(串行工作)方式,每一次执行一个操作,按顺序逐个执行。由于CPU的运算处理速度很快,所以从宏观上来看,PLC外部出现的结果似乎是同时(并行)完成的,这种串行工作过程称为PLC的扫描工作方式。

用扫描工作方式执行用户程序时,扫描是从第一条程序开始,在无中断或跳转控制的情况下,按程序存储顺序的先后,逐条执行用户程序,直到程序结束。然后再从头开始扫描执行,周而复始重复运行。

PLC的扫描工作方式与继电器-接触器控制的工作原理明显不同。继电器—接触器控制装置采用硬逻辑的并行工作方式时,如果某个继电器的线圈通电或断电,那么该继电器的所有常开和常闭触点不论处在控制电路的哪个位置,都会立即同时动作;而PLC采用扫描工作方式(串行工作方式)时,如果某个软继电器的线圈被接通或断开,其所有的触点不会立即动作,必须等扫描到该触点时才会动作。但由于PLC的扫描速度快,通常PLC与继电器-接触器控制装置在I/O的处理结果上并没有什么差别。PLC的一个扫描周期必经输入采样、程序执行和输出刷新3个阶段。

(1)PLC的等效工作电路

从PLC控制系统与继电器-接触器控制系统比较可知,PLC的用户程序(软件)代替了继电器控制电路(硬件)。因此,对于使用者来说,可以将PLC等效成为由许许多多不同的"软继电器"和"软接线"的集合,而用户程序就是用"软接线"将"软继电器"及其"触点"按一定要求连接起来的"控制电路"。

为了更好地理解这种等效关系,下面通过一个例子来说明。图3.12所示为三相异步电动机单向启动运行的电气控制系统。其中,由输入设备SB1、SB2、FR的触点构成系统的输入部分,由输出设备KM构成系统的输出部分。

如果用PLC来控制这台三相异步电动机,组成一个PLC控制系统,根据上述分析可知,系统主电路不变只要将输入设备 SB1、SB2、FR 的触点与 PLC 的输入端连接,输出设备 KM 线圈与 PLC 的输出端连接,就构成 PLC 控制系统的输入、输出硬件电路。而控制部分的功能则由 PLC 的用户程序来实现,其等效电路如图 3.13 所示。

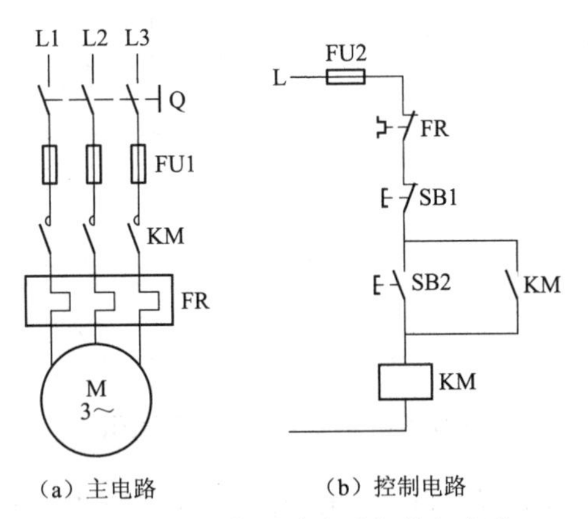

图 3.12 三相异步电动机单向启动

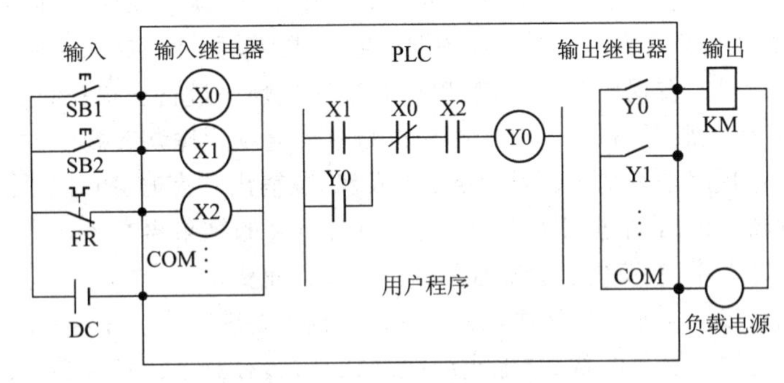

图 3.13 PLC 等效电路

图 3.13 中,输入设备 SB1、SB2、FR 与 PLC 内部的"软继电器"X0、X1、X2 的"线圈"对应,由输入设备控制相对应的"软继电器"的状态,即通过这些"软继电器"将外部输入设备状态变成 PLC 内部的状态,这类"软继电器"称为输入继电器;同理,输出设备 KM 与 PLC 内部的"软继电器"Y0 对应,由"软继电器"Y0 状态控制对应的输出设备 KM 的状态,即通过这些"软继电器"用来控制外部输出设备,这类"软继电器"称为输出继电器。

因此,PLC 用户程序要实现的是:如何用输入继电器 X0、X1、X2 来控制输出继电器 Y0。当控制要求复杂时,程序中还要采用 PLC 内部的其他类型的"软继电器",如辅助继电器、定时器、计数器等,以达到控制要求。

值得注意的是,PLC 等效电路中的继电器并不是实际的物理继电器,它实质上是存储器单元的状态。单元状态为"1",相当于继电器接通;单元状态为"0",则相当于继电器断开。因此,称这些继电器为"软继电器"。

(2)PLC 的工作过程

PLC 执行程序的过程分为 3 个阶段:输入采样阶段、程序执行阶段和输出刷新阶段,如图 3.14 所示。

笔记栏

笔记栏

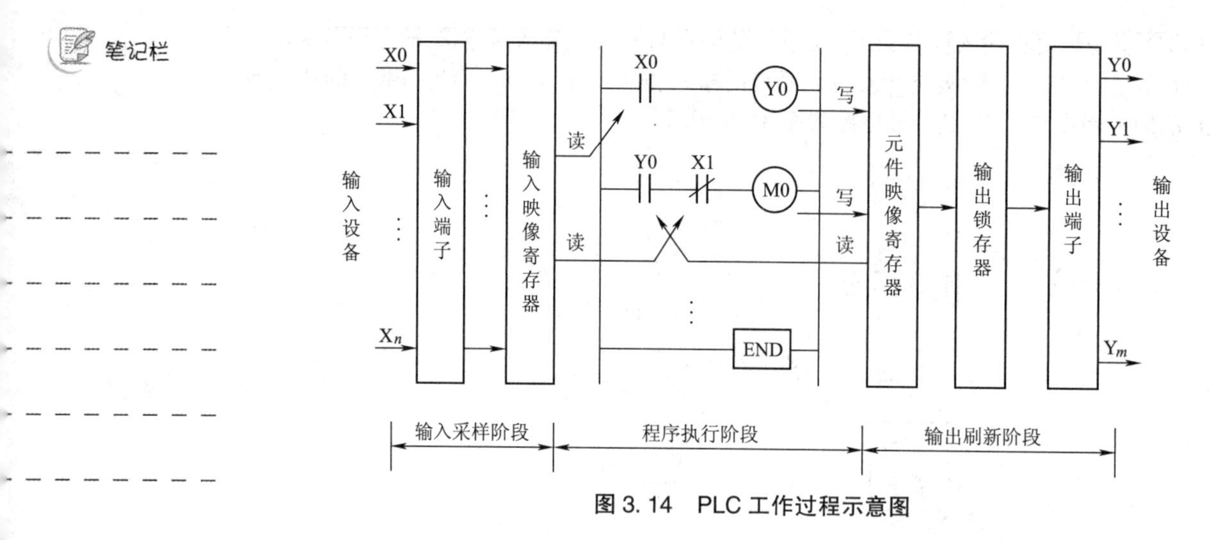

图 3.14　PLC 工作过程示意图

①输入采样阶段。在输入采样阶段,PLC 以扫描工作方式按顺序对所有输入端的输入状态进行采样,并存入输入映像寄存器中,此时输入映像寄存器被刷新。接着进入程序处理阶段,在程序执行阶段或其他阶段,即使输入状态发生变化,输入映像寄存器的内容也不会改变,输入状态的变化只有在下一个扫描周期的输入处理阶段才能被采样到。

②程序执行阶段。在程序执行阶段,PLC 对程序按顺序进行扫描执行。若用梯形图来表示程序,则应按先上后下,先左后右的顺序进行。当遇到程序跳转指令时,则根据跳转条件是否满足来决定程序是否跳转。当指令中涉及输入/输出状态时,PLC 从输入映像寄存器和输出映像寄存器中读出,根据用户程序进行运算,运算的结果再存入输出映像寄存器中。对于输出映像寄存器来说,其内容会随程序执行的过程而变化。

③输出刷新阶段。当所有程序执行完毕后进入输出处理阶段。在这一阶段里 PLC 将输出映像寄存器中与输出有关的状态(输出继电器状态)转存到输出锁存器中,并通过一定方式输出,驱动外部负载。

因此,PLC 在一个扫描周期内,对输入状态的采样只在输入采样阶段进行。当 PLC 进入程序执行阶段后输入端将被封锁,直到下一个扫描周期的输入采样阶段才对输入状态进行重新采样。这种采样方式称为集中采样,即在一个扫描周期内集中一段时间对输入状态进行采样。

在用户程序中,如果对输出结果多次赋值,则最后一次赋值有效。在一个扫描周期内,只在输出刷新阶段才将输出状态从输出映像寄存器中输出,并对输出接口进行刷新;在其他阶段里输出状态一直保存在输出映像寄存器中。这种输出方式称为集中输出。

对于小型 PLC 来说,其 I/O 点数较少,用户程序较短,一般采用集中采样、集中输出的工作方式。虽然在一定程度上降低了系统的响应速度,但使 PLC 工作时大多数时间与外部输入/输出设备隔离,从根本上提高了系统的抗干扰能力,增强了系统的可靠性。而对于大中型 PLC 来说,其 I/O 点数较多,控制功能强,用户程序较长,为提高系统响应速度,可以采用定期采样、定期输出方式或中断输入/输出方式以及智能 I/O 接口等多种方式。

(3)PLC 的扫描周期

最初研制生产的 PLC 主要用于代替传统的由继电器-接触器构成的控制装置,但这两者的运行方式是不同的。

继电器控制装置采用硬逻辑并行运行的方式,即如果这个继电器的线圈通电或断电,则该继电器所有的触点(包括常开或常闭触点)无论在继电器控制电路的哪个位置都会立即同时动作。

PLC 的 CPU 则采用顺序逻辑扫描用户程序的运行方式,即如果一个输出线圈或逻辑线圈被接通或断开,该线圈的所有触点(包括常开或常闭触点)不会立即动作,必须等扫描到该触点时才会动作。

为了消除二者之间由于运行方式不同而造成的差异,考虑到继电器控制装置各类触点的动作时间一般在 100 ms 以上,而 PLC 扫描用户程序的时间一般均小于 100 ms,因此,PLC 采用了一种不同于一般微型计算机的运行方式扫描技术。这样在对于 I/O 响应要求不高的场合,PLC 与继电器控制装置的处理结果就没有什么区别。

笔记栏

一般来说,PLC 的扫描周期包括自诊断、通信、输入采样、用户程序执行和输出刷新等,即一个扫描周期等于自诊断、通信、输入采样、用户程序执行和输出刷新等所有时间的总和,如图 3.15 所示。

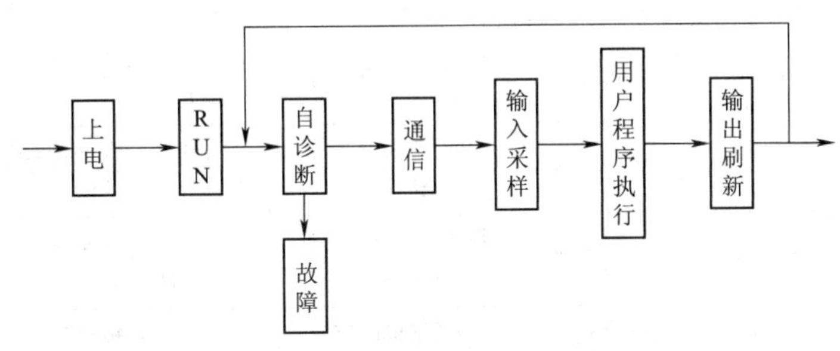

图 3.15　PLC 的扫描周期示意图

一、加工单元 PLC 控制

本项目以加工单元 PLC 控制为例,继续介绍 PLC 的编程方法与技巧,仍然采用学做一体的方式。

要求:确定加工单元 PLC　I/O 端子。

①知道传感器在检测单元中应用。

②正确使用数字仿真盒。

③确定检测单元 PLC 的 I/O 接线端子数量和类型。

具体步骤:

①观察加工单元各组成部分的作用。

②观察控制信号与气缸动作之间的关系。

③确定 PLC 的 I/O 端子地址。利用数字仿真盒,逐一驱动各执行机构动作,观察并记录各执行机构的动作特征、控制阀的种类、在 PLC 输出端口的地址,同时观察传感器安装位置、动作及其信号变化。查明各传感器在 PLC 的接口地址并记录。

④记录数据。将加工单元执行机构动作情况、PLC 的 I/O 接口信号、地址进行整理。

笔记栏

⑤设计表格实训数据。表格内容包括：输入/输出设备符号、用途，各信号地址、状态及其功能描述等。

成果要求：

①制作加工单元 PLCI/O 接线端子地址表，可参照检测单元 I/O 端子表格形式。

②画出 PLC 的 I/O 端口接线图。

加工单元 PIC 的 I/O 地址分配情况如表 3.1 所示。

表 3.1 加工单元 PLC 的 I/O 地址分配情况

序号	地址	设备符号	设备名称	设备用途	信号特征
1	I1.0	START	按钮开关	启动设备	信号为 1，表示按钮被按下
2	I1.1	STOP	按钮开关	停止设备	信号为 1，表示按钮被按下
3	I1.2	AUTO/MAN	转换开关	自动/手动转换	信号为 0，表示为自动模式 信号为 1，表示为手动模式
4	I1.3	RESET	按钮开关	复位设备	信号为 1，表示按钮被按下
5	I0.0	Part-AV	电容式传感器	判断是否有工件	信号为 1，表示有工件 信号为 0，表示没有工件
6	I0.1	B1	电容式传感器	判断是否有工件在钻孔模块	信号为 1，表示有工件 信号为 0，表示没有工件
7	I0.2	B2	电容式传感器	判断是否有工件在检测模块	信号为 1，表示有工件信号为 0，表示没有工件
8	I0.3	1B1	限位开关	判断钻机的位置	信号为 1，钻机在上限位位置
9	I0.4	1B2	限位开关	判断钻机的位置	信号为 1，钻机在下限位位置
10	I0.5	B3	电感式传感器	判断平台分度位置	信号为 1，表示平台转了 60°
11	I0.6	B4	电感式传感器	判断工件的朝向	信号为 1，表示工件开口向上
12	I0. 7	IP_FI	光电传感器	判断下一站是否准备好	信号为 1，表示下一站已准备好
13	Q0.0	K1	继电器	控制钻孔电机启停	信号为 1，钻孔电动机启动
14	Q0.1	K2	继电器	控制分度器电机(M2) 启停	信号为 1，分度器电动机启动
15	Q0.2	K4	继电器	控制钻机下降	信号为 1，钻机下降
16	Q0.3	K3	继电器	控制钻机上升	信号为 1，钻机上升
17	Q0.4	M4	夹紧电动机	控制夹紧电动机启停	信号为 1，夹紧电动机启动，夹紧工件
18	Q0.5	M5	检测模块升降电动机	控制检测模块升降电动机启停	信号为 1，升降电动机启动，检测模块下降
19	Q0.6	M6	分支电动机	控制分支电机启停	信号为 1，分支电动机启动，工件传送到下一站
20	Q0.7	IP_N_FO	光电式传感器	向上一站发送信号	信号为 1，本站工作忙
21	Q1.0	HI	指示灯	启动指示灯	信号为 1，灯亮 信号为 0，灯灭
22	Q1.1	H2	指示灯	复位指示灯	信号为 1，灯亮 信号为 0，灯灭

二、加工单元生产工艺流程

加工单元生产工艺流程如图 3. 16 所示。

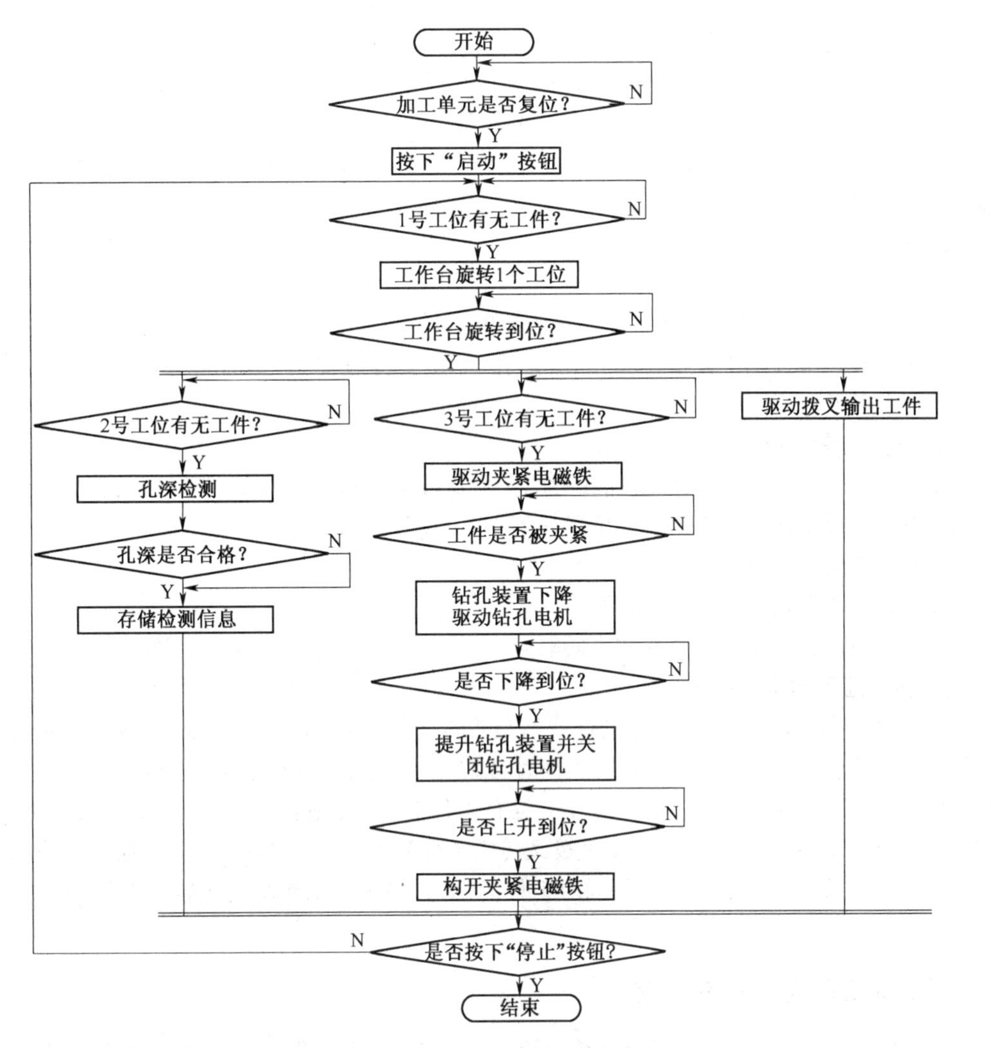

图 3. 16　加工单元生产工艺流程

笔记栏

1. 加工单元操作方式

加工单元也有自动(自动循环运行)和手动(手动单周期运行)两种操作方式。

(1)手动操作方式

启动条件是各执行机构处于初始位置,且 1 号工位有工件。按下启动按钮,旋转工作台旋转,将工件送到 2 号工位,进行孔深检测;检测后工作台再转动一个工位,将工件送到 3 号工位进行钻孔加工。孔加工完后,工件被送到 4 号工位,由电气分支传到下一工作单元。

微课

加工单元的软件工艺流程图设计

笔记栏

手动操作启动前,加工单元必须处于初始位置,才可按动启动按钮;操作过程中,启动按钮和停止按钮对其没有影响;工作完成后,自动停止无须使用停止按钮。

(2)自动操作方式

启动条件是各执行机构处于初始位置,且1号工位没有工件。按下启动按钮,加工单元进入待机状态。当1号工位上有工件时,旋转工作台旋转,将工件送到2号工位,进行孔深检测,同时等待1号工位接收新工件。如果1号工位接收到1个新工件,工作台再次旋转,将2号工位的工件送3号工位进行钻孔加工,1号工位的工件被送到2号工位接收孔深检测。只要1号工位检测有工件,就按“1→2→3→4→下一工作单元”顺序循环运行,直到按下停止按钮。

注意:每次工作台旋转定位后,不管4号工位是否有工件,电气分支的拨叉均被驱动,完成拨动动作。

当按下停止按钮时,加工单元不再接收新的工件,但是要将加工单元中的工件加工完毕后才停止工作。工件加工完毕是指钻孔、测孔、输送工件过程均完成。停止运行后,各执行机构回到初始状态。

2. 初始位置(状态)

不管是手动还是自动操作方式,在考虑安全和可靠性基础上,加工单元启动前必须置于初始状态。自动操作方式下的初始位置如下:

①钻孔模块位于上端。

②旋转工作台定位准确,未驱动。

③夹紧电磁铁和检测电磁铁均未通电。

3. 生产工艺流程

加工单元在开始工作时,首先检查该站是否曾经被复位,如果该站未曾复位过,则先进行复位。当旋转工作台上1号工位有工件时,则工作台旋转并进行定位,传送待加工工件;当2号工位有工件时,启检测程序;当3号工位有工件时,启动钻孔程序,进行钻孔加工工作。只要在工作台旋转定位后,就驱动电气拨叉传送工件到下一工作单元。检测、加工和拨送工件是在工作台旋转定位后根据条件同时工作的,而且在3种工作均完成后,1号工位又有工件时进行下一工作循环。

三、加工单元的控制要求

在MPS中,加工单元是构成该系统的第三个环节,用于实现对第二个单元传送过来的工件的加工。当然该单元也可以作为独立设备而工作,采用PLC来控制。

①在启动前,加工单元的执行机构必须是处于初始位置,否则不允许启动。

②按下启动按钮后,系统按如下工作顺序动作。

在各执行机构处于初始状态、并且在1号工位(进料工位)上有工件的情况下,按下启动(START)按钮,旋转工作台旋转60°,将工件传送到2号工位进行钻孔朝向的检测;检测模块的电磁活塞杆下降并检测工件的开口是否朝上。如果检测结果为OK(开口朝上),旋转平台旋转60°,将经过检测的工件送到3号工位进行钻孔加工;夹紧装置将工件夹紧,钻机的马达启动,电缸带动钻机下降,当钻机达到下限位时停止运动,钻机马达关闭,夹紧装置缩回。最后,旋转平台旋转60°,将加工后的工件送到4号工位,工件由电气分支模块传送到下一个工作站。该顺序描述的是一个工件在加工单元的工作顺序。

③在启动后,全部工作完成前,不再受启动按钮的控制。

④按下停止按钮,复位按钮指示灯亮,加工单元在完成本次循环后停止动作。

⑤按下复位按钮,启动按钮指示灯亮,加工单元回到初始位置。其初始位置为旋转平台停止,检测模块的活塞杆升起,钻机在上限位,钻机马达关闭,夹紧装置缩回,电气分支关闭。

⑥在手动操作模式下,每执行一个新的工作循环都需要按一次启动按钮。

⑦在自动操作模式下,当按启动按钮时,加工单元的执行机构将工件检测、加工并送到下一个工作单元,并且只要1号工位有工件,此工作就继续,即自动连续运行。在运行过程中,当按下停止按钮后或者当1号工位无工件时,加工单元应该在完成了当前的工作循环之后停止运行,并且各个执行机构应该回到初始位置。

一、安装调试工作站工艺流程

确定工作组织方式,划分工作阶段,分配工作任务,讨论安装调试工艺流程和工作计划,填写工作计划表和材料工具清单。

安装调试工作站工艺流程如图3.17所示。

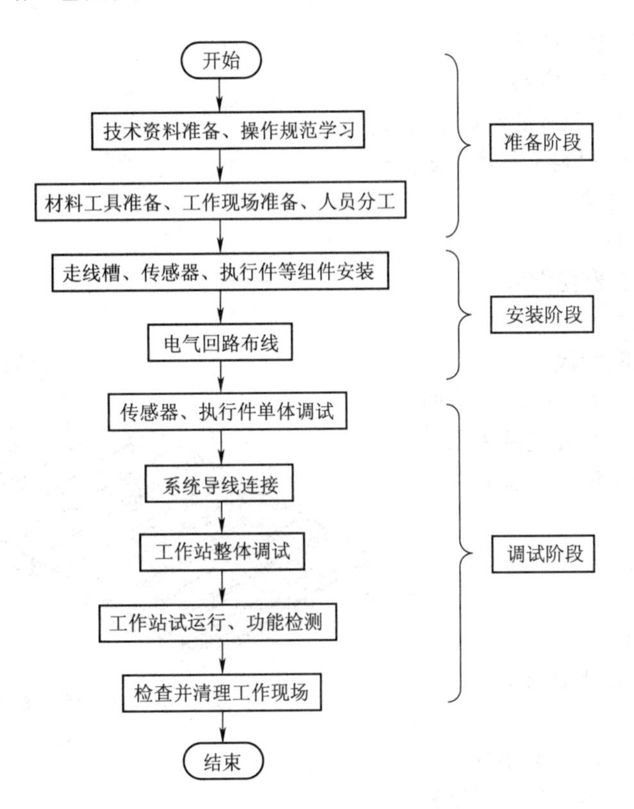

图3.17 安装调试工作站工艺流程

笔记栏

二、加工单元的安装调试

1. 安装调试准备

在安装调试前，应准备好安装调试用的工具、材料和设备，并做好工作现场和技术资料的准备工作。

(1)工具

安装所需工具：电工钳、圆嘴钳、斜口钳、剥线钳、压接钳、一字螺丝刀、十字螺丝刀(3.5 mm)、电工刀、管子扳手(9 mm×10 mm)、套筒扳手(6 mm×7 mm、12 mm×13 mm、22 mm×24 mm)、螺丝起子(3.5 mm)、内六角扳手(5 mm)各1把，数字万用表1块。

(2)材料

导线BV-0.75、BV-1.5、BVR型多股铜芯软线各若干米，尼龙扎带、带帽垫螺栓各若干。

(3)设备

按钮5只、开关电源1个、I/O接线端口1个、继电器5个、钻机1个、夹紧电动机1个、升降电动机1个、旋转平台驱动电动机1个、电感式传感器2个、电容式传感器3个、光电传感器1个、磁感应式接近开关2个、旋转平台1个、走线槽若干、铝合金板1个。

(4)工作现场

现场工作空间充足，方便进行安装调试，工具、材料等准备到位。

(5)技术资料

①加工单元的电气图纸。

②相关组件的技术资料。

③重要组件安装调试的作业指导书。

④工作计划表、材料工具清单表。

2. 安装工艺要求

可参考见项目一。

3. 安装调试的安全要求

可参考见项目一。

4. 安装调试的步骤

①根据技术图纸，分析气动回路和电气回路，明确线路连接关系。

②按给定的标准图纸选工具和元器件。

③在指定的位置安装元器件和相应模块。

安装步骤如下：

步骤1：准备好铝合金板，如图3.18所示。

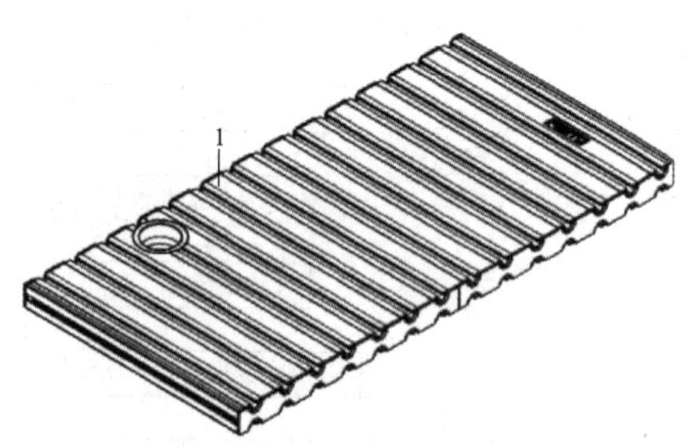

图3.18 准备铝合金板

1—铝合金板

步骤2：按图3.19安装组件。

步骤3：按图3.20安装线槽盖板。

步骤4：按图3.21安装组件。

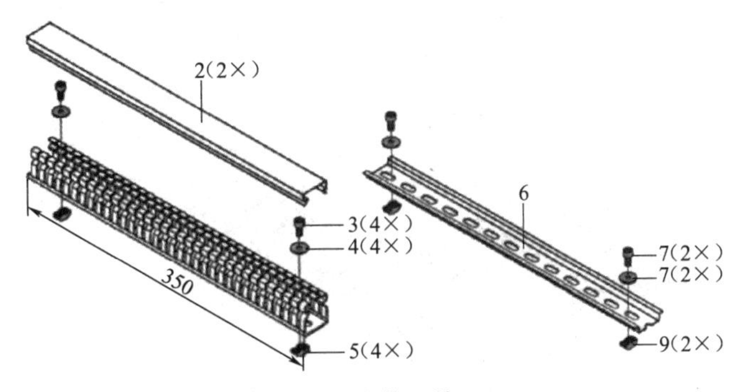

图 3.19 安装组件(一)

2—走线槽;3—内角螺钉 M5×10;4—垫片 B5.3;5—T 形头螺母 M5-32;6—导轨;
7—内角螺钉 M5×10;8—垫片 B5. 3;9—T 形头螺母 M5-32

笔记栏

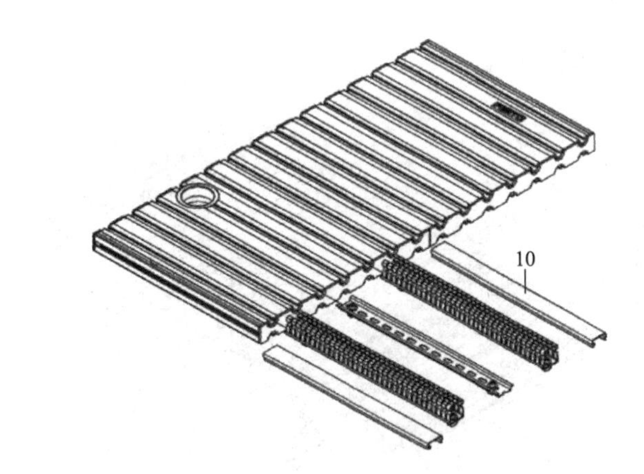

图 3.20 安装线槽盖板

10—线槽盖板

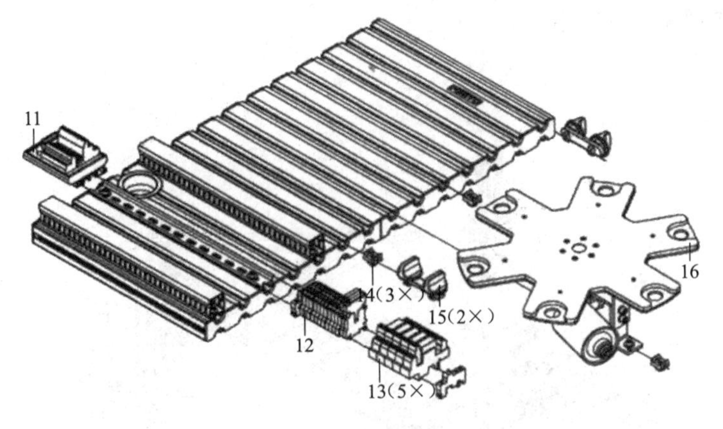

图 3.21 安装组件(二)

11—I/O 接线口;12—接线板;13—继电器;14—线夹;15—连接器;16—旋转平台模块

步骤 5:按图 3.22 安装组件。

笔记栏

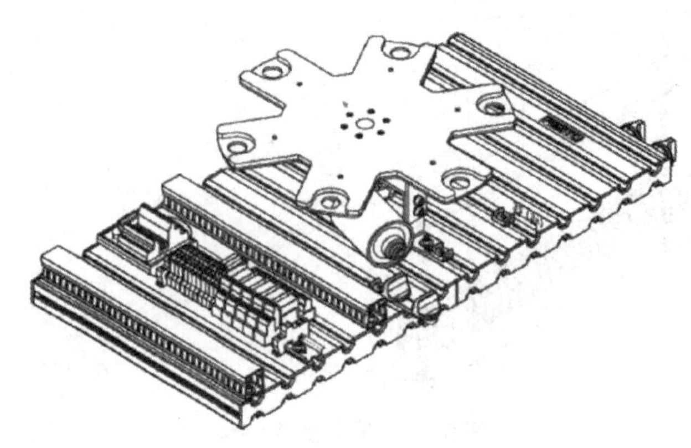

图 3.22　安装组件(三)

步骤6:按图3.23安装组件。

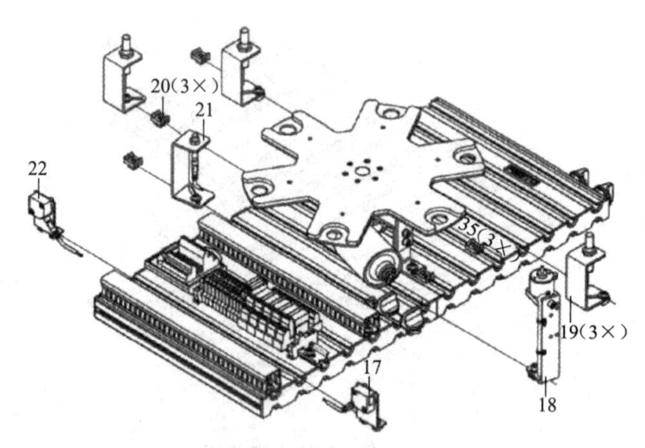

图 3.23　安装组件(四)

17—站间通信接收器;18—电气分支;19—电容式传感器;20—线夹;21—电感式传感器;22—站间通信发送器

步骤7:按图3.24安装组件。

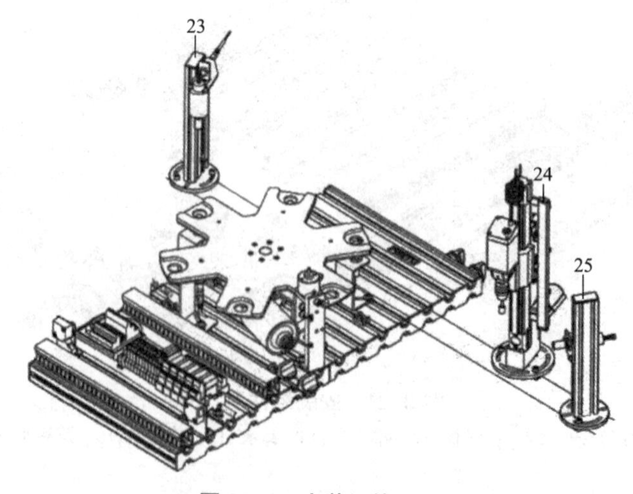

图 3.24　安装组件(四)

23—检测模块;24—钻孔模块;25—夹紧模块

步骤8:安装好的工作单元如图3.25所示。

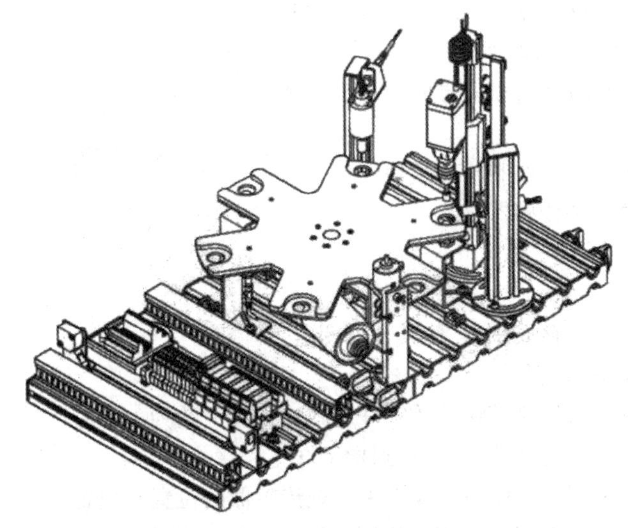

图3.25 安装好的工作单元

④根据线标和设计图纸要求,进行电气控制回路的连接。

⑤按控制要求进行检测模块、钻孔模块和旋转平台模块各个传感器的调试。

a. 电容式传感器(旋转平台,工件的检测):用于检测工件。工件可以改变电容式传感器的电容。无论颜色和材料,电容式传感器都可以检测到工件。

准备条件:

- 安装旋转平台。
- 连接传感器。
- 接通电源。

执行步骤:

- 将元件放入进料工位中。
- 在安装架上安装电容式传感器,要避免传感器和其他装置接触。传感器的位置要在工件存放槽的圆孔的正下方。
- 调节传感器,直到指示灯亮。

注意:当旋转平台转动时,传感器不能与平台接触。

- 检查传感器的位置和设置(放置/取走工件)。

b. 电感式传感器(旋转平台,定位):用于确定旋转平台是否处于正确的位置,可以检测金属材料。

准备条件:

- 安装旋转盘平台模块。
- 连接传感器。
- 接通电源。

步骤执行:

- 在安装架上安装传感器。将传感器安装在旋转平台下部,与定位螺孔相对。传感器与定位螺孔的距离大约为2 mm。

笔记栏

- 调节传感器与定位螺孔的距离,直到指示灯亮。
- 通过旋转平台转动来检查传感器的定位和设置。

注意:不能检测非金属工件。

c. 电感式传感器(检测,工件方向):用于检测工件方向。

准备条件:

- 安装旋转盘平台模块和检测模块。
- 连接检测模块和传感器。
- 接通电源。

执行步骤:

- 将工件放在工件存放槽中,使其开口朝上。
- 接通检测模块的电源。
- 电感式传感器与检测模块的活塞杆之间的距离大约为 1 mm。
- 调节传感器与活塞杆的距离,直到指示灯亮。
- 通过接通和关闭检测模块的线圈来检查传感器的位置和设置。

d. 微动开关(钻孔、无杆缸):用于检测无杆缸的运动末端位置,由线性轴驱动。

准备条件:

- 安装钻孔模块。
- 连接钻孔模块。
- 连接微动开关。
- 接通电源。

执行步骤:

- 将钻机移动到上限位位置。
- 按住微动开关。
- 在同一方向上继续移动传感器,直到指示灯(LED)熄灭。
- 将传感器调整到接通和关闭状态的中间位置上。
- 用内六方扳手 A/F1.3 将传感器固定。
- 启动系统,检查传感器是否位于正确位置(提升/降下提升气缸)。

⑥安装、使用注意事项。

使用加工单元进行训练或实训时,要求遵守安全操作规程,避免造成不必要的设备损坏和人员伤害。在使用设备时应注意下列各项安全指标。

a. 常规安全指标:

- 实训者在教师的监督下,只能在一个工作位置。
- 在观察信号时,要注意安全提示。

b. 电气安全指标:

- 当电源开关关断时,方能进行导线连接。
- 只能采用不大于 24 V 的外接直流电压。

c. 机械安全指标:

- 加工单元的所有组成部分,必须全部安装在铝合金板上。
- 不能人为设置障碍限制设备的正常运行。

⑦整体调试。

a. 调试要求：

- 安装并调节好加工单元工作站。
- 一个控制面板。
- 一个 PLC 板。
- 一个 24 V DC、4.5 A 电源。
- 6 bar (600 kPa)的气源，吸气容量 50 L/min。
- 装有 PLC 编程软件的 PC。

b. 外观检查：在进行整体调试前，必须进行外观检查。检查电源、电气连接、机械元件等是否损坏，连接是否正确。

笔记栏

c. 系统导线连接：从 PLC 上将导线连接至工作站的控制面板上。

- PLC 板—工作站：PLC 板的 XMA2 导线插入工作站 I/O 端子的 XMA2 插座中。
- PLC 板—控制面板：PLC 板的 XMG2 导线插入控制面板的 XMG2 插座中。
- PLC 板—电源：4 mm 的安全插头插入电源的插座中。
- PC—PLC：将 PC 通过 RS-232 编程电缆与 PLC 连接。

d. 下载程序：

- Siemens 控制器：S7-313C-2DP。
- 编程软件：Siemens STEP7 Version 5.1 或更高版本。

主要步骤：

- 使用编程电缆将 PC 与 PLC 连接。
- 接通电源。
- 松开停止按钮。
- 将所有 PLC 内存程序复位。
- 模式选择开关位置 STOP 位置。
- 打开 PLC 编程软件。
- 下载 PLC 程序。

e. 通电、通气试运行。

检测工作站功能的主要步骤如下：

- 接通电源、检查电源电压。
- 松开急停按钮。
- 将 CPU 上的模式选择开关调到 RUN 位置。
- 将 1 个工件放入旋转工作台工件存放槽里，工件要开口向上放置。
- 按下复位按钮进行复位，工作站将运行到初始位置，START 灯亮提示到达初始位置。复位之前，RESET 指示灯亮。

注意：手动复位前将各模块运动路径上的工件拿走。

- 选择开关 AUTO/MAN 用钥匙控制。分别选择连续循环(AUTO)或单步循环(MAN)测试系统功能。
- 按下 START 按钮，START 指示灯灭，启动加工单元完成工作过程。
- 按下 STOP 按钮或急停按钮，中断加工单元系统工作。

笔记栏

如果在测试过程中出现问题,系统不能正常运行,则根据相应的信号显示和程序运行情况,查找原因,排除故障,重新测试系统功能。

f. 检查并清理工作现场,确认工作现场无遗留的元器件、工具和材料等物品。

三、加工单元程序设计

1. 软件设计工作流程

软件设计工作流程包括设计工作组织方式,划分工作阶段,分配工作任务,讨论工作流程和工作计划,填写工作计划表和材料工具清单。一个项目软件设计的工作流程如图3.26所示。

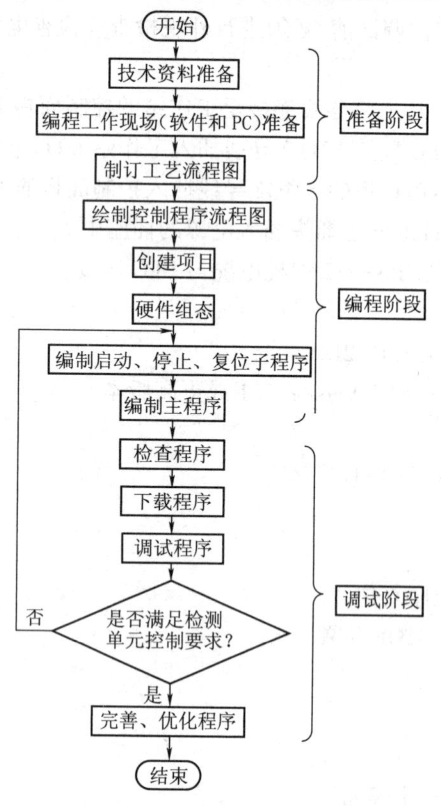

图3.26 一个软件项目的工作流程

2. 编程准备

在编制控制程序前,应准备好编程所需的技术资料,并做好工作现场的准备工作。

(1)技术资料

①加工单元的电气图纸。

②相关组件的技术资料。

③工作计划表。

④加工单元的I/O表。

(2)工作现场

能够运行所需操作系统的PC,PC应安装包含S7-PLCSIM的STEP 7编程软件;安装调试好的加工单元;手控盒。

3. 软件设计步骤

(1)分析控制要求,编制系统的工艺流程

根据控制任务的要求并在考虑安全、效率、工作可靠性的基础上,设计工艺流程。

在手动操作模式下,在各执行机构处于初始状态,并且旋转工作台的1号工位上有工件的情况下,按启动(START)按钮,旋转工作台转动,将工件传送到2号工位进行钻孔朝向检测;检测完毕,若朝向正确,旋转平台旋转60°,将经过检测的工件送到3号工位进行钻孔加工;加工完毕,旋转平台旋转60°,将加工后的工件送到4号工位,工件由电气分支模块传送到下一个工作站。图3.27所示为加工单元手动单循环控制模式的生产工艺流程,供参考。

笔记栏

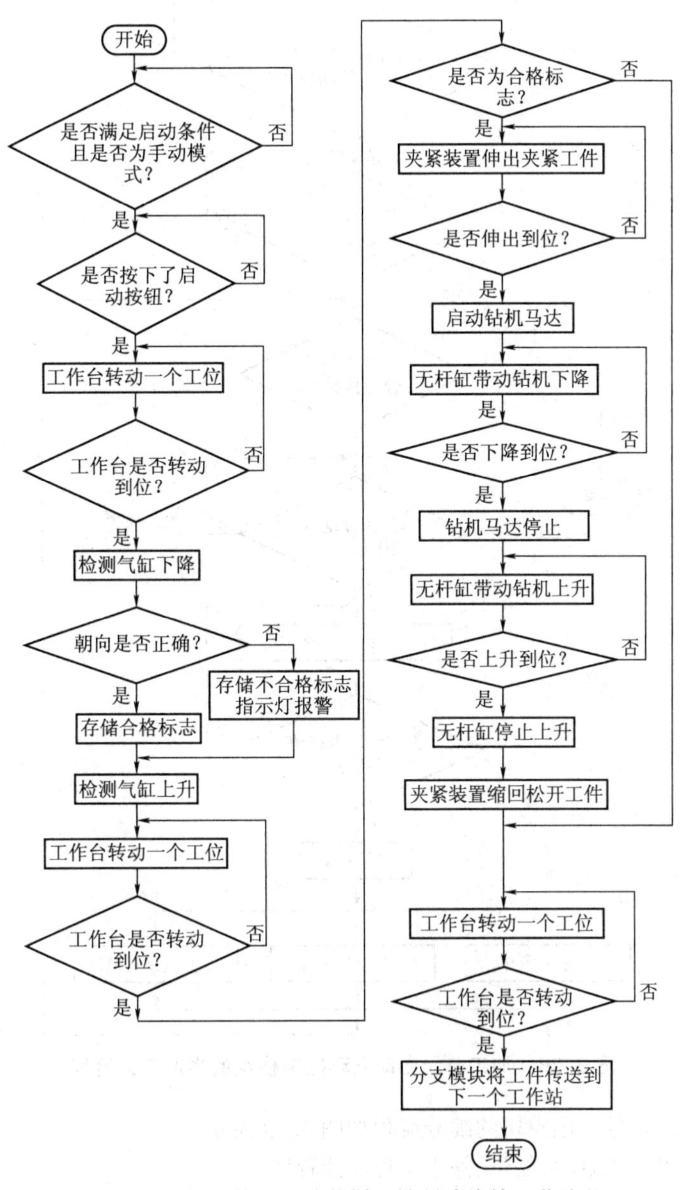

图3.27 加工单元手动单循环控制功能的工艺流程

笔记栏

在考虑其手动单循环控制功能时，出于节能考虑，工件到哪一个工位时哪一个工位的执行机构才动作，其他时间是不动作的。而对于自动连续生产时的情况则不同，设备在连续生产时各个工位上都是有工件的。因此，各个执行机构要连续动作，这样，自动连续的控制功能下的工艺过程就不是手动单循环控制功能下的工艺过程的简单叠加了，同前两个工作单元的情况区别较大。

图 3.28 所示为加工单元自动循环控制模式的生产工艺流程，供参考。

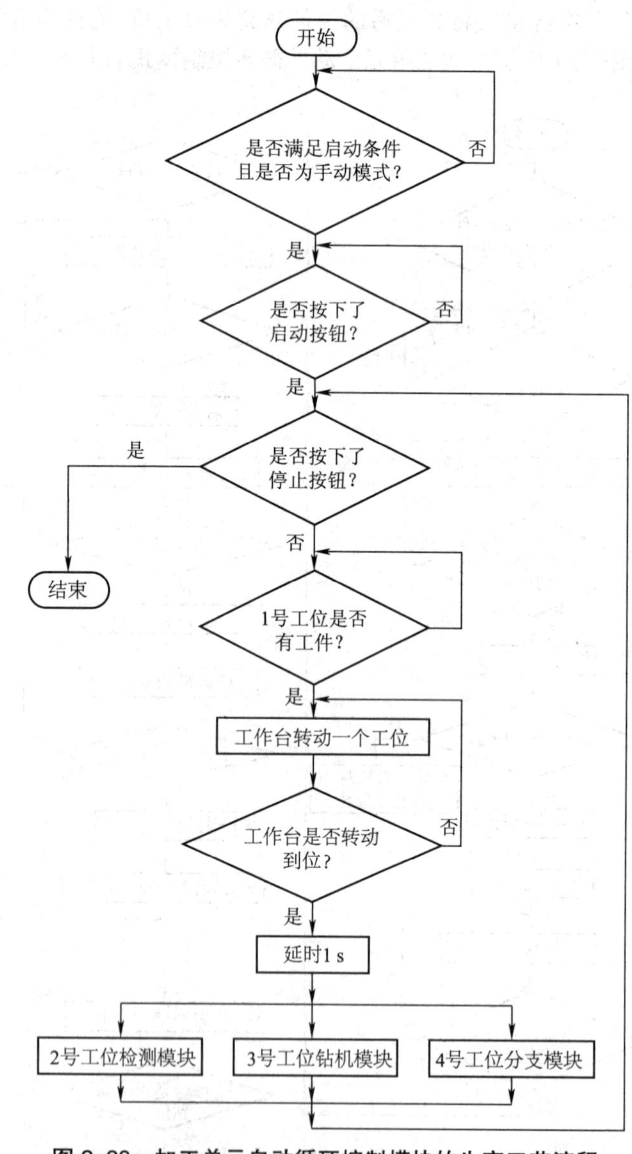

图 3.28　加工单元自动循环控制模块的生产工艺流程

图 3.28 中 2~4 号工位模块的细分流程如图 3.29 所示。

(2)绘制主程序和启动、复位、停止子程序流程图

根据加工单元工艺流程图，绘制程序流程图。

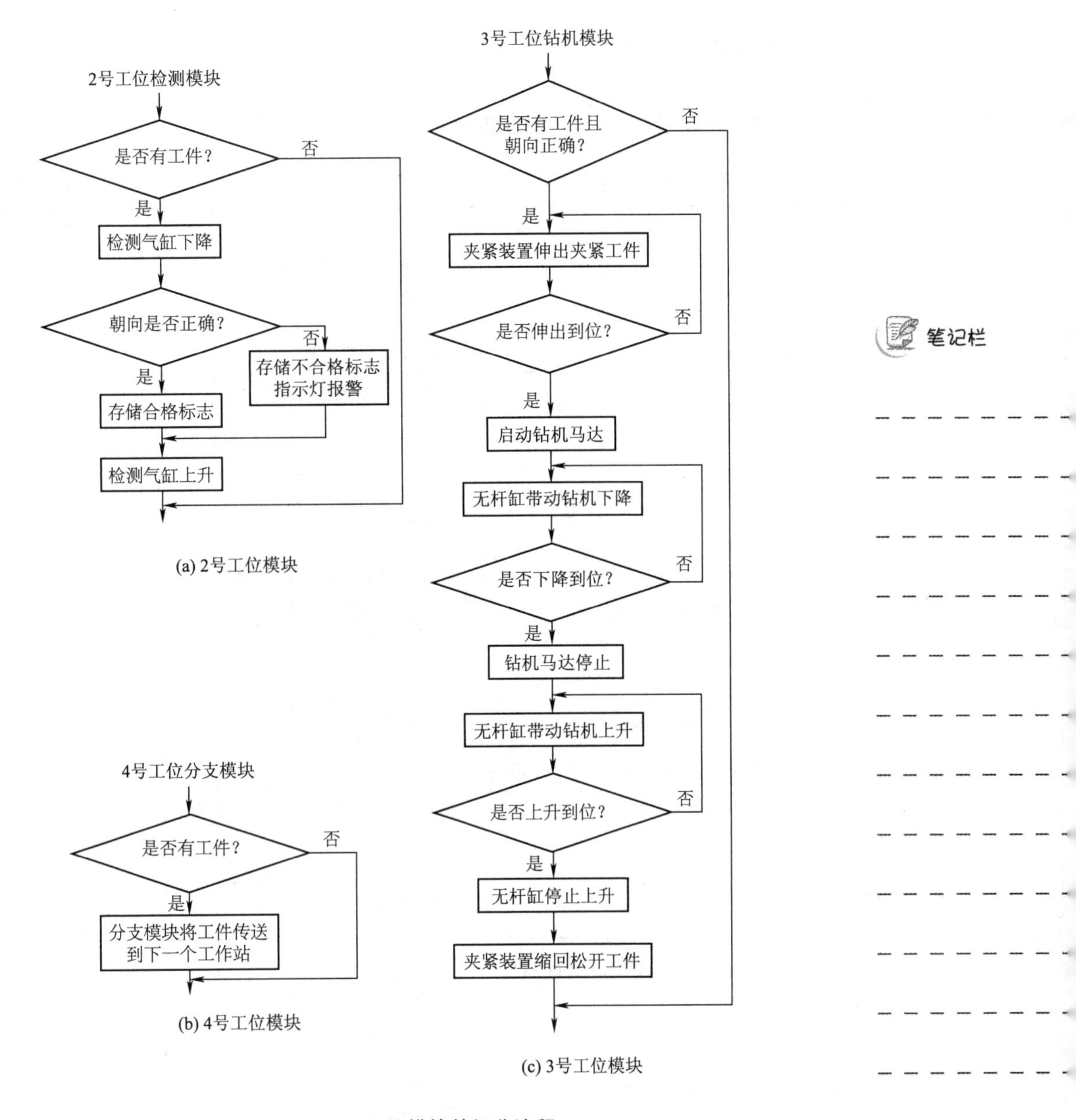

图 3.29 2~4 工位模块的细分流程

(3)编制程序

首先创建一个项目，进行硬件组态，然后在该项目下编写控制程序(启动控制子程序、复位控制子程序、停止控制子程序、主程序)，实现对加工单元的控制。编写完程序应认真检查。

(4)下载程序

将所编程序通过通信电缆下载到 CPU 中，进行实际运行调试，经过调试修改的过程，最终完善控制程序。

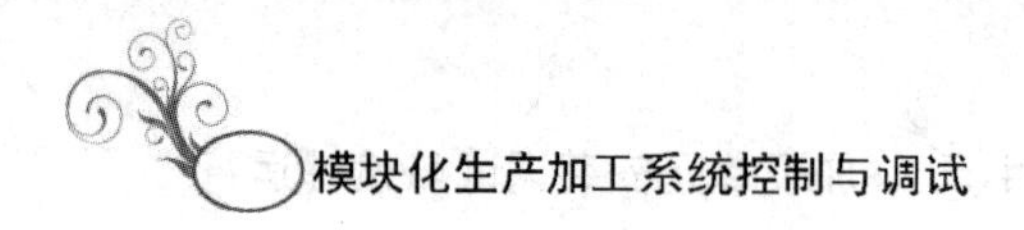

笔记栏

项目执行

一、加工单元的机械结构调试

该任务的检查主要包括三个方面：安全操作、工作站组装、整机调试。检查表格如下：

考试项目			配分	扣分	得分
安全操作	违反以下安全操作要求	①220 V、24 V 电源混淆； ②带电操作； ③带气操作； ④严重违反安全规程	0	100	
	安全与环保意识	24 V 直流电源正、负接反操作中掉工具、掉线、掉气管	5 5		
工作站组装(一)	安装旋转工作台模块	旋转平台安装驱动电动机，安装电感传感器，安装电容传感器安装	3 2 3		
	安装钻孔模块	钻孔进给电动机安装，钻孔电动机安装，钻孔导向装置安装，钻孔模块支架安装，微动开关安装	3 3		
	安装检测模块	电感传感器安装，直流电动机安装，支架安装	2 2 2		
	安装夹紧模块	夹紧装置安装支架安装	3 3		
工作站组装(二)	安装分支模块	直流电动机安装，拨块安装，支架安装	3 3 3		
	安装导轨、I/O 接口和线槽等	导轨、线槽位置 I/O 接口	3 3 3		
	连接电气回路	传感器、电动机控制线路、电磁线圈继电器	3 3 2 3		
	系统接线	PLC 与工作平台连接，PLC 与控制面板连接，PLC 与电源连接，PLC 与 PC 连接	1		
	通电通气检测、调试执行元件和传感器位置；检查电气接线	传感器位置正确，接线正确电气线路检测方法得当，结果正确	5 5		
	检测无误后，规范布线。要求电气线路捆扎整齐，电线走线槽	布线规范，电线整齐	3		

续表

考试项目			配分	扣分	得分
整机调试	下传 PLC 程序并运行;PLC 置于监视状态;调试系统功能	会正确下传 PLC 程序并调试系统功能			
	如果在传输程序时,出现错误信号,请分析原因并排除故障	会查找故障并能排除			
合计			100		

笔记栏

二、加工单元控制程序调试

在调试程序时,可以利用 STEP 7 软件所带的调试工具,通过监视程序的运行状态并结合观察到的执行机构的动作特征,来分析程序存在的问题。

如果经过调试修改,程序能够实现预期的控制功能,还应多运行几次,以检查运行的可靠性,查找程序的缺陷。

在工作单元运行程序时,应该时刻注意设备的运行情况,一旦发生执行结构相互冲突的事件,应及时操作保护设施,如切断设备执行机构的控制信号回路、切断气源等,以避免造成设备的损坏。

在调试过程中,应将调试中遇到的问题、解决的方法记录下来,注意总结经验。

考核项目			配分	扣分	得分
安全操作	违反安全操作要求	220 V、24 V 电源混淆严重违反安全规程	0	100	
控制程序编写	设计控制方案绘制工艺流程图	方案制订合理,工艺流程图绘制符合控制要求	15		
	编制程序流程图	主程序和启动、复位、停止子程序流程图绘制合理、逻辑正确	10		
	编写控制程序	软件操作熟练,控制程序的编写正确,控制梯形图和顺序功能图的绘制规范	20		
程序调试	程序传输	传输导线连接正确,PLC 模式开关选择正确,能正确下载程序	10		
	程序调试	PLC 模式开关选择正确,操作步骤规范,控制程序能够完全实现各项功能,且程序最优	20		
报告编制	编制程序设计报告	控制方案设计、流程图、控制程序及调试报告的编制	25		
合计			100		

笔记栏

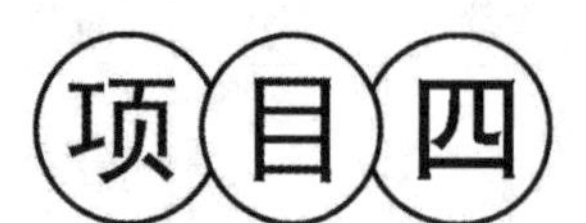

项目四

操作手单元安装调试与设计运行

项目描述

根据电气回路图纸和气动回路图纸在考虑经济性、安全性的情况下，选择正确的元器件，制订安装调试计划，选择合适的工具和仪器，小组成员协同，进行操作手单元的安装；根据控制任务，编写 PLC 控制程序，完成操作手单元的运行及测试，并对调试后的系统功能进行综合评价。图 4.1 所示为操作手单元外形图。

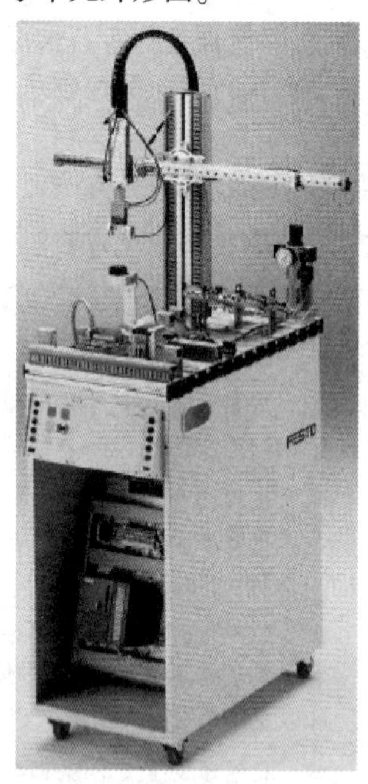

图 4.1　操作手单元外形图

项目名称	操作手单元安装调试与设计运行	参考学时	10 学时
项目导入	项目来源于某日用品生产企业，要求为生产的成品进行分拣。随着机电一体化技术的不断发展，应用到轻工业的生产线的生产效率不断提高，企业为提高成品的分拣效率不断改进原有设备。原有机构由人工分拣，浪费资源，需进一步改进。 该项目目前主要应用于生产线的成品分拣，需要对对全自动生产线的操作手机构进行工艺分析，完成生产线操作手机构的安装与调试、维修		

续表

项目名称	操作手单元安装调试与设计运行	参考学时	10学时
项目目标	通过项目的设计与实现掌握操作手单元的设计与实现方法，了解操作手单元的各项技术，掌握如何将机电类技术综合应用，掌握操作手单元机构的故障诊断与排除方法。项目完成的过程中，实现以下目标： ①能够正确识读机械和电气工程图纸。 ②能够安装调试光电传感器、磁感应接近开关、CPV阀岛、机械耦合无杆气缸、提升缸和气爪手等组件，能正确连接气动回路和电气回路，并熟悉相关规范、标准。 ③会使用万用表、电工刀、压线钳、剥线钳、尖嘴钳等常用的安装、调试工具仪器。 ④能看懂一般工程图纸、组件等英文技术资料。 ⑤能够制订安装调试的技术方案、工作计划和检查表。 ⑥能整理、收集安装和调试资料，会编写安装、调试报告。 ⑦能够通过网络、期刊、专业书籍、技术手册等获取相应信息。 ⑧能够根据控制要求制订控制方案，编制工艺流程。 ⑨能够根据控制方案，编制程序流程图。 ⑩能够根据控制要求，正确编制分支控制程序。 ⑪能熟练使用S7-PLCSIM仿真软件和程序状态功能、变量表等进行程序调试。 ⑫能够正确下载控制程序，并能调试操作手单元各个功能。 ⑬能读懂STEP 7软件菜单和选项卡、对话框等出现的英文条目和说明。 ⑭能够制订程序设计的工作计划和检查表。 ⑮能编制程序设计技术报告。 ⑯能够通过网络、期刊、专业书籍、技术手册等获取相应信息		
项目要求	完成操作手单元的设计与安装调试，项目具体要求如下： ①完成操作手单元零部件结构测绘设计。 ②完成操作手单元气动控制回路的设计。 ③完成操作手单元电气控制回路的设计。 ④完成操作手单元PLC的程序设计。 ⑤完成操作手单元的安装、调试运行。 ⑥针对操作手单元在调试过程中出现的故障现象，正确对其进行维修		
实施思路	根据本项目的项目要求，完成项目实施思路如下： ①项目的机械结构设计及零部件测绘加工，时间2学时。 ②项目的气动控制回路的设计及元件选用，时间2学时。 ③项目的电气控制回路设计及传感器等元件选用，时间2学时。 ④项目的可编程控制程序编制，时间2学时。 ⑤项目的安装与调试，时间2学时		

笔记栏

工作过程

工作步骤	工作内容
项目构思(C)	①操作手单元的功能及结构组成、主要技术参数。 ②漫射式光电传感器、磁感应接近开关的工作原理。

笔记栏

续表

工 作 步 骤	工 作 内 容
项目构思(C)	③摆动气缸、真空吸盘、阀岛的结构和工作原理。 ④电气控制元件的接线方式。 ⑤操作手单元工作站的工作流程。 ⑥操作手单元工作站安全操作规程。 ⑦操作手单元的功能及结构组成。 ⑧操作手单元工作站的工作流程。 ⑨STEP7 编程软件的使用方法。 ⑩STEP7 的常用指令和基本编程方法与技巧。 ⑪PLC 控制程序调试方法
项目设计 (D)	①确定漫射式光电传感器、磁感应接近开关、CPV 阀岛、机械耦合无杆气缸、提升缸和气爪手的类型、数量和安装方法。 ②确定操作手单元安装和调试的专业工具及结构组件。 ③确定操作手单元工作站安装调试工序
项目实现 (I)	①根据技术图纸编制安装计划。 ②填写操作手单元安装调试所需组件、材料和工具清单。 ③安装前对无杆气缸、提升缸、气爪手、传感器、阀岛、PLC 等组件的外观、型号规格、数量、标志、技术文件资料进行检验。 ④根据图纸和设计要求,正确选定安装位置,进行 PLC 控制板各部件安装和电气回路的连接。 ⑤正确选定安装位置,进行 PLC 控制板各部件安装和电气回路的连接。 ⑥根据图纸,正确选定安装位置,进行支架模块、PicAlfa 模块、滑槽模块、漫射式光电传感器、磁感应接近开关、阀岛、I/O 的接线端口、气源处理组件、走线槽等安装。 ⑦根据线标和设计图纸要求,完成操作手单元气动回路和电气控制回路连接。 ⑧进行支架模块、PicAlfa 模块、滑槽模块的传感器、节流阀等的调试以及整个工作站调试和试运行。 ⑨确定操作手单元控制程序编制工序。 ⑩制订程序编制的工作计划。 ⑪填写操作手单元程序编制和调试所需软件、技术资料、工具和仪器清单
项目执行 (O)	①电气元件安装位置及接线是否正确,接线端接头处理是否符合艺标准。 ②机械元件是否完好,安装位置是否正确。 ③传感器安装位置及接线是否正确。 ④工作站功能检测。 ⑤程序是否能够实现操作手单元控制要求。 ⑥编制的程序是否合理、简洁,没有漏洞。 ⑦程序是否最优,所用指令是否合理。 ⑧操作手单元安装调试各工序的实施情况。 ⑨操作手单元安装成果运行情况。 ⑩安装过程总结汇报。 ⑪工作反思

一、操作手单元的机械结构

操作手工作单元配置了柔性2-自由度操作装置。漫反射式光电传感器对放置在支架上的工件进行检测。提取装置上的气爪手将工件从该位置提起，气爪手上装有光电式传感器用于区分“黑色”及“非黑色”工件，并将工件根据检测结果放置在不同的滑槽中。本工作单元可以与其他工作单元组合并定义其他的分类标准，工件可以被直接传输到下一个工作单元。

笔记栏

1. 操作手单元的组成

操作手单元的结构如图4.2所示，主要由支架模块、PicAlfa模块、滑槽模块等组成。

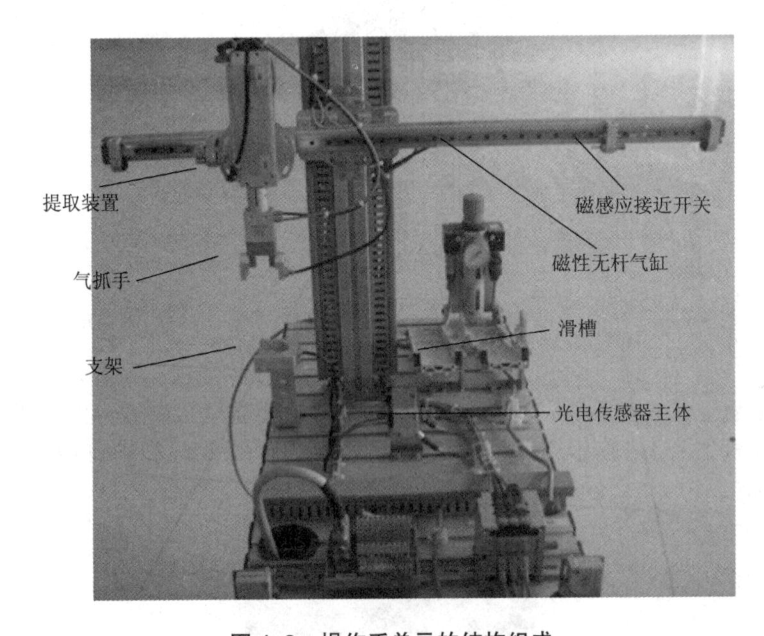

图4.2　操作手单元的结构组成

支架模块如图4.3所示。将工件放入支架上，使用漫射式光电传感器检测工件颜色。

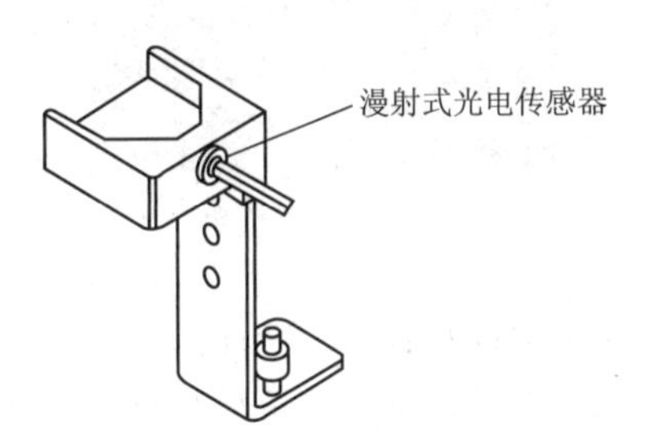

图4.3　支架模块

笔记栏

2. PicAlfa 模块

PicAlfa 模块如图 4.4 所示，主要由气动夹手、无杆气缸、提升气缸、立柱等组成，其主要完成工件的提取和传送。PicAlfa 模块具有高度的灵活性、行程短，末端位置传感器的安装位置可任意调节。

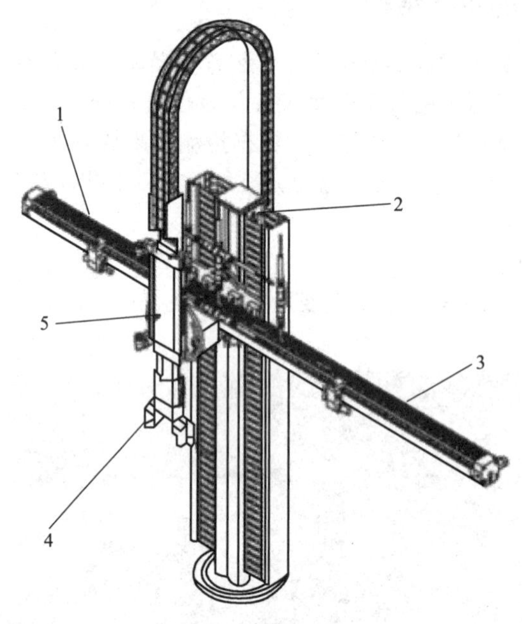

图 4.4　PicAlfa 模块

1—缓冲限位器；2—立柱；3—无杆缸；4—气动夹手；5—提升气缸

在提取装置上装有气爪手，气爪手上还有一个漫射式光电传感器可以检测工件。气爪手的外形和结构如图 4.5 所示，通过给不同的缸体送气，实现气爪手打开和关闭。

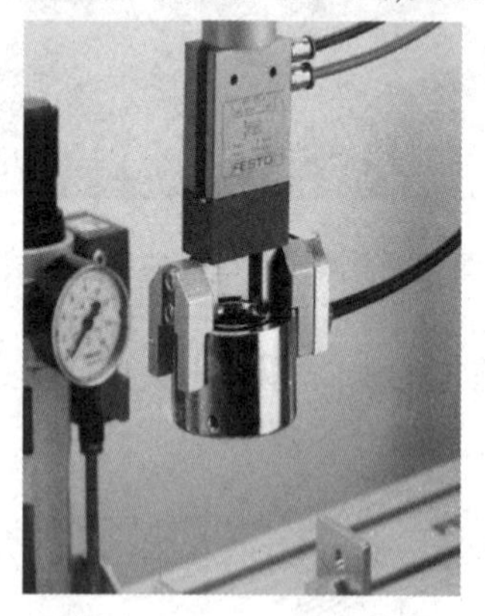

图 4.5　气爪手

PicAlfa 模块采用一种机械耦合的无活塞杆气缸，如图 4.6 所示。在气缸筒轴向开有一个条槽，在气缸两端设置空气缓冲装置。活塞 5 带动与负载相连的滑块 6 一起在槽内移动，且 借助缸体上的一个管状沟槽防止其产生旋转。因防泄漏和防尘的需要，在开口部采用聚氨酯密封带 3 和防尘不锈钢带 4 固定在两侧端盖上。无杆气缸具有柔性可调节缓冲装置，从而确保了末端位置及中间位置的快速定位。

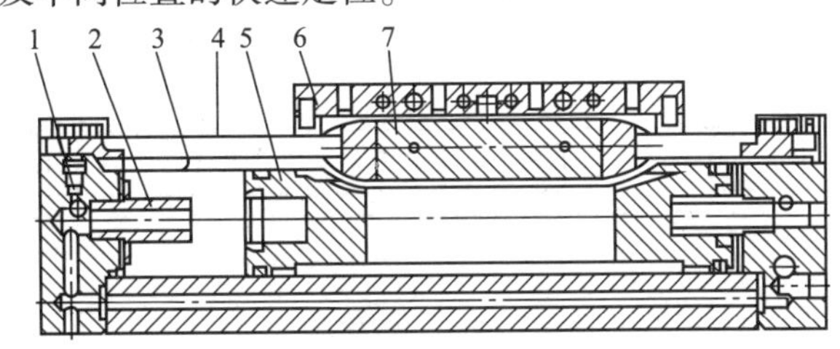

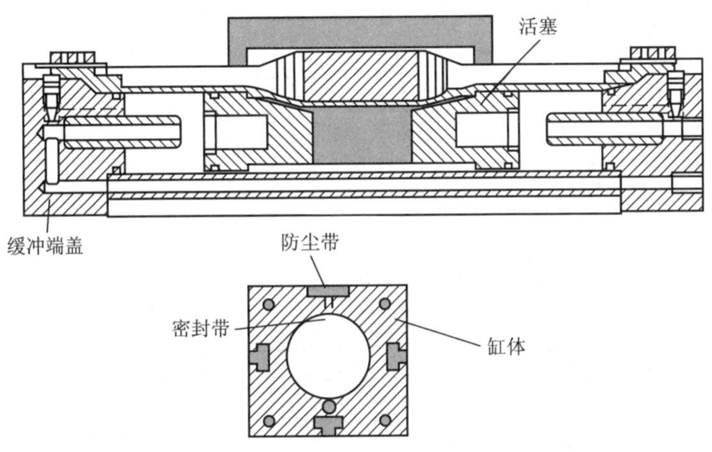

图 4.6 机械耦合的无活塞杆气缸

1—节流阀;2—缓冲柱塞;3—密封带;4—防尘不锈钢带;5—活塞;6—滑块;7—管状体

笔记栏

3. 滑槽模块

在操作手单元中使用了两个滑槽模块,其结构如图 4.7 所示,主要用于传送和储存工件。滑槽可以存储 5 个工件,其倾斜角度可以调节。

4. CPV 阀组

本单元的 CPV 阀组由 3 个阀组成,分别用于控制 1 个无杆气缸、1 个提升缸和 1 个气 爪手。在结构上,它们都是带手控装置的单控电磁阀。

图 4.7 滑槽模块

微课

S7-300 指令系统一定时器指令

二、STEP 7 的定时、计数指令

1. 定时器指令

定时器指令是编程元素(Program Elements)中的 Timers 项。定时器相当于继电器电路中的时间继电器,S7-300/400 的定时器分为脉冲定时器、扩展脉冲定时器、延时接通定时器、保持型延时接通定时器和延时断开定时器。

S7CPU 为定时器保存了一片存储区域。每个定时器都有一个 16 位的字和一个二进制位,定时器的字用来存放其当前的定时时间值,定时器触点的状态由它的位状态决定。用户使用的定时器字由 3 位 BCD 码的时间值(0~999)和时基(时间基准)组成,如图 4.8 所示。在 CPU 内部,时间值以二进制格式存放,占定时器字的 0~9 位。图 4.9 中表示的 t

笔记栏

是定时器的时间设定值,I0.0 是定时器的输入信号,Q4.0、Q4.1、Q4.2、Q4.3、Q4. 4 是各定时器的输出信号。

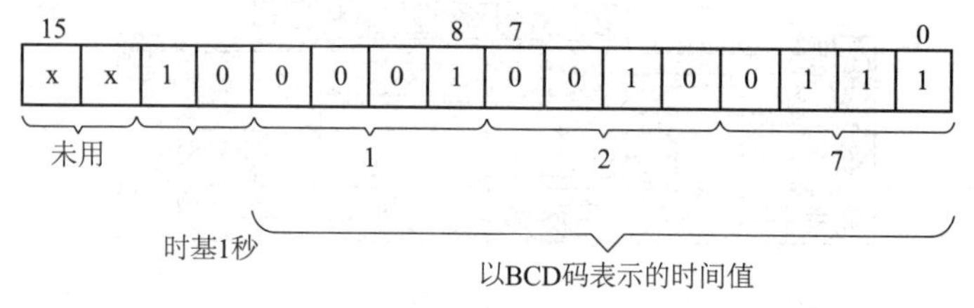

图 4.8 定时器字

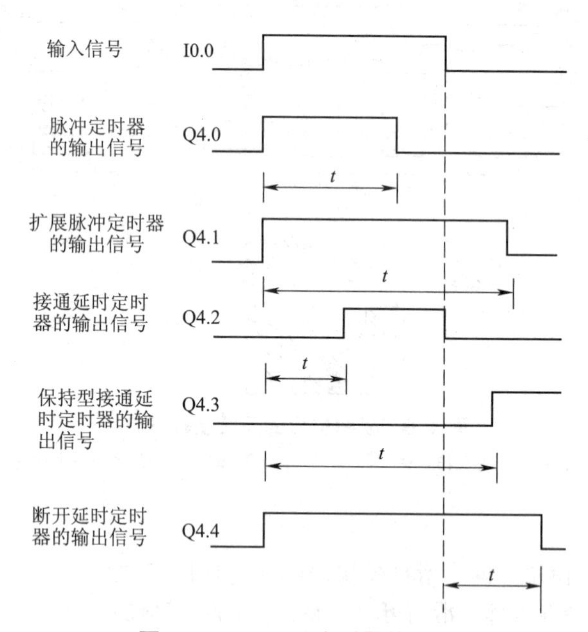

图 4.9 S7-300 定时器的功能

时间值设定可以使用下列格式预装一个时间值:

①十六进制数:W:#16:#wxyz,其中的 w 是时间基准,xyz 是 BCD 码形式的时间值。

②S5T: # ah_bm_cs_dms:h 是小时,m 是分钟,s 是秒,ms 是毫秒;a、b、c、d 由用户定义。时基是 CPU 自动选择,时间值按其所取时基取整为下一个较小的数。可以输入的最大时间值是 9990 秒,或 2h_46m_30s。

定时器字的位 12 和位 13 包含二进制码的时基。时基可定义时间值递减的单位时间间隔。最小时基为 10 ms;最大时基为 10 s 如表 4.1 所示。

表 4.1 时基与定时范围

时　　基	时基的二进制码	分　辨　率	定 时 范 围
10 ms	00	0.01 s	10 ms~9.99 s
100 ms	01	0.1 s	100 ms~1 m _ 39.9 s
1 s	10	1 s	1 s~16 m _ 39 s
10 s	11	10 s	10 s~2 h _ 46m _ 30 s

下面对定时器的输入/输出端做简单介绍：

①S 端：启动端，当 0 到 1 的信号变化作用在启动输入端(S)时，定时器启动。

②R 端：复位端，作用在复位输入端(R)的信号(1 有效)用于停止定时器。当前时间被置为 0，定时器的触点输出端(Q)被复位。

③Q 端：触点输出端，定时器的触点输出端(Q)的信号状态(0 或 1)，取决于定时器的种类及当前的工作状态。

④TV 端：设置定时时间，定时器的运行时间设定值由 TV 端输入。

⑤时间值输出端：定时器的当前时间值可分别从 B1 输出端和 BCD 输出端输出。B1 输出端输出的是不带时基的十六进制整数格式的定时器当前值，BCD 输出端输出的是 BCD 码格式的定时器当前时间值和时基。

笔记栏

S1MAT1CS7 系列 PLC 为用户提供了一定数量的具有不同功能的定时器。例如，CPU314 提供了 128 个定时器，分别是从 T0~T127。

- 脉冲定时器：在 I0.0 提供的启动输入信号 S 的上升沿，脉冲定时器开始定时，输出 Q4.0 变为 1。到定时时间时，当前时间值变为 0，Q 输出变为 0 状态。在定时期间，如果 I0.0 的常开触点断开，则停止定时，当前时间值变为 0，Q4.0 的线圈断电。

t 是定时器的预置值，R 是复位输入端，在定时器输出为 1 时，如果复位输入 I0.1 由 0 变为 1，定时器被复位，复位后输出 Q4.0 变为 0 状态，当前时间值被清 0。S_PULSE 脉冲定时器如图 4.10 所示。

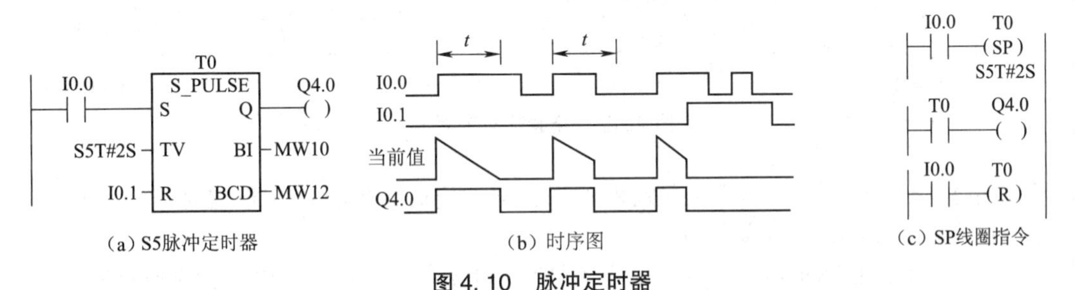

图 4.10 脉冲定时器

脉冲定时器(SP)线圈的功能和 S5 脉冲定时器的功能相同，定时器位为 1 时，定时器的常开触点闭合，常闭触点打开。

- 扩展脉冲定时器：启动输入信号 S 的上升沿，脉冲定时器开始定时，在定时期间，Q 输出端为 1 状态，直到定时结束。在定时期间即使 S 输入变为 0 状态，仍继续定时，Q 输出端为 1 状态，直到定时结束。在定时期间，如果 S 输入又由 0 变为 1 状态，定时器被重新启动，开始以预置的时间值定时。

R 输入由 0 变为 1 状态时，定时器被复位，停止定时。复位后 Q 输出端变为 0 状态，当前时间被清 0。

S_PEXT 扩展脉冲定时器如图 4.11 所示。

扩展脉冲定时器(SE)线圈的功能和 S5 扩展脉冲定时器的功能相同，定时器位为 1 时，定时器的常开触点闭合，常闭触点打开。

- 接通延时定时器：使用的最多的定时器，有的厂家的 PLC 只有接通延时定时器。启动输入信号 S 的上升沿，定时器开始定时。如果定时期间 S 的状态一直为 1，定时时间到时，当

笔记栏

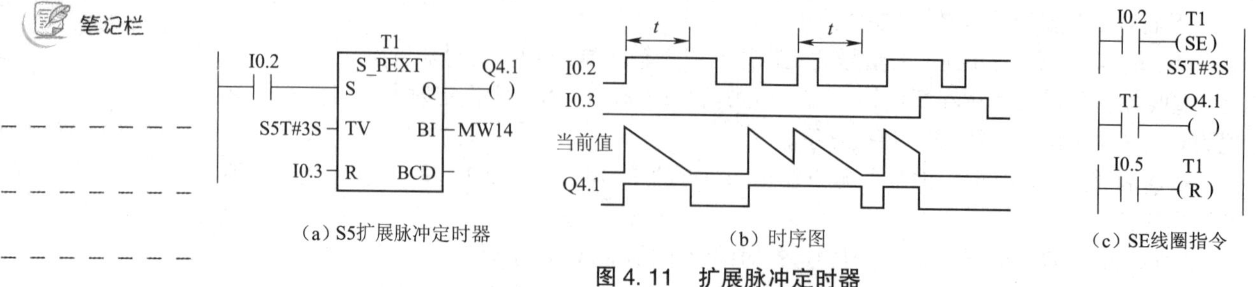

（a）S5扩展脉冲定时器　（b）时序图　（c）SE线圈指令

图 4.11　扩展脉冲定时器

前时间值变为 0,Q 输出端变为 1 状态,使 Q4.2 的线圈通电。此后如果 S 输入由 1 变为 0,Q 输出端的信号状态也变为 0。在定时期间,如果 S 输入由 1 变为 0,则停止定时,当前时间值保持不变。S 又变为 1 时,又从预置值开始定时。

R 是复位输入信号,定时器的 S 输入为 1 时,不管定时时间是否已到,只要复位输出 R 由 0 变为 1,定时器都要被复位,复位后当前时间被清 0。如果定时时间已到,复位后输出 Q 将由 1 变为 0。接通延时定时器如图 4.12 所示。

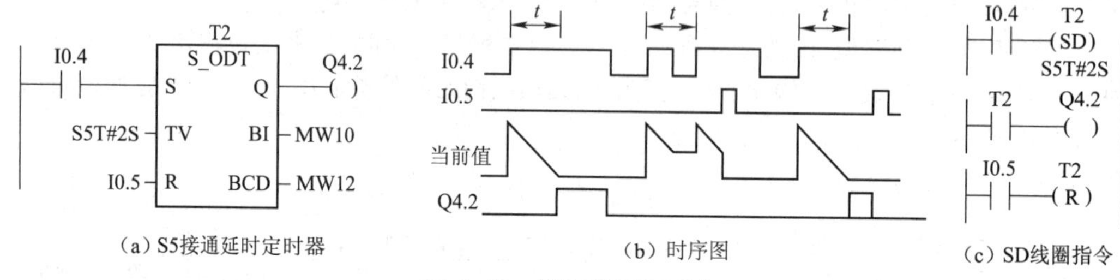

（a）S5接通延时定时器　（b）时序图　（c）SD线圈指令

图 4.12　接通延时定时器

接通延时定时器(SD)线圈的功能和 S5 接通延时定时器的功能相同,定时器位为 1 时,定时器的常开触点闭合,常闭触点打开。

● 保持型接通延时定时器:启动输入信号 S 的上升沿,定时器开始定时,定时期间即使输入 S 变为 0,仍继续定时。定时时间到时,输出 Q 变为 1 并保持。在定时期间,如果输入 S 又由 0 变为 1,定时器被重新启动,又从预置值开始定时。不管输入 S 是什么状态,只要复位输入 R 从 0 变为 1,定时器就被复位,输出 Q 变为 0。S_ODTS 保持型接通延时定时器如图 4.13 所示。

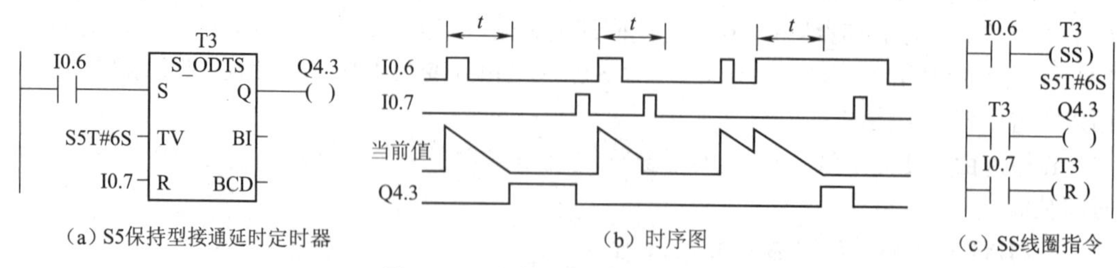

（a）S5保持型接通延时定时器　（b）时序图　（c）SS线圈指令

图 4.13　保持型接通延时定时器

保持型接通延时定时器(SS)线圈的功能和 S5 保持型接通延时定时器的功能相同,定时器位为 1 时,定时器的常开触点闭合,常闭触点打开。

- 断开延时定时器:启动输入信号 S 的上升沿,定时器的 Q 输出信号变为 1 状态,当前时间值为 0。在 S 输入的下降沿,定时器开始定时。到定时时间时,输出 Q 变为 0 状态。

定时过程中,如果 S 信号由 0 变为 1,定时器的时间值保持不变,停止定时。如果输入 S 重新变为 0,定时器将从预置值开始重新启动定时。

复位输入 I1.1 为 1 状态时,定时器被复位,时间值被清 0,输出 Q 变为 0 状态。S_OFFDI 断开延时定时器,如图 4.14 所示。

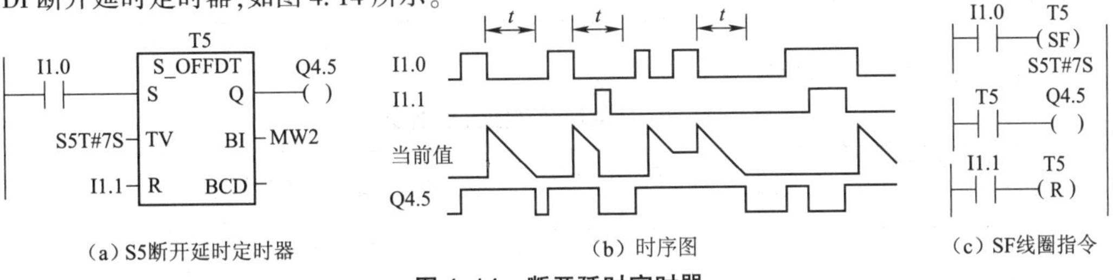

(a) S5断开延时定时器　(b) 时序图　(c) SF线圈指令

图 4.14　断开延时定时器

断开延时定时器(SF)线圈的功能和 S5 断开延时定时器的功能相同。当定时器位为 1 时,定时器的常开触点闭合,常闭触点打开。

2. 计数器指令

(1)计数器指令概述

微课

S7-300 指令系统-计数器指令

计数器是一种由位和字组成的复合单元,计数器的输出由位表示,其计数值存储在字存储器中。在 CPU 的存储器中留出了计数器区域,该区域用于存储计数器的计数值。S7-300 中有 3 种计数器,分别是加计数器(CU)、减计数器(CD)和加减计数器(CUD)。

在 S7-300 中,计数器区为 512 个字节(Byte),因此最多允许使用 256 个计数器。

计数器的第 0~11 位用来存放 BCD 码格式的计数值,三位 BCD 码表示的范围是 0~999。第 12~15 位没有用途。当计数值达到上限 999 时,累加停止,当达到下限 0 时,将不再减小。对计数器设置初始值时,累加器 1 低字中的内容被装入计数器字。计数器的计数值将以此为初值增加或减小,累加器 1 中的低字符合图 4.15 规定的格式。

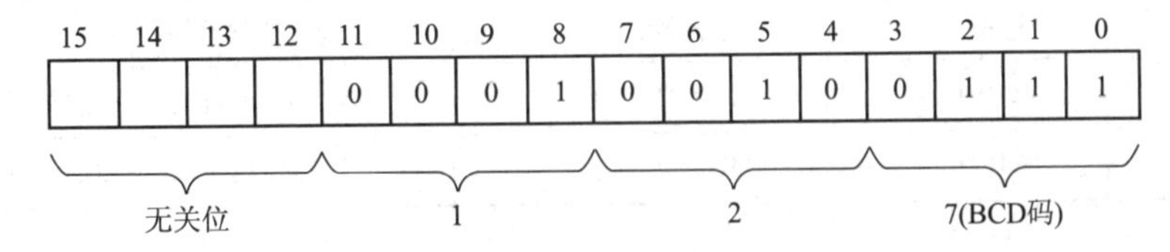

图 4.15　累加器 1 低字的内容计数值

(2)计数器线圈指令(见表 4.2)

表 4.2　计数器线圈指令

LAD 指令	STL 指令	功　能	说　明
Cno (SC)	SCno	设定计数值	Cno 为计数器号,数据类型为 COUNTER;预置值的类型为 WORD,可用于存储区 I、Q、M、D、L、也可为常数

笔记栏

续表

LAD 指令	STL 指令	功　　能	说　　明
Cno (CU)	CUCno	加法计数	RLO(逻辑运算结果)每有一个上升沿计数值加1,当达到上限 999 时停止累加
Cno (CD)	CDCno	减法计数	RLO 每有一个上升沿计数值减 1,当达到下限 0 时停止减

(3)计数器梯形图方块指令(见表 4.3)

表 4.3　计数器梯形图方块指令

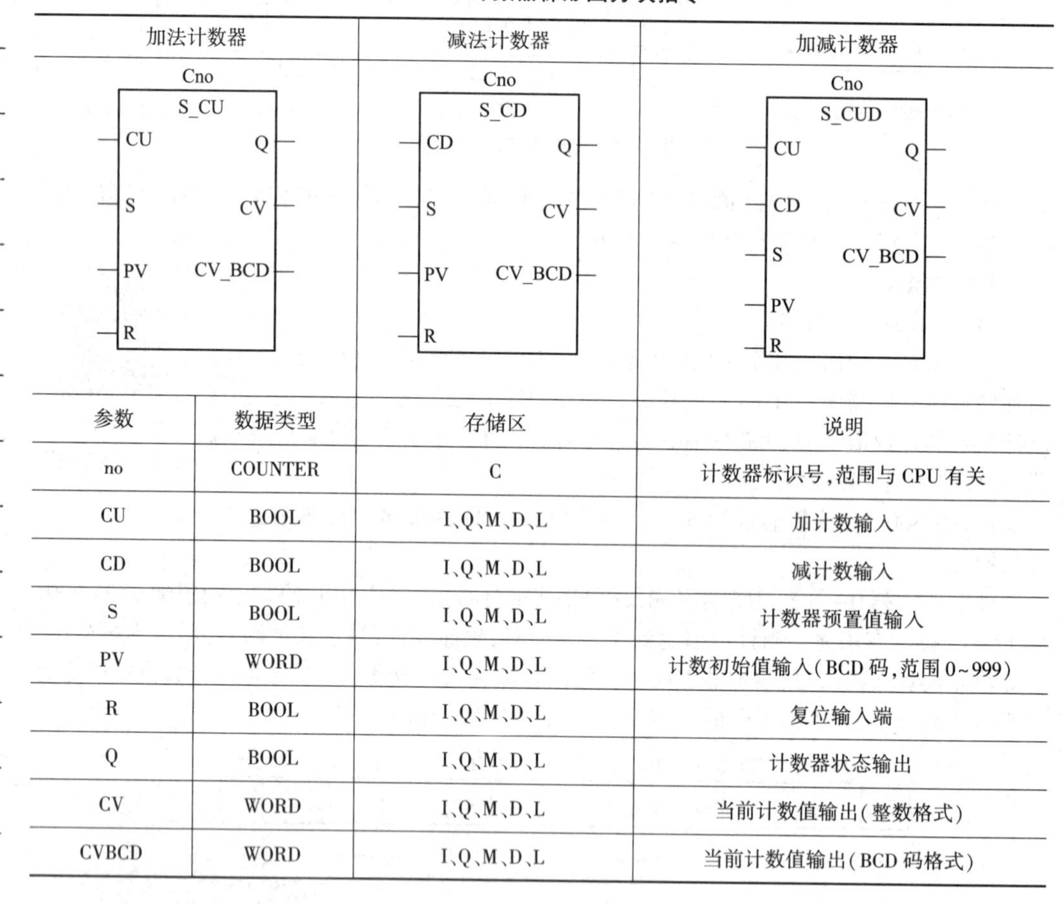

参数	数据类型	存储区	说明
no	COUNTER	C	计数器标识号,范围与 CPU 有关
CU	BOOL	I、Q、M、D、L	加计数输入
CD	BOOL	I、Q、M、D、L	减计数输入
S	BOOL	I、Q、M、D、L	计数器预置值输入
PV	WORD	I、Q、M、D、L	计数初始值输入(BCD 码,范围 0~999)
R	BOOL	I、Q、M、D、L	复位输入端
Q	BOOL	I、Q、M、D、L	计数器状态输出
CV	WORD	I、Q、M、D、L	当前计数值输出(整数格式)
CVBCD	WORD	I、Q、M、D、L	当前计数值输出(BCD 码格式)

①加计数器(S_CU):图 4.16 左边的加计数器(Up Counter)指令框中,S 为加计数器的设置输入端,PV 为预置值输入端,CU 为加计数脉冲输入端,R 为复位输入端,Q 为计数器位输出端,CV 端输出十六进制格式的当前计数值,CV_BCD 端输出当前计数值的 BCD 码。计数器中的 CU、S、R、Q 为 BOOL (位)变量,PV、CV 和 CV_BCD 为 WORD (字)变量。各变量均可以使用 I、Q、M、L、D 存储区,PV 还可以使用计数器常数 C#。

在"设置"输入信号 I1.3 的上升沿,将 PV 端指定的值送入计数器字。在"加计数脉冲"输入信号 I1.2 的上升沿,如果计数值小于 999,计数值加 1。"复位"输入信号 I1.4 为 1 时,计数器被复位,计数值被清零。计数值大于 0 时计数器位(即输出 Q)为 1;计数值为 0 时,计数

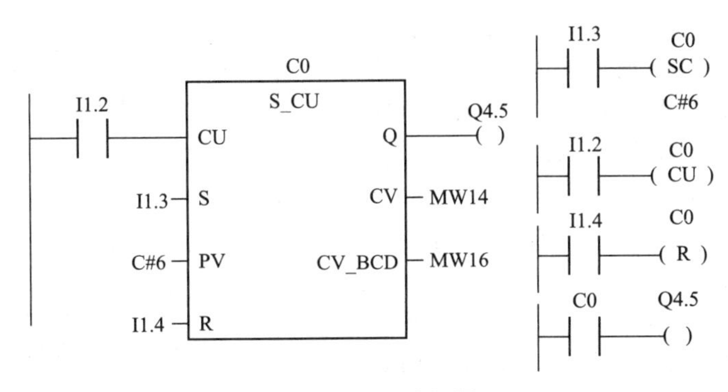

图 4.16 加计数器

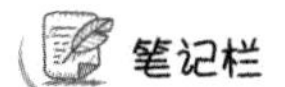

器位亦为 0。如果用“设置”输入 S 设置计数器时加计数输入信号 CU 为 1 状态,即使 CU 没有变化,下一扫描周期也会计数。

加计数器线圈指令与 S5 格式的加计数器类似。“设置计数值”线圈(SC)用来设置计数值,该指令仅在 RLO 的上升沿(由 0 变为 1)时执行,此时预置值被送入指定的计数器。图 4.16 中Ⅱ. 3 的触点由断开变为接通时,预置值 6 被送入计数器 C0。图中标有 CU 的线圈为加计数器线圈。在 II. 2 的上升沿,如果计数值小于 999,计数值加 1。复位输入 11. 4 为 1 时,计数器被复位,计数器位和计数值被清零。

②减计数器(S_CD):图 4. 17 中的减计数器(Down Counter)方框指令的 CD 是减计数脉冲输入端,其余各输出端的功能与图 4. 17 中的加计数器的相同。在设置输入 I1. 6 的上升沿,用 PV 指定的值被送入 C1。在减计数输入信号 I1. 5 的上升沿,如果计数值大于 0,计数值减 1。复位输入 I1. 7 为 1 时,计数器被复位,计数器位和计数值被清零。计数值大于 0 时计数器的输出 Q 为 1;计数值为 0 时,Q 亦为 0。如果在设置计数器时减计数输入信号 CD 为 1,即使 CD 没有变化,下一扫描周期也会计数。

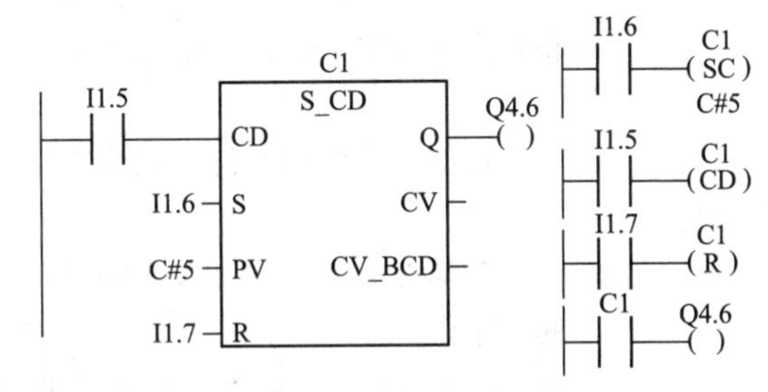

图 4.17 减计数器

图 4. 17 中标有 SC 的线圈用来预置计数器的值。I1. 6 的触点由断开变为接通时,预置值 5 被送入计数器 C1。标有 CD 的线圈为减计数线圈,在 II. 5 的上升沿,如果计数值大于 0,计数值减 1。计数值非 0 时,C1 的常开触点闭合,为 0 时 C1 的常开触点断开。复位输入 I1. 7 为 1 状态时,C1 被复位,计数器位和计数值被清零。

③加减计数器(S_CUD):在设置输入 S 的上升沿,用 PV 指定的预置值被送入加减计数器(Up Down Counter),如图 4. 18 所示。复位输入 R 为 1 状态时,计数器被复位,计数器位和计数值被清零。在加计数输入信号 CU 的上升沿,如果计数值小于 999,计数器加 1。在减计

笔记栏

数输入信号 CD 的上升沿,如果计数值大于 0,计数值减 1。如果两个计数输入均为上升沿,两条指令均被执行,计数值保持不变。计数值大于 0 时输出信号 Q 为 1 状态;计数值为 0 时,Q 亦为 0 状态。

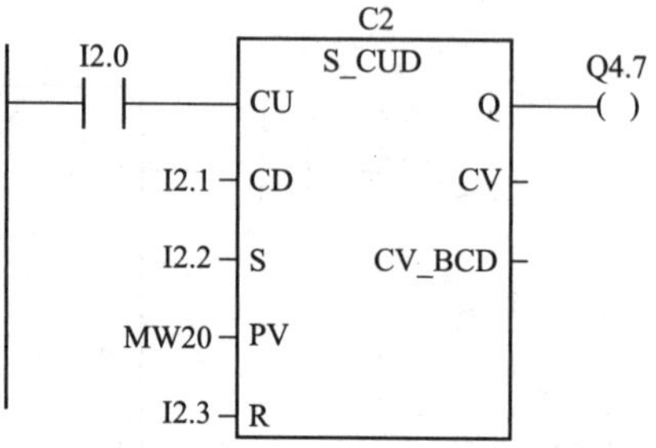

如果在设置计数器时,输入信号 CU 或 CD 输入为 1,即使它们没有变化,下一扫描周期也会计数。

图 4.18　加减计数器

3. 传送指令

装入(L)和传送(T)指令可以在存储区之间或存储区与过程输入、输出之间交换数据。CPU 执行这些指令不受逻辑操作结果 RLO 的影响。

L 指令将源操作数装入累加器 1 中,而累加器原有的数据移入累加器 2 中,累加器 2 中原有的内容被覆盖。

T 指令将累加器 1 中的内容写入目的存储区中,累加器的内容保持不变。

L 和 T 指令可对字节(8 位)、字(16 位)、双字(32 位)数据进行操作,当数据长度小于 32 位时,数据在累加器右对齐(低位对齐),其余各位填 0。

装入和传送操作有 3 种寻址方式:立即寻址、直接寻址和间接寻址。

(1)对累加器 1 的装入和传送指令

```
L    5                  //立即数 5 装入累加器 1 中
L    MW10               //将 MW10 中的值装入累加器 1 中
L    IB[DID8]           //由数据双字 D1D8 指出的输入字节装入累加器 1 中
T    MW20               //将累加器 1 中的内容传送给存储字 MW20
T    MW[AR1,P:#I0.0]    //将累加器 1 中的内容传送给由地址寄存器 1 加偏移量确
                          定的存储字中
```

(2)读取或传送状态字

```
L    STW                //将状态字中 0~8 位装入累加器 1 中,累加器 9~31 位被
                          清 0
T    STW                //将累加器 1 中的内容传送到状态字中
```

(3)装入时间值或计数值

```
L    T1                 //将定时器 T1 中二进制格式的时间值直接装入累加器 1
                          的低字中
LC   T1                 //将定时器 T1 的时间值和时基以 BCD 码装入累加器 1 的
                          低字中
L    C1                 //将计数器 C1 中二进制格式的计数值直接装入累加器 1
                          的低字中
LC   C1                 //将计数器 C1 中的计数值以 BCD 码格式装入累加器 1 的
                          低字中
```

(4)地址寄存器装入和传送

对于地址寄存器,可以不经过累加器 1 而直接将操作数装入或传送,或将两个地址寄存器的内容直接交换。

```
LAR1 P:#I0.0        //将输入位 I0.0 的地址指针装入 AR1
LAR2 P:#0.0         //将二进制数 2:# 0000 0000 0000 0000 0000 0000 0000 0000
                      装入 AR2
LAR1 AR2            //将 AR2 的内容装入 AR1
LAR1 DBD20          //将数据双字 DBD20 的内容装入 AR1
TAR1 AR2            //将 AR1 的内容传送至 AR2
TAR2                //将 AR2 的内容传送至累加器 1
TAR1 MD20           //将 AR1 的内容传送至存储器双字 MD20
CAR                 //交换 AR1 和 AR2 的内容
```

表 4.4 所示为梯形图方块传送指令

笔记栏

表 4.4　梯形图方块传送指令

LAD 方块图	参　数	数 据 类 型	存　储　区	说　明
MOVE EN　ENO IN　OUT	EN	BOOL	I、Q、M、D、L	允许输入
	ENO	BOOL	I、Q、M、D、L	允许输出
	IN	8、16、32 位长的所有数据类型	I、Q、M、D、L	源数值(可为常数)
	OUT	8、16、32 位长的所有数据类型	I、Q、M、D、L	目的操作数

例如,图 4.19 中若输入 I1.0 为 1,则执行该操作,存储字 MW20 的内容传送至输出 QW4,输出 Q4.1 为 1;若输入 I1.0 为 0,则不执行该操作,输出 Q4.1 为 0。

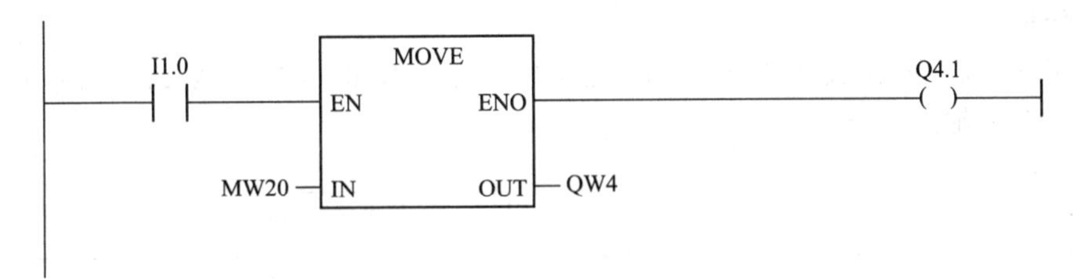

图 4.19　传送方块指令的使用

4. 比较指令

比较指令用于对累加器 2 中的数据与累加器 1 中的数据进行比较。数据类型可以是整数、长整数或实数,但要确保进行比较的两个数据的类型相同。表 4.5 所示为比较指令的 LAD 和 STL 形式。表 4.5 中 1N1 和 1N2 的数据类型为 INT、DINT、REAL,存储区为 I、Q、M、D、L。

表 4.5　比较指令

LAD 指令	STL 指令	方块上部的符号	说　明
CMP>1 IN1 IN2	= =1	COMP= =1	IN1 中的整数是否等于 IN2 中的整数
	<>1	COMP<>1	IN1 中的整数是否不等于 IN2 中的整数
	>1	COMP>1	IN1 中的整数是否大于 IN2 中的整数
	<1	COMP<1	IN1 中的整数是否小于 IN2 中的整数
	>=1	COMP>=1	IN1 中的整数是否大于或等于 IN2 中的整数
	<=1	COMP<=1	IN1 中的整数是否小于等于 IN2 中的整数

笔记栏

续表

LAD 指令	STL 指令	方块上部的符号	说明
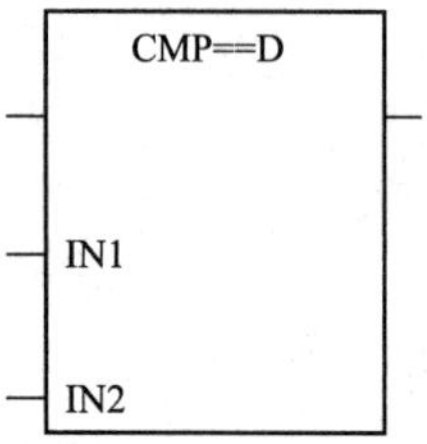 CMP==D IN1 IN2	==D	COMP ==D	IN1 中的长整数是否等于 IN2 中的长整数
	<>D	COMP<>D	IN1 中的长整数是否不等于 IN2 中的长整数
	>D	COMP>D	IN1 中的长整数是否大于 IN2 中的长整数
	<D	COMP<D	IN1 中的长整数是否小于 IN2 中的长整数
	>=D	COMP>=D	IN1 中的长整数是否大于或等于 IN2 的长整数
	<=D	COMP<=D	IN1 中的长整数是否小于或等于 IN2 的长整数
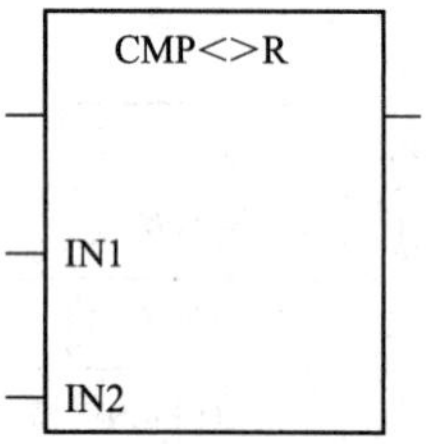 CMP<>R IN1 IN2	==R	COMP==R	IN1 中的实数是否等于 IN2 中的实数
	<>R	COMP<>R	IN1 中的实数是否不等于 IN2 中的实数
	>R	COMP>R	IN1 中的实数是否大于 IN2 中的实数
	<R	COMP<R	IN1 中的实数是否小于 IN2 中的实数
	>=R	COMP>=R	IN1 中的实数是否大于或等于 IN2 中的实数
	<=R	COMP<=R	IN1 中的实数是否小于或等于 IN2 中的实数

比较指令的应用类型有：= =(等于)、< >(不等于)、>(大于)、<(小于)、>=大于或等于)、<=(小于或等于)。若比较的结果为真,则 RLO 为 1,否则为 0。方块比较指令在逻辑串中等效于一个动合触点。如果比较结果为“真”,则该动合触点闭合(电流可以流过触点),否则触点断开。

图 4.20 给出了整数比较指令的用法,当输入位 I1.0 和 I1.1 为 1,而且(MW20)>(MW10)时,则输出位 Q4.1 为 1。

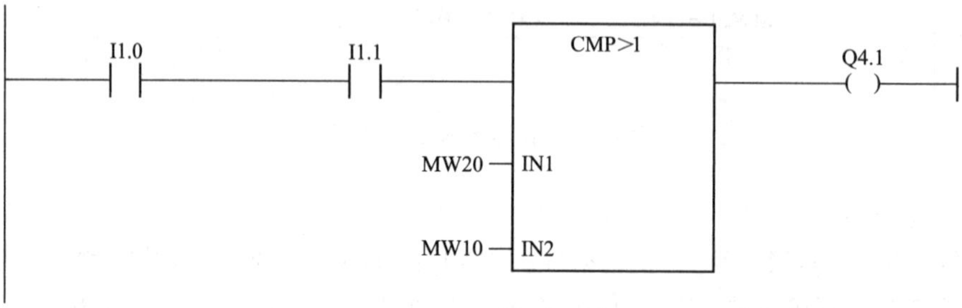

I1.0
I1.1
CMP>I
Q4.1
MW20 — IN1
MW10 — IN2

图 4.20　比较指令的使用

5. 举例

【例 1】　用脉冲定时器设计一个周期振荡电路,振荡周期为 5 s,占空比为 2∶5。图 4.21 所示为用脉冲定时器实现的振荡周期实现 5 s 的梯形图。

说明:在设计中,用 T1 和 T2 分别定时 2 s 和 3 s,用 I0.0 启动振荡电路。由于是周期振荡电路,所以 T1 和 T2 必须互相启动。

在程序的 Networkl 中,T2 需用常闭触点,否则,T1 无法启动。在 Network2 中,T1 工作期间,T2 不能启动工作。所以,T1 需用常闭触点来启动 T2,即当 T1 定时时间到时, T1 的常闭触点断开,从而产生 RLO 上跳沿,启动 T2 定时器。如此循环,在 Q4.0 端形成振荡电路。

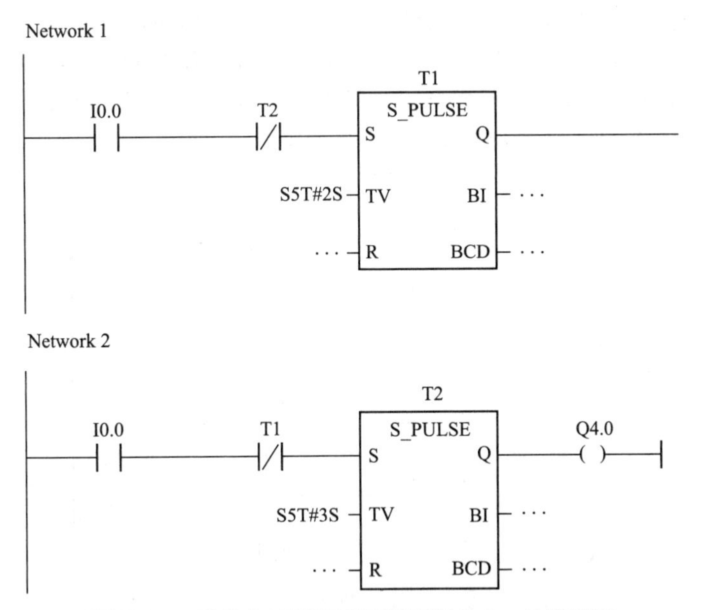

图 4.21　脉冲定时器实现振荡周期为 5 s 的梯形图

笔记栏

【例 2】 用接通延时定时器设计一个周期振荡电路,振荡周期为 5 s,占空比为 2∶5。图 4.22 所示为用接通延时定时器实现的振荡周期实现 5 s 的梯形图。

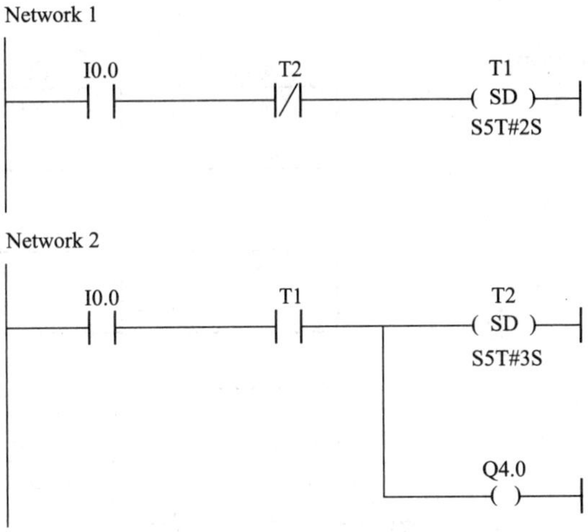

Network 1

Network 2

图 4.22　接通延时定时器实现振荡周期为 5 s 的梯形图

说明:与脉冲定时器的设计电路相比,在程序的 Networks 中,T1 是常开触点。在接通延时定时器定时时间到时,T1 工作结束,输出高电平,其上跳沿启动定时器 T2,这样 T1 和 T2 就可以互相起振。而脉冲定时器的 T1 是常闭触点,在 T1 不工作期间,输出为低电平,常闭触点接通,此时,T2 开始定时。

【例 3】 用计数器扩展定时器的定时范围。要求:I0.0 为复位按钮兼启动按钮,定时范围为 12 h。12 h 之后,将电磁阀 Q4.0 打开。

分析:定时器最长的时间是 9990 s,约 2 h。为了实现 12 h 的定时功能,需要先设计一周期振荡电路,其中接通延时定时器 T1 和 T2 的定时时间均为 7 200 s,这样振荡周期为 4 h。如果结合一个初始值为 3 的减法计数器,每隔 4 h 触发,则在减计数器计数值减至零时,相当于经过了 12 h。图 4. 23 为计数器扩展定时器功能块图。

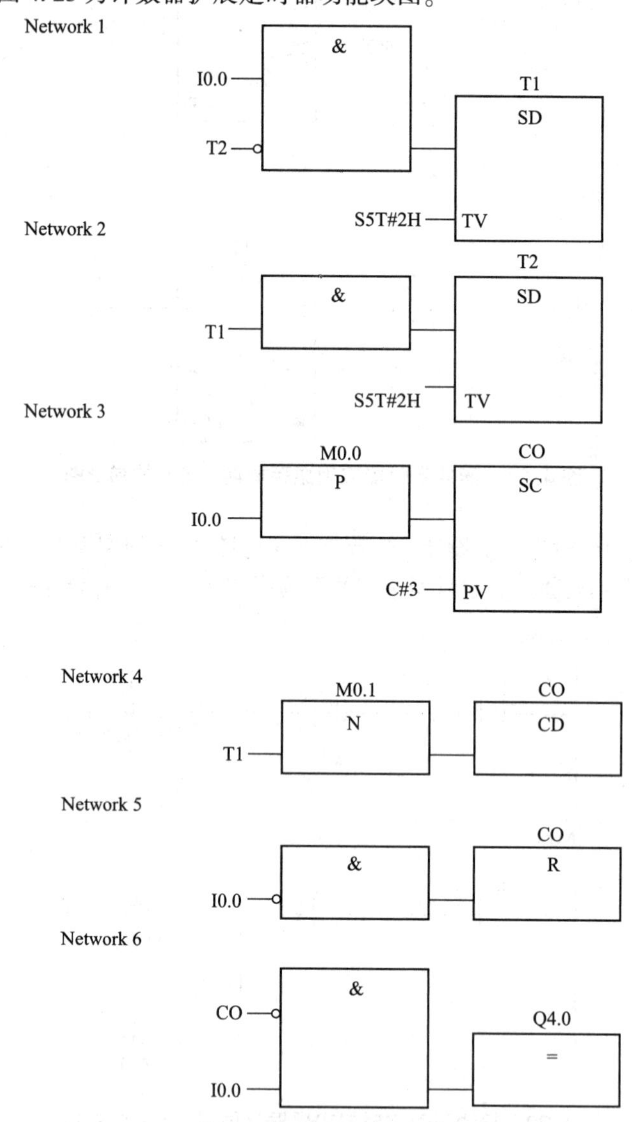

图 4. 23 计数器扩展定时器功能块图

【例 4】 用比较和计数指令编写开关灯程序,要求灯控按钮 I0. 0 按下一次,灯 Q4. 0 亮;按下两次,灯 Q4. 0、Q4. 1 全亮,按下三次灯全灭,如此循环。

分析:在程序中所用计数器为加法计数器,当加到 2 时,必须复位计数器,这是此例题的关键。

梯形图程序如图 4. 24 所示。

【例 5】 设计频率监视器,其特点是频率低于下限,则指示灯 Q4. 0 亮,“确认”按钮 I0. 1

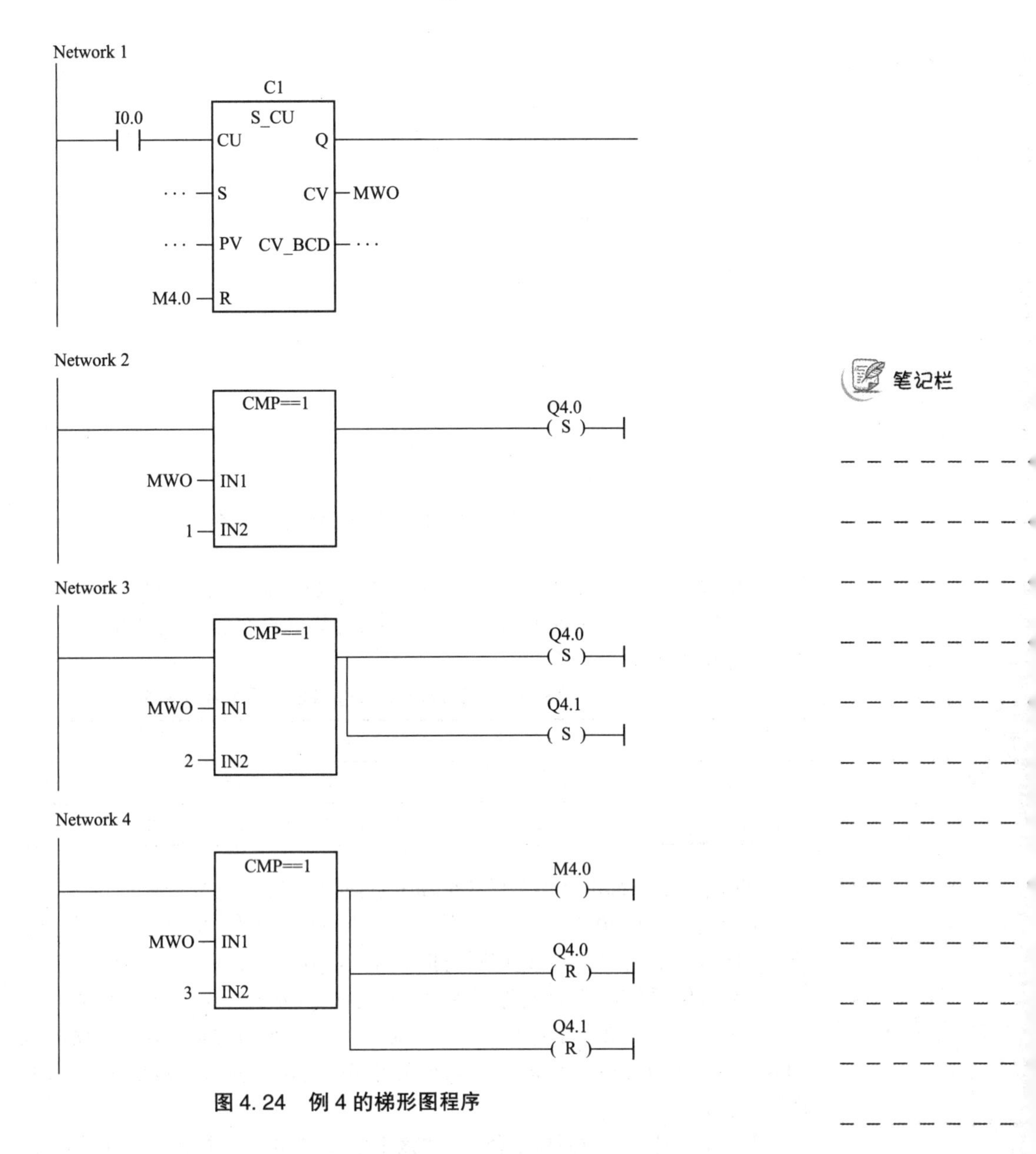

图 4.24　例 4 的梯形图程序

使指示灯复位。监控频率为 0.5 Hz,由 M10.7 提供。

图 4.25 所示为梯形图程序。

在设计中,由于扩展脉冲定时器 的特点,时间未到时,若输入 S 端反复正跳变,则定时器反复启动,输出始终为 1,直至定时时间到为止,在此使用非常合适。若监控频率为 0.5 Hz,则使用定时时间为 2 s 的定时器。在频率正常的情况下,0.5 Hz 的频率反复启动 2 s 的定时器,使输出始终为高电平。当频率变低,脉冲时间间隔变大时,2 s 的定时器可以计时完毕,此时输出变为低电平,监控指示灯 Q4.0 亮。

监控频率为 0.5 Hz,由 M10.7 提供。设定的方法如下:在 CPU 属性页的 Cycle/Clock Memory 选项页中设置 Clock Memory,选中就可激活该功能,并且在 Memory Byte 中输入存储

笔记栏

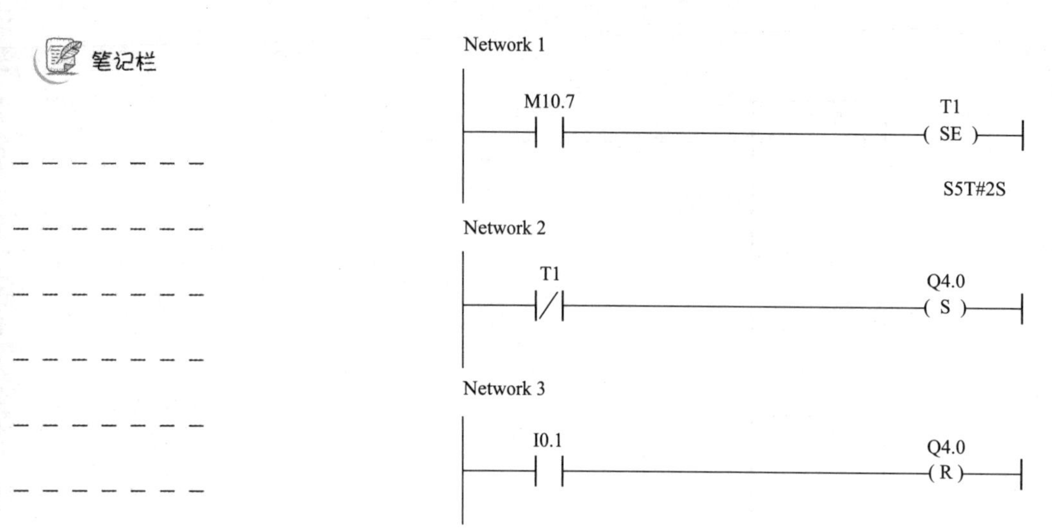

图 4.25　例 5 的梯形图程序

字节(MB)的地址,如 MB10 (输 T 入 10 即可),此时 MB10 各位的作用是产生不同频率的方波信号。如果在硬件配置里选择了该项功能,就可以在程序里调用这些特殊的位。Clock Memory 各位的周期及频率如表 4.6 所示。

表 4.6　Clock Memory 各位的周期及频率表

位	7	6	5	4	3	2	1	0
周期/s	2	1. 6	1	0. 8	0. 5	0. 4	0.2	0.1
频率/Hz	0. 5	0. 625	1	1. 25	2	2. 5	5	10

【例 6】　有一部电动小车供 5 个加工点使用,对小车的控制要求为:

①"启动"按钮 I0.7 按下时,车停在某个加工点(工位:I0. 0~I0. 4)。若没有用车呼叫(呼车:I1. 0~I1. 4)时,工位允许呼叫指示灯亮(Q0. 2),表示各工位可以呼车。

②某工位呼车时,工位允许呼叫的指示灯灭,表示此后再呼车均无效。

③停车位呼车则小车不动,当呼车位号大于停车位号时,小车自动向低位行驶(反转 Q0. 1);当呼车位号小于停车位号时,小车自动向高位行驶(正转 Q0. 0)。当小车到达呼车位时自动停车。

④小车到达呼车位时应停留 5 s 供该工位使用,不应立即被其他工位呼走。

分析:在设计中,首先将小车所在的工位号传送给存储器 MW10,再将呼车的工位号传送给存储器 MW12,两者相比较,当呼车的位号小于停车位号时,小车正转,反之,小车反转。若呼车位号等于停车位,则启动定时器 T1 延时 5 s,延时时间到,呼车信号允许指示灯亮,并取消对呼车信号的封锁。

程序中要注意,在允许呼车的前提条件下,若有呼叫信号,则将指示灯点亮,封锁其他 呼叫信号。而传递呼车信号必须在允许呼车指示灯(Q0. 2 = 1)的条件下,才能传递给 MW12(约束条件)。

电动小车控制梯形图如图 4.26 所示。

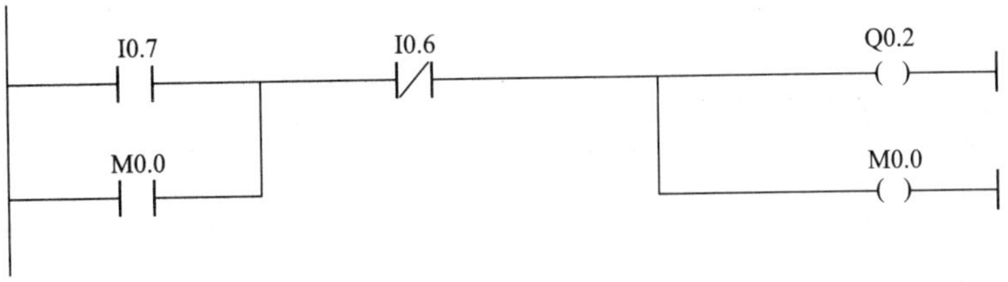

Network 2:传输工位1

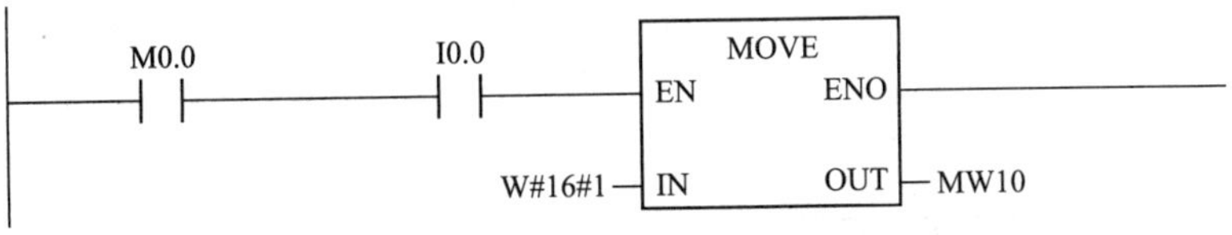

Network 3:传输工位2

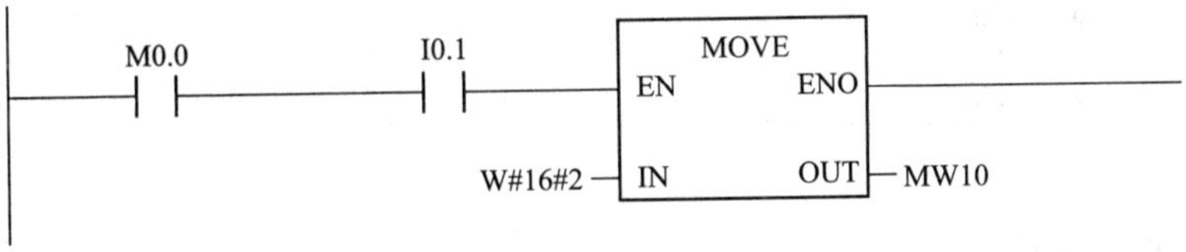

Network 7:传输呼车位1

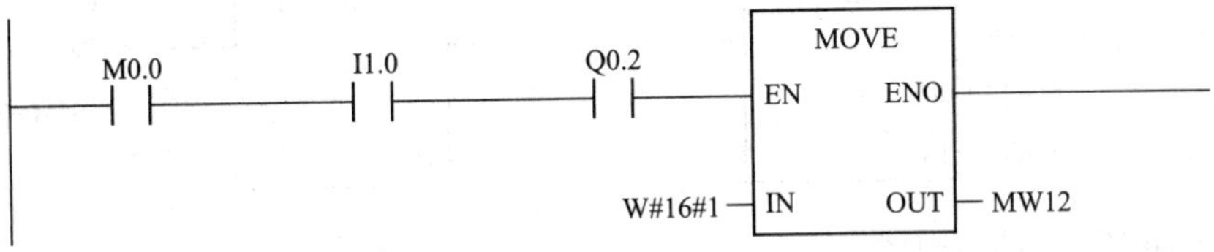

Network 8:传输呼车位2

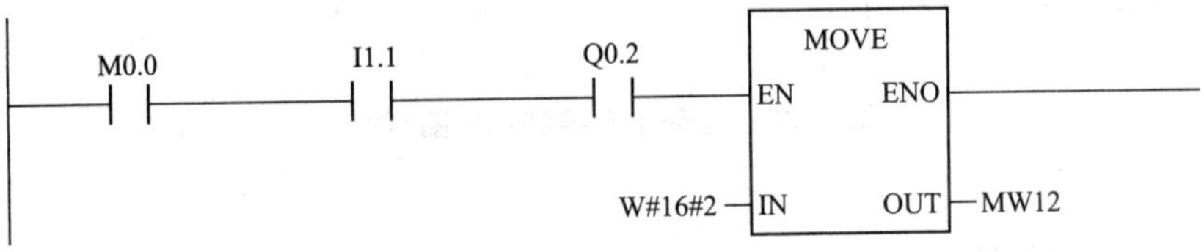

Network 12 呼叫并使指示灯灭

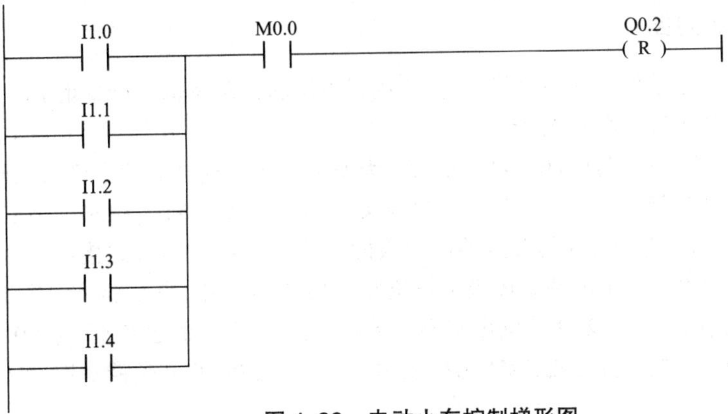

图 4.26 电动小车控制梯形图

笔记栏

笔记栏

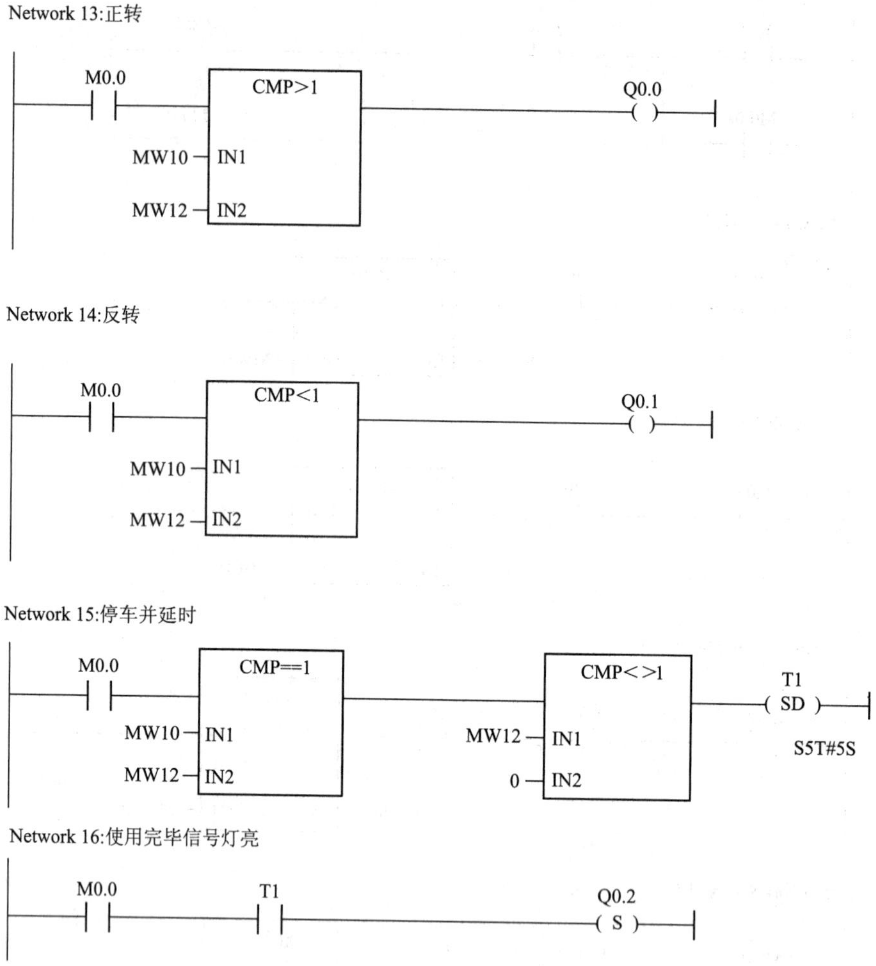

Network 13:正转

M0.0　CMP>1　Q0.0
MW10 — IN1
MW12 — IN2

Network 14:反转

M0.0　CMP<1　Q0.1
MW10 — IN1
MW12 — IN2

Network 15:停车并延时

M0.0　CMP==1　CMP<>1　T1 SD
MW10 — IN1　MW12 — IN1　S5T#5S
MW12 — IN2　0 — IN2

Network 16:使用完毕信号灯亮

M0.0　T1　Q0.2 S

图 4.26　电动小车控制梯形图(续)

项目设计

一、气动控制回路

气动控制系统是该工作单元的执行机构,该执行机构的控制逻辑功能是由 PLC 实现的。气动控制回路的工作原理如图 4.27 所示。

图 4.27 中 1A1 为无杆气缸,1B1、1B2 和 1B3 为安装在无杆气缸的两个极限工作位置和分栋位置的磁感应式接近开关,用它们发出的开关量信号可以判断气缸的三个工作位置;2A1 为提升缸,2B1、2B2 为安装在提升缸的两个极限工作位置的磁感应式接近开关,用它发出的开关量信号可以判断气缸的两个极限工作位置;3A1 为气爪手;1V2、1V3、2V2、2V3 为单向可调节流阀,1V2、1V3、2V2、2V3 分别用于调节无杆气缸、提升缸的运动速度; 1M1、1M2 为控制无杆气缸电磁阀的电磁控制端;2M1 为控制提升缸的电磁阀的电磁控制端;3M1 为控制

气爪手的电磁阀的控制端。

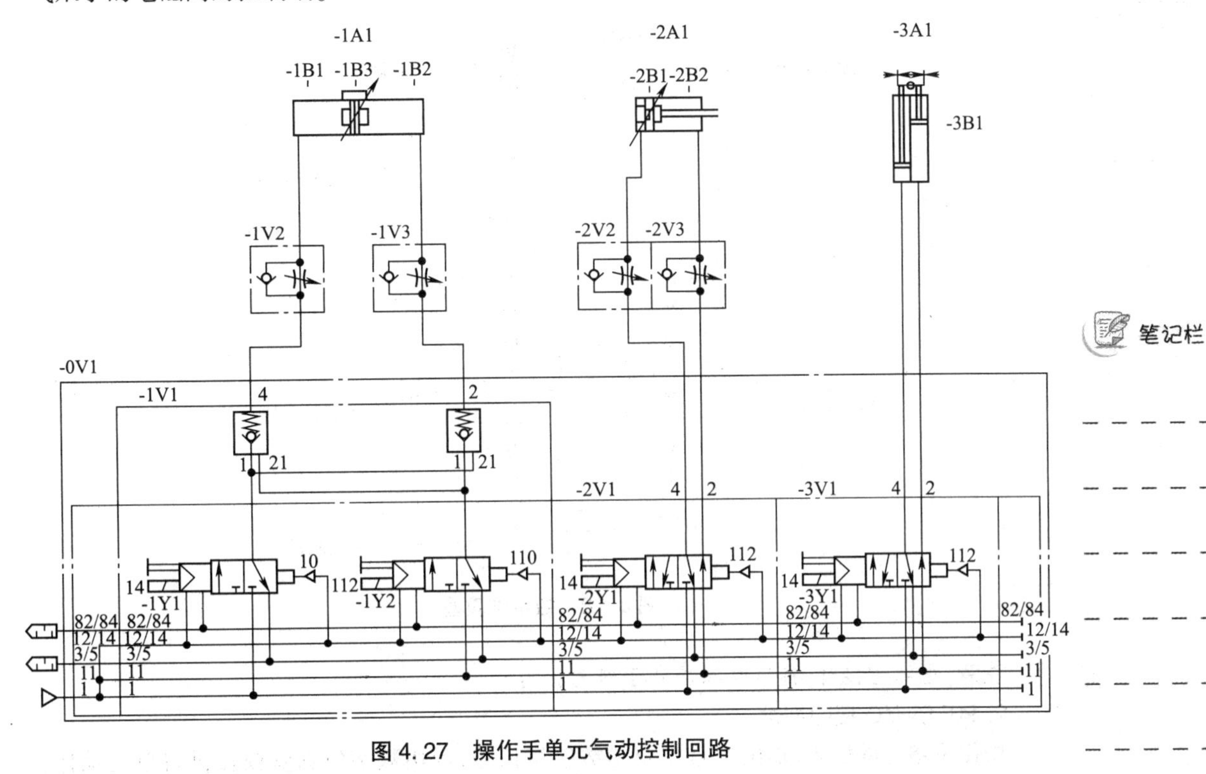

图 4.27　操作手单元气动控制回路

注意：图中的 4 个电磁阀是集成在一个 CPV 阀组上的。

二、电气通信接口地址

MPS 所有工作单元都是通过 I/O 接线端口与 PLC 实现通信。各工作单元需要与 PLC 进行通信连接的线路（包括各个传感器的线路、各个电磁阀的控制线路及电源线路）都已事先连接到了各自的 I/O 接线端口上，这样，当通信电缆与 PLC 连接时，这些器件在 PLC 模板上的地址就固定了。

1. 数字仿真盒

数字仿真盒可以模拟 MPS 工作单元的输入信号，同时显示输出信号。它能够完成下列操作：测试 PLC 程序时，模拟输入，设定输出信号，完成 MPS 工作单元的操作。数字仿真盒如图 4.28 所示。

I/O 数据电缆用于连接现场的输入、输出信号，使用时可以与工作单元的 I/O 接线端子电缆接口相连，通过仿真盒的输入信号驱动工作单元的执行机构。

仿真盒的输入信号可直接驱动执行机构动作，它有两种信号类型：一种是脉冲式信号；另一种是电平式信号，通过各输入信号的钮子开关切换。

仿真盒的输出信号显示执行机构动作时相应的传感器的状态，通过指示灯可以直观观察。所以，仿真盒的输出信号就是现场的输入信号。

数字仿真盒由 24 V 直流电源供电，红色电源线接于直流稳压电源的正极，黑色端接

笔记栏

笔记栏

负极。

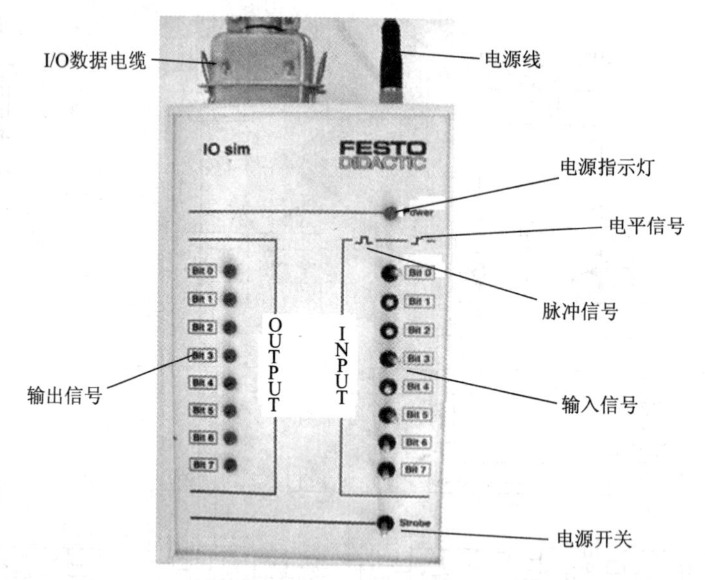

图 4.28　数字仿真盒

注意：电源连接时，稳压电源应处于断电状态。

2. PLC 的 I/O 接口地址

操作手单元的输入、输出信号主要是数字量信号，利用数字仿真盒模拟供料单元动作，同时观察 I/O 接线端子，可确定 PLC 的输入/输出信号地址及信号类型。操作手单元 PLC 的 I/O 地址分配情况如表 4.7 所示。

表 4.7　操作手单元 PLC 的 I/O 地址分配情况

序号	地址	设备符号	设备名称	设备用途	信号特征
1	I1.0	START	按钮开关	启动设备	信号为 1，表示按钮被按下
2	I1.1	STOP	按钮开关	停止设备	信号为 0，表示按钮被按下
3	I1.2	AUTO/MAN	转换开关	自动/手动转换	信号为 0，表示为自动模式；信号为 1，表示为手动模式
4	I1.3	RESET	按钮开关	复位设备	信号为 1，表示按钮被按下
5	I0.0	Part-AV	漫射式光电传感器	判断是否有工件	信号为 1，表示有工件；信号为 0，表示没有工件
6	I0.1	1B1	磁感应式接近开关	判断提取装置是否在前一站位置	信号为 1，表示提取装置在前一站
7	I0.2	1B2	磁感应式接近开关	判断提取装置是否在下一站位置	信号为 1，表示提取装置在下一站
8	I0.3	1B3	磁感应式接近开关	判断提取装置是否在分拣位置	信号为 1，表示提取装置在分拣位置
9	I0.4	2B1	磁感应式接近开关	判断气爪手是否在伸出位置	信号为 1，气爪手在伸出位置

续表

序号	地址	设备符号	设备名称	设备用途	信号特征
10	I0.5	2B2	磁感应式接近开关	判断气爪手是否在缩回位置	信号为1,气爪手在缩回位置
11	I0.6	3B1	漫射式光电 传感器	判断工件的颜色是否为黑色	信号为1,表示工件为非黑色
12	I0.7	IP_FI	光电传感器	判断下一站是否准备好	信号为1,表示下一站已准备好
13	Q0.0	1M1	电磁阀	控制无杆气缸动作	信号为1,提取装置到前一站
14	Q0.1	1M2	电磁阀	控制无杆气缸动作	信号为1,提取装置到后一站
15	Q0.2	2M1	电磁阀	控制提升缸运动	信号为1,气爪手伸出
16	Q0.3	3M1	电磁阀	控制气爪手打开关闭	信号为1,气爪手打开
17	Q0.7	IP_N_FO	光电式传感器	向上一站发送信号	信号为1,本站工作忙
18	Q0.0	HI	指示灯	启动指示灯	信号为1,灯亮;信号为0,灯灭
19	Q0.1	H2	指示灯	复位指示灯	信号为1,灯亮 信号为0,灯灭

3. 电气控制回路

操作手单元电气控制回路如图 4.29 所示。

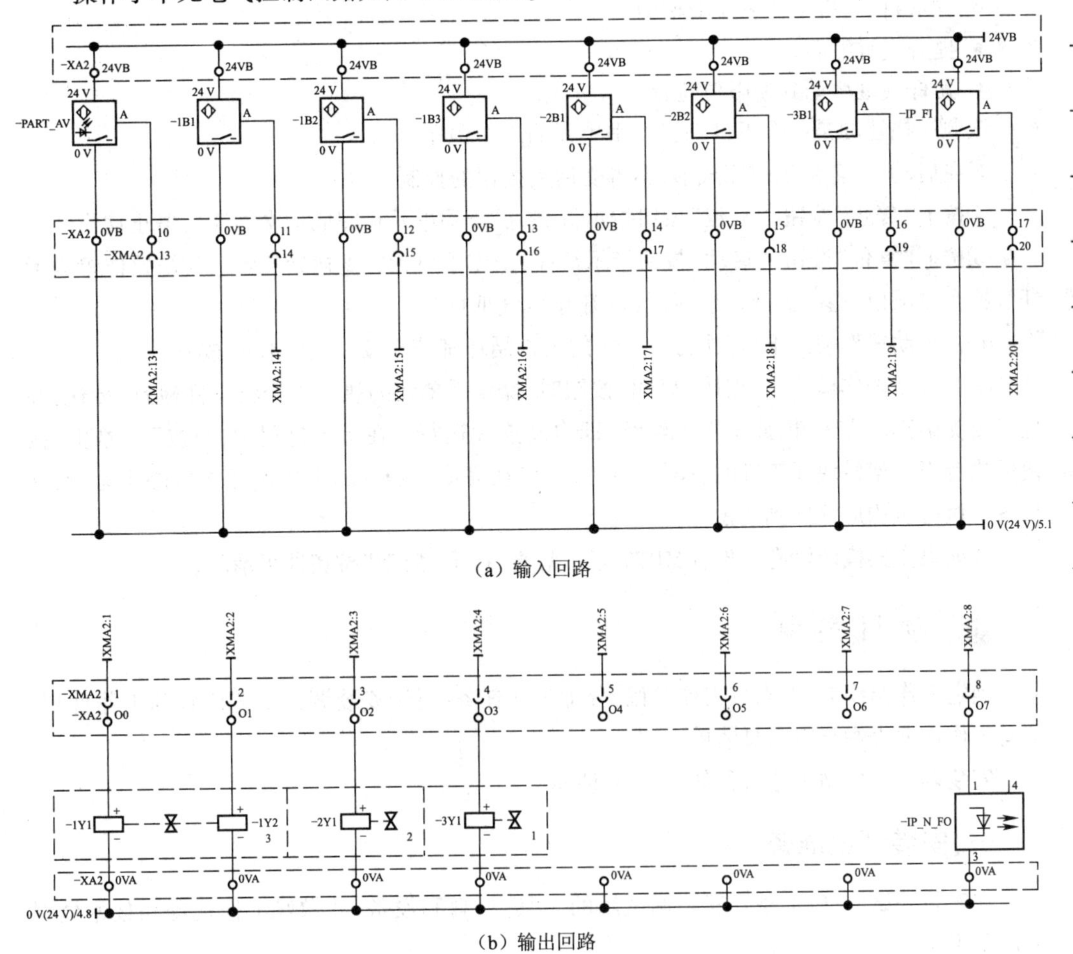

(a) 输入回路

(b) 输出回路

图 4.29 操作手单元电气控制回路

笔记栏

三、软件程序设计

操作手单元的控制要求

在MPS中，操作手单元是构成该系统的第四个环节，用于实现对第三个单元传送过来工件进行检测、传递和存储。当然，该单元也可以作为独立设备而工作，采用PLC来控制。

①在启动前，操作手单元的执行机构必须处于初始位置，否则不允许启动。

②按下启动按钮后，系统按如下工作顺序动作。

在各执行机构处于初始状态，并且在支架模块上有工件的情况下，当按“启动”（START）按钮时，操作手单元按如下顺序工作。

- 提升气缸伸出。
- 气爪检测支架上的工件是“黑色工件”或“非黑色工件”后关闭。
- 提升气缸缩回。
- 无杆气缸移动到相应滑槽的位置。若为黑色工件，则存放在内滑槽中（滑槽1）；若为红色/金属工件，则存放在外滑槽中（滑槽2）。
- 提升缸伸出。
- 气爪打开，将工件放入滑槽中。
- 提升气缸缩回。
- 无杆气缸移动到左限位位置。

该顺序描述的是一个工件在操作手单元的工作顺序。

③在启动后，全部工作完成前，不再受启动按钮的控制。

④按下“停止”按钮，“复位”按钮指示灯亮，操作手单元在完成本次循环后停止动作。

⑤按下“复位”按钮，“启动”按钮指示灯亮，操作手单元回到初始位置。其初始位置为无杆气缸在左限位位置；提升缸缩回（气爪升起）；气爪打开。

⑥在手动操作模式下，每执行一个新的工作循环都需要按一次“启动”按钮。

⑦在自动操作模式下，当按“启动”按钮时，操作手单元的执行机构将工件检测、传送，并且只要支架模块有工件，此工作就继续，即自动连续运行。在运行过程中，当按下“停止”按钮后或者当支架模块无工件时，操作手单元应该在完成了当前的工作循环之后停止运行，并且各个执行机构应该回到初始位置。

⑧如果支架模块没有工件，EMPTY指示灯亮，按下“启动”按钮即可消除。

项目实现

确定工作组织方式，划分工作阶段，分配工作任务，讨论安装调试工艺流程和工作计划，填写工作计划表和材料工具清单。

安装调试工作站工艺流程如图4.30所示。

一、安装调试准备

在安装调试前，应准备好安装调试用的工具、材料和设备，并做好工作现场和技术资料的准备工作。

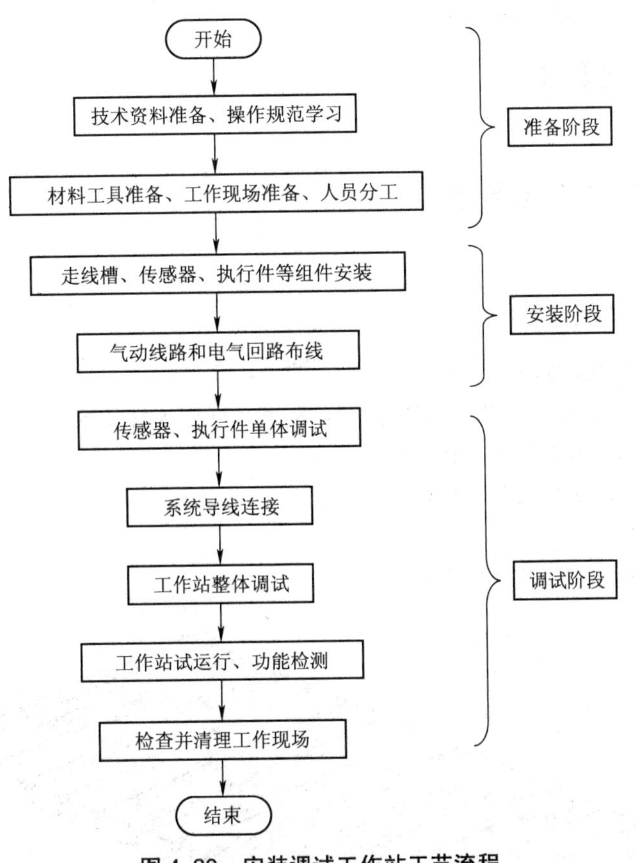

图 4.30　安装调试工作站工艺流程

笔记栏

1. 工具

安装所需工具：电工钳、圆嘴钳、斜口钳、剥线钳、压接钳、一字螺丝刀、十字螺丝刀Ⅰ(3.5 mm)、电工刀、管子扳手(9 mm×10 mm)、套筒扳手(6 mm×7 mm、9 mm×10 mm、12 mm×13 mm、22 mm×24 mm)、内六方扳手(3 mm、5 mm)各1把，数字万用表1块。

2. 材料

导线BV-0.75、BV-1.5、BVR型多股铜芯软线各若干米，尼龙扎带、带帽垫螺栓各若干。

3. 设备

按钮5只，开关电源1个，I/O接线端口1个，提升缸1个，无杆气缸1个，气爪手1个，漫射式光电传感器2个，磁感应式接近开关5个，气动滑槽2个，CPV阀组1个，消声器1个，气源处理组件1个，走线槽若干，铝合金板1个等。

4. 工作现场

现场工作空间充足，方便进行安装调试，工具、材料等准备到位。

5. 技术资料

①操作手单元的电气图纸和气动图纸。

②相关组件的技术资料。

③重要组件安装调试的作业指导书。

笔记栏

④工作计划表、材料工具清单。

二、安装工艺要求

见项目一。

三、安装调试的安全要求

见项目一。

四、安装调试的步骤

1. 操作手单元的安装调试

①根据技术图纸,分析气动回路和电气回路,明确线路连接关系。

②按给定的标准图纸选工具和元器件。

③在指定的位置安装元器件和相应模块。

安装步骤如下:

步骤1:准备好铝合金板,如图4.31所示。

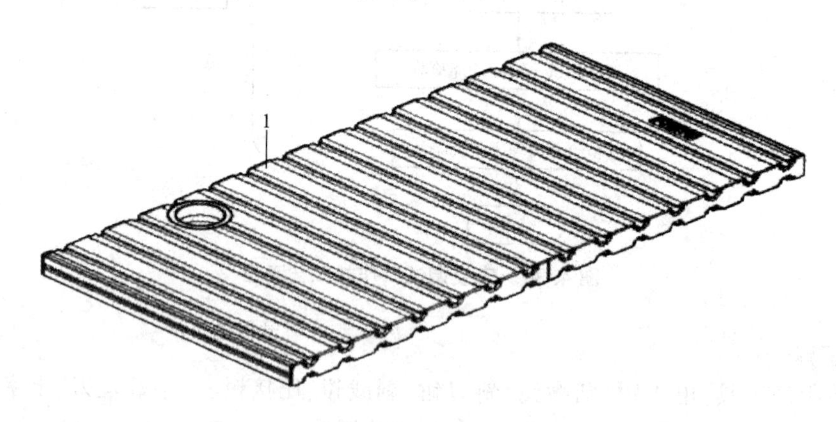

图4.31 准备铝合金板

1—铝合金板

步骤2:按照图4.32安装组件。

步骤3:安装线槽盖板,如图4.33所示。

步骤4:调整摆动模块和电线夹子的位置,并按图4.34所示安装组件。

步骤5:按图4.35所示安装线夹。

步骤6:按图4.36所示安装组件。

步骤7:按图4.37所示安装组件。

步骤8:安装工作站,如图4.38所示。

④根据线标和设计图纸要求,进行电气控制回路和气动回路的连接。

⑤按控制要求进行PicAlfa模块、支架模块和滑槽模块各个传感器的调试。

a. 无杆气缸的末端位置。无杆气缸一共移动到3个位置:支架、滑槽1、滑槽2,其中“支架”和“滑槽2”的位置通过无杆气缸两端的缓冲器进行机械限位。

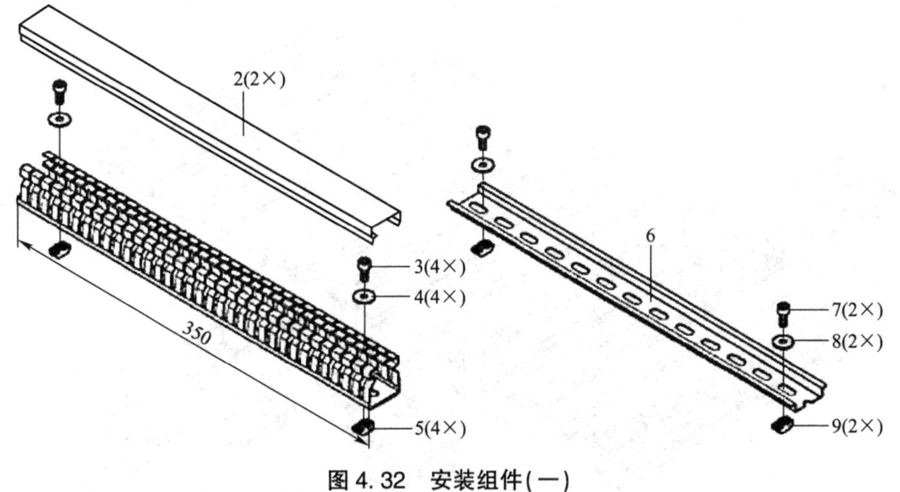

图 4.32 安装组件(一)

2—走线槽;3、7—内角螺钉 M5×10;4、8—垫片 B5.3;5、9—T 形头螺母 M5-32;6—导轨

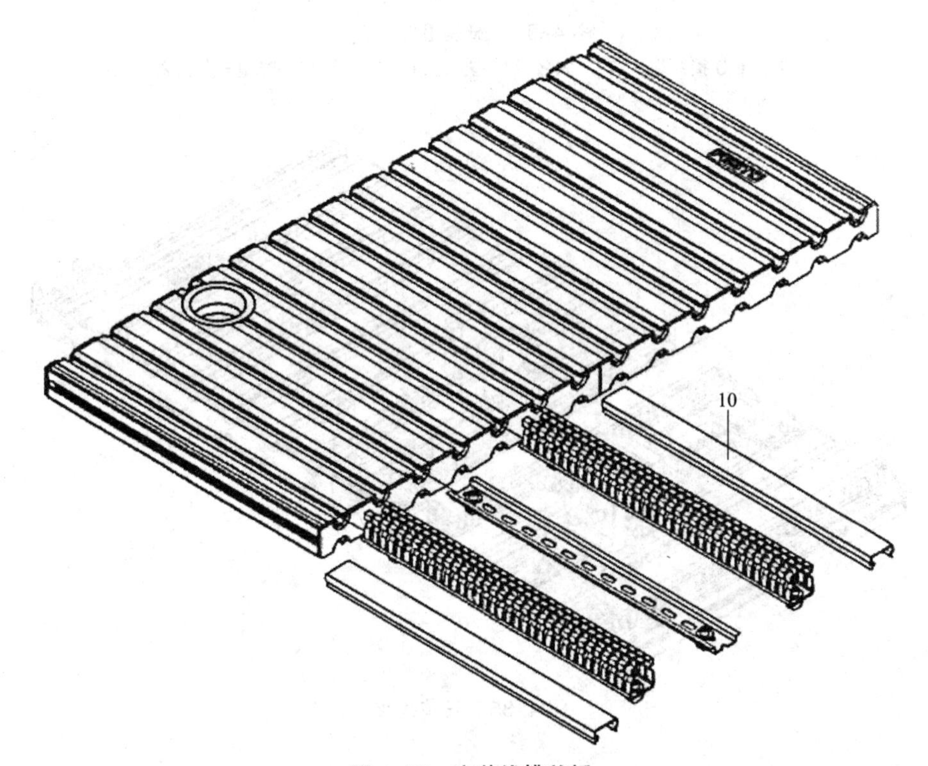

图 4.33 安装线槽盖板

10—线槽盖板

准备条件：

- 安装 PicAlfa 模块。
- 连接气爪,提升缸和无杆气缸不连接。
- 打开气源[最大工作压力 4 bar(1 bar=100 kPa)]。

笔记栏

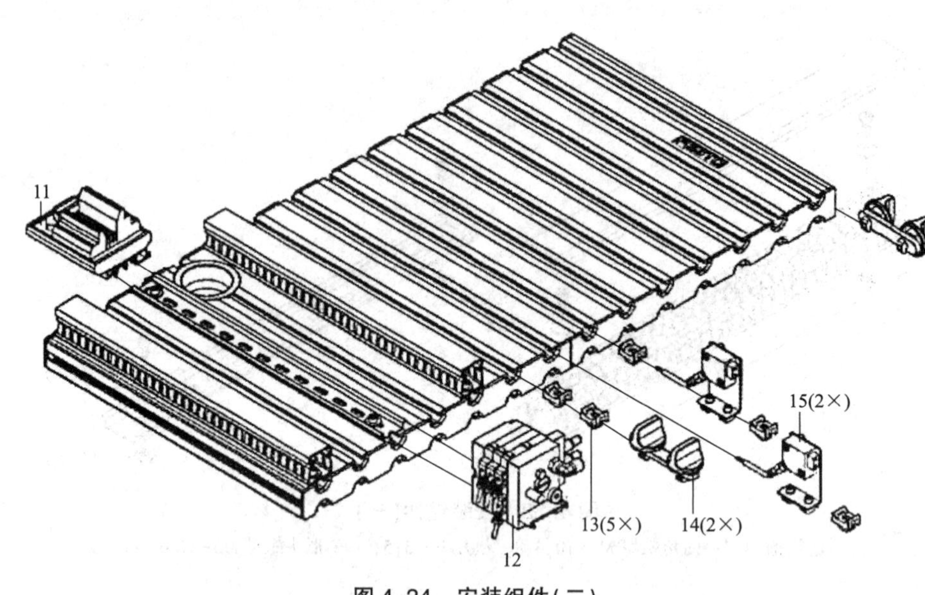

图 4.34 安装组件(二)

11—I/O 接线端口;12—阀岛;13—线夹;14—连接器;15—光电式传感器

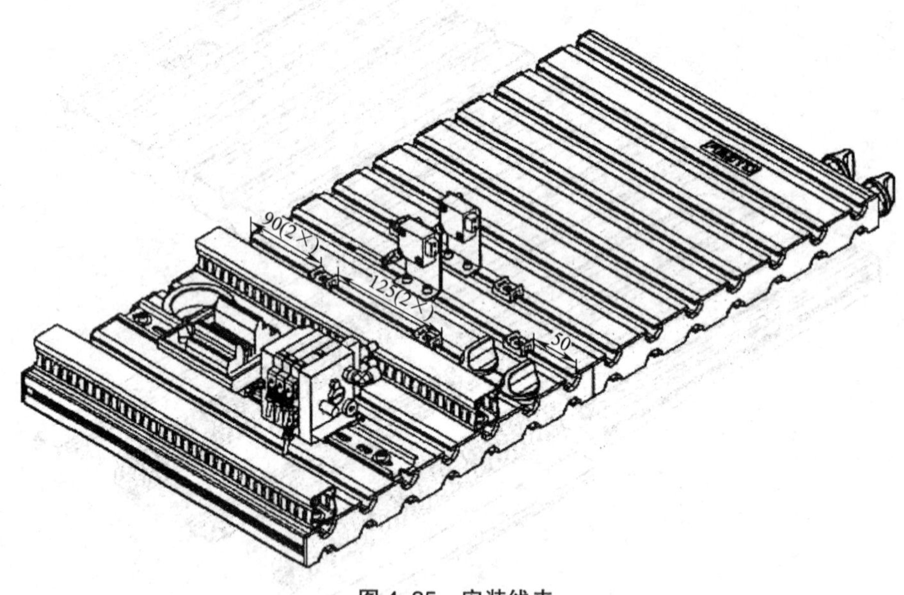

图 4.35 安装线夹

执行步骤:

- 手动移动无杆气缸至“支架”位置。
- 将工件放入支架上。
- 手动控制电磁阀打开气爪。
- 手动拉下提升缸至末端位置,使得气爪能够安全地抓到工件。
- 将无杆气缸的末端位置固定。

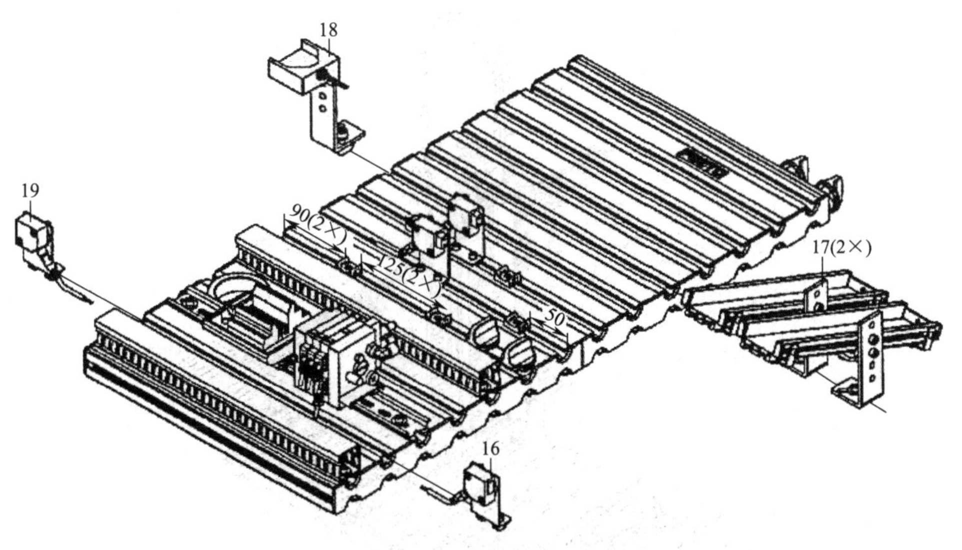

图 4.36 安装组件(三)

16—站间通信接收器;17—滑槽模块;18—支架模块;19—站间通信发送器

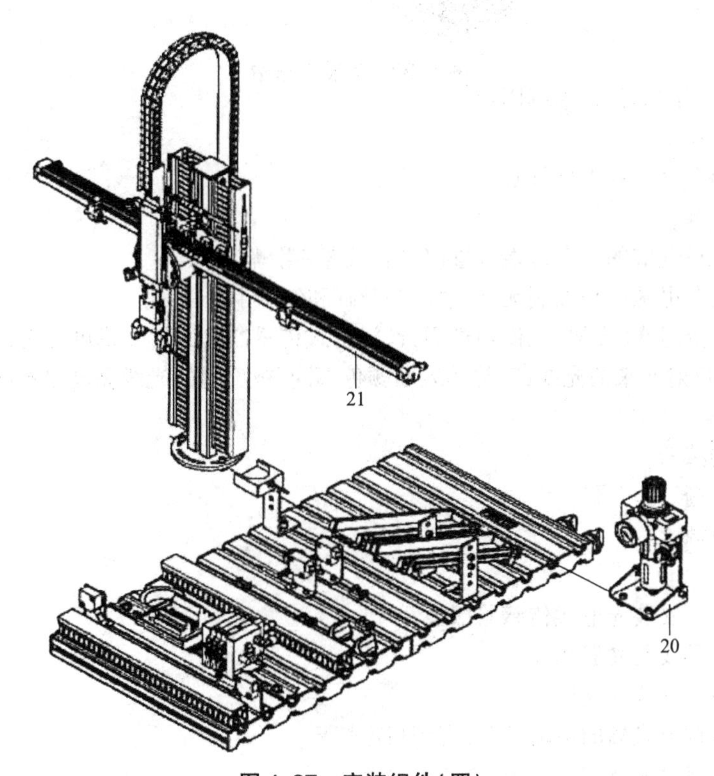

图 4.37 安装组件(四)

20—二联件;21—PicAlfa 模块

注意:在安装缓冲器时注意,缓冲器缩回后的长度要与螺栓长度一致。

- 手动移动无杆气缸至"滑槽 2"的位置。气爪手要安全地将工件放人滑槽中。

笔记栏

笔记栏

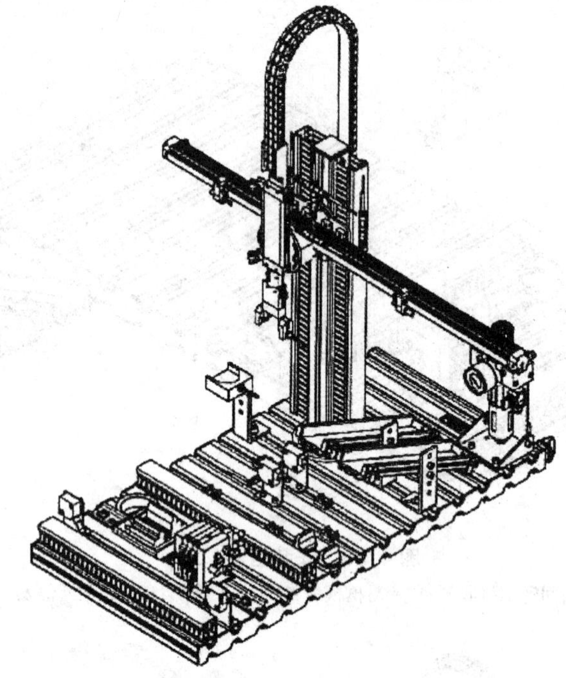

图 4.38　安装工作站

- 将无杆气缸的位置末端固定。
- 关闭气源。
- 连接提升气缸和无杆气缸。
- 打开气源。
- 检查无杆气缸的两个末端位置(位置“支架/滑槽 2”)。
- 手动控制电磁阀来控制无杆气缸、提升缸和气爪手。

b. 漫射式传感器(支架,工件的检测)。漫射式传感器发出红外线可见光,用于检测工件传感器检测被反射回来的光线,工件的表面颜色不同,被反射的光线亮度也不同。

准备条件:

- 安装传感器。
- 连接光栅。
- 接通电源。

执行步骤:

- 在支架上安装光电式传感器探头。
- 将光纤导线与光栅相连。
- 将黑色工件放在支架上。
- 用旋具调节光栅的微动开关,直到指示灯亮。

注意:微动开关最多可以旋转 12 圈。

- 将工件放在支架上。

注意:保证传感器可以检测到所有的工件。

c. 漫射式传感器(气爪手,区分颜色)。漫射式传感器发出红外线可见光,用于检测工件的颜色。传感器检测被反射回来的光线,工件的表面颜色不同,被反射的光线亮度也不同。

准备条件：

- 安装 PicAlfa 模块和传感器。
- 连接气爪手。
- 打开气源。
- 连接光栅。
- 接通电源。

执行步骤：

- 在气爪的抓手上安装传感器探头。探头直接固定在抓手内侧。
- 将光纤导线与传感器相连。
- 将红色工件放在支架上，并用气爪将其抓住。
- 用旋具调节传感器的微动开关，直到指示灯亮。

注意：微动开关最多可以旋转 12 圈。

- 将黑色工件放在支架上，并用气爪将其抓住。
- 用旋具调节光栅的微型开关，直到指示灯亮。

注意：微动开关最多可以旋转 12 圈。

- 检查传感器的设置。

注意：传感器应该可以检测到红色和金属工件，但不能检测到黑色工件。

d. 接近式传感器（PicAlfa，无杆气缸）。接近式传感器用于控制无杆气缸运动的末端位置。接近式传感器对安装在气缸活塞上的磁铁产生感应。

注意：无杆气缸移动 3 个位置"支架"、"滑槽 1"和"滑槽 2"。

准备条件：

- 安装 PicAlfa 模块。
- 连接无杆气缸。
- 打开气源。
- 连接接近式传感器。
- 接通电源。

执行步骤：

- 手动控制电磁阀，将无杆气缸调整到合适的工作位置。
- 按住传感器，沿着气缸的轴向方向移动传感器，直到指示灯（LED）亮。
- 在同一方向上继续移动传感器，直到指示灯（LED）熄灭。
- 将传感器调整到接通和关闭状态的中间位置。
- 用内六方扳手将传感器固定。
- 启动系统，检查传感器是否位于正确位置上（位置"支架/滑槽 1/滑槽 2"）。

e. 接近式传感器（PicAlfa，提升缸）。接近式传感器用于控制无杆气缸运动的末端位置，对安装在气缸活塞上的磁铁产生感应。

准备条件：

- 安装 PicAlfa 模块。
- 连接提升气缸。
- 打开气源。

笔记栏

笔记栏

- 连接接近式传感器。
- 接通电源。

执行步骤:

- 手动控制电磁阀,将无杆气缸调整到合适的工作位置。
- 按住传感器,沿着气缸的轴向方向移动传感器,直到指示灯(LED)亮。
- 在同一方向上继续移动传感器,直到指示灯(LED)熄灭。
- 将传感器调整到接通和关闭状态的中间位置。
- 用内六方扳手 A/F1.3 将传感器固定。
- 启动系统,检查传感器是否位于正确位置上(气缸活塞杆伸出/缩回)。

f. 调节单向节流阀。单向节流阀用于控制双作用气缸的气体流量。在相反方向上,气体通过单向阀流动。

准备条件:

- 连接气缸。
- 打开气源。

执行步骤:

- 将单向节流阀完全拧紧,然后松开一圈。
- 启动系统。
- 慢慢打开单向节流阀,直到达到所需的活塞杆速度。

g. 手动调节气动回路。手动调节用于检查阀和阀-驱动组合单元的功能。

准备条件:

- 打开气源。
- 接通电源。

执行步骤:

- 打开气源。
- 用细铅笔或一个旋具(最大宽度 2.5 mm)按下手控开关。
- 松开开关(开关为弹簧复位),阀回到初始位置。
- 对各个阀逐一进行手控调节。
- 在系统调试前,保证阀岛上的所有阀都处于初始位置。

⑥整体调试:

a. 调试要求。调试操作手单元工作站时有下列要求:

- 安装并调节好操作手单元工作站;
- 一个控制面板。
- 一个 PLC 板。
- 一个 DC 24 V、4.5 A 电源。
- 6 bar(600 kPa)的气源,吸气容量 50 L/min。
- 装有 PLC 编程软件的 PC。

b. 外观检查。在进行整体调试前,必须进行外观检查。检查电源、电气连接、机械元件等是否损坏,连接是否正确。

c. 系统导线连接。从 PLC 上将导线连接至工作站的控制面板上。

- PLC 板—工作站:PLC 板的 XMA2 导线插入工作站 I/O 端子的 XMA2 插座中。
- PLC 板—控制面板:PLC 板的 XMG2 导线插入控制面板的 XMG2 插座中。
- PLC 板—电源:4 mm 的安全插头插入电源的插座中。
- PC—PLC:将 PC 通过 RS-232 编程电缆与 PLC 连接。

d. 下载程序:

Siemens 控制器:S7-313C-2DP。

编程软件:Siemens STEP 7 Version 5. 1 或更高版本。

- 使用编程电缆将 PC 与 PLC 连接。
- 接通电源。
- 打开气源。
- 松开急停按钮。
- 将所有 PLC 内存程序复位。
- 模式选择开关调到 STOP 位置。
- 打开 PLC 编程软件。
- 下载 PLC 程序。

笔记栏

e. 通电、通气试运行

监测工作站的功能:

- 接通电源,打开气源,检查电源电压和气源。
- 松开急停按钮。
- 将 CPU 上的模式选择开关调到 RUN 位置。
- 将 1 个工件放入支架模块中,工件要开口向上放置。
- 按下复位按钮进行复位,工作站将运行到初始位置,START 指示灯亮提示到达初始位置。复位之前,RESET 指示灯亮。

注意:手动复位前将各模块运动路径上的工件拿走。

- 选择开关 AUTO/MAN 用钥匙控制。分别选择连续循环(AUTO)或单步循环(MAN)测试系统功能。
- 按下“启动”按钮,START 指示灯灭,启动操作手单元完成工作过程。
- 按下“停止”按钮或急停按钮,中断操作手单元系统工作。

如果在测试过程中出现问题,系统不能正常运行,则根据相应的信号显示和程序运行情况,查找原因,排除故障,重新测试系统功能。

f. 检查并清理工作现场

确认工作现场无遗留的元器件、工具和材料等物品。

2. 操作手单元的维修调试

操作手单元的功能分析:

①操作手单元配置了柔性 2-自由度提取装置。

②光电式传感器对放置在支架上的工件进行检测。

③提取装置上的气抓手将工件从该位置提起,气抓手上装有光电式传感器用于区分“黑色”和“非黑色”工件,并将工件根据检测结果放置在不同的滑槽中。

④本工作站可以与其他工作站组合并定义其他的分类标准,工件可以被直接传送到下

笔记栏

一工作站。

操作手单元的拆装顺序：

(1)拆卸顺序

转换模块→滑槽模块→传送模块→功能测试模块→高度传感器→滑动板→升降气缸

(2)安装顺序

升降气缸→滑动板→高度传感器→功能测试模块→传送模块→滑槽模块→转换模块

操作手单元常见的故障现象分析与排除方法：

(1)操作单元不启动

在软硬件正常情况下，按下“启动”按钮，操作手单元不启动。

①故障原因：按下启动按钮，操作手单元不启动，说明操作手单元未满足启动条件。通过分析可知，启动条件需同时满足4个条件：

- 工件处于支架上。
- 无杆缸在左限位位置。
- 提升缸缩回(气爪升起)。
- 气爪打开

②维修方法：按照启动条件要求，满足工件处于支架上、无杆缸在左限位位置、提升缸缩回(气爪升起)和气爪打开这4个条件。

(2)PicAlfa模块停止位置不准

①故障原因：PicAlfa模块主要完成工件的提取和传送，其具有高度的灵活性、行程短，末端位置传感器的安装位置可任意调节。气动无杆缸具有柔性可调节缓冲装置，从而确保了末端位置及中间位置的快速定位。无杆气缸一共需要移动到3个位置：支架、滑槽1、滑槽2，其中“支架”和“滑槽2”的位置通过无杆气缸两端的缓冲器进行机械限位。PicAlfa模块停止位置不准，说明缓冲装置安装位置不对。

②维修方法：根据PicAlfa模块气爪手停止位置的要求，调整“支架”和“滑槽2”缓冲器的安装位置。

(3)气缸活塞杆伸出或缩回速度过快或过慢

①故障原因：单向节流阀用于控制双作用气缸的气体流量。在相反方向上，气体通过单向节流阀流动。

②维修方法：调节单向节流阀，直到达到气缸活塞杆所需的伸出或缩回速度。

(4)支架上的漫射式传感器检测不到工件

①故障原因：漫射式传感器发出红外线可见光，用于检测工件。传感器检测被反射回来的光线，工件的表面颜色不同，被反射的光线亮度也不同。支架上的漫射式传感器检测不到工件，说明光线未被工件反射回来。

②维修方法：调节漫射式传感器上光栅的微动开关，直到传感器可以检测到所有的工件。

(5)气爪手上的漫射式传感器不能有效区分颜色

①故障原因：漫射式传感器发出红外线可见光。用于检测工件的颜色。传感器检测被反射回来的光线，工件的表面颜色不同，被反射的光线亮度也不同。气爪手上的漫射式传感器不能有效区分颜色，说明光线被不同工件反射有误。

②维修方法：调节漫射式传感器上光栅的微动开关，直到传感器可以检测到红色工件和金属工件，但不能检测到黑色工件。

(6) PicAlfa 模块无杆气缸上的接近式传感器在支架/滑槽 1/滑槽 2 三个位置无感应

①故障原因：接近式传感器用于控制无杆气缸运动的末端位置。接近式传感器对安装在气缸活塞上的磁铁产生感应。

②维修方法：将接近式传感器调整到合适的工作位置，并将传感器固定。

(7) PicAlfa 模块提升缸上的接近式传感器在伸出到位和缩回到位两个位置无感应

①故障原因：接近式传感器用于控制无杆气缸运动的末端位置。接近式传感器对安装在气缸活塞上的磁铁产生感应。PicAlfa 模块提升缸上的接近式传感器在伸出到位和缩回到位两个位置无感应，说明接近式传感器没安装在合适的工作位置。

②维修方法：将接近式传感器调整到合适的工作位置，并将传感器固定。

笔记栏

维修调试准备：

在维修调试前，应准备好维修调试用的工具、材料和设备，并做好工作现场和技术资料的准备工作。

①工具：维修调试所需工具包括电工钳、圆嘴钳、斜口钳、剥线钳、压接钳、一字螺丝刀、十字螺丝刀(3.5 mm)、电工刀、内六方扳手(3 mm、5 mm)各 1 把，数字万用表 1 块。

②材料：导线 BV-0.75、BV-1.5、BVR 型多股铜芯软线各若干米，尼龙扎带、带帽垫螺栓各若干。

③工作现场：现场工作空间充足，方便进行安装调试，工具、材料等准备到位。

④技术资料：操作手单元的电气图纸和气动图纸；相关组件的技术资料；重要组件维修调试的作业指导书；工作计划表、材料工具清单。

维修工艺要求：

①工具、材料及各元器件准备齐全；工具使用方法正确，不损坏工具及各元器件；各元件选择均应满足负载要求。

②线管下料节省，固定位置合理、排列整齐并且充分利用板面，固定点距离均匀、尺寸合理，每根管至少固定 1 个线卡导线，元件选择正确、合理；选用的导线(相、中性、地)颜色应有区别，截面应根据负荷性质确定。

③所有的线缆应敷设在线槽内，缆线的布放应平直，不得产生扭绞、打圈等现象，导线直角拐弯不能出现硬弯；敷设多条线缆的位置应用扎线带绑扎，扎线带应保持相应间距，绑扎不能太紧，以免影响线缆的使用。

④导线剥削处不应损伤线芯或线芯过长，导线压头应牢固可靠，如多股导线与端子排连接时，应加装压线端子(线鼻子)，再压接在端子排上；接线端子各种标志应齐全，接线端接触应良好。

⑤执行器应按图纸示意角度维修调试，螺钉安装应牢固，机械传动灵活，无松动或卡涩现象。

维修调试的安全要求：

①维修调试前应仔细阅读数据表中每个组件的特性数据，尤其是安全规则。

②维修调试时应注意工具的正确使用，不得损坏工具及元器件；注意剥线时不要削到手，配线时不要用线划脸、划手。

笔记栏

③气动回路供气压力不要超过最大允许压力 8 bar(800 kPa),不要在有压力的情况下拆卸连接气动回路;将所有元件连接完并检查无误后再打开气源;当打开气泵时要特别小心。气缸可能会在接通气源的一瞬间伸出或缩回。

④只有关闭电源后,才可以拆除电气连接线;系统允许的最大电压为 DC 24 V;通电试验时,操作方法应正确,确保人身及设备的安全。

⑤试运行时,元件工作时不要用手触动,发现异常现象或异味应立即停止,进行检查。

在提取装置上的装有气抓手,气抓手上还有一个光电式传感器可以检测工件。

PicAlfa 模块具有高度的灵活性:行程短,末端位置传感器的安装位置可任意调节。上述特点保证了该单元在不增加其他元件的情况下完成一系列不同的工作任务,适合于更深层次的培训。

维修调试:

(1)在软硬件正常情况下,按下“启动”按钮,操作手单元不启动。

维修步骤:

①将工件放置于支架上。

②将无杆缸调整至左限位位置。

③使提升缸缩回(气爪升起)。

④使气爪打开。

⑤打开气源。

⑥接通电源。

⑦按下启动按钮,检查操作手单元是否按要求启动。

⑧断开电源。

⑨关闭气源。

(2)PicAlfa 模块停止位置不准

维修步骤:

①打开气源。

②手动移动无杆气缸至“支架”位置,将工件放入支架上。

③手动控制电磁阀打开气爪,手动拉下提升缸至末端位置,使得气爪能够安全地抓到工件,将无杆气缸的末端位置固定。

④手动移动无杆气缸至“滑槽 2”的位置,气爪手要安全地将工件放入滑槽中,将无杆气缸的位置末端固定。

⑤接通电源。

⑥按下“启动”按钮,检查无杆气缸的支架和滑槽 2 两个末端位置。

⑦断开电源。

⑧关闭气源。

(3)气缸活塞杆伸出或缩回速度过快或过慢

维修步骤:

①打开气源。

②打开气源。

③将单向节流阀完全拧紧,然后松开一圈。

④按下“启动”按钮,启动系统。

⑤慢慢打开单向节流阀,直到达到气缸活塞杆所需的伸出或缩回速度。

⑥断开电源。

⑦关闭气源。

(4)支架上的漫射式传感器检测不到工件

维修步骤:

①接通电源。

②将黑色工件放在支架上。

③用旋具调节光栅的微动开关(最多可以旋转12圈),直到指示灯亮。

④将其他工件轮流放在支架上,调节微动开关,保证传感器可以检测到所有的工件。

⑤断开电源。

(5)气爪手上的漫射式传感器不能有效区分颜色

维修步骤:

①打开气源。

②接通电源。

③将红色工件放在支架上,并用气爪将其抓住,用旋具调节传感器的微动开关(最多可以旋转12圈),直到指示灯亮。

④将黑色工件放在支架上,并用气爪将其抓住,用旋具调节光栅的微型开关(最多可以旋转12圈),直到指示灯亮。

⑤检查传感器的设置,要求传感器可以检测到红色和金属工件,但不能检测到黑色工件。

⑥断开电源。

⑦关闭气源。

(6)PicAlfa模块无杆气缸上的接近式传感器在支架/滑槽1/滑槽2三个位置无感应

维修步骤:

①打开气源。

②接通电源。

③手动控制电磁阀,将无杆气缸调整到合适的工作位置(支架/滑槽1/滑槽2),用内六方扳手A/F1.3将传感器松开。

④按住传感器,沿着气缸的轴向方向移动传感器,直到指示灯(LED)亮,在同一方向上继续移动传感器,直到指示灯(LED)熄灭。

⑤将传感器调整到接通和关闭状态的中间位置,用内六方扳手A/F1.3将传感器固定。

⑥启动系统,检查传感器是否位于支架/滑槽1/滑槽2的三个正确位置。

⑦断开电源。

⑧关闭气源。

(7)PicAlfa模块提升缸上的接近式传感器在伸出到位和缩回到位两个位置无感应

维修步骤:

①打开气源。

②接通电源。

笔记栏

笔记栏

③手动控制电磁阀，将无杆气缸调整到合适的工作位置（气缸活塞杆伸出到位和缩回到位），用内六方扳手 A/F1.3 将传感器松开。

④按住传感器，沿着气缸的轴向方向移动传感器，直到指示灯（LED）亮，在同一方向上继续移动传感器，直到指示灯（LED）熄灭。

⑤将传感器调整到接通和关闭状态的中间位置，用内六方扳手 A/F1.3 将传感器固定。

⑥启动系统，检查传感器是否位于气缸活塞杆伸出到位和缩回到位的两个正确位置。

⑦断开电源。

⑧关闭气源。

项目执行

工作组织方式，划分工作阶段，分配工作任务，讨论一个项目软件设计的工作流程和工作计划，填写工作计划表和材料工具清单。

一个项目软件设计的工作流程如图 4.39 所示。

一、编程准备

在编制控制程序前，应准备好编程所需的技术资料，并做好工作现场的准备工作。

1. 技术资料

①操作手单元的电气图纸和气动图纸。

②相关组件的技术资料。

③工作计划表。

④操作手单元的 I/O 表。

2. 工作现场

能够运行所需操作系统的 PC，PC 应安装包含 S7-PLCSIM 的 STEP 7 编程软件；安装调试好的操作手单元；准备手控盒。

二、软件设计步骤

1. 分析控制要求，编制系统的工艺流程

根据控制任务的要求及在考虑安全、效率、工作可靠性的基础上，设计工艺流程。在编写工艺流程前，首先要了解清楚操作手单元的基本结构，了解清楚各部分结构的作用、执行结构与控制信号的关系等，仔细分析控制任务。另外，在编写工艺流程时，在满足控制任务要求的前提下，还要考虑安全、节能、效率、工作可靠性等因素。

当设备满足启动条件时，按下启动按钮，漫反射式传感器对放置在支架上的工件进行检测。提取装置上的气爪手将工件从该位置提起，气爪手上装有光电式传感器用于区分“黑色”及“非黑色”工件，并将工件根据检测结果放置在不同的滑槽中。本工作单元可以与其他工作单元组合并定义其他的分类标准，工件可以被直接传输到下一个工作单元。最后各执行机构都返回到初始位置。

图 4.40 所示为操作手单元手动单循环控制模式的生产工艺流程。自动控制模式的生产工艺流程可参考手动模式编制。

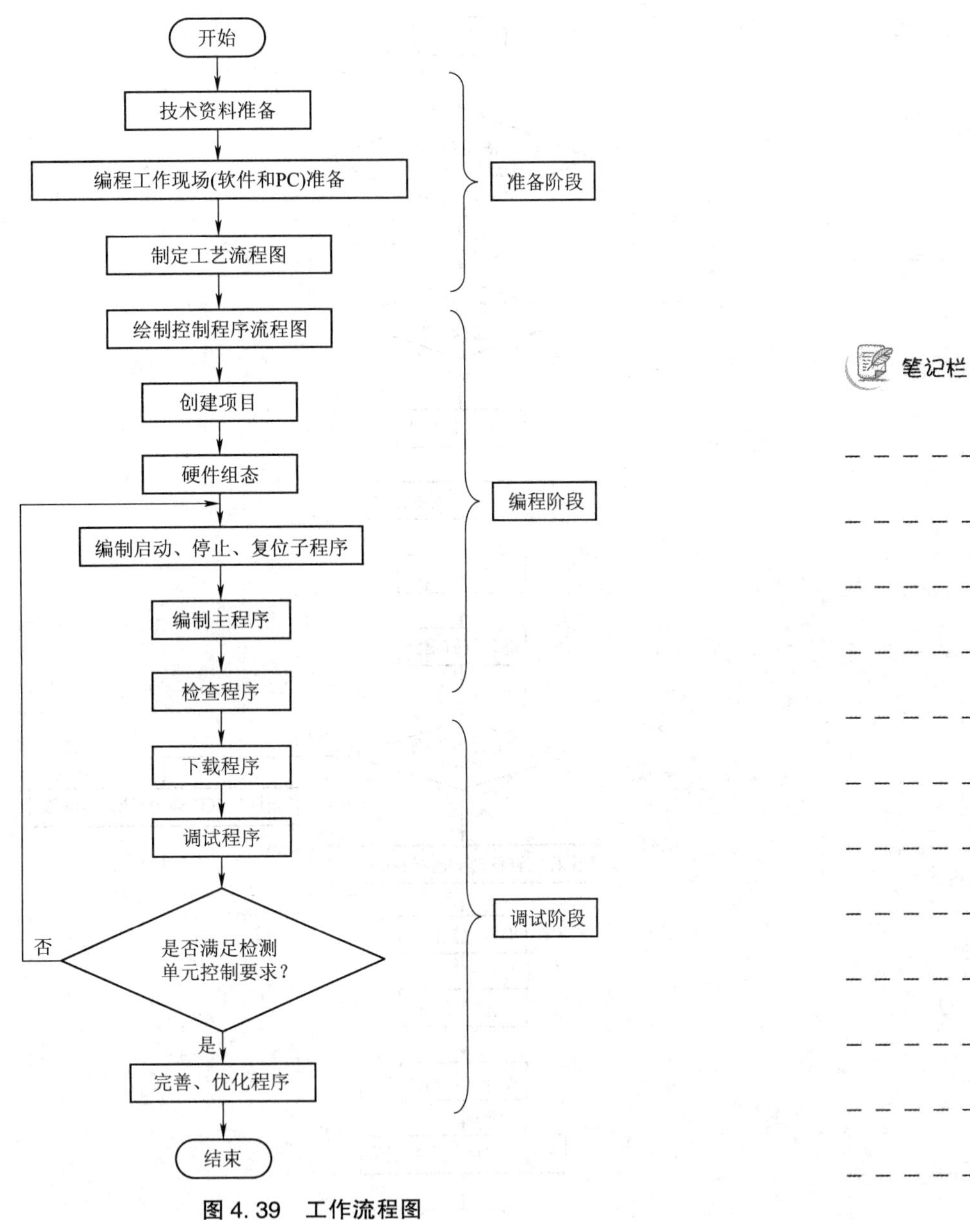

笔记栏

图 4.39　工作流程图

2. 绘制主程序和启动、复位、停止子程序流程图

根据操作手单元工艺流程图,绘制程序流程图。

3. 编制程序

首先创建一个项目,进行硬件组态,然后在该项目下编写控制程序(启动控制子程序、复位控制子程序、停止控制子程序、主程序),实现对操作手单元的控制。编写完程序应认真检查。

4. 建立工具调试程序

建立项目变量表、利用变量表、程序状态功能等工具调试程序。

笔记栏

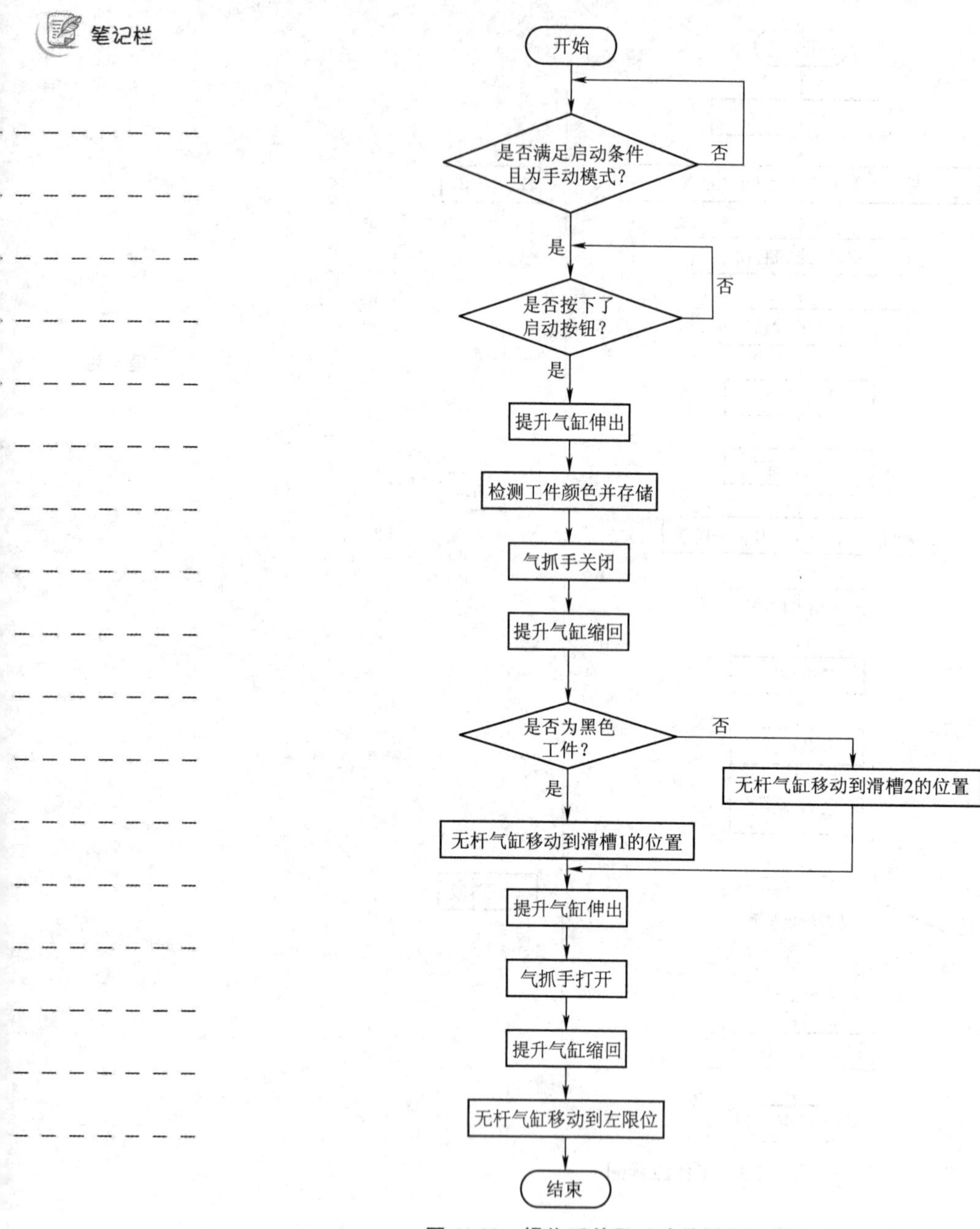

图 4.40　操作手单元手动单循环控制模式的生产工艺流程

5. 下载调试程序

将所编程序通过通信电缆下载到 CPU 中,进行实际运行调试,最终完善控制程序。操作步骤如下:

①使用 RS-232 编程电缆将 PC 与 PLC 连接。

②接通电源。

③打开气源。

④松开急停按钮。

⑤将所有 PLC 内存程序复位：

- 等待，直到 PLC 完成自检。
- 将选择开关调到 MRES，保持该位置不动，直到 STOP LED 闪烁后不变。
- 松开开关使其位于 STOP 位置，这时必须马上将开关调回 MRES，STOP LED 开始快速闪烁。
- 可以松开选择开关。
- 当 STOP LED 不再闪烁时，完成复位。
- 准备下载 PLC 程序。

⑥模式选择开关调到 STOP 位置。

⑦打开 PLC 编程软件。

⑧解压缩文件 MpsC_R2.0.zip，该文件位于 Sources\PLCPrograms\Release C\S7。

注意：不要用 WinZip 或其他软件对 ZIP 文件进行解压缩。请使用 Siemens STEP 7 进行解压缩。

⑨选择硬件配置并将它们下载到控制器中：

- PLC 313C；
- PLC 313C 2DP；
- PLC 314；
- PLC 315 2DP。

⑩选择项目 4 HA_AS 或 4 HA_KFA（AS=流程图，KFA=梯形图/功能块图/指令表）。

⑪将项目下载到控制器，按照屏幕指示进行操作。

⑫将 CPU 上的模式选择开关调到 RUN 位置。

在调试程序时，可以利用 STEP 7 软件所带的调试工具，通过监视程序的运行状态并结观察到的执行机构的动作特征，来分析程序存在的问题。如果经过调试修改，程序能够实现预期的控制功能，则还应多运行几次，以检查运行的可靠性，查找程序的缺陷。在工作单元运行程序时，应该时刻注意设备的运行情况，一旦发生执行结构相互冲突的事件，应及时操作保护设施，如切断设备执行机构的控制信号回路、切断气源等，以避免造成设备的损坏。在调试过程中，应将调试中遇到的问题、解决的方法记录下来，注意总结经验。

笔记栏

项目五

成品分装单元安装调试与设计运行

在自动化生产中，工件组装成成品后往往需要进行分类打包。模块化生产加工系统中的成品分装单元模拟了实际生产中对成品的分拣过程。

项目描述

根据电气回路图纸和气动回路图纸，在考虑经济性、安全性的情况下，选择正确的元器件，制订安装调试计划，选择合适的工具和仪器，小组成员协同，进行操作手单元的安装；根据控制任务，编写 PLC 控制程序，完成操作手单元的运行及测试，并对调试后的系统功能进行综合评价。图 5.1 所示为安装好的成品分装单元。

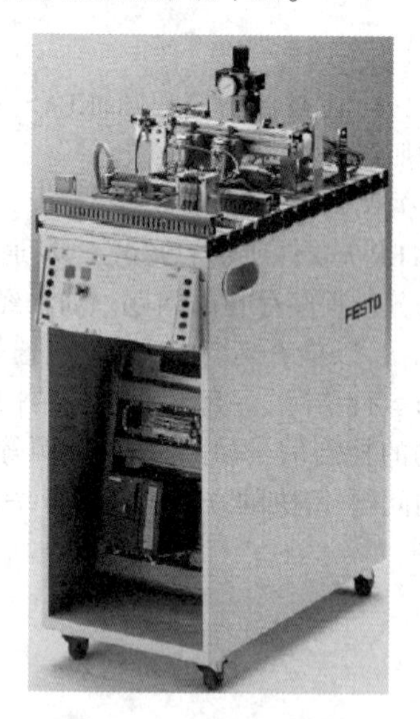

图 5.1　成品分装单元

项目名称	成品分装单元安装调试与设计运行	参考学时	10 学时
项目导入	项目来源于某日用品生产企业，要求为灌装线改进成品分装机构，将外包圆柱形瓶体推到分拣机构传送带上，完成分装。随着机电一体化技术的不断发展，应用到轻工业的生产线的生产效率不断提高，企业为提高灌装线的生产效率不断改进原有设备。 该项目目前主要应用于装配生产线的成品分装机构、灌装线的包装分拣等，从而能够对各类全自动生产线的分拣机构进行工艺分析，完成生产线成品分装机构的安装与调试、维修		

续表

项目名称	成品分装单元安装调试与设计运行	参考学时	10学时
项目目标	通过项目的设计与实现掌握成品分装单元的设计与实现方法,了解成品分装单元的各项技术,掌握如何将机电类技术综合应用,掌握成品分装单元机构的故障诊断与排除方法。项目完成的过程中,实现以下目标: ①能够正确识读机械和电气工程图纸。 ②能够安装调试光电式传感器、电感式传感器、阀岛、导向模块、气动制动器、启动电流限制器、传送带等组件,能正确连接气动回路和电气回路,并熟悉相关规范、标准。 ③会使用万用表、电工刀、压线钳、剥线钳、尖嘴钳等常用的安装、调试工具仪器。 ④能看懂一般工程图纸、组件等英文技术资料。 ⑤能够制定安装调试的技术方案、工作计划和检查表。 ⑥能整理、收集安装、调试交工资料。 ⑦能够根据控制要求制定控制方案,编制工艺流程。 ⑧能够根据控制方案,编制程序流程图。 ⑨熟悉 STEP7 软件,能够正确设置语言、通信接口、PLC 等参数。 ⑩能够根据控制要求,正确编制顺序控制程序。 ⑪能够正确下载控制程序,并能调试供料单元各个功能。 ⑫能够通过网络、期刊、专业书籍、技术手册等获取相应信息		
项目要求	完成成品分装单元的设计与安装调试,项目具体要求如下: ①完成成品分装单元零部件结构测绘设计。 ②完成成品分装单元气动控制回路的设计。 ③完成成品分装单元电气控制回路的设计。 ④完成成品分装单元 PLC 的程序设计。 ⑤完成成品分装单元的安装、调试运行。 ⑥针对成品分装单元在调试过程中出现的故障现象,正确对其进行维修		
实施思路	根据本项目的项目要求,完成项目实施思路如下: ①项目的机械结构设计及零部件测绘加工,时间 1 学时。 ②项目的气动控制回路的设计及元件选用,时间 1 学时。 ③项目的电气控制回路设计及传感器等元件选用,时间 1 学时。 ④项目的可编程控制程序编制,时间 3 学时。 ⑤项目的安装与调试,时间 4 学时		

笔记栏

工作步骤	工 作 内 容
项目构思 (C)	①成品分装单元的功能及结构组成、主要技术参数。 ②光电传感器、电感传感器结构和工作原理。 ③导向模块、气动制动器、起动电流限制器的结构和工作原理。 ④电气控制元件的接线方式。 ⑤成品分装单元工作站的工作流程。 ⑥成品分装单元工作站安全操作规程

笔记栏

续表

工作步骤	工 作 内 容
项目设计 (D)	①确定光电式传感器、电感式传感器、阀岛的类型和数量。 ②确定光电式传感器、电感式传感器、阀岛、导向模块、气动制动器、起动电流限制器、传送带的安装方法。 ③确定成品分装安装和调试的专业工具及结构组件。 ④确定成品分装工作站安装调试工序。 ⑤根据技术图纸编制安装计划。 ⑥填写成品分装单元安装调试所需组件、材料和工具清单
项目实现 (I)	①安装前对传感器、阀岛、PLC、导向模块、气动制动器、起动电流限制器、传送带等组件的外观、型号规格、数量、标志、技术文件资料进行检验。 ②根据图纸和设计要求,正确选定安装位置,进行 PLC 控制板各部件安装和电气回路的连接。 ③根据图纸,正确选定安装位置,进行传送带模块、滑槽模块、光电传感器、阀岛、I/O 的接线端口、起动电流限制器、气源处理组件、走线槽等安装。 ④完成成品分装单元气动回路和电气控制回路连接。 ⑤进行传送带模块、滑槽模块的调试以及整个工作站调试和试运行
项目执行 (O)	①电气元件安装位置及接线是否正确,接线端接头处理是否符合工艺标准。 ②机械元件是否完好,安装位置是否正确。 ③传感器安装位置及接线是否正确。 ④工作站功能检测。 ⑤成品分装单元安装调试各工序的实施情况。 ⑥成品分装单元安装成果运行情况。 ⑦安装过程总结汇报。 ⑧工作反思

一、成品分装单元的机械结构

1. 成品分拣单元的功能

成品分装单元对每一个工件单独进行分类处理,其主要功能是根据工件材料和颜色的不同,出现不同的分支,将工件分拣到 3 个滑槽中。

2. 成品分拣单元的组成

成品分装单元根据工件特性对工件进行分类,其结构组成如图 5.2 所示,主要包括传送带模、滑槽模块、启动电流限制器、I/O 接线端口、CP 阀组、气源处理组件、反射式光电传感器、工料检测模块、气缸等。

(1)传送带模块

如图 5.3 所示,传送带模块通过传送带及导向装置实现对工件分拣,主要用于传送和推送工件。它主要由传送带、直流电动机、蜗轮蜗杆减速器等组成。

导向模块由导向块、导向装置传动机构及导向气缸组成。它可根据工件的特性或类型进行分类,由气缸通过偏针仪控制的拨块将工件分拣到正确的滑槽上。

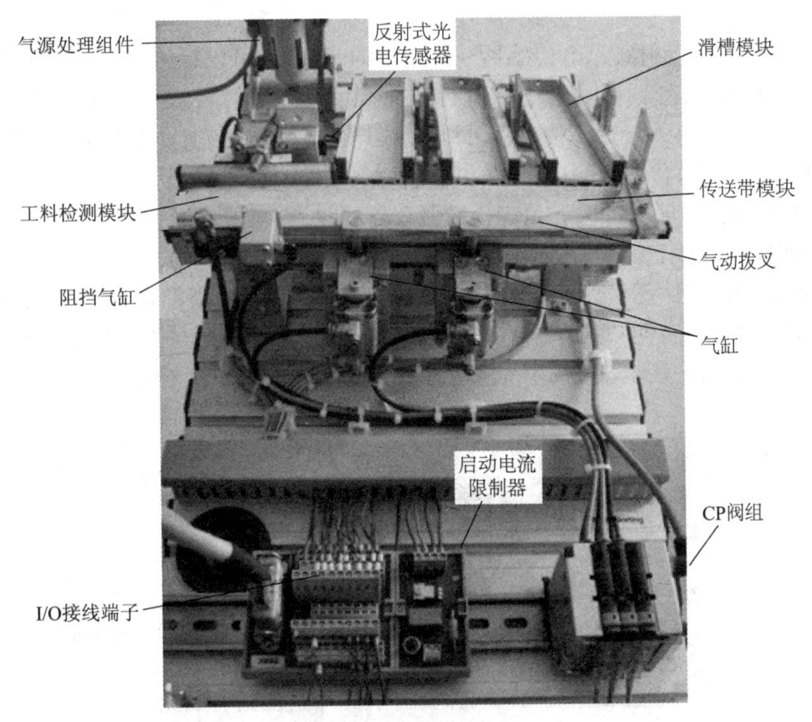

图 5.2　成品分装单元的结构

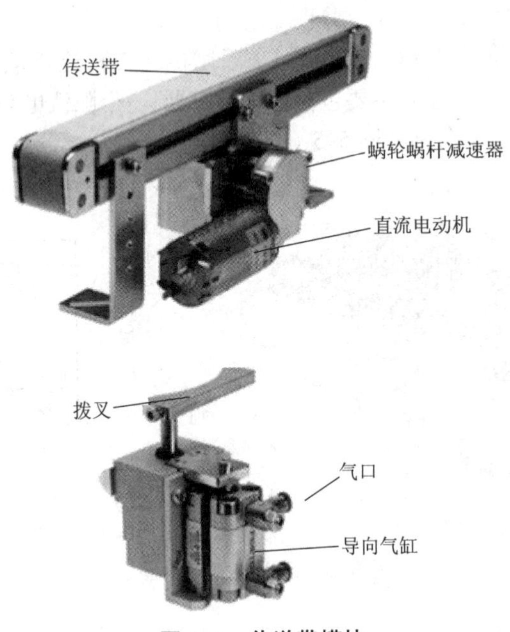

图 5.3　传送带模块

笔记栏

传动模块中的传送带由一个直流电动机通过蜗轮蜗杆减速器减速后驱动。当运行一定时间后,或因其他原因造成传送带打滑时,可以通过调整张紧轮的位置调整传送带的张紧度

笔记栏

来消除打滑。

传送带上第一个漫射式光电传感器在传送带的起始端，可以检测是否有工件存在，当有工件存在时程序开始运行，并且对工件进行分拣。第二个漫射式传感器能够区分工件颜色（黑色或非黑色），电感式接近式传感器可以检测工件材料（金属或非金属）。传送带模块根据检测到的工件特性（材料和颜色）的不同，可以触发相应的导向模块。

气动制动器可以挡住工件，一旦工件被制动器释放，它将被传送到相应的滑槽中。

（2）滑槽模块

在成品分装单元中使用三组滑槽模块，结构如图5.4所示。滑槽模块用于传送或存储工件，模块的倾斜度和高度可以调节。在该模块中还安装了一个光电传感器检测滑槽模块的填充高度，用于检测是否有工件进入到滑槽中，或者用于判断滑槽中存放的工件是否已满槽。

图5.4 滑槽模块

（3）启动电流限制器

在成品分装单元中使用启动电流限制器来限制传送带直流驱动电动机的启动电流，其实物和接线图，如图5.5所示。其主要包括一个继电器、一个限流电阻、一个按钮和两个接线端子排。端子排各接线端子名称如图5.5（b）所示。

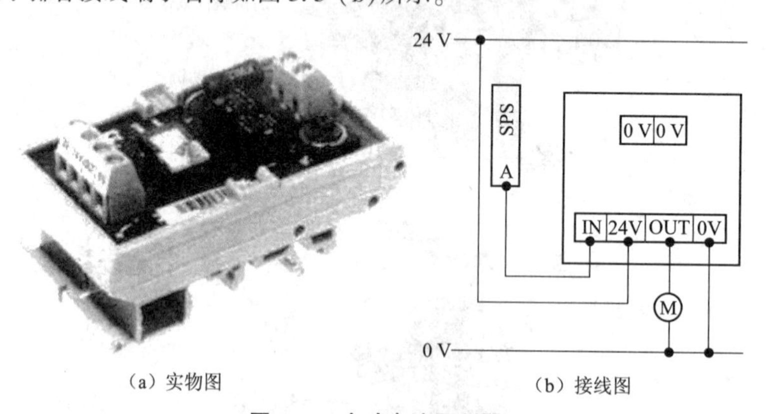

（a）实物图　（b）接线图

图5.5 启动电流限制器

如图5.6所示，传送带直流驱动电动机接到OUT和0 V接线端子上。当按下启动电流限制器上的按钮，将24 V直流电通过限流电阻接到传送带直流驱动电动机上，电动机运转起来。在调试和检修传送带过程中，常常用这种方式检测电动机或传送带的好坏。将PLC输出端接到IN接线端子上，当PLC输出高电平时，24 V直流电通过限流电阻接到传送带直流驱动电动机上,电动机运转起来。正常工作时,常常通过PLC控制传送带的启停。

(4)CPV阀组

本单元的CPV阀组由3个阀组成,分别用于控制2个导向气缸和1个气动制动器气缸。在结构上,它们都是带手控装置的单控电磁阀。

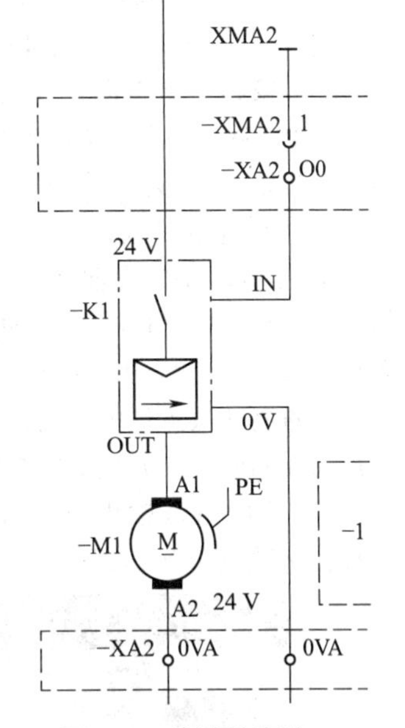

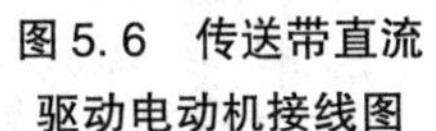
图5.6 传送带直流驱动电动机接线图

笔记栏

二、S7-PLCSIM仿真软件

1. 概述

微课

S7-PLCSIM仿真软件的使用

西门子公司提供了功能强大、使用方便的仿真软件S7-PLCSIM,它可以代替PLC硬件来调试用户程序。S7-PLCSIM与STEP 7编程软件集成在一起,用于在计算机上模拟S7-300 CPU的功能,可以在项目开发阶段发现和排除错误,从而提高用户程序的质量和降低试车的费用。S7-PLCSIM也是学习S7-300编程、程序调试和故障诊断的有力工具。

在安装完STEP 7 V5.3中文版后,安装S7-PLCSIM。S7-PLCSIM将自动嵌入STEP 7,可以在计算机上对S7-300 PLC的用户程序进行仿真与调试,仿真时计算机不需要连接任何PLC的硬件。S7-PLCSIM的主要功能如下:

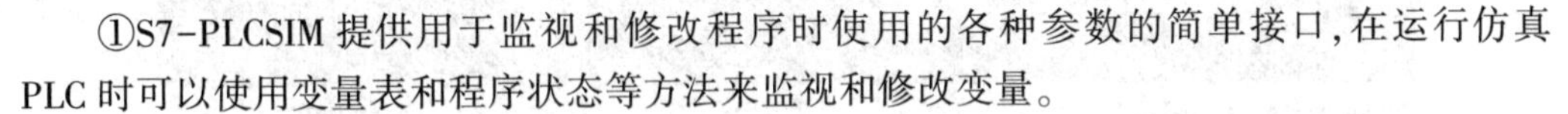

①S7-PLCSIM提供用于监视和修改程序时使用的各种参数的简单接口,在运行仿真PLC时可以使用变量表和程序状态等方法来监视和修改变量。

②S7-PLCSIM可模拟PLC的过程映像输入/输出,通过在仿真窗口中改变输入变量的ON/OFF状态,来控制程序的运行,通过观察有关输出变量的状态来监视程序运行的结果。S7-PLCSIM可以监视定时器和计数器,通过程序使定时器自动运行,或者手动对定时器复位。

③S7-PLCSIM可模拟对下列地址的读写操作:位存储器(M)、外设输入(PI)和外设输出(PQ),以及存储在数据块中的数据。

④除了可以对数字量控制程序仿真外,还可以对大部分组织块(OB)、系统功能块(SFB)和系统功能(SFC)仿真,包括对许多中断事件和错误事件仿真,可以对各种语言编写的程序仿真。

单击工具栏上的▣按钮,可以在打开的对话框中记录一系列操作事件,例如,对输入/输出、位存储器、定时器、计数器的操作等,并可以回放记录,从而自动测试程序。

2. S7-PLCSIM快速入门

S7-PLCSIM用仿真PLC来模拟实际PLC的运行,用户程序的调试是通过视图对象(View Objects)来进行的。S7-PLCSIM提供了多种视图对象,用它们可以实现对仿真PLC的各种变量、计数器和定时器的监视与修改。

用S7-PLCSIM调试程序的主要步骤如下:

笔记栏

①在 STEP 7 编程软件中生成项目,编写用户程序。

②单击 STEP 7 的 SIMATIC 管理器工具栏中的按钮,打开 S7-PLCSIM 窗口(见图 5.7),窗口中有自动生成的 CPU 视图对象。与此同时,自动建立了 STEP 7 与仿真 CPU 的连接,CPU 视图对象中的 DC 灯为绿色,表示仿真 PLC 的电源接通。可以用鼠标调节 S7-PLCSIM 窗口的大小。单击 CPU 视图对象中的 STOP、RUN 或 RUN-P 小 方框,可以令仿真 PLC 处于相应的模式。

③在 SIMATIC 管理器中打开要仿真的用户项目,选中"块"对象,单击工具栏中的下载按钮,或选择 PLC→ Download 命令,将所有的块下载到仿真 PLC。对于下载时的提问"是否要装载系统数据?",一般应回答 Yes。

④选择 Insert 菜单中的命令,或单击 S7-PLCSIM 工具栏中的、、、、按钮,将生成 IB0、QB0、MB0、T0 和 C0 的视图对象。修改视图对象中的地址和数值后,需要按【Enter】键确认。输入 I 和输出 Q 一般以字节中的位的形式显示(见图 5.7),可以用视图 对象中的选择框来改变显示格式。

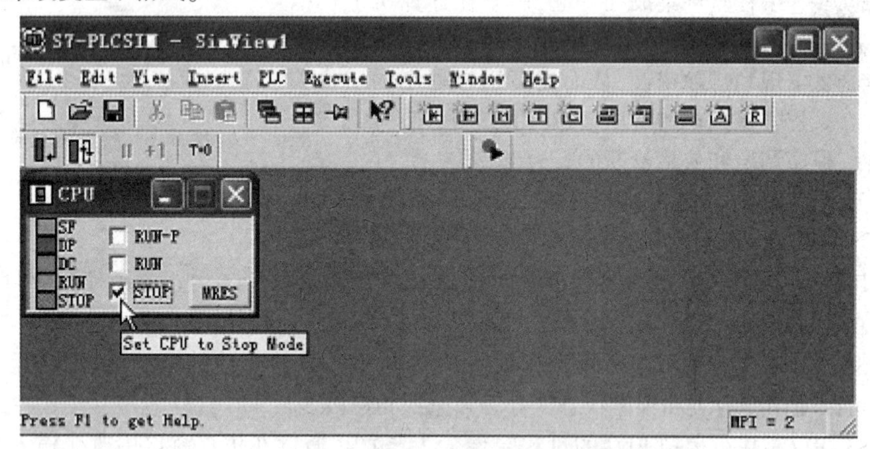

图 5.7 S7-PLCSIM 仿真窗口

⑤用输入视图对象来产生 PLC 的输入信号,通过视图对象来观察 PLC 的输出信号和内部元件的变化情况,检查是否能正确执行下载的用户程序。

3. 视图对象

(1)插入视图对象

选择 Insert 菜单中的命令,或单击工具栏中相应的按钮,可以在 PLCSIM 窗口生成下列元件的视图对象:输入(I)、输出(Q)、位存储器(M)、定时器(T)、计数器(C)、通用变量、累加器与状态字、块寄存器、嵌套堆栈(Nesting Stacks)垂直位变量等。它们用于访问和监视相应的数据区,可选的数据格式有位(Bits)、二进制(Binary)、十进制(Decimal)、十六进制(Hex)、BCD 码、整数(Integer)、实数(Real)、S5 Time、Time、实时时间(DOT)、S7 格式(例如 W#16#0)、字符(Char)、字符串(String)和滑动条(Slider)等。字节变量只能用滑动条设置十进制数(Dec),字变量可以用滑动条设置十进制数和整数,双字变量可以用滑动条设置十进制数、整数和实数。用鼠标拖动滑动条上的滑动块,可以快速地设置数值。

(2)CPU 视图对象

图 5.7 中标有 CPU 的小窗口是 CPU 视图对象。开始新的仿真时,将自动出现 CPU 视图

对象,用户可以用小方框来选择运行(RUN)、停止(STOP)和 RUN-P 模式。

单击 CPU 视图对象中的 MRES (存储器复位)按钮,可以复位仿真 PLC 的存储器,删除程序块和系统数据,CPU 将自动进入 STOP 模式。

CPU 视图对象的指示灯 SF 亮表示有硬件、软件错误;RUN 与 STOP 指示灯亮分别表示 CPU 处于运行模式与停止模式;指示灯 DP(分布式外设或远程 I/O)用于指示 PLC 与分布式外设或远程 I/O 的通信状态;指示灯 DC(直流电源)用于指示电源的通断情况。用 PLC 菜单中的命令可以接通或断开仿真 PLC 的电源。

在 RUN-P 模式和 RUN 模式,CPU 均运行用户程序。在 RUN-P 模式,可以下载和修改程序。在 RUN 模式,不能下载和修改程序。某些监控操作只能在 RUN-P 模式下进行。

笔记栏

(3)其他视图对象

通用变量视图对象用于访问仿真 PLC 所有的存储区,包括数据块中已生成的变量。垂直位视图对象可以用绝对地址或符号地址来监视和修改 I、Q、M 等存储区。

累加器与状态字视图对象用来监视 CPU 的累加器、状态字和用于间接寻址的地址寄存器 AR1 和 AR2。

块寄存器视图对象用来监视数据块寄存器的内容,也可以显示当前和上一次打开的逻辑块的编号,以及块中的步地址计数器 SAC 的值。

嵌套堆栈视图对象用来监视嵌套堆栈和 MCR(主控继电器)堆栈。嵌套堆栈有 7 层,用来保存嵌套调用逻辑块时状态字中的 RLO (逻辑运算结果)和 OR 位。每一层用于逻辑串的起始指令(A、AN、O、ON、X、XN)。MCR 堆栈最多可以保存 8 级嵌套的 MCR 指令的 RLO 位。

定时器视图对象和计数器视图对象用于监视和修改它们的实际值,可以在定时器视图对象中设置定时器的时间基准。定时器视图对象和工具栏中的 T=0 分别用来复位指定的定时器或所有的定时器。可以在 Execute(执行)菜单中设置定时器为自动方式或手动方式。

手动方式时定时器不受用户程序的控制,允许修改定时器的时间值或将定时器复位,自动方式时定时器受用户程序的控制。

4. 应用举例

下面以调试电动机的控制程序为例,介绍用 S7-PLCSIM 进行仿真的步骤。图 5.8 是异步电动机星形-三角形降压启动的主电路和 PLC 的外部接线图,以及 OB1 中的梯形图程序。主电路中的接触器 KM1 和 KM2 动作时,异步电动机运行在星形接线方式;KM1 和 KM3 动作时,异步电动机运行在三角形接线方式。

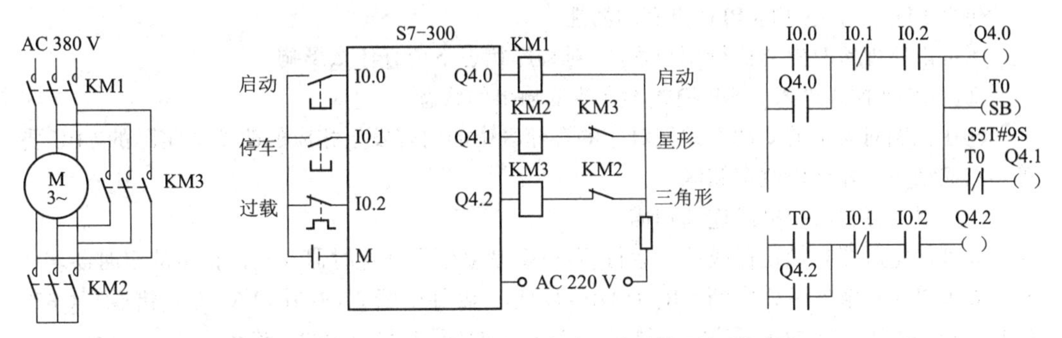

图 5.8　星形-三角形降压启动硬件接线图与梯形图

笔记栏

按下启动按钮 I0.0,Q4.0 和 Q4.1 同时变为 1 状态,使 KM1 和 KM2 同时动作,电动机按星形接线方式运行,定时器 T0 的线圈通电。之后 T0 的常闭触点断开,通过 Q4.1 使 KM2 的线圈断电,T0 的常开触点闭合,通过 Q4.2 使 KM3 的线圈通电,电动机改为三角形接线方式运行。按下停车按钮,梯形图中 I0.1 的常闭触点断开,使 KM1 和 KM3 的线圈断电,电动机停止运行。过载时 I0.2 的常开触点断开,电动机也会停机。

输入完程序后,将它下载到仿真 PLC。在 PLCSIM 中创建以位的形式显示的输入字节 IB0、输出字节 QB0 视图对象,定时器 T0 的视图对象。为了监视 QB4,将输出视图对象中的地址 QB0 改为 QB4,修改后必须按【Enter】键确认。

点击 CPU 视图对象中标有 RUN 或 RUN-P 的小框,将仿真 PLC 的 CPU 置于运行模式。

(1)开机控制

单击 IB0 视图对象中的第 2 位(I0.2),使之显示"√",I0.2 变为 1 状态,表示热继电器的常闭触点接通,没有过载。

给 IB0 的第 0 位(I0.0)施加一个脉冲,模拟按下"启动"按钮,单击 IBO 视图对象中第 0 位的复选框,出现符号"√",I0.0 变为 ON,相当于按下"启动"按钮。再单击一次"√"消失,I0.0 变为 OFF,相当于放开"启动"按钮。

I0.0 变为 ON 后,观察到视图对象 QB4 中的第 0 位和第 1 位的小框内出现符号"√",表示 Q4.0 和 Q4.1 变为 ON,即电动机按星形接线方式启动。与此同时,视图对象 T0 的时间值由 0 变为 900(因为此时系统自动选择的时间分辨率为 10 ms,900 相当于 9 s),并不断减少。9 s 后减为 0,定时时间到,T0 的常开触点接通,视图对象 QB4 中的 Q4.1 变为 OFF,Q4.2 变为 ON,电动机由星形接线方式切换到三角形接线方式运行。

(2)停机控制

用鼠标给 I10.1 施加一个脉冲,观察到 Q4.0~Q4.2 立即变为 OFF,表示电动机停止运行。

单击 I0.2 对应的复选框,其中的"√"消失,即热继电器的常闭触点断开,I0.2 变为 0 状态,梯形图中 I0.2 的常开触点断开,电动机也会停机。

用 S7-PLCSIM 进行仿真时,可以同时打开 OB1 中的梯形图程序,选择"Debug(调试)"、"Monitor(监视)",或单击工具栏上的按钮,在梯形图中监视程序的运行状态。

5. 仿真 PLC 与实际 PLC 的区别

(1)仿真 PLC 特有的功能

仿真 PLC 有下述实际 PLC 没有的功能。

①可以立即暂时停止执行用户程序,对程序状态不会有什么影响。

②由 RUN 模式进入 STOP 模式不会改变输出的状态。

③在视图对象中的变动立即使对应的存储区中的内容发生相应的改变。实际的 CPU 要等到扫描结束时才会修改存储区。

④可以选择单次扫描或连续扫描。

⑤可使定时器自动运行或手动运行,可以手动复位全部定时器或复位指定的定时器。

⑥可以手动触发下列中断 OB:OB40~OB47(硬件中断)、OB70(I/O 冗余错误)、OB72(CPU 冗余错误)、OB73(通信冗余错误)、OB80(时间错误)、OB82(诊断中断)、OB83(插入/拔出模块)、OB85(优先级错误)与 OB86(机架故障)。

⑦对过程映像存储器与外设存储器的处理。如果在视图对象中改变了过程映像输入的值,S7-PLCSIM 立即将它复制到外设存储器。在下一次扫描开始,外设输入值被写到过程映像存储器时,不会丢失。在改变过程映像输出值时,它被立即复制到外设输出存储器。

(2)仿真 PLC 与实际 PLC 的区别

①PLCSIM 不支持对功能模块、通信和 PID 程序的仿真。

②不支持写到诊断缓冲区的错误报文,例如不能对电池失电和 EEPROM 故障仿真,但是可以对大多数 I/O 错误和程序错误仿真。

③工作模式的改变(例如由 RUN 转换 STOP 模式)不会使 I/O 进入"安全"状态。

④大多数 S7-300 CPU 的 I/O 是自动组态的,模块插入物理控制器后被 CPU 自动识别。仿真 PLC 没有这种自动识别功能,如果将自动识别 I/O 的 S7-300 CPU 的程序下载到仿真 PLC,系统数据没有包括 I/O 组态。因此,在用 PLCSIM 仿真 S7-300 程序时,如果想定义 CPU 支持的模块,首先必须下载硬件组态。

笔记栏

三、用 STEP 7 调试程序

1. 系统调试的基本步骤

(1)硬件调试

可以用变量表来测试硬件,通过观察 CPU 模块上的故障指示灯,或使用故障诊断工具来诊断故障。

(2)下载用户程序

下载程序之前应将 CPU 的存储器复位,将 CPU 切换到 STOP 模式,下载用户程序时应同时下载硬件组态数据。

(3)排除停机错误

启动时程序中的错误可能导致 CPU 停机,可以使用"模块信息"工具诊断和排除编程错误。

(4)调试用户程序

通过执行用户程序来检查系统的功能,可以在组织块 OB1 中逐一调用各逻辑块,逐步调试程序。在调试时应保存对程序的修改,调试结束后,保存调试好的程序。

在调试时,最先调试启动组织块 OB100,然后调试 FB 和 FC。应先调试嵌套调用最深的块,例如首先调试图 5.9 中的 FB1。图中括号内的数字为调试的顺序,例如调试好 FB1 后调试调用 FB1 的 FC3 等。

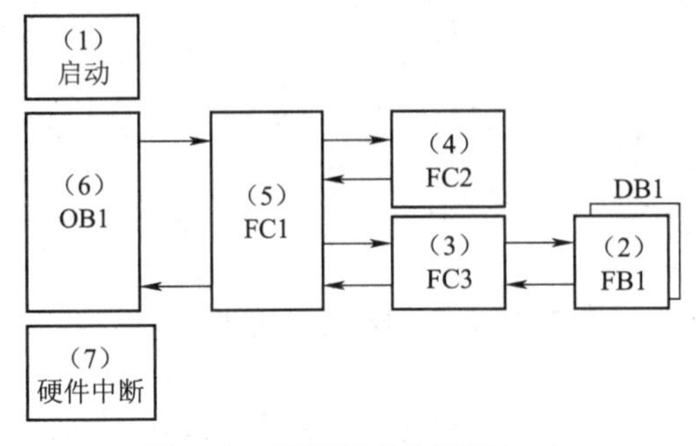

图 5.9 程序调试的顺序(一)

笔记栏

最后调试不影响 OB1 的循环执行的中断处理程序,或者在调试 OB1 时调试它们。

2. 用程序状态功能调试程序

可以通过在程序编辑器中显示执行语句表、梯形图或功能块图程序时的状态(简称为程序状态)

(1)启动程序状态

启动程序状态的过程如下:

①将经过编译的程序下载到 CPU。

②将 CPU 切换到 RUN 或 RUN-P 模式。

③打开逻辑块,单击工具栏上的按钮或选择“Debug(调试)”→Monitor“(监控)”命令,进入在线监控状态。

在运行时测试程序如果出现功能错误或程序错误,将会对人员或财产造成严重损害,应确保不会出现这样的危险情况。

建议不要一下子调试整个程序,而是在 OB1 中一次调用一个块,单独地调试它们。

(2)语句表程序状态的显示

从光标选择的程序段开始监视程序状态,程序状态的显示是循环刷新的。

在语句表编辑器中,右边窗口显示每条指令执行后的逻辑运算结果(RLO)和状态位 STA(Status)、累加器 1(STANDARD)、累加器 2(ACCU 2)和状态字(STATUS WORD),以及其他内容。

选择 Options(选项)→Custom (自定义)命令打开对话框,在 STL 选项卡中选择需要监视的内容。在 LAD/FBD 选项卡可以设置梯形图(LAD)和功能块图(SFB)程序状态的显示方式。

(3)梯形图程序状态的显示

如图 5.10 所示,梯形图和功能块图用绿色连续线来表示状态满足,即有“能流”流过;用蓝色点状细线表示状态不满足,没有能流流过;用黑色连续线表示状态未知。

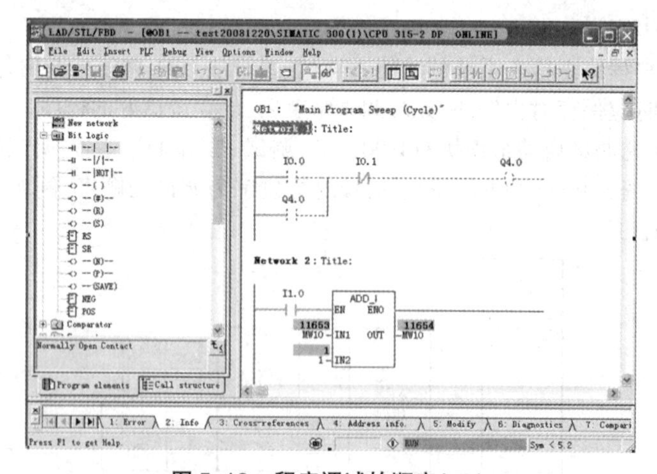

图 5.10　程序调试的顺序(二)

进入程序状态之前,梯形图中的线和元件因为状态未知,全部为黑色。启动程序状态监控后,从梯形图左侧垂直的“电源”线开始的连线均为绿色,表示有能流从“电源”线流出。有能流流过的处于闭合状态的触点、方框指令、线圈和“导线”均用绿色表示。

如果有能流流入指令框的使能输入端 EN,该指令被执行。如果指令框的使能输出端 ENO 接有后续元件,有能流从它的 ENO 端流到与它相连的元件,该指令框为绿色。如果 ENO 端未接后续元件,则该指令框和 ENO 输出线均为黑色。

如果 CALL 指令成功地调用了逻辑块,CALL 线圈为绿色。

如果跳转条件满足,跳转被执行,跳转线圈为绿色。被跳过的程序段的指令没有被执行,这些程序段的梯形图为黑色。

NOT 触点左侧和右侧能流的状态刚好相反,即 NOT 触点左侧有能流时,其右侧没有能流;左侧没有能流时,其右侧有能流。

笔记栏

梯形图中加粗的字体显示的参数值是当前值,细体字显示的参数值来自以前的循环,即该程序区在当前扫描循环中未被处理。

在程序编辑器中选择 Options(选项)→Custom(自定义)命令,在 LAD/FBD 选项卡中可以改变线型和颜色的设置。

(4)使用程序状态功能监视数据块

必须使用“数据视图”方式在线查看数据块的内容,在线数值在“实际值”列中显示。程序状态被激活后,不能切换为“声明视图”方式。

程序状态结束后,“实际值”列将显示程序状态之前的有效内容,不能将刷新的在线数值传送至离线数据块。

复合数据类型 DATE_AND_TIME 和 STRING 不能刷新,在复合数据类型 ARRAY、STRUCT、UDT、FB 和 SFB 中,只能刷新基本数据类型元素。程序状态被激活时,包含没有刷新的数据的“实际值”列中的区域将用灰色背景显示。

3. 用变量表调试程序

使用程序状态功能,可以在梯形图、功能块图或语句表程序编辑器中形象直观地监视程序的执行情况,找出程序设计中存在的问题。但是,程序状态功能只能在屏幕上显示一小块程序,调试较大的程序时,往往不能同时显示与某一功能有关的全部变量。

变量表可以有效地解决上述问题。使用变量表可以在一个画面同时监视、修改和强制用户感兴趣的全部变量。一个项目可以生成多个变量表,以满足不同的调试要求。变量表可以赋值或显示的变量包括输入、输出、位存储器、定时器、计数器、数据块内的存储器和外设 I/O。

(1)变量表的功能

①监视变量:显示用户程序或 CPU 中每个变量的当前值。

②修改变量:将固定值赋给用户程序或 CPU 中的变量,使用程序状态测试功能时也能立即进行一次数值修改。

③对外设输出赋值:允许在停机状态下将固定值赋给 CPU 的每一个输出点 Q。

④强制变量:给某个变量赋予一个固定值,用户程序的执行不会影响被强制的变量的值。

⑤定义变量被监视或赋予新值的触发点和触发条件。

(2)用变量表监视和修改变量的基本步骤

①生成新的变量表或打开已有的变量表,编辑和检查变量表的内容。

笔记栏

②建立计算机与 CPU 之间的硬件连接,将用户程序下载到 PLC。

③将 PLC 由 STOP 模式切换到 RUN 或 RUN-P 模式。

④用工具栏中的 按钮激活监视变量的功能。修改变量后,用工具栏中的按钮将修改值写入 CPU。

(3)变量表的生成

选中 SIMATIC 管理器左边的 Blocks(块)之后,选择 Insert(插入)→S7 Block(S7 块)→Variable Table(变量表)命令,或右击管理器右边的窗口,在弹出的快捷菜单中选择 Insert New Object(插入新对象)→Variable Table(变量表)命令,打开变量表的属性对话框,可以为新建的变量表命名,如 VAT-1,单击 OK 按钮后建立一个新的变量表。一个项目可以生成多个变量表。

如图 5.11 所示,单击 SIMATIC 管理器工具栏上的在线按钮 ,进入在线状态,选择块文件夹。选择 PLC→Monitor/Modify Variables(监视/更改变量)命令直接生成一个新的在线变量表,输入需要监视或修改的变量后,单击变量表视窗中的保存按钮,可以在打开的保存对话框中为这个变量表命名,并选择保存在项目路径的 Blocks 下。

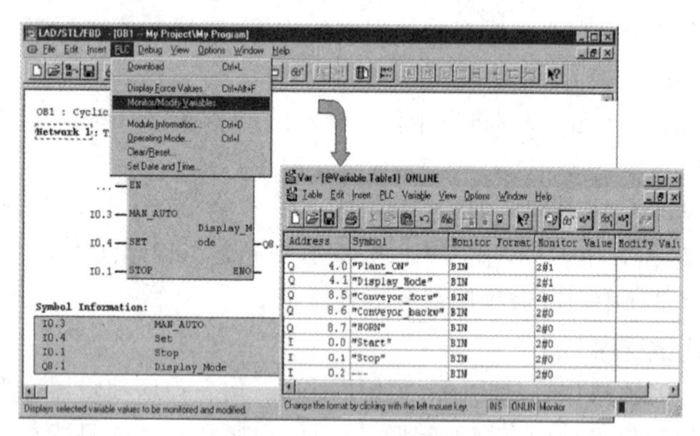

图 5.11　变量表的生成

在变量表编辑器中,选择 Form(表格)→New(新建)生成一个新的变量表。可以选择“表格”→“打开”命令打开已有的变量表,也可以用工具栏中的按钮来生成新的变量表或打开已有的变量表。

可以通过剪贴板复制、剪切和粘贴来复制和移动变量表。在移动变量表时,源程序符号表中相应的符号也被移动到目标程序的符号表中。

(4)在变量表中输入变量

输入变量时应将有关联的变量放在同一个变量表中。在变量表的“符号”栏输入在符号表中定义过的符号,在地址栏将会自动出现该符号的地址。在“地址”栏输入地址,如果该地址已在符号表中定义了符号,将会在符号栏自动地出现它的符号。符号名中如果含有特殊的字符,必须用双括号括起来,如 Motor、off 等。

执行变量表编辑器的菜单命令 Options(选项)、Symbol(符号表),可以打开符号表,定义新的符号。复制符号表中的地址列,然后将它粘贴到变量表的地址列,可以快速生成变量。可以在变量表的显示格式栏直接输入显示格式,也可以选择“查看选择显示格式”,或者右击该列的某个单元,在弹出的快捷菜单中选择需要的显示格式。

在变量表中输入变量时，每一行输入结束时都要执行语法检查，不正确的输入被标为红色。如果把光标放在红色的行上，可以从状态栏读到错误的原因，按【F1】键可以得到纠正错误的信息。变量表每行最多255个字符，不能用【Enter】键进入第二行。

选择“查看”菜单最上面一组中的9条命令，可以打开或关闭变量表中对应的显示列。

如果想使某个变量的“修改值”列中的数据无效，可以单击工具栏上的相应按钮，在变量的修改值或强制值的左边将会自动加上注释符号“//”，表示它已经无效，变为了注释。在“修改值”列的修改值或强制值的左边用键盘加上注释符号“//”，其作用与上述菜单命令相同，再次执行该命令或用键盘删除“修改值”列的注释符号，可以使修改 值重新有效。

(5)监视变量

笔记栏

将CPU的模式选择开关扳到RUN位置，选择Variable（变量）→Monitor（监视），或单击工具栏上的按钮，启动监视功能。变量表中的状态值按设定的触发点和触发条件显示在变量 表中。如果触发条件设为“每次循环”，再次单击按钮，可以关闭监视功能。用PLCSIM仿真时，最好切换到RUN-P模式，否则某些监控功能会受到限制。单击工具栏上的按钮，可以对所选变量的数值做一次立即更新，该功能主要用于停机模式下的监视和修改。

如果在监视功能被激活的状态下按【Esc】键，不经询问就会退出监视功能。

(6)修改变量

可以用下述方法修改变量表中的变量：首先在要修改的变量的Modify Values（修改数值）栏输入变量新的值。输入BOOL变量的修改值0或1后按【Enter】键，它们将自动变为false(假)或true(真)。单击工具栏中的激活修改值按钮，将修改值立即送入CPU。

在程序运行时如果修改变量值出错，可能导致人身或财产受到损害。在执行修改功能前，应确认不会有危险情况出现。如果在执行修改过程中按了【Esc】键，不经询问就会退出修改功能。

在STOP模式修改变量时，因为没有执行用户程序，各变量的状态是独立的，不会互相影响。I、Q、M这些数字量都可以任意地设置为1状态或0状态，并且有保持功能，相当于对它们置位和复位。STOP模式的这种变量修改功能常用来测试数字量输出点的硬件功能是否正常，例如将某个输出点置位后，观察相应的执行机构是否动作。

在RUN模式修改变量时，各变量同时又受到用户程序的控制。假设用户程序运行的结果使某数字量输出为0，用变量表不可能将它修改为1。在RUN模式不能改变数字量输入的状态，因为它们的状态取决于外部输入电路的通/断状态。

修改定时器的值时，默认的显示格式为SIMATIC-TIME，可以按“S5T#”格式输入时间值。也可以只输入数字，例如输入2345后按【Enter】键，将显示S5T#23 S400ms，因为时间值只保留3位有效数字，将个位的5取整为0。计数器的当前值的修改与定时器类似，例如输入123，将显示C#123。输入值的上限为C#999。

单击工具栏上的按钮，可以使该变量的修改值暂时失效。

(7)建立变量表与CPU的连接

在SIMATIC管理器的块文件夹创建的变量表能自动地建立与CPU的通信连接。如果使用冗余CPU或用其他项目中建立的变量表来监控变量时不能与CPU通信，需要为变量表建立连接。

笔记栏

在变量表编辑器选择 PLC→Connection(连接到)→组态的 CPU,建立被激活的变量表与 CPU 的在线连接。如果同时已经建立了与另外一个 CPU 的连接,这个连接被视为“已组态”的 CPU,直到变量表关闭。

选择 PLC→Connection(连接到)→直接 CPU 用于建立被激活的变量表与直接连接的 CPU 之间的在线连接。直接连接的 CPU 是指与计算机用编程电缆连接的 CPU,在“可访问的站点”窗口中被标记为“直接的”。

选择 PLC→Connection(连接到)→可访问的 CPU 用于建立被激活的变量表与可以选择的 CPU 之间的在线连接。如果用户程序已经与一个 CPU 连接了,可以用这个命令来选择另外一个想建立连接的 CPU。

选择 PLC→“断开连接”,可以断开变量表和 CPU 的连接。

如果建立了在线连接,变量表窗口的标题栏将显示“ONLINE”。变量表下面的状态栏显示 PLC 的运行模式和连接状态。

(8)定义变量表的触发方式

用菜单命令“Variable(变量)”→“Set Trigger(触发器)”或点击工具栏中按钮,打开图 5.12 所示的变量表触发设置对话框,选择 在程序处理过程中的某一特定点(触发点)来监视或修改变量,变量表显示的是被监视的变量在触发点的数值。触发点可以选择扫描循环开始、扫描循环结束和从 RUN 切换到 STOP。触发条件可以选择触发一次或每个循环触发一次。

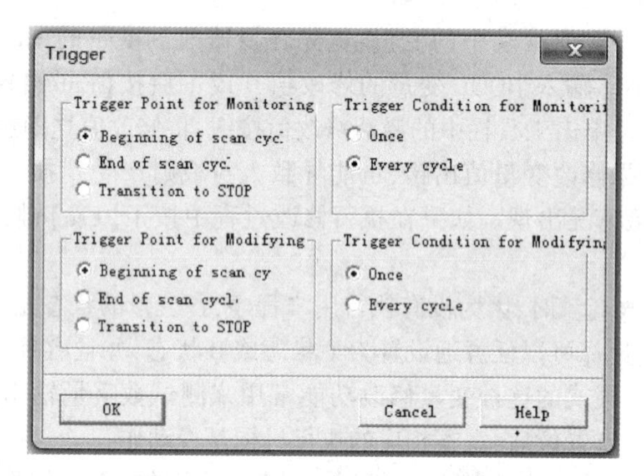

图 5.12 定义变量表的触发方式

(9)强制变量

强制变量操作给用户程序中的变量赋一个固定的值,这个值不会因为用户程序的执行而改变。被强制的变量只能读取,不能用写访问来改变其强制值。强制功能用于用户程序的调试,例如用来模拟输入信号的变化。仿真软件 PLCSIM 不能对强制操作仿真,强制操作只能用于硬件 CPU。

强制操作在“强制数值”窗口中进行,用变量表中的菜单命令“Varible(变量)”→“Display Force Values(显示强制值)”打开该在线窗口。被强制的变量和它们的强制值都显示在该窗口中。

在强制数值窗口中输入要强制的变量的地址和要强制的数值。选择“Variable(变量)”→“StopForcing 强制”,表中输入了强制值的所有变量都被强制,被强制的变量的左边出现对应图标。变量表下面的状态栏显示强制操作的时间。

强制操作一般用于系统的调试。有变量被强制时，CPU 模块上的“FRCE”灯亮，以提醒操作人员及时解除强制，否则将会影响用户程序的正常运行。

选择“Variable(变量)”→“Stop Forcing(停止强制)”，解除对强制表中所有变量的强制，变量左边的相应图标消失，CPU 模块上的“FRCE”灯熄灭。

四、西门子 PLC 网络与通信

西门子 PLC 网络结构示意图如图 5.13 所示。

为了满足在单元层(时间要求不严格)和现场层(时间要求严格)的不同要求，SIEMENS 提供了 MPI、PROFIBUS DP、PROFINET、PTP、ASI 等多种通信协议。

①MPI 网络。此网络可用于单元层，它是 SIMATIC S7 和 C7 的多点通信接口。MPI 本质上是一个 PG 接口，它被设用来连接 PG(为了启动和测试)和 OP(人-机接口)。MPI 网络只能用于连接少量的 CPU。

②工业以太网(Industrial Ethernet)。工业以太网是一个开放的用于工厂管理和单元层的通信系统。工业以太网被设计为对时间要求不严格，用于传输大量数据的通信系统，可以通过网关设备来连接远程网络。

③PROFIBUS(工业现场总线)。工业现场总线是开放的用于单元层和现场层的通信系统。有两个版本：对时间要求不严格的 PROFIBUS PA，用于连接单元层上对等的智能节点；对时间要求严格的 PROFIBUS DP，用于智能主机和现场设备间的循环的数据交换。

④点到点(Point-To-Point，PTP)连接。PTP 通常用于对时间要求不严格的数据交换，可以连接两个站或 OP、打印机、条码扫描器、磁卡阅读机等 。

⑤执行器-传感器-接口(Actuator-Sensor-Interface，ASI)。ASI 是位于自动控制系统最底层的网络，可以将二进制传感器和执行器连接到网络上。

笔记栏

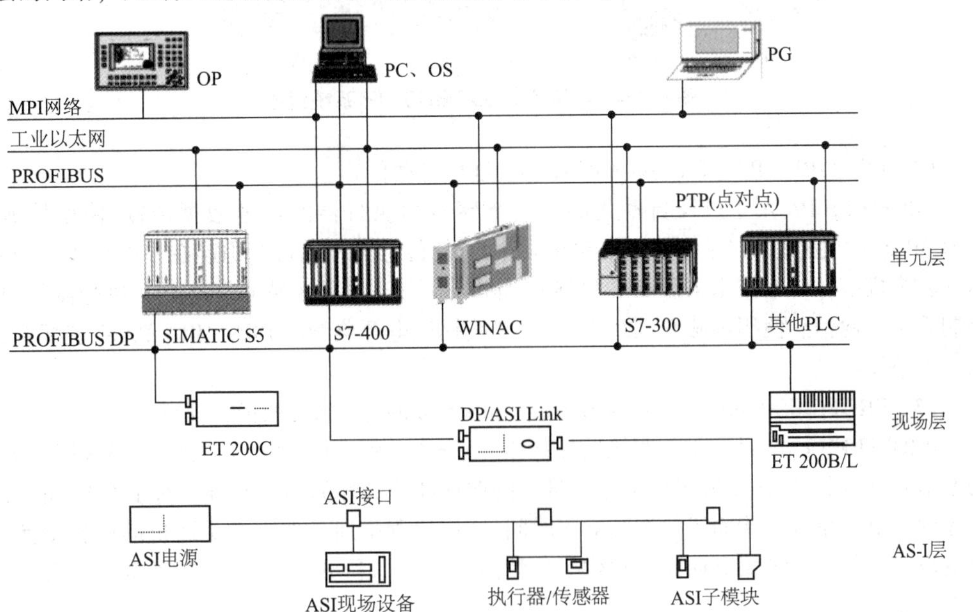

图 5.13 西门子 PLC 网络结构示意图

笔记栏

PROFIBUS是一种国际化、开放式的现场总线标准,是全球范围内唯一能够以标准方式应用于包括制造业、流程业及混合自动化领域并贯穿整个工艺过程的单一现场总线技术。它以其独特的技术特点、严格的认证规范、开放的标准、众多厂商的支持和不断发展的应用行规,已成为最重要的现场总线标准。

PROFIBUS是一种用于工厂自动化车间级监控和现场设备层数据通信与控制的现场总线技术。可实现现场设备层到车间级监控的分散式数字控制和现场通信网络,从而为实现工厂综合自动化和现场设备智能化提供可行的解决方案。

1. PROFIBUS的组成

PROFIBUS根据应用特点可分为PROFIBUS DP、PROFIBUS PA和PROFIBUS FMS三个兼容版本。

(1)PROFIBUS DP(Decentralized Periphery,分布式外部设备)

PROFIBUS DP是一种高速低成本通信,用于自动化系统中单元级控制设备与分布式I/O(例如ET200)的通信。使用PROFIBUS DP可取代DC 24 V或4~20 mA信号传输。主站之间的通信为令牌方式,主站与从站之间为主从轮询方式以及这两种方式的混合。如图5.14所示,典型的PROFIBUS DP总线配置是以此种总线存取程序为基础,一个主站轮询多个从站。

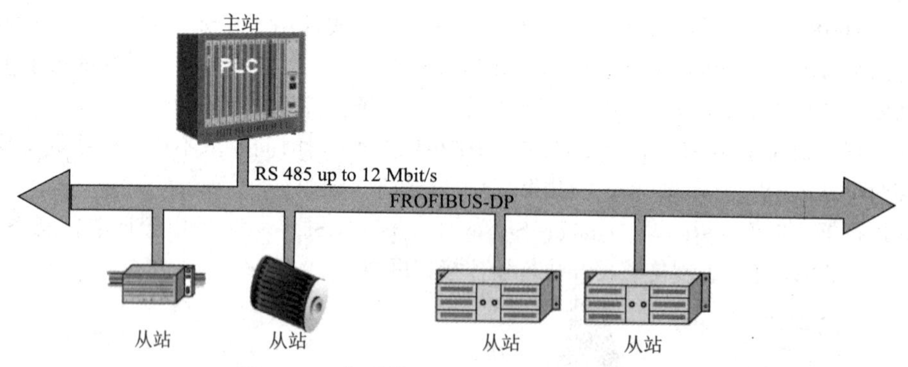

图5.14　典型的PROFIBUS DP系统组成

(2) PROFIBUS PA(Process Automation,过程自动化)

PROFIBUS PA用于过程自动化的现场传感器和执行器的低速数据传输,使用扩展的PROFIBUS DP协议。它专为过程自动化设计,可使传感器和执行机构连在一根总线上,并有本征安全规范。传输技术采用IEC 1158-2标准,可用于防爆区域的传感器和执行器与中央控制系统的通信。使用屏蔽双绞线电缆,由总线提供电源典型的PROFIBUS PA系统配置,如图5.15所示。

(3) PROFIBUS FMS(Fieldbus Message Specification,现场总线报文规范)

PROFTBUS FMS可用于车间级监控网络,是一个令牌结构,实时多主网络FMS提供大量的通信服务,用以完成中等级传输速度进行的循环和非循环的通信服务。对于FMS而言,它考虑的主要是系统功能而不是系统响应时间,应用过程中通常要求的是随机的信息交换,如改变设置参数。FMS服务向用户提供了广泛的应用范围和更大的灵活性,通常用于大范围、复杂的通信系统。

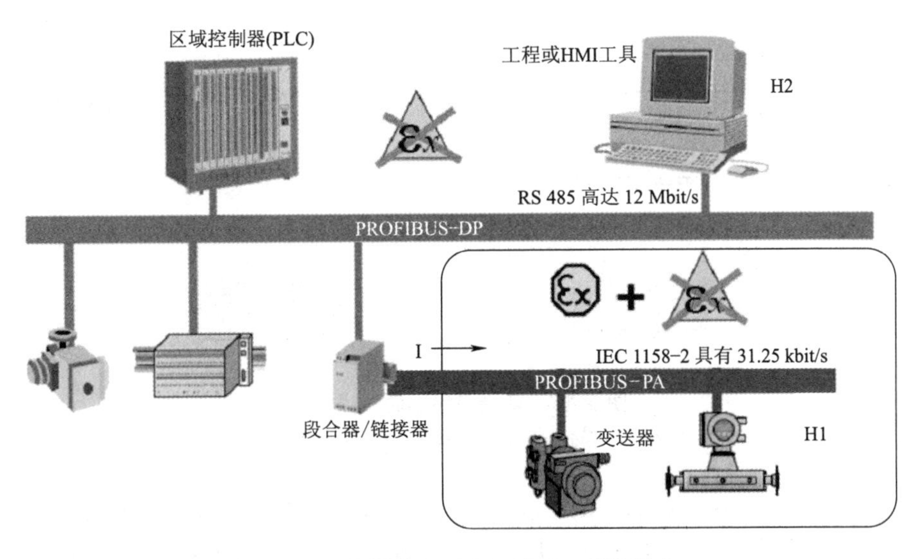

图 5.15 典型的 PROFIBUS PA 系统组成

如图 5.16 所示,一个典型的 PROFIBUS FMS 系统由各种智能自动化单元组成,如 PC、作为中央控制器的 PLC、作为人机界面的 HMI 等。

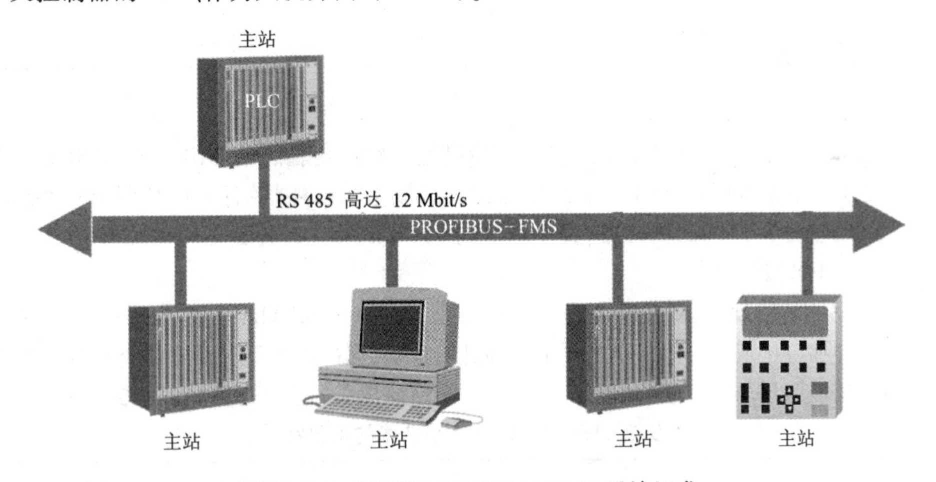

图 5.16 典型的 PROFIBUS FMS 系统组成

2. 传输技术

PROFIBUS 总线符合 EIA RS-485 标准, PROFIBUS 使用两端有终端的总线拓扑结构,如图 5.17 所示。这可以在运行期间,接入和断开一个或多个站时不会影响其他站的工作。

PROFIBUS 使用 3 种传输技术, PROFIBUS DP 和 PROFIBUS FMS 采用相同的传输技术,可使用 RS-485 屏蔽双绞线电缆传输或光纤传输;PROFIBUS PA 采用 IEC 1158-2 传输技术。

(1)RS-485

PROFIBUS RS-485 的传输程序是以半双工、异步、无间隙同步为基础,传输介质可以是

笔记栏

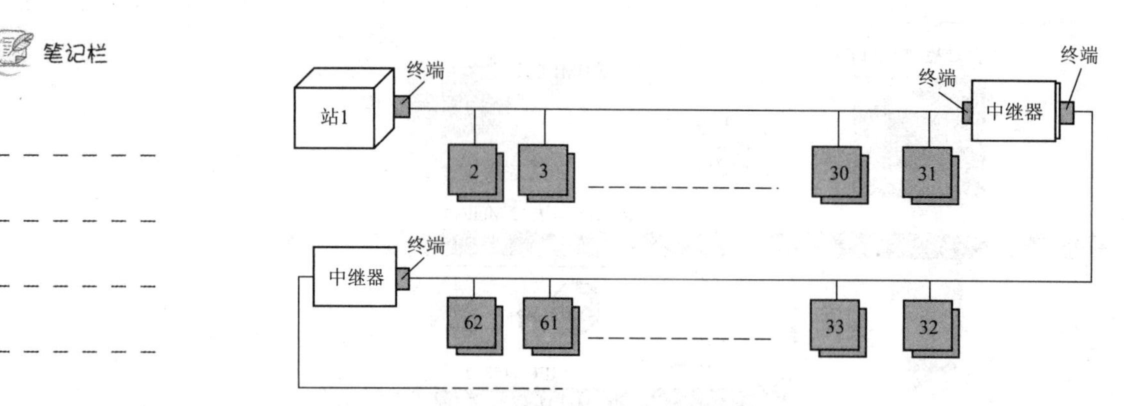

图 5.17　两端有终端的总线拓扑

注:中继器没有站地址,但它们被计算在每段的最多站数中。

屏蔽双绞线或光纤。RS-485 若采用屏蔽双绞线进行电气传输,不用中继器时,每个 RS-485 段最多连接 32 个站;用中继器时,可扩展到 126 个站,传输速率为 9.6 kbit/s~12 Mbit/s,电缆的长度为 10~1 200 m。电缆的最大长度与传输速率有关,具体如表 5.1 所列。

表 5.1　传输速率与电缆长度的关系

传输速率/(kbit/s)	9.6~97.35	187.5	500	1 500	3 000~12 000
电缆长度/m	1 200	1 000	400	200	100

(2)光纤

为了适应强度很高的电磁干扰环境或使用高速远距离传输,PROFIBUS 可使用光纤传输技术。使用光纤传输的 PROFIBUS 总线段可以设计成星状或环状结构,可利用 RS-485 传输链接与光纤传输链接之间的耦合器,实现系统内 RS-485 和光纤传输之间的转换

(3)IEC 1158-2

IEC 1158-2 协议规定,在过程自动化中使用固定速率 31.25 kbit/s 进行同步传输,它考虑了应用于化工和石化工业时对安全的要求。在此协议下,通过采用具有本质安全和双线供电技术, PROFIBUS 就可以用于危险区域了,IEC 1158-2 传输技术的主要特性如表 5.2 所示。

表 5.2　IEC 1158-2 传输技术的主要特性

服　务	功　能	PROFIBUS DP	PROFIBUS FMS
SDA	发送数据需应答		√
SRD	发送和请求数据需应答	√	√
SDN	发送数据无应答	√	√
CSRD	循环发送和请求数据需应答		√

3. PROFIBUS 总线连接器

PROFIBUS 总线连接器用于连接 PROFIBUS 站与 PROFIBUS 电缆实现信号传输,一般带有内置的终端电阻。其内部结构如图 5.18 所示。

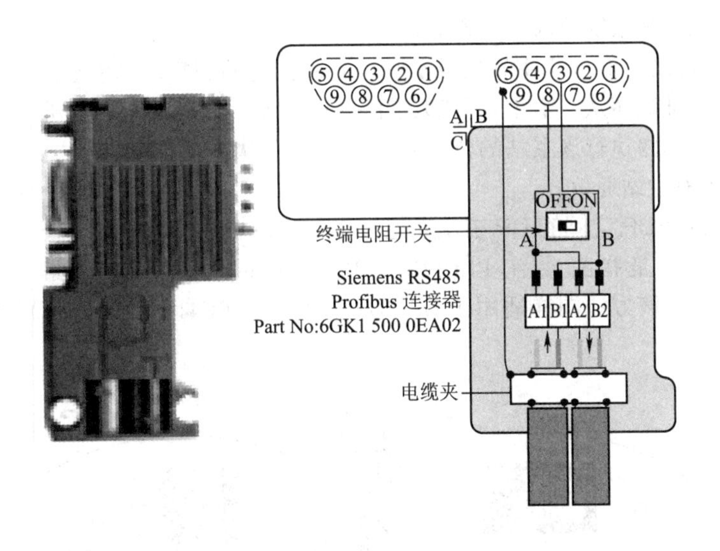

图 5.18 PROFIBUS 总线连接器

4. PROFIBUS 总线系统配置

PROFIBUS 可以实现以下 3 种系统配置:

(1)纯主-从系统(单主站)

单主系统可实现最短的总线循环时间。以 PROFIBUS DP 系统为例,一个单主系统由一个 DP-1 类主站和 1 到最多 15 个 DP 从站组成,典型系统如图 5.19 所示。

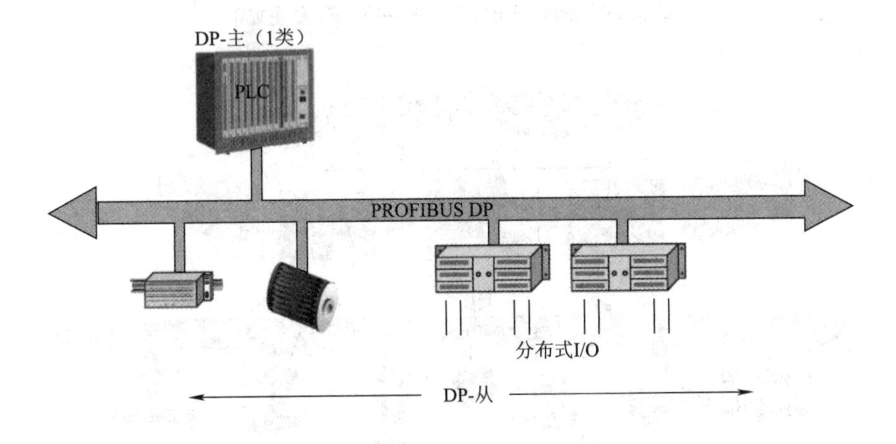

图 5.19 PROFIBUS 纯主-主系统(单主站)

(2)纯主-主系统(多主站)

若干个主站可以用读功能访问 1 个从站。以 PROFIBUS DP 系统为例,多主系统由多个主设备(1 类或 2 类)和 1 到最多 124 个 DP 从设备组成。典型系统如图 5.20 所示。

(3)多主-多从站系统

以上两种配置的组合系统为多主-多从站系统,图 5.21 所示为一个由 3 个主站和 7 个从

笔记栏

站构成的 PROFIBUS 系统结构的示意图。

由图 5.21 可以看出,3 个主站构成了一个令牌传递的逻辑环,在这个环中,令牌按照系统预先确定的地址顺序从一个主站传递给下一个主站。当一个主站得到了令牌后,它就能在一定的时间间隔内执行该主站的任务,可以按照主-从关系与所有从站通信,也可以按照主-主关系与所有主站通信。

5. CPU31x-2DP 之间的 DP 主从通信

CPU31x-2DP 是指集成有 PROFIBUS DP 接口的S7-300 CPU,如 CPU313C-2DP、CPU315-2DP 等。该方法同样适用于 CPU31x-2DP 与 CPU41x-2DP 之间的 PROFIBUS DP 通信连接。

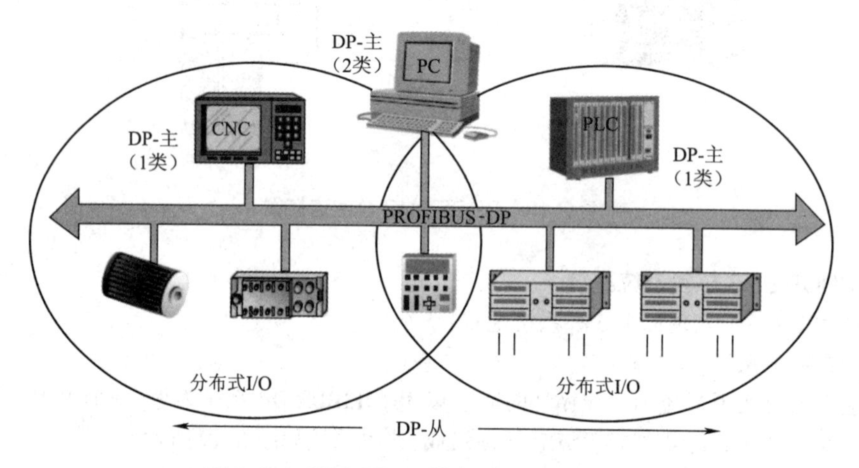

图 5.20 PROFIBUS 纯主-主系统(多主站)

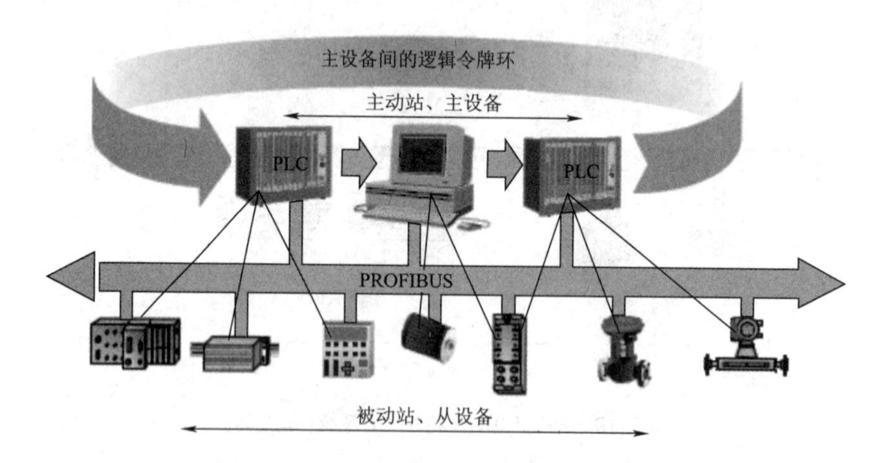

图 5.21 PROFIBUS 多主-多从站系统

项目设计

确定工作组织方式,划分工作阶段,分配工作任务,讨论安装调试工艺流程和工作计划,填写工作计划表和材料工具清单。成品分装单元工作站安装流程图如图 5.22 所示。

一、气动控制回路

气动控制系统是该工作单元的执行机构，该执行机构的控制逻辑功能是由 PLC 实现的。气动控制回路的工作原理如图 5.23 所示。

图 5.23 中 1A1 为分支 1 的导向气缸，1B1 和 1B2 为安装在导向气缸的两个极限工作位置的磁感应式接近开关，用它们发出的开关量信号可以判断气缸的两个极限工作位置；2A1 为分支 2 的导向气缸，2B1 和 2B2 为安装在导向气缸的两个极限工作位置的磁感应式接近开关，用它们发出的开关量信号可以判断气缸的两个极限工作位置；3A1 为气动制动器；1V2、1V3、2V2、2V3 为单向可调节流阀，1V2、1V3、2V2、2V3 分别用于调节两个导向气缸运动速度；1M1 为控制分支 1 的导向气缸电磁阀的电磁控制端；2M1 为控制分支 2 导向气缸的电磁阀的电磁控制端；3M1 为控制气动制动器的电磁阀的控制端。

注意：图中的 3 个电磁阀是集成在一个 CPV 阀组上的。

笔记栏

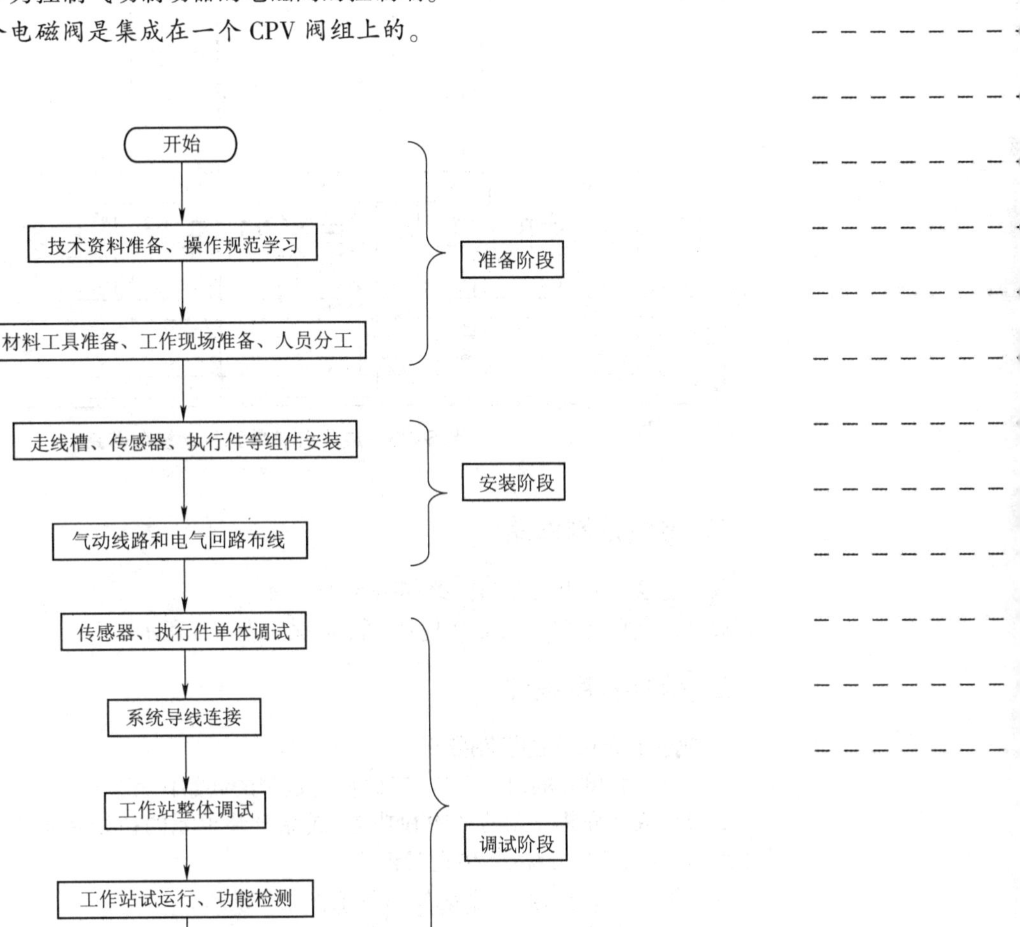

图 5.22　工作站安装调试流程图

笔记栏

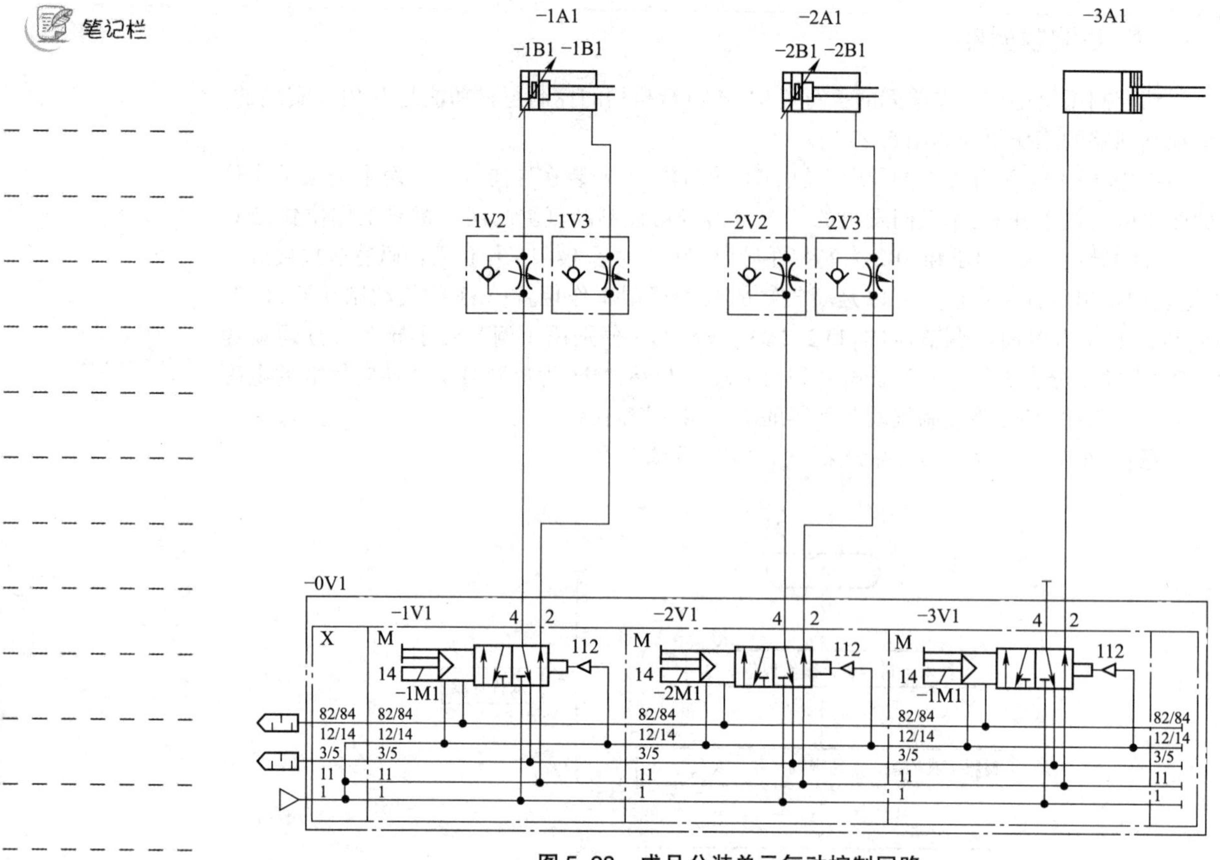

图 5. 23　成品分装单元气动控制回路

二、电气控制回路

成品分装单元电气控制回路如图 5. 24 所示。

成品分装单元 PLC 的 I/O 地址分配情况如表 5. 3 所示。

三、软件程序设计

1. 成品分装单元的控制要求

①成品分装单元的启动条件:工件在传送带的起始位置。

②根据成品分装单元的结构和功能,成品分装单元的初始状态为:制动器伸出;导向模块 1 缩回;导向模块 2 缩回;传送带停止。

③按下“启动”按钮后,系统按如下工作顺序动作。

如果满足启动条件,各个执行件均在初始位置,按下“启动”按钮后,启动按钮指示灯灭,首先通过漫射式光电传感器检测到有工件,启动传送带,然后通过漫射式光电传感器和电感式传感器区分工件颜色和材料,根据工件的特性做如下操作:

a. 检测为黑色工件,将工件存放在传送带的末端滑槽中。

- 制动器缩回;
- 工件被退出。

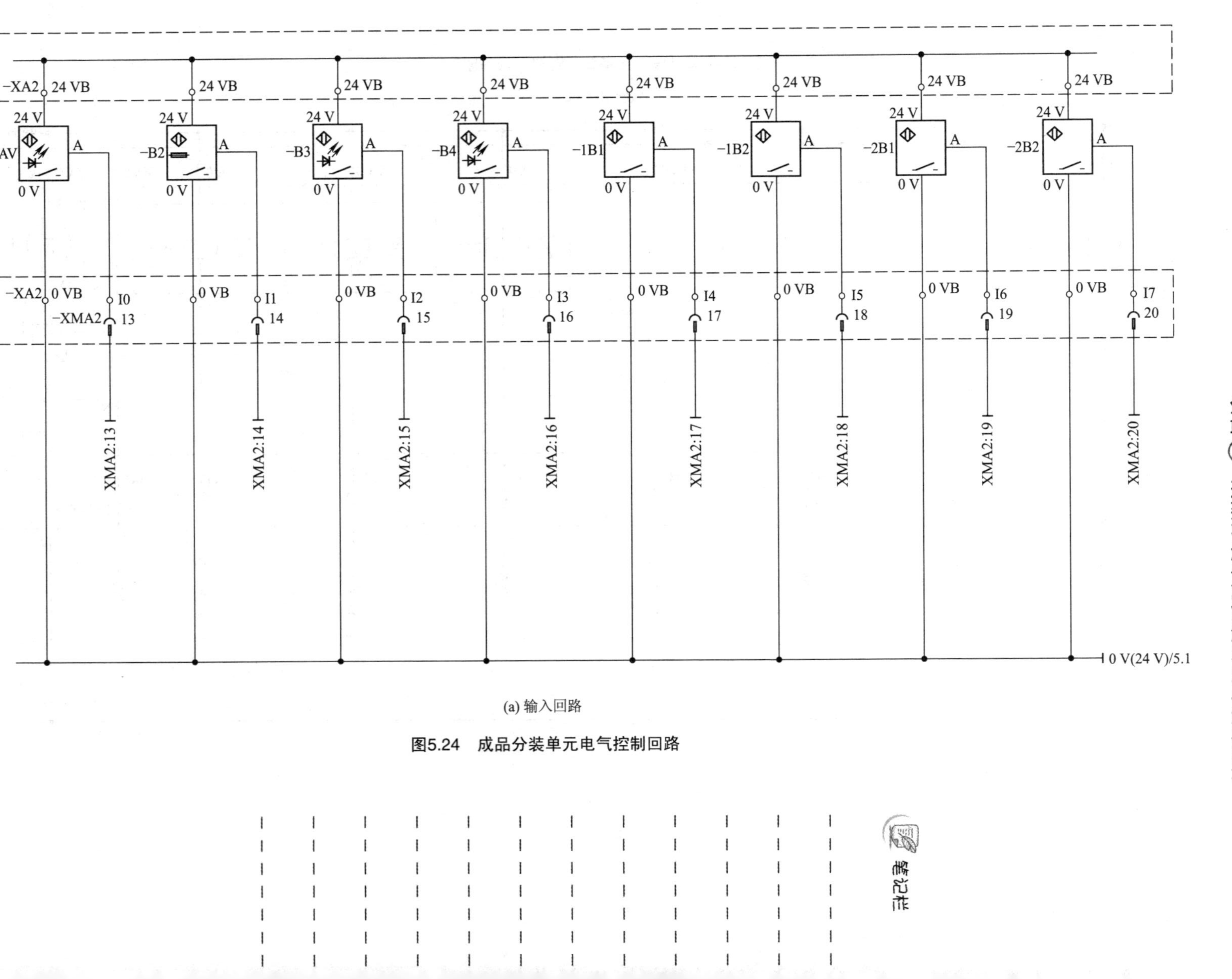

(a) 输入回路

图5.24 成品分装单元电气控制回路

笔记栏

笔记栏

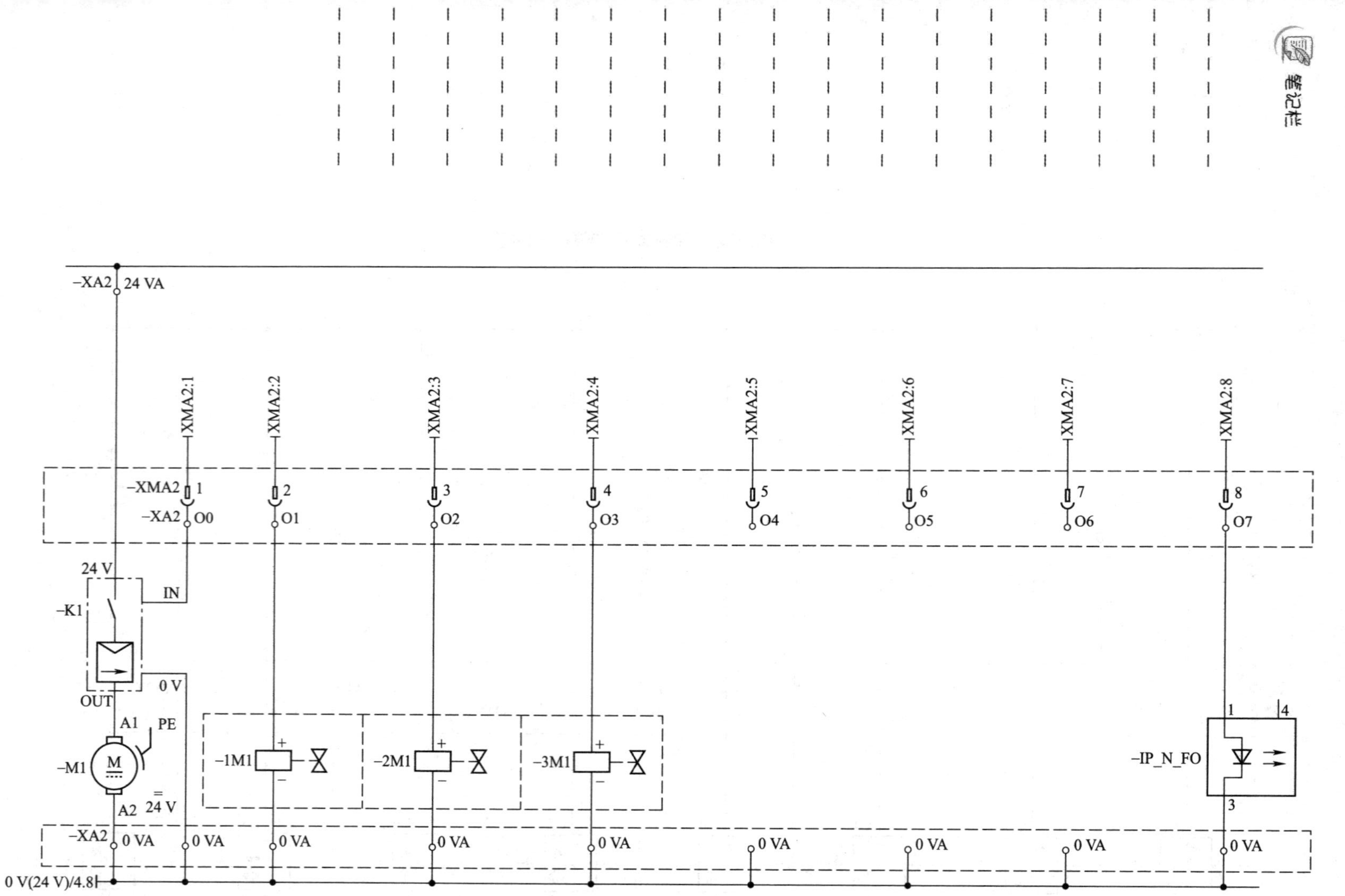

(b) 输出回路

图5.24 成品分装单元电气控制回路(续)

b. 检测为金属工件，将工件存放在中间滑槽中。

- 导向模块 2 伸出；
- 制动器缩回；
- 工件被退出。

表 5.3 成品分拣单元 PLC 的 I/O 地址分配情况

序号	地址	设备符号	设备名称	设备用途	信号特征
1	I1.0	START	按钮开关	启动设备	信号为 1，表示按钮被按下
2	I1.1	STOP	按钮开关	停止设备	信号为 0，表示按钮被按下
3	I1.2	AUTO/MAN	转换开关	自动/手动转换	信号为 0，表示为自动模式 信号为 1，表示为手动模式
4	I1.3	RESET	按钮开关	复位设备	信号为 1，表示按钮被按下
5	I0.0	Part-AV	光电式传感器	判断是否有工件	信号为 1，表示有工件 信号为 0，表示没有工件
6	I0.1	B2	电感式传感器	判断工件的材料	信号为 1，表示为金属工件 信号为 0，表示为非金属工件
7	I0.2	B3	光电式传感器	判断工件的颜色	信号为 1，表示为非黑色 信号为 0，表示为黑色
8	I0.3	B4	光电式传感器	判断滑道是否满	信号为 1，表示滑道满
9	I0.4	1B1	磁感应式接近开关	判断导向缸 1 的位置	信号为 1，表示导向气缸 1 在缩回位置
10	I0.5	1B2	磁感应式接近开关	判断导向缸 1 的位置	信号为 1，表示导向气缸 1 在伸出位置
11	I0.6	2B1	磁感应式接近开关	判断导向缸 2 的位置	信号为 1，表示导向气缸 2 在缩回位置
12	I0.7	2B2	磁感应式接近开关	判断导向缸 2 的位置	信号为 1，表示导向气缸 2 在伸出位置
13	Q0.0	Ml	电动机	控制的传送带电动机动作	信号为 1，控制传送带电动机启动
14	Q0.1	1M1	电磁阀	控制导向气缸 1 的动作	信号为 1，控制导向气缸 1 伸出
15	Q0.2	2M1	电磁阀	控制导向气缸 2 的动作	信号为 1，控制导向气缸 2 伸出
16	Q0.3	3M1	电磁阀	控制气动制动器的动作	信号为 1，控制气动制动器缩回
17	Q0.7	IP_N_TO	光电式传感器	向上一站发送信号	信号为 1，本站工作忙
18	Q1.0	HI	指示灯	启动指示灯	信号为 1，灯亮；信号为 0，灯灭
19	Q1.1	H2	指示灯	复位指示灯	信号为 1，灯亮；信号为 0，灯灭

c. 检测为红色工件，将工件存放在传送带起始端的滑槽中。

- 分支模块 1 伸出；
- 制动器缩回；
- 工件被推出。

工件被送到相应的滑槽里，传送带停止，制动器伸出，导向模块 1 缩回，导向模块 2 缩回。

④按下“停止”按钮，“复位”按钮指示灯亮，成品分装单元在完成本次循环后停止动作。

⑤按下“复位”按钮，“启动”按钮指示灯亮，成品分装单元回到初始位置。

⑥在手动操作模式下，当按启动按钮时，成品分装单元的执行机构根据工件的材质及颜色将工件分拣到三个滑槽的相应位置，然后各执行机构回到初始位置，即每执行一个新的工

笔记栏

笔记栏

作循环都需要按一次“启动”按钮。

⑦在自动操作模式下,当按启动 按钮时,成品分装单元则自动连续运行。在运行过程中,当按下停止按钮后或者当传送带首端无工件时,成品分装单元应该在完成了当前的工作循环之后停止运行,并且各个执行机构应该回到初始位置。

⑧如果识别起始位置没有工件,EMPTY 指示灯亮,按下启动按钮即可消除。

2. 设计一个自动化项目的基本步骤

在自动化企业中,经常需要设计或改造一个可编程控制器(PLC)控制的自动化项目。

设计一个自动化项目的方法有很多,图 5.25 说明了为一个 PLC 设计一个自动化项目所涉及的基本步骤,该步骤可用于任何项目。

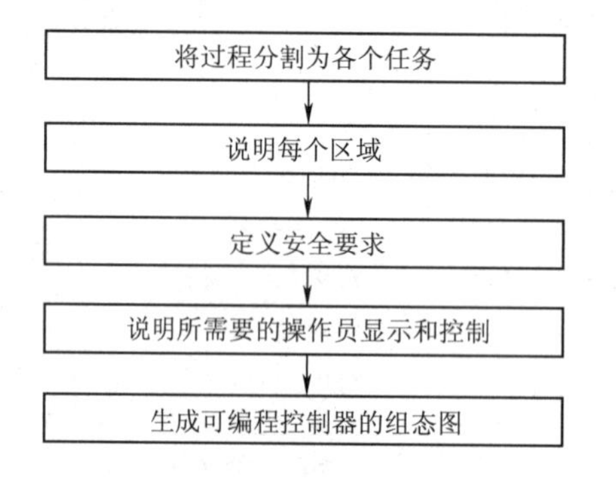

图 5.25 设计一个自动化项目的基本步骤

(1)将过程分割为任务和区域

一个自动化过程往往包括许多单个的任务。通过识别一个过程内的相关任务组,然后将这些组再分解为更小的任务,即使最复杂的过程也能够被定义。

首先对自动化项目进行分析,决定控制过程。在定义了要控制的过程之后,将项目分割成相关的组或区域。图 5.26 所示的工业搅拌过程的例子说明了如何将一个过程构造为功能区域和单个任务。

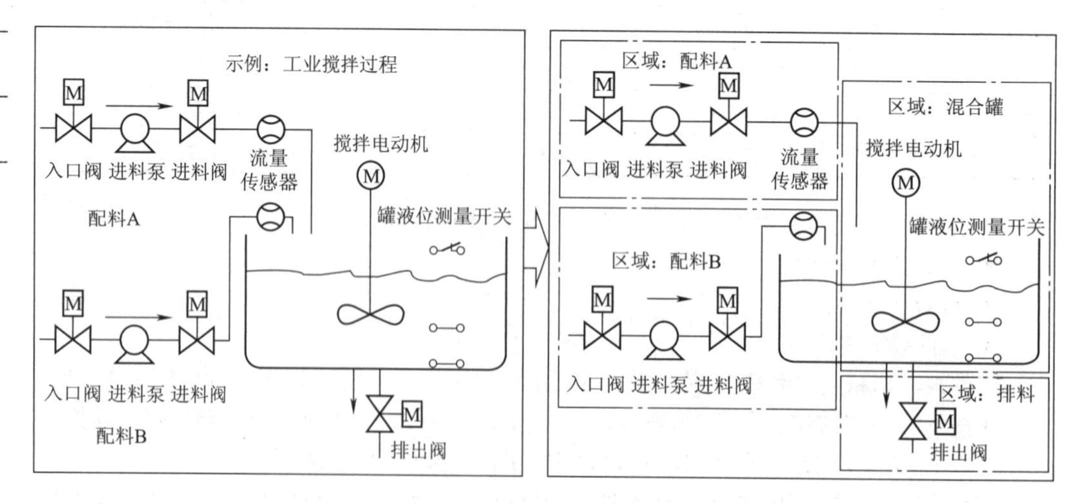

图 5.26 工业搅拌过程的区域

由于每组被分为小任务，所以控制过程在这一部分所要求的任务就不那么复杂了。在工业搅拌过程示例中，可以分为配料A、配料B、混合罐、排料等4个不同的功能区域，具体的划分如表5.4所示。在这个例子中，配料A的区域中包含的设备与配料B的区域相同。

表5.4 工业搅拌过程的区域

功能区域	使用的设备
配料A	配料A的进料泵，配料A的入口阀，配料A的进料阀，配料A的流量传感器
配料B	配料B的进料泵，配料B的入口阀，配料B的进料阀，配料B的流量传感器
混合罐	搅拌电动机，罐液位测量开关
排料	排料阀

笔记栏

(2)说明各个功能区域

在说明过程中的各个区域和任务时，不仅要定义每个区域的操作，而且要定义控制该区域的各种组件。这包括：

①每个任务的电的、机械的和逻辑的输入和输出。

②各个任务的互锁和相关性。

本示例工业搅拌过程使用泵、电动机和阀门。必须对这些设备做精确描述，以识别其操作特性和操作过程所要求的互锁类型。下面提供的示例是对工业搅拌过程中使用的设备的描述。完成说明后，还可以用它来订购所需要的设备。具体如表5.5所示。

表5.5 工业搅拌过程中使用的设备的描述

配料A/B：进料泵电动机
进料泵电动机传送配料A和B到混合罐： ①流速：400 L/min； ②速率：1 200 r/min，100 kW
泵由混合罐附近的操作员站控制(启动/停止)。启动的次数被计数以便进行维护。计数器和显示都可以由一个按钮复位
对泵进行操作必须满足以下条件： ①混合罐不满； ②混合罐的排料阀关闭； ③紧急关断未运作
如果满足下列条件，则泵被关断： ①在泵电动机启动7 s后流量传感器仍指示没有流量； ②流量传感器指示流动已停止

配料A/B：入口阀和进料阀
配料A和B的入口阀和进料阀可以允许或防止配料进入混合槽
阀门是带有弹簧的螺线管： ①如果螺线管动作则送出阀打开； ②如果螺线管不动作则送出阀关闭
入口阀和进料阀都由用户程序控制
满足以下条件，排料阀可以打开： 进料泵电动机至少运行1 s
如果满足下列条件，则泵被关断： 流量传感器指示没有流量

笔记栏

续表

搅拌电动机
搅拌电动机在混合罐中混合配料 A 和配料 B 速率为 1 200 r/min，100 kW
搅拌电动机由混合罐附近的操作员站控制(启动/停止)。启动的次数被计数以便进行维护。计数器和显示都可以由一个按钮复位
对泵进行操作必须满足以下条件： ①罐液位传感器没有指示"罐液位低于最低限"； ②混合罐的排料阀是关闭的； ③紧急关断未动作
如果满足下列条件，则泵被关断： 在电动机启动后的 10 s 内转速计未指示已达到额定速度
排料阀
排料阀让混合物排出(靠重力排出)到过程的下一阶段。阀门是带有弹簧的螺线管 如果螺线管动作则送出阀打开 -如果螺线管不动作则送出阀关闭
送出阀由一个操作员站控制(打开/关闭)
以下条件满足排料阀可以打开： ①搅拌电动机关断； ②罐液位传感器未指示"罐空"； ③紧急关断未动作
如果满足下列条件，则泵被关断： 罐液位传感器指示"罐空"
罐液位测量开关
混合罐中的开关指示罐的液位高度用来锁进料泵和搅拌电动机

(3)列表输入、输出和入/出

为每个要控制的设备写出物理说明后，为每个设备或任务区域画出输入和输出图，其基本框架如图 5.27 所示。

在工业搅拌示例中，为阀门创建 I/O 图如图 5.28 所示。在此工业控制过程中，每个阀由它自己的"阀门块"控制，该块对所有的阀都是一样的。该逻辑块有两个输入：一个用来打开阀，一个用来关闭阀。它还有两个输出：一个用于指示阀是打开的；另一个用于指示阀是关闭的。该块有一个入/出参数用于启动该阀，被用作控制阀门，但同时也在"阀门块"的程序中被编辑和修改。

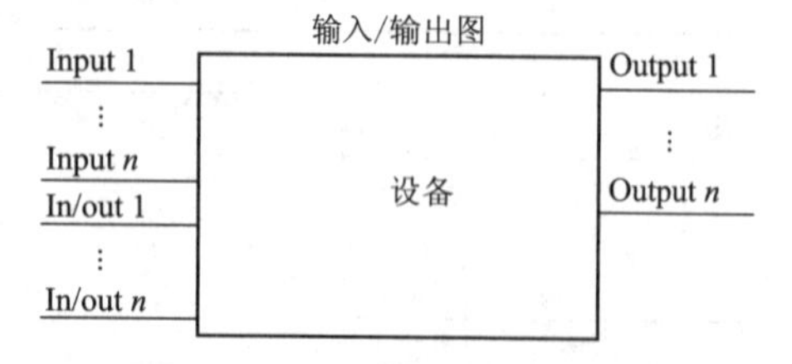

图 5.27　输入和输出图基本框架

搅拌电动机的阀门块的I/O图
Open
Close
Valve
阀门
Dsp_Open
Dsp_Closed

图 5.28　阀门 I/O 图

(4)建立安全要求

根据法定的要求及公共健康和安全政策，决定为确保过程安全还需要哪些附加组件。在描述中还应包括那些安全组件对过程区域的任何影响。

定义安全要求就是确定哪些设备需要硬件接线电路以达到安全要求。通过定义,这些安全电路的操作独立于可编程控制器之外(虽然安全电路通常提供一个I/O接口以便与用户程序相配合)。通常要组态一个矩阵来连接每一个执行器,这些执行器都有它自己的紧急断开范围。这个矩阵是安全电路的电路图的基础。

要设计安全机制可按如下进行:

① 决定每个自动化任务之间逻辑的和机械的/电的互锁。

② 设计电路使得属于过程的设备可以在紧急情况下手动操作。

③ 为过程的安全操作建立更进一步的安全要求。

在工业搅拌过程示例中使用了以下措施作为它的安全电路。

① 一个紧急断开开关可独立于可编程控制器(PLC)之外关掉以下设备:

- 配料A的进料泵;
- 配料B的进料泵;
- 搅拌电动机;
- 阀门。

② 位于操作员站的紧急断开开关。

③ 一个用于指示紧急断开开关状态的控制器的输入。

(5)描述所需要的操作员显示和控制

每个过程需要一个操作接口,使得操作人员能够对过程进行干预。设计技术规范的部分包括操作员控制站的设计。

(6)生成一个组态图

在制作了设计要求的文档后,还必须决定项目所需的控制设备的类型。

通过决定使用什么样的模板也就指定了可编程控制器的结构。生成一个组态图指定以下方面:

① CPU类型;

② I/O模板的类型及数量;

③ 物理输入和输出的组态。

图5.29所示为工业搅拌过程的S7组态示例。

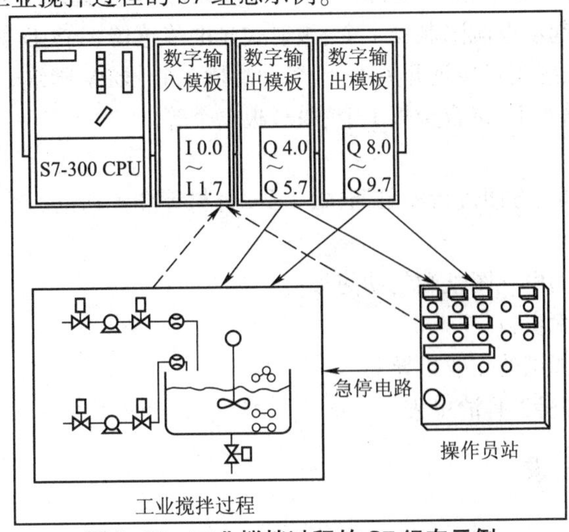

图5.29 工业搅拌过程的S7组态示例

笔记栏

笔记栏

项目实现

安装调试过程中必须遵守哪些规定/规则	国家相应规范和政策法规、企业内部规定
安装调试前,应做哪些准备	在安装调试前,应准备好安装调试用的工具、材料和设备,并做好工作现场和技术资料的准备工作
在安装电感式传感器、光电式传感器、行程开关都应注意些什么	参见本教材相应内容
在安装成品分装单元时,选择哪些规格的导线?这些导线是否符合规程	参见本教材相应内容
在安装和调试时,应该特别注意哪些事项	参见本教材相应内容
如何进行单个组件(或模块)的调试和成品分装单元的整体调试,调试前的准备条件是什么	参见本教材相应内容
在安装和调试过程中,采用何种措施减少材料的损耗?	分析工作过程,查找相关网站

一、安装调试准备

在安装调试前,应准备好安装调试用的工具、材料和设备,并做好工作现场和技术资料的准备工作。

1. 工具

安装所需工具:电工钳、圆嘴钳、斜口钳、剥线钳、压接钳、一字螺丝刀、十字螺丝刀(3.5 mm)、电工刀、管子扳手(9 mm×10 mm)、套筒扳手(6 mm×7 mm、12 mm×13 mm、22 mm×24 mm)、内六方扳手(3 mm、5 mm)各1把,数字万用表1块。

2. 材料

导线BV-0.75、BV-1.5、BVR型多股铜芯软线各若干米,尼龙扎带、带帽垫螺栓各若干。

3. 设备

按钮5只,开关电源1个,I/O接线端口1个、传送带1个、直流驱动电动机1个、导向气缸2个、制动器1个、起动电流限制器1个、漫射式光电传感器2个、反射式光电传感器1个、电感式传感器1个、磁感应式接近开关4个、气动滑槽3个、CPV阀组1个、消声器1个、气源处理组件1个、走线槽若干、铝合金板1个、PLC板1个等。

4. 工作现场

现场工作空间充足,方便进行安装调试,工具、材料等准备到位。

5. 技术资料

①成品分装单元的电气图纸和气动图纸。

②相关组件的技术资料。

③重要组件安装调试的作业指导书。

④工作计划表、材料工具清单表。

二、安装工艺要求

见项目一。

三、安装调试的安全要求

见项目一。

四、安装调试的步骤

①根据技术图纸,分析气动回路和电气回路,明确线路连接关系。

②按给定的标准图纸选工具和元器件。

③在指定的位置安装元器件和相应模块。

安装步骤如下:

步骤1:准备好铝合金板,如图5.30所示。

笔记栏

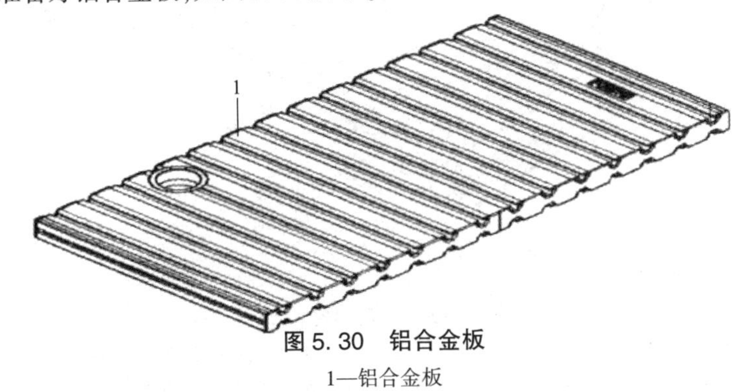

图5.30 铝合金板

1—铝合金板

步骤2:按图5.31安装组件。

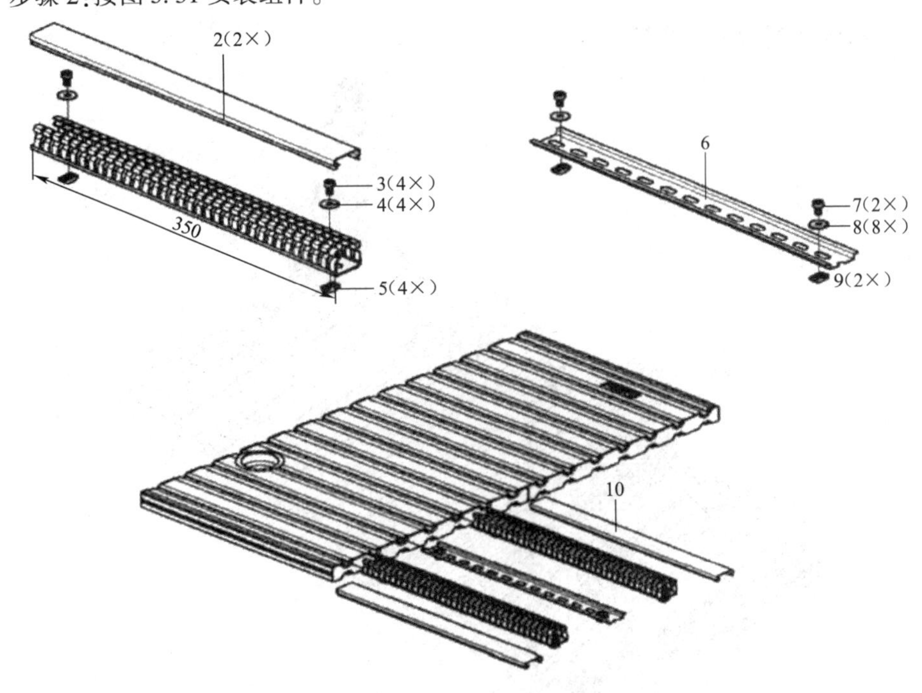

图5.31 安装组件(一)

2—走线槽;3、7—内角螺钉 M5×10;4、8—垫片 B5.3;5、9—T形头螺母 M5-32;6—导轨;10—线槽盖板

笔记栏

步骤3:按图5.32安装组件。

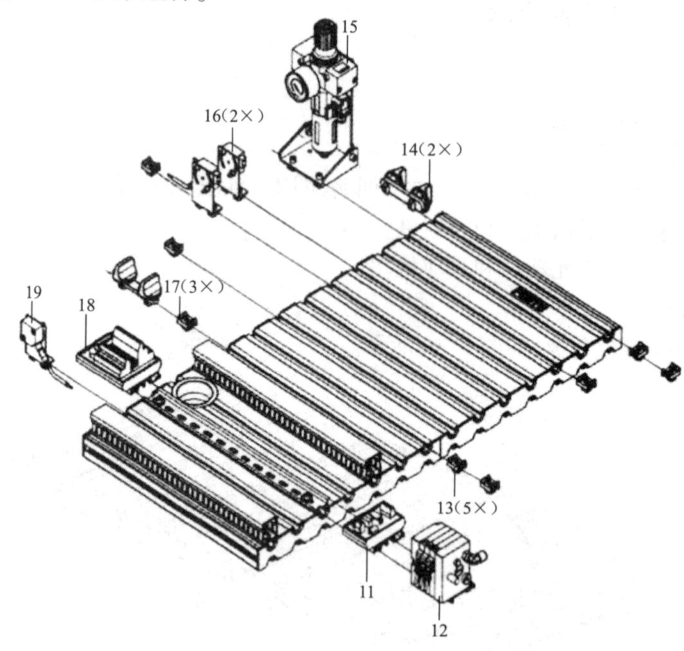

图5.32 安装组件(二)

11—起动电流限制模块;12—CPV阀组;13—线夹;14—连接器;15—二联件;16—光电式传感器;17—线夹;18—I/O接线端口;19—工作站之间通信-发送器

步骤4:按图5.33调整组件位置。

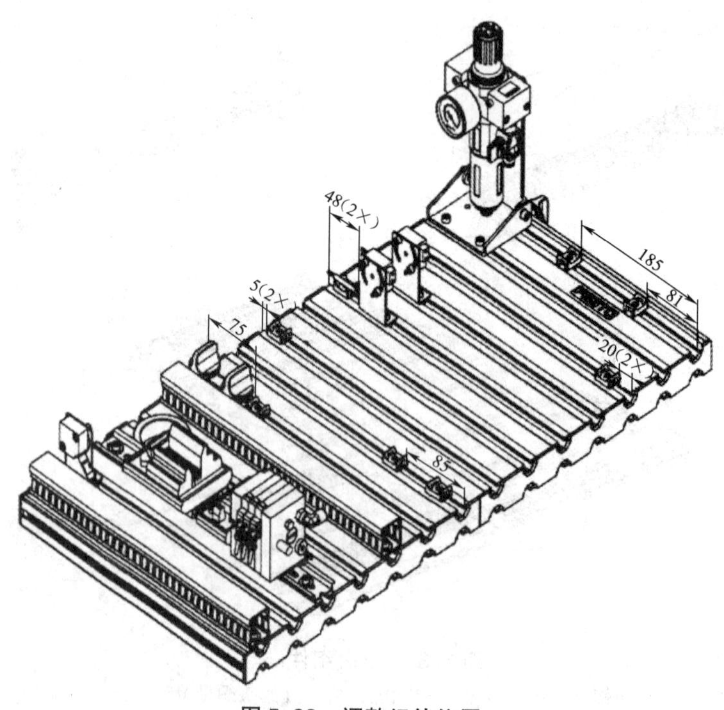

图5.33 调整组件位置

步骤5:按图5.34安装组件。

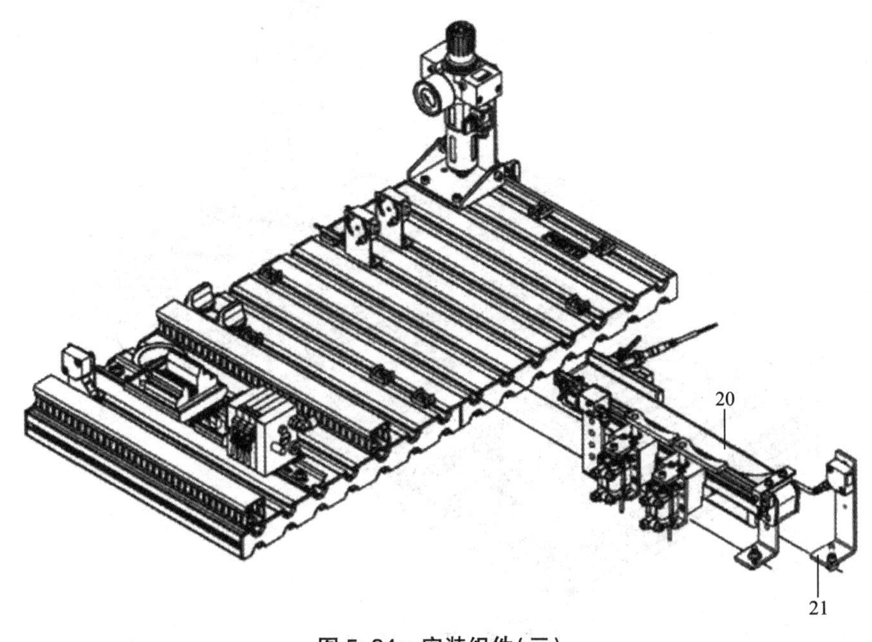

图5.34 安装组件(三)

20—传送带模块;21—反射式光电传感器

步骤6:按图5.35安装组件。

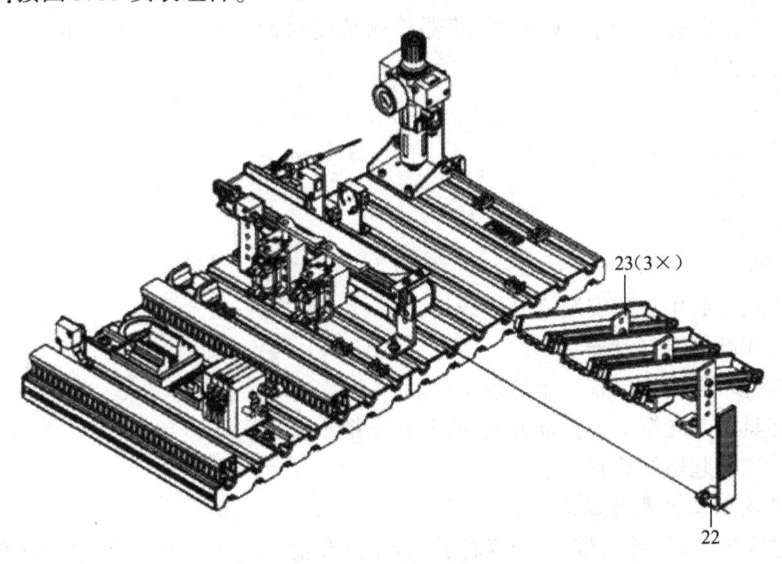

图5.35 安装组件(四)

22—反射板;23—滑槽模块

步骤7:完成安装,如图5.36所示。

④根据线标和设计图纸要求,进行气动回路和电气控制回路的连接。

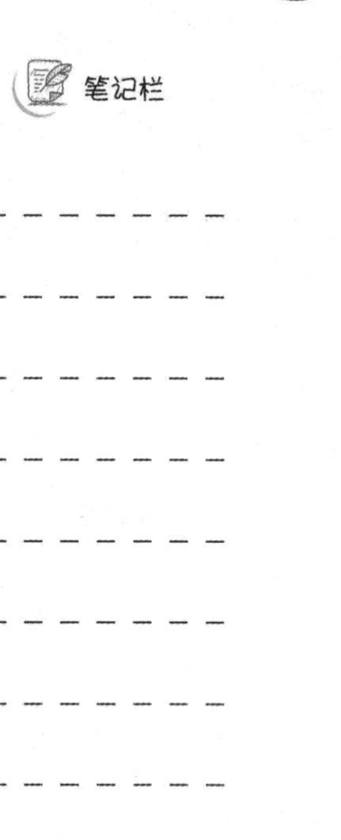
笔记栏

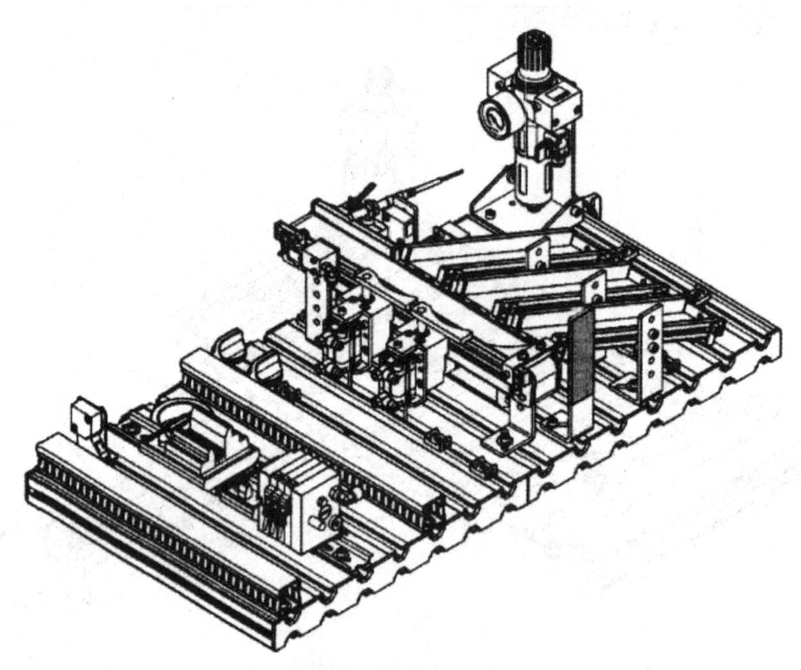

图 5.36　工件安装成品

⑤按控制要求进行测量模块、推料模块和提升模块各个传感器、节流阀和阀岛的调试。

a. 漫射式传感器(传送带,检测工件)。漫射式传感器用于检测工件,光纤导线与光栅相连。漫射式传感器发出红色可见光,传感器检测被反射回来的光线,工件的表面颜色不同,被反射的光线亮度也不同。

准备条件:

- 安装光栅。
- 连接光栅。
- 接通电源。

执行步骤:

- 在传送带起始位置安装光纤导线探头。
- 连接光纤导线与光栅。
- 在传送带起始端放置一个黑色工件。
- 用旋具调节光栅上的微动开关,直到状态指示灯亮。
- 在传送带起始端放置一个工件。

注意:所有的工件都可以检测到。

b. 漫射式传感器(传送带,区分颜色)。漫射式传感器用于检测工件,区分颜色。

准备条件:

- 安装光栅。
- 连接制动器。
- 打开气源。
- 连接光纤导线。

- 接通电源。

执行步骤：

- 在制动器安装加上安装光纤导线探头。
- 连接光纤导线和光栅。
- 在制动器位置放置一个红色工件。
- 用旋具调节光栅上的微动开关，直到状态指示灯亮。
- 在制动器位置上放置一个黑色工件。
- 用旋具调节光栅上的微动开关，直到状态指示灯熄灭。
- 检查光栅对黑色、红色和金属色工件的设置。

注意：红色和金属色工件可以检测出来，不能检测出黑色工件。

c. 电感式传感器。电感式传感器用于区分工件材料，可以检测金属物体。传感距离由表面材料决定。

准备条件：

- 在安装架上安装电感式传感器。
- 连接传感器。
- 打开电源。

执行步骤：

- 在安装架上安装电感式传感器。
- 调节传感器-工件距离，直到状态指示灯亮。
- 检查传感器的位置和设置（放置/拿走金属色工件）。

d. 接近式传感器。接近式传感器用于控制气缸运动的末端位置，对安装在气缸活塞上的磁铁产生感应。

准备条件：

- 安装传感器。
- 连接气缸。
- 打开气源。
- 连接传感器。
- 接通电源。

执行步骤：

- 手动控制电磁阀，将气缸调整到合适的工作位置。
- 按住传感器，沿着气缸的轴向方向移动传感器，直到指示灯（LED）亮。
- 在同一方向上继续移动传感器，直到指示灯（LED）熄灭。
- 将传感器调整到接通和关闭状态的中间位置。
- 用内六方扳手 A/F1.3 将传感器固定。
- 启动系统，检查传感器是否位于正确位置（气缸伸出/缩回）。

e. 反射式传感器（滑槽，填充高度）。反射式传感器用于检测滑槽中工件的填充高度，包括一个发射器和反射板，发出红色可见光。反射板可以将光线反射回接收器，如果光线被挡住，传感器的状态指示灯会变化。

准备条件：

笔记栏

笔记栏

- 安装滑槽模块。
- 安装反射式传感器。
- 连接传感器。
- 接通电源。

执行步骤:

- 安装反射式传感器。
- 用旋具调节反向反射式传感器的微动开关,直到状态指示灯亮。

注意:微动开关最多可以旋转 12 圈。

- 将光纤导线连接至光栅上。

f. 调节单向节流阀。单向节流阀用于控制双作用气缸的气体流量。在相反方向上,气体通过单向阀流动。

准备条件:

- 连接气缸。
- 打开气源。

执行步骤:

- 将单向节流阀完全拧紧,然后松开一圈。
- 启动系统。
- 慢慢打开单向节流阀,直到达到所需的活塞杆速度。

⑥整体调节:

a. 调试要求。调试成品分装单元工作站时有下列要求:

安装并调节好成品分装工作站;

- 1 个控制面板。
- 1 个 PLC 板。
- 1 个 DC 24 V、4. 5 A 电源。
- 6bar (600 kPa)的气源,吸气容量 50 L/min;
- 装有 PLC 编程软件的 PC。

b. 外观检查:在进行整体调试前,必须进行外观检查。检查气源、电源、电气连接、机械元件等是否损坏,连接是否正确。

c. 系统导线连接:从 PLC 上将导线连接至工作站的控制面板上。

- PLC 板-工作站:PLC 板的 XMA2 导线插入工作站 I/O 端子的 XMA2 插座中。
- PLC 板-控制面板:PLC 板的 XMG2 导线插入控制面板的 XMG2 插座中。
- PLC 板-电源:4 mm 的安全插头插入电源的插座中。
- PC-PLC:将 PC 通过 RS-232 编程电缆与 PLC 连接。

d. 下载程序:

- Siemens 控制器:S7-313C-2DP。
- 编程软件:Siemens STEP 7 Version 5. 1 或更高版本。
- 使用编程电缆将 PC 与 PLC 连接。
- 接通电源。
- 打开气源。

- 松开急停按钮。
- 将所有 PLC 内存程序复位。

系统上电后等待,直到 PLC 完成自检。将选择开关调到 MRES,保持该位置不动,直到 STOP 指示灯闪烁两次并停止闪烁(大约 3 s)。再次将开关调到 MRES。STOP 指示灯快速闪烁时,CPU 进行程序复位。当 STOP 指示灯不再闪烁时,CPU 完成程序复位。

- 模式选择开关位置 STOP 位置。
- 打开 PLC 编程软件。
- 下载 PLC 程序。

e. 通电、通气试运行检测。

工作站的功能:

- 接通电源,打开气源,检查电源电压和气源。
- 松开急停按钮。
- 将 CPU 上的模式选择开关调到 RUN 位置。
- 将 1 个工件放人传送带首端。
- 按下复位按钮进行复位,工作站将运行到初始位置,START 灯亮提示到达初始位置。复位之前,RESET 指示灯亮。
- 选择开关 AUTO/MAN 用钥匙控制。分别选择连续循环(AUTO)或单步循环(MAN)测试系统功能。
- 按下 START 按钮,START 指示灯灭,启动成品分装单元完成工作过程。
- 按下 STOP 按钮或“急停”按钮,中断成品分装单元系统工作。

如果在测试过程中出现问题,系统不能正常运行,则根据相应的信号显示和程序运行情况,查找原因,排除故障,重新测试系统功能。

⑦检查并清理工作现场,确认工作现场无遗留的元器件、工具和材料等物品。

笔记栏

项目执行

确定工作组织方式,划分工作阶段,分配工作任务,讨论一个项目软件设计的工作流程和工作计划,填写工作计划表和材料工具清单。

完成成品分装单元软件设计工作内容包括哪些	工作内容主要包括绘制流程图、编写程序、下载调试程序、优化程序
完成成品分装单元软件设计的工作流程是什么?进度和时间如何安排	参见本教材相应内容
需要准备哪些技术文件和软件	成品分装单元控制要求,PLC 的 I/O 地址分配表,工作单元相关组件的技术资料。 SIEMENS STEP7 编程软件
在编写设备的控制程序时应该考虑哪些基本安全问题	参见本教材相应内容
采用什么劳动组织形式?如何进行人员分工	参见本教材相应内容
控制程序采用何种结构组织?采用什么编程语言	参见本教材相应内容
如何评价控制程序设计方案的优劣	参见本教材相应内容

笔记栏

一个项目软件设计的工作流程如图 5.37 所示。

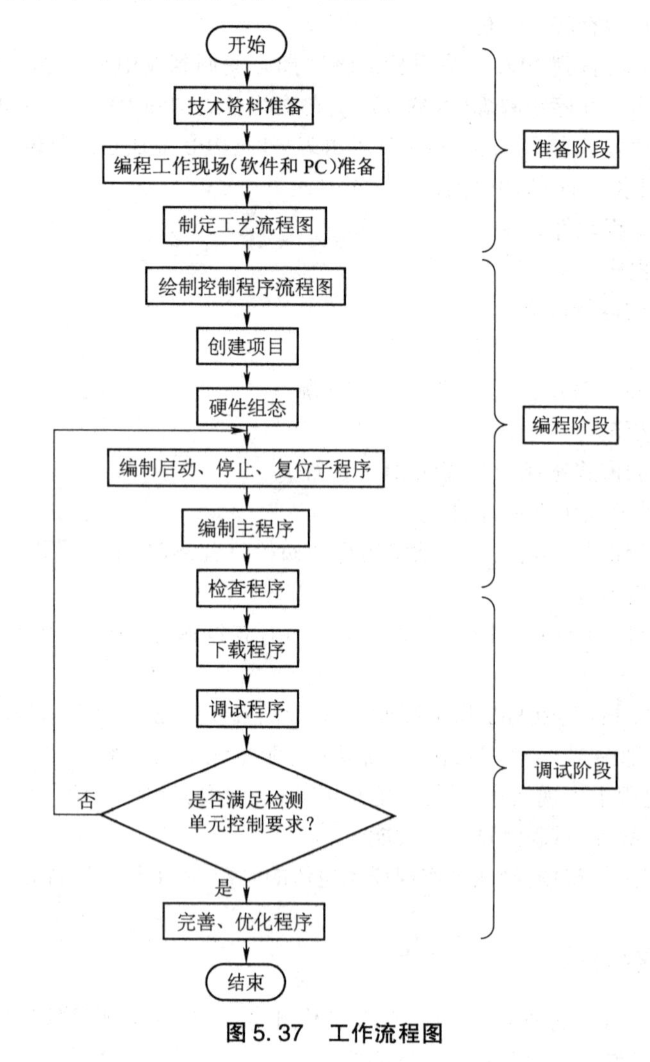

图 5.37　工作流程图

一、编程准备

在编制控制程序前,应准备好编程所需的技术资料,并做好工作现场的准备工作。

1. 技术资料

①成品分装单元的电气图纸。

②相关组件的技术资料。

③工作计划表。

④成品分装单元的 I/O 表。

2. 工作现场

①能够运行所需操作系统的 PC,PC 应安装包含 S7-PLCSIM 的 STEP 7 编程软件。

②安装调试好的成品分装单元。

③准备手控盒。

二、软件设计步骤

1. 分析控制要求,编制系统的工艺流程

根据控制任务的要求及在考虑了安全、效率、工作可靠性的基础上,设计工艺流程。

图 5. 38 所示为分拣单元自动控制模式的生产工艺流程。手动控制模式的生产工艺流程请参考自动模式编制。

2. 绘制主程序和启动、复位、停止子程序流程图

根据成品分装单元工艺流程图,绘制程序流程图。

3. 编制程序

首先创建一个项目,进行硬件组态,然后在该项目下编写控制程序(启动控制子程序、复位控制子程序、停止控制子程序、主程序),实现对成品分装单元的控制。编写完程序应认真检查。

笔记栏

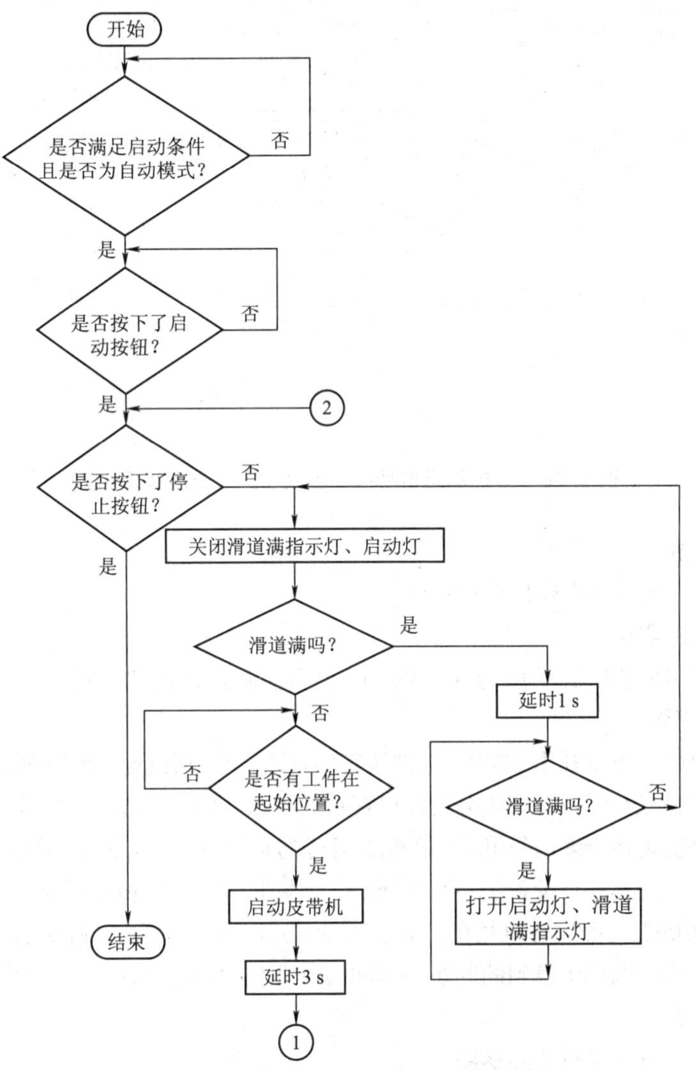

图 5. 38　分拣单元自动控制模式生产工艺流程图

笔记栏

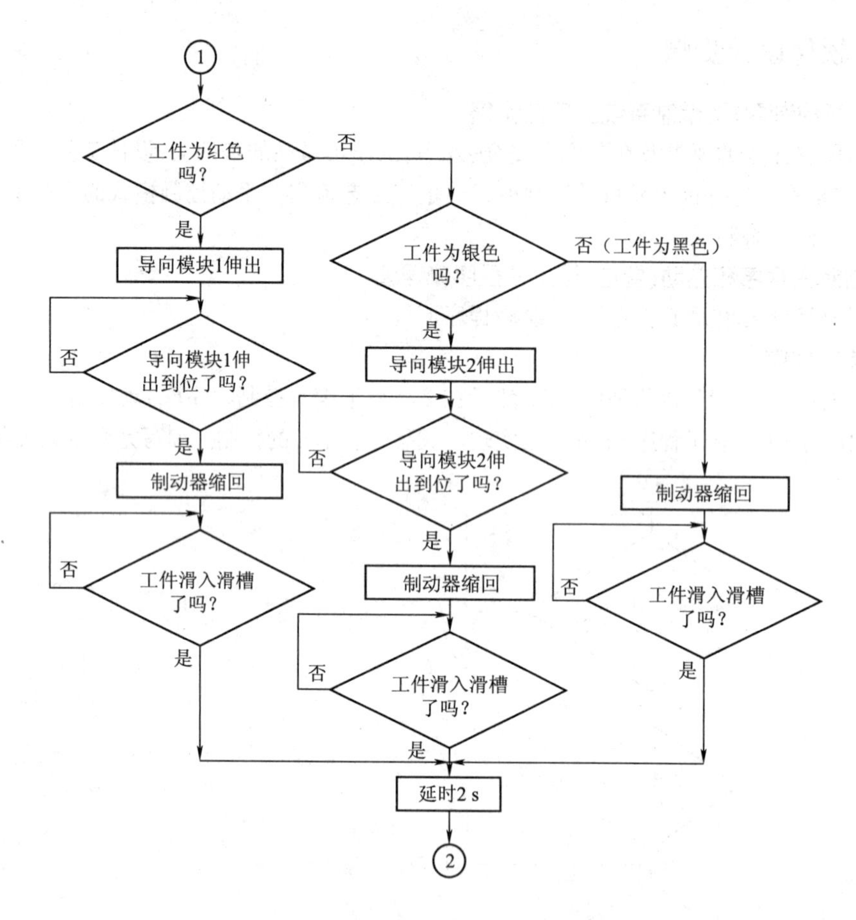

图 5.38　分拣单元自动控制模式生产工艺流程图(续)

4. 调试程序

利用 S7-PLCSIM 仿真软件调试程序。

5. 下载调试程序

将所编程序通过通信电缆下载到 CPU 中，进行实际运行调试，经过调试修改的过程，最终完善控制程序将。

在调试程序时，可以利用 STEP 7 软件所带的调试工具，通过监视程序的运行状态并结合观察到的执行机构的动作特征，来分析程序存在的问题。如果经过调试修改，程序能够实现预期的控制功能，则还应多运行几次，以检查运行的可靠性，查找程序的缺陷。在工作单元运行程序时，应该时刻注意设备的运行情况，一旦发生执行结构相互冲突的事件，应及时操作保护设施，如切断设备执行机构的控制信号回路、切断气源等，以避免造成设备的损坏。在调试过程中，应将调试中遇到的问题、解决的方法记录下来，注意总结经验。

6. 故障诊断

使用 STEP 7 软件进行故障诊断。